E. Caustier.

Les Entrailles
de la Terre

4e Édition

LE GLOBE TERRESTRE, LES EAUX SOU-
TERRAINES, LE FEU SOUTERRAIN, LA
HOUILLE. — LA MINE ET LES MI-
NEURS, AUTOUR DE LA MINE,
LA VIE DU MINEUR, LE DIA-
MANT NOIR ET LA HOUILLE
BLANCHE, LE PÉTROLE
ET AUTRES COMBUS-
TIBLES, LE MONDE
MÉTALLIFÈRE.

LE DIAMANT ET LES PIERRES PRÉCIEUSES,
LES PIERRES D'ORNEMENTATION ET DE
CONSTRUCTION. — LE SEL GEMME,
LES MINES DANS L'ANTIQUITÉ. —
LES RICHESSES MINÉRALES ET
L'AVENIR DES NATIONS. —
GROTTES ET CAVERNES
NATURELLES ET ARTI-
FICIELLES. — LES
TUNNELS.

PARIS

VUIBERT et NONY ÉDITEURS

63, BOULEVARD SAINT-GERMAIN, 63

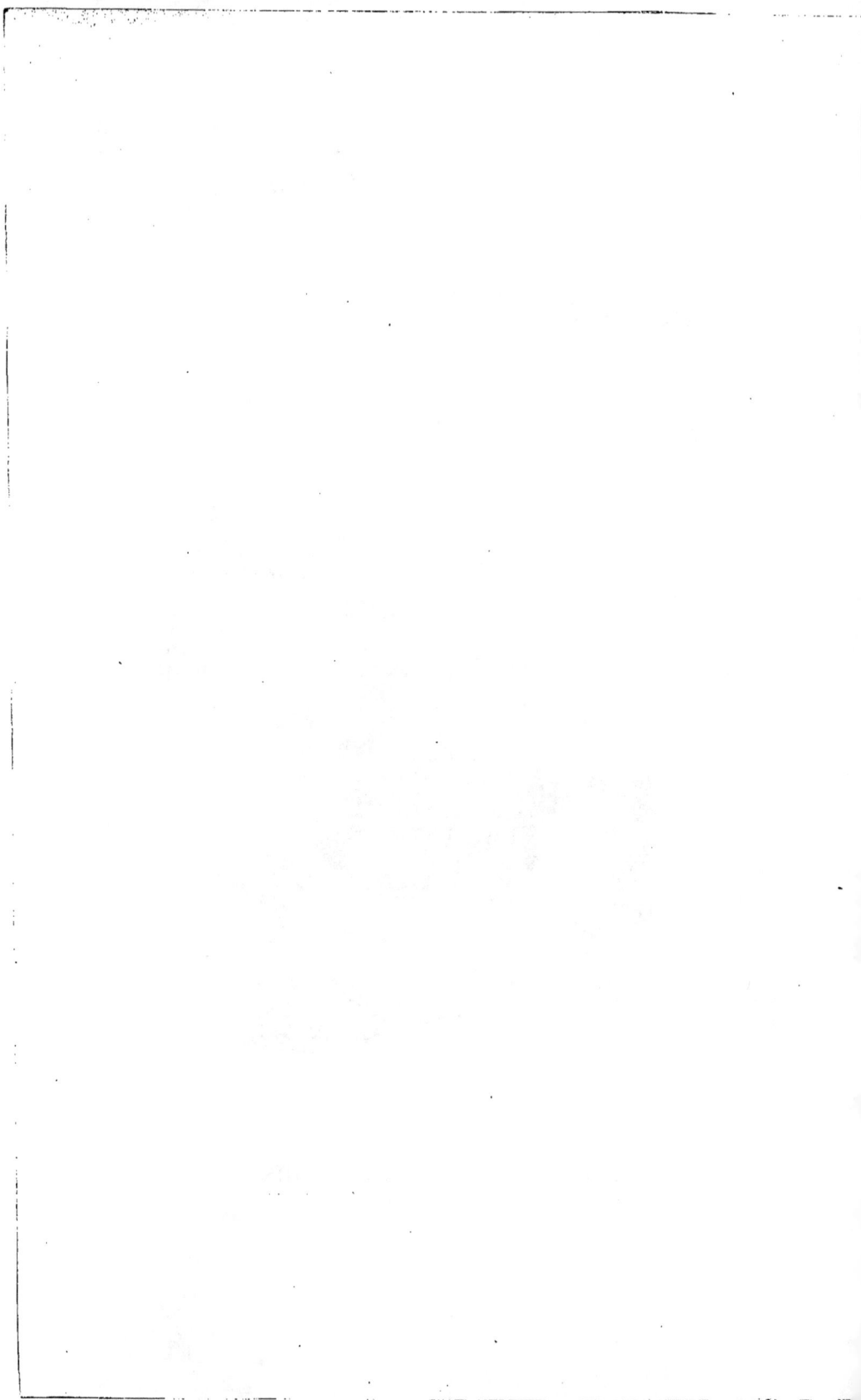

Les Entrailles de la Terre

E. Caustier.

Les Entrailles
de la Terre

LE GLOBE TERRESTRE. LES EAUX SOU-
TERRAINES. LE FEU SOUTERRAIN. LA
HOUILLE. — LA MINE ET LES MI-
NEURS. AUTOUR DE LA MINE.
LA VIE DU MINEUR. LE DIA-
MANT NOIR ET LA HOUILLE
BLANCHE. LE PÉTROLE
ET AUTRES COMBUS-
TIBLES, LE MONDE
MÉTALLIFÈRE.

LE DIAMANT ET LES PIERRES PRÉCIEUSES.
LES PIERRES D'ORNEMENTATION ET DE
CONSTRUCTION. — LE SEL GEMME.
LES MINES DANS L'ANTIQUITÉ. —
LES RICHESSES MINÉRALES ET
L'AVENIR DES NATIONS. —
GROTTES ET CAVERNES
NATURELLES ET ARTI-
FICIELLES. — LES
TUNNELS.

PARIS
VUIBERT & NONY, ÉDITEURS
63, BOULEVARD SAINT-GERMAIN, 63

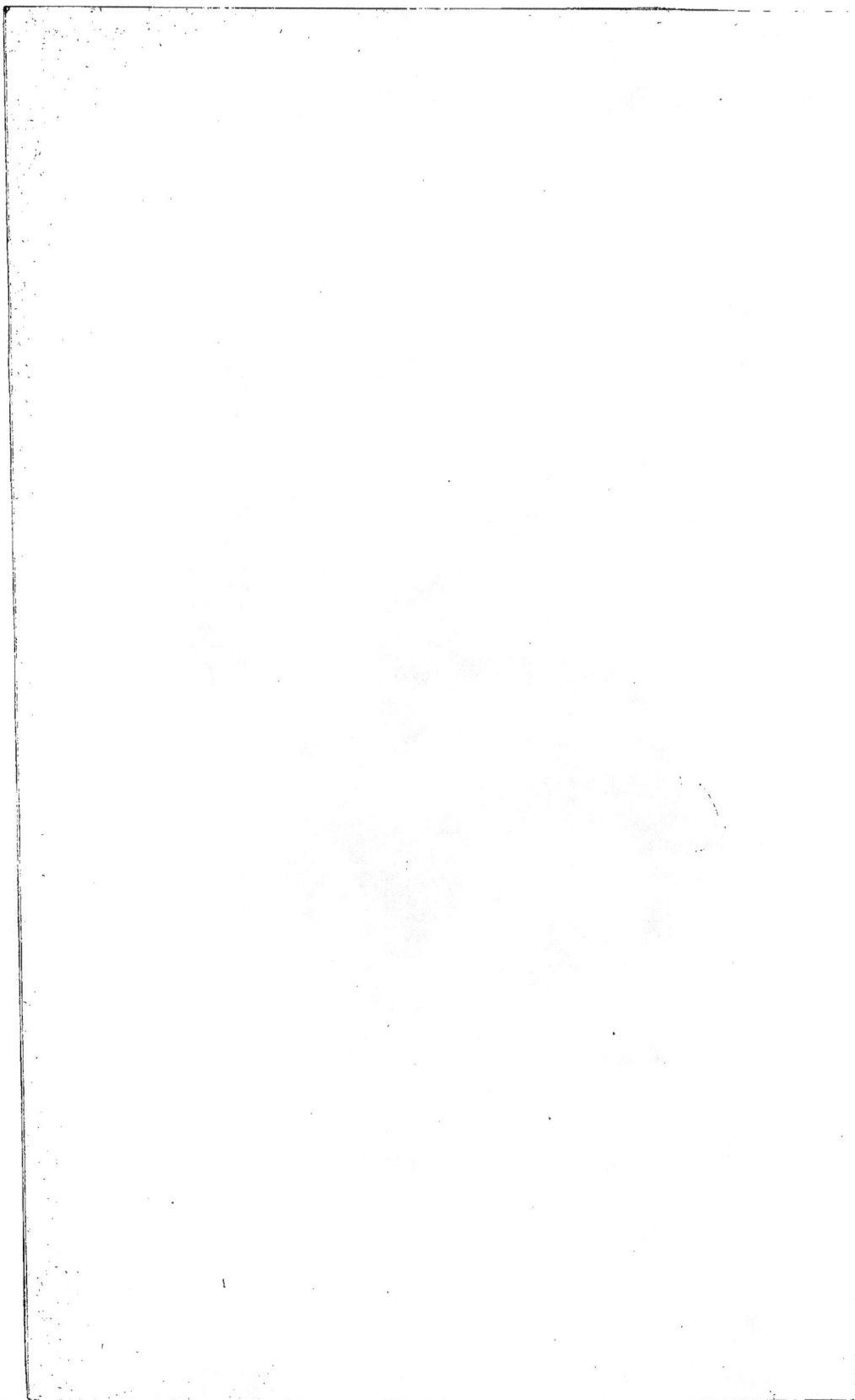

LES ENTRAILLES DE LA TERRE

INTRODUCTION

L'éducation ancienne tendait à faire
des hommes ; la pédagogie moderne se
propose de faire des hommes instruits ;
personne n'a poursuivi l'entreprise de
faire des hommes utiles.
Gabriel HANOTAUX.

Les Entrailles de la terre ! allez-vous dire, c'est du Jules Verne. Nullement. Non pas
que nous voulions médire de cet écrivain dont les ouvrages ont fait les délices de
notre jeunesse. Nous nous souvenons même du *Voyage au centre de la terre,* avec
lequel notre ouvrage semblerait faire double emploi, du moins par le titre ; en réalité,
ce n'est là qu'un roman fantastique plutôt qu'une œuvre d'allure scientifique, dans
lequel l'auteur entraîne son lecteur avec une ingéniosité remarquable et une imagination inépuisable sur la route mystérieuse qui conduit par les entrailles de la terre
jusqu'au centre de notre planète. Rassurez-vous, nous n'irons pas si loin. Nous
visiterons simplement les mines et les carrières, les grottes et les cavernes ; nous
observerons le feu souterrain que laissent entrevoir les cratères des volcans ; nous
décrirons les eaux souterraines que nous voyons jaillir du sol par les geysers, les
sources thermales ou les puits artésiens ; descendant dans les gouffres, nous navi-
guerons sur les rivières souterraines, et suivant leur cours capricieux nous les
verrons à l'œuvre, accomplissant leur besogne de mineur sans trêve ni repos,
creusant de grandioses tunnels, et rendant ensuite, en un flot jaillissant ou en cascades
tumultueuses, tout ce que le sol avait bu : enfin nous suivrons l'homme lui-même
dans les gigantesques travaux souterrains qu'il accomplit pour traverser les montagnes ou passer sous les océans.

Nous avons pensé qu'aujourd'hui nos jeunes gens, dont l'esprit critique s'exerce
volontiers, ne devaient plus se contenter de récits imaginaires, si bien agencés qu'ils
soient. Habitués à plus de rigueur scientifique que leurs pères, ils recherchent déjà
le *document.* C'est pourquoi, abandonnant les chemins mystérieux pour lesquels
nous serions un bien mauvais guide, nous emmènerons nos lecteurs sur les routes

CAUSTIER. — Les entrailles de la terre. I

réellement parcourues par nous ou par d'autres « curieux de la nature ». Au surplus, les merveilles que nous y trouverons seront suffisamment captivantes pour donner à cet ouvrage un réel intérêt. Inutile de faire appel aux êtres fantastiques et aux grottes enchantées. Mieux vaut par une sincère description du monde réel, suffisamment admirable, exercer pour la développer cette précieuse faculté de l'observation sans laquelle l'homme, même le mieux doué, ne sera jamais dans notre société moderne qu'un être médiocre. C'est peut-être aussi le meilleur moyen d'exciter, dans une juste mesure, les jeunes imaginations de nos enfants, tout en permettant à ceux qui demain seront des hommes d'acquérir des connaissances utiles qui donneront à leurs idées plus d'exactitude et plus de valeur, à leur jugement plus de solidité et plus de sûreté.

Assurément ni l'ingénieur, ni le géologue, ne trouveront rien dans ce livre qui ne leur soit déjà connu, au moins dans chacune de leur spécialité. Mais nous voulons que le lecteur y apprenne sans fatigue ce qu'est la terre, d'où elle vient, où elle va, qu'il sache ce qu'elle contient dans son intérieur et les phénomènes qui s'y passent ; puis, insistant plus particulièrement sur les richesses qu'elle renferme dans ses entrailles, nous montrerons comment l'homme, par son travail et son intelligence, a su tirer parti des trésors accumulés au cours des temps géologiques. Servi par la science qui, chaque jour, apporte son bagage d'acquisitions nouvelles, l'homme, en effet, a su dompter les forces naturelles et les utiliser pour conquérir ce domaine des ténèbres. Grâce à la science, les forces de la nature ont été disciplinées et ont permis à l'homme de produire en quelques semaines plus de travail que n'en produisait autrefois l'effort combiné de plusieurs générations ; c'est par la science que l'homme a réussi à accroître la puissance et le bien-être de l'humanité.

La science devient donc pour l'industrie une collaboratrice de tous les instants. Aussi les ingénieurs modernes ne sauraient plus répéter ce que disaient malicieusement leurs anciens, à savoir que « la géologie était l'art de ramasser des cailloux ou des petites bêtes et de les injurier en latin ». Cette boutade amusante, bien qu'injuste, s'explique ; car pendant longtemps la géologie fut enseignée de façon à dégoûter de cette belle science tous ceux qui voulaient s'y intéresser. Les étudiants de notre génération se souviennent certainement, non sans une terreur rétrospective, de cette fastidieuse et sèche énumération d'étages et de sous-étages groupés en de savants tableaux qu'hélas ! il nous fallait savoir ; sans compter les listes des fossiles qui défilaient en d'interminables et somnifères théories. Certes, la géologie, enseignée de cette façon, détenait sur l'opium le record des vertus dormitives. Nulle part dans cet enseignement on ne trouvait ce fil conducteur, ce quelque chose qui soulage la mémoire et satisfait la raison. Aussi, pour quelques initiés qui se trouvaient à l'aise dans ce dédale inextricable, combien d'autres étaient rebutés par ce casse-tête géologique ! Heureusement, une évolution a transformé cette science.

D'abord empirique, la géologie se borne à des notions utiles, car de bonne heure l'homme commence à explorer les profondeurs terrestres afin d'y puiser les matières nécessaires à ses besoins ; il le fait d'abord sans règle, mais à mesure que l'art du mineur se développe, la recherche des richesses minérales est poursuivie avec plus de méthode. En fouillant les entrailles de la terre, on conçoit vite que le globe n'a pas été fait d'un seul coup, et l'on est amené graduellement à déchiffrer son histoire. C'est alors qu'en se basant sur l'observation et sur le raisonnement, l'étude de l'écorce terrestre permet à la géologie de s'élever à la hauteur d'une science : c'est la deuxième étape dans la marche des connaissances géologiques. Enfin, cette science entre dans une troisième phase en devenant *expérimentale*. D'une part, en effet, des savants comme Daubrée, Fouqué, Michel Lévy, Fayol, appliquant à la géologie la méthode expérimentale qui avait donné dans l'étude des sciences physiques de si admirables résultats, sont arrivés à imiter les procédés de la nature. D'autre part, les ingénieuses théories de Süess et Marcel Bertrand expliquaient les phénomènes généraux de formation et de dislocation des régions géologiques. Enfin, la géologie eut sa littérature, et des savants comme de Lapparent, pour ne citer que le plus éminent, ne dédaignèrent pas d'écrire pour le public instruit, et non pour des spécialistes, de remarquables ouvrages qui nous réconcilièrent définitivement avec la géologie. Tout ceci nous montre une fois de plus que la vraie science doit avoir pour objet non pas uniquement la connaissance des faits et des expériences, mais aussi l'intelligence des rapports qui les unissent. Théorie ! dira-t-on, et théorie éphémère comme toutes les théories. Sans doute, mais que nous importe si la théorie est renversée demain par un fait nouveau, elle aura toujours marqué un degré dans la voie du progrès. Et comme l'a exprimé si magistralement M. H. Poincaré dans son discours au Congrès de physique de 1900 : « Le savant doit ordonner : on fait la science avec les faits, comme une maison avec des pierres : mais une accumulation de faits n'est pas plus une science qu'un tas de pierres n'est une maison. »

Pour ces raisons nous exposerons dans ce livre les théories modernes ayant rapport à l'activité interne du globe terrestre. Mais nous ne saurions oublier que l'esprit moderne est curieux, précis, méthodique : il aime à savoir beaucoup, bien et vite, et nous pourrions ajouter sans fatigue. C'est donc pour satisfaire à ces exigences que nous avons écrit cet ouvrage. Heureux si nous avons réussi, car nous aurons fait œuvre d'éducateur populaire, et c'est là notre plus vif désir. Nous estimons, en effet, que ce but, pour modeste qu'il soit, est suffisamment élevé pour mériter les efforts d'un homme de bonne volonté.

Aussi pour que, dès maintenant, notre lecteur saisisse bien tout l'intérêt de cet ouvrage, nous allons d'abord en quelques pages essayer de lui montrer que *la terre vit de la terre*, qu'elle est en quelque sorte la nourrice de tout ce qui vit à sa surface, et qu'il existe un lien étroit entre *la terre et l'homme*, entre la nourrice et le nourrisson.

LA TERRE VIT DE LA TERRE

La terre est la meilleure des nourrices : c'est elle qui donne à l'agriculture et à l'industrie les matières dont elles ont besoin ; c'est elle qui nous fournit le blé, la viande et le lait ; c'est elle qui, en bonne mère qui ne se dérobe pas, dispense abondamment la nourriture à ses enfants quand ils savent l'aimer. Aussi, le poète en son beau langage l'appelle l'*alma nutrix*, et le vagabond dans son argot la désigne par le joli mot de *maman*. Il est donc naturel de retrouver à chaque page dans les œuvres de certains philosophes la *glorification de la terre*, source inépuisable de richesse.

En réalité, c'est de la terre que nous vivons tous ; nous y avons nos racines aussi bien que les plantes, puisque c'est par l'intermédiaire de celles-ci que nous tirons du sol les aliments qui nous sont nécessaires. En fournissant la potasse, les phosphates et l'azote au blé, la terre nous donne le pain. Le sol assure donc la nourriture des plantes, et par suite celle des animaux et de l'homme ; il pourrait donc s'épuiser vite, si nous ne prenions soin de lui restituer, sous forme d'engrais, les matériaux qu'il a perdus. Les animaux eux-mêmes, après leur mort, opèrent une restitution : la matière organique, en effet, subissant la décomposition cadavérique, produit des corps minéraux plus simples qui vont faire retour à la terre : ce qui est venu de la terre retourne à la terre. C'est ce que dit un chansonnier moderne dans un couplet connu ;

> Tout commence et tout finit
> Par la terre.
> L'enfant qui naît et qui rit
> A la terre ;
> L'aïeul qui meurt et descend
> Dans la terre ;
> Tout cela refait du sang
> Pour la terre.

Malgré ces restitutions artificielles ou naturelles, le sol est encore en déficit, car nous gaspillons sans compter les trésors qu'il renferme. Soyons donc économes des richesses du sol. Même l'azote, qui est cependant dans l'air en quantité illimitée, doit être ménagé, car il n'est rendu assimilable pour les plantes qu'avec une extrême lenteur par les bactéries que renferme le sol, et comme on l'a dit avec raison : « l'azote que, d'un cœur léger, nous gaspillons en fumée dans une bataille a demandé des millions de minutes à des organismes qui ont lentement travaillé à le puiser dans l'atmosphère. »

Si la terre nourrit tous les êtres vivants, elle est aussi la nourrice de l'industrie : c'est elle qui fournit le charbon, ce combustible si précieux qu'on l'a nommé « le pain de l'industrie », et qui anime si merveilleusement les machines qui remplacent nos bras ; c'est de ses entrailles que nous extrayons l'or et l'argent, le fer, le cuivre et autres métaux qui, tous, ont contribué à renouveler la vie moderne ; c'est elle qui nous procure les matériaux de construction de nos maisons et de nos monuments ; c'est elle encore qui nous donne généreusement cette admirable pierre, le marbre, qui est la base des chefs-d'œuvre de la statuaire ; c'est elle aussi qui, dès l'antiquité, nous a fourni les pierres meulières avec lesquelles nous écrasons le blé et préparons notre pain ; c'est d'elle que nous obtenions le silex qui permit à la poudre de parler dans le monde ; c'est d'elle enfin que nous viennent ces somptueuses substances qui embellissent nos habitations, aussi bien que ces merveilleuses parures qui viennent rehausser de leur éclat magique la beauté humaine. En un mot, toutes les richesses que renferme la terre justifient bien ces vers du poète :

> Le globe est un vaisseau frété pour l'avenir,
> Et richement chargé...

Pour toutes ces raisons et pour d'autres encore que nous dirons dans ce livre, une éducation nous semble incomplète, inachevée, qui ignore l'histoire de ces minéraux, leur situation dans la terre, comment on les exploite, et par quels efforts prodigieux l'homme les a appropriés à ses besoins matériels et à ses instincts artistiques.

Non, nous ne comprenons pas que l'on puisse se montrer indifférent à cette terre nourricière « qui nous porte avec tant de complaisance », et d'où l'homme tire tout ce qui lui est nécessaire. « La terre, dit Pline, nous prend à l'heure où nous naissons, nous alimente quand nous sommes nés, nous soutient sans relâche ; c'est le fait d'une âme ingrate de ne point se soucier de connaître la nature. »

Et cependant, c'est à peine si depuis un siècle les beautés et les richesses naturelles ont fini par attirer l'attention que nous leur avions longtemps refusée. Est-ce qu'à notre époque on a le temps de s'attarder à regarder ce que l'on foule aux pieds? Et puis, pourquoi s'intéresser à ce qu'il peut y avoir sous le paysage et s'efforcer de scruter les profondeurs du sol? Aussi, nous passions à côté de trésors enfouis et nous ignorions les merveilles souterraines de notre pays. Nous faisions le voyage du Tyrol ou même d'Amérique pour voir et admirer des grottes dont la splendeur n'atteint pas toujours celle des grottes creusées dans notre sol français et que nous ne connaissons que depuis quelques années grâce aux belles explorations de M. Martel et de ses disciples. D'autre part, ils sont nombreux ceux qu'on a coutume de considérer comme *distingués* parce que rien ne leur est inconnu des sports ou des verbiages de salon, et qui, par contre, ignorent tout des efforts faits par l'homme pour amener au jour les richesses enfouies dans le sol, richesses dont ils profitent cependant avec toute la férocité égoïste qui est leur seule marque de distinction.

LA TERRE ET L'HOMME

Déjà, Cuvier dans son *Discours sur les révolutions du globe* montrait que nos régions granitiques, avec leur relief si particulier, produisent sur tous les usages de la vie humaine d'autres effets que les régions calcaires. Il est vrai que le peuple ne se loge pas, ne se nourrit pas, ne pense pas en Auvergne ou en Bretagne comme en Champagne ou en Normandie. A ce propos, nous avons conservé le souvenir d'une conversation avec un professeur de géologie de l'une de nos Universités. C'était à l'époque où l'on discutait sur la création des Universités provinciales ; ce professeur, voulant nous donner l'argument décisif en faveur du projet (il prêchait du reste un convaincu), nous conduisit en face de la grande carte géologique de France ; et là, indiquant d'un geste précis la région qui nous intéressait, coloriée de teintes roses et de taches rouges, se détachant nettement des régions avoisinantes aux teintes bleues, il dit : « Tout cela, c'est du terrain primitif ou du terrain éruptif ; ici, on ne vit pas comme là : une Université s'impose ici, qui devra différer de celle qui sera créée là. »

Donc, de la nature géologique du sol dépendent non seulement les végétaux, les animaux et les minéraux, mais, par suite, l'agriculture, l'industrie, et aussi le paysage dans son ensemble. De sorte qu'il existe entre les Français et la terre de leur pays une relation non pas seulement de nourrissons à nourrice, relation purement économique, mais en outre un lien esthétique, né de la « séculaire caresse du sol aux yeux » ; aussi pendant de longs siècles notre beau pays a formé de nombreux artistes par une croissante adaptation de la vue aux spectacles charmants qu'il n'a cessé de leur offrir. « Oui, a dit le poète, le sens exquis du beau, qu'on nomme le goût, est bien une fleur de notre terroir, et il se révèle dans la toilette des femmes, comme dans les musées où sont déposés les témoignages continus, les monuments de l'histoire des arts en France. »

Le paysage d'une région varie avec la nature des roches qui constituent le sous-sol de cette région ; de sorte qu'on pourrait presque écrire cet axiome : telle pierre, tel pays. On peut, en effet, en deux contrées situées aux deux extrémités du monde, trouver des paysages qui semblent calqués l'un sur l'autre, s'ils ont été façonnés par les mêmes conditions géologiques et physiques. Il est certain que les dômes granitiques des Vosges ressemblent à ceux du Plateau Central et d'Espagne, et que les volcans de toutes les parties du monde conservent partout un air de famille. Allez en Asie ou en Afrique : si vous y retrouvez les roches de votre pays natal, fait ingénieusement remarquer M. de Launay (1), vous y serez certainement moins dépaysé que si vous faites une promenade de quelques kilomètres sur la bordure du Morvan et au cours de laquelle vous passerez brusquement du granitique au jurassique.

Partout les *pays granitiques* vous offriront les mêmes dômes, les mêmes blocs détachés, arrondis et épars sur les terrains, prêtant aux légendes les plus fantastiques basées sur le même esprit superstitieux. Les paysages y sont de couleur sombre et donnent bien l'idée d'un vieux pays ; vieux par la géologie, car le granite est la plus ancienne des roches éruptives : vieux par l'histoire, car ces îlots de terrains anciens forment comme des forteresses isolées où se sont fixées les races primitives, restées ainsi sans mélange avec les ennemis étrangers qui rôdaient autour d'elles. Enfin, c'est aussi dans ces pays que sont entassés les gisements de houille et des principaux minerais qui alimentent l'industrie ; d'autre part, ces terrains, par leur décomposition superficielle, donnent un sol très pauvre fait de graviers durs ou de tourbières, de terres froides ou stériles, ayant moins de blé que de seigle. Ce seul exemple nous montre bien que la géologie, la géographie, l'histoire, l'industrie et l'agriculture, se tiennent par des liens étroits.

Supposons, au contraire, un *plateau calcaire* : sa surface n'est pas forcément unie, mais elle ne présente jamais que de légères ondulations. S'il n'est pas recouvert de limon en quantité suffisante pour retenir l'eau de pluie, celle-ci descendra dans les

(1) De Launay, *Géologie pratique*, 1901.

profondeurs par les fissures qui sillonnent le calcaire : on aura alors un pays sec, aride, sans arbres, comme nos plateaux des *Causses*, où l'on ne rencontre parmi les pierrailles que de rares troupeaux de moutons broutant la maigre végétation. Si, au contraire, il existe une couche de limon assez épaisse pour retenir l'eau, on aura une région riche et fertile, comme la Normandie ou la Beauce. Cependant dans ces deux régions le paysage n'a pas le même aspect, car il est en rapport avec la nature du sous-sol, qui est différente. Dans la Beauce, vous verrez des villages groupés et rarement une maison isolée : c'est qu'il faut aller chercher l'eau profondément et que les puits coûteux sont creusés à frais communs par les hameaux agglomérés. En Normandie, au contraire, surtout dans le riche pays de Caux, les habitations espacées s'annoncent de loin par une superbe ceinture de hêtres séculaires au travers desquels on aperçoit les maisons coquettement éparpillées au milieu des pommiers. C'est qu'entre le limon fort épais et la craie s'étend une couche argileuse mélangée de cailloux qui retient les eaux à une profondeur propice à la culture des céréales, à l'élevage des bestiaux et à la production du cidre. Enfin, l'argile et le limon fournissent à bon marché, soit la terre à pisé, soit la terre à briques, pour la construction des maisons. Il en résulte que le fermier, se suffisant à lui-même, ne ressent pas le besoin de se grouper ; il met même une certaine coquetterie à conserver son indépendance. D'autre part, si ces pays sont particulièrement aptes à la culture, ils sont, en revanche, dépourvus de minerais et par suite peu favorables à l'industrie.

Il peut donc exister dans une même contrée des régions bien définies, ayant chacune un aspect particulier, des productions et une population différentes. Assurément les contours de ces régions, déterminés par la nature géologique du sol, restent invariables au milieu des révolutions politiques. Aussi le bon sens de nos pères ne s'y était pas trompé lorsqu'ils avaient distingué ces régions par des noms caractéristiques qui éveillent des idées autrement nettes que les noms tout artificiels de nos départements, arbitrairement découpés dans nos vieilles provinces, et dont quelques-uns, comme celui de l'Aisne par exemple, réunissent des lambeaux empruntés à plus de six régions différentes. Cela n'empêche que la bonne graine d'où est sortie notre nation a pu germer aussi bien sur le granite de Bretagne que sur les côtes humides de Normandie ou sur les plateaux arides de la Champagne pouilleuse. Il semble que ce soit par une juxtaposition de ces patries locales, par une longue communauté de joies et de souffrances, de réussites et de revers, que s'est formée l'âme de la grande patrie. Les Bretons et les Gascons, les Provençaux et les Picards, les Auvergnats et les Normands, les Bourguignons et les Lorrains, et bien d'autres encore, ont combattu, pleuré, chanté ensemble, et tous ont inscrit sur le grand livre de l'épopée française leur contingent de vertus humaines. Voilà ce qui a fait l'unité nationale malgré les barrières provinciales.

L'étude des entrailles de la terre nous montrera plus d'une fois le rapport qui existe entre les richesses minérales d'un pays et son évolution économique et sociale. Il est donc nécessaire, dès maintenant, de fixer par quelques exemples typiques l'importance de ce point.

En 1841, Dufrénoy et Élie de Beaumont, dans leur *Explication de la carte géolo-*

gique de la France, divisent le sol français en deux régions distinctes : le Massif Central et le Bassin parisien. Ils considèrent le premier comme le pôle divergent et négatif de la France, et le second comme le pôle positif et convergent. Cette division, à coup sûr insuffisante pour la France qui est formée d'un ensemble beaucoup plus complexe, ne repose pas moins sur une observation pénétrante et singulièrement suggestive. Certaines régions du sol, en effet, semblent repousser l'homme : c'est ainsi que de l'Auvergne, trop rude aux êtres vivants qui y végètent, descendent ses enfants vers les plaines avoisinantes plus douces à l'homme : c'est comme de la vie qui s'écoule vers d'autres pays plus privilégiés. D'autres régions, au contraire, semblent attirer la vie humaine, et « les hommes y affluent de toutes parts, comme le sang des extrémités au cœur ». Ils viennent s'y presser en d'opulentes cités où se créent et se développent les plus brillantes civilisations. C'est ainsi que l'emplacement de Paris était merveilleusement préparé par la nature, et que son rôle politique n'est qu'une conséquence de sa position géologique et géographique. Les cours d'eau, ces « chemins qui marchent », convergent vers le centre d'attraction, où sous un sol fertile sont accumulés tous les matériaux nécessaires à la construction d'une grande cité : pierre de taille, pierre à plâtre, terre à briques et à tuiles, meulières, grès à pavés, etc.; enfin le tout entouré de coteaux pittoresques et boisés qui forment la plus agréable ceinture dont aucune capitale ait jamais été dotée.

Ces centres de dispersion ou d'attraction sont-ils immuables ? Non, répond l'histoire, car de tous côtés on ne voit que grandeur et décadence. Tel pays qui jadis brilla du plus vif éclat est aujourd'hui misérable et désert. Par contre, tel autre que les hommes fuyaient avec obstination est maintenant fiévreusement envahi.

Il est évident que si l'homme se porte vers tel endroit plutôt que vers tel autre, c'est qu'il y trouve plus complètement la satisfaction de ses besoins ; si, au contraire, il s'éloigne d'une région qui l'avait d'abord attiré, c'est que les ressources de ce pays ont baissé ou que celles d'une autre contrée ont augmenté.

Le rapport entre la terre et l'homme change évidemment de valeur si l'un des deux termes varie, l'autre restant constant, ou bien encore si ses deux termes varient inégalement. C'est ce dernier cas que nous devons envisager. Ni la terre, ni l'homme ne sont immuables, et il est évident que dans le cours de leurs évolutions ils ne marchent pas d'un pas égal. Sans doute la terre ne cesse de se modifier ; son refroidissement continu est la cause de colossales révolutions : des continents s'enfoncent sous les eaux, d'autres apparaissent. Chaque jour apporte sa modification à la forme actuelle du globe : partout les forces mécaniques, physiques et chimiques sont à l'œuvre, modifiant l'écorce terrestre, produisant de nouveaux états d'équilibre qui bientôt disparaîtront à leur tour pour faire place à d'autres; tout change, et notre planète est en état de perpétuelle transformation. Mais ces changements, pour réels qu'ils soient, ne sont guère appréciables par l'homme dont la vie est trop courte et dont l'observation est encore trop récente. C'est à peine si de loin en loin un volcan qui fait éruption, un tremblement de terre, une falaise qui s'écroule, une montagne qui glisse, signalent à notre attention l'activité persistante des forces naturelles qui ont édifié notre monde. La nature procède avec une lenteur extrême.

L'homme, au contraire, dernier venu sur la terre, évolue infiniment plus vite. En un laps de temps relativement court, à peine quelques milliers d'années, voyez le chemin qu'il a parcouru. Quelle distance entre l'homme primitif, pauvre être isolé, encore à la merci de la nature, et l'homme du xxᵉ siècle, groupé en sociétés et ayant discipliné à son bénéfice les forces de la nature. En quelques siècles l'homme s'est complètement modifié, tandis que la planète restait sensiblement la même. Au cours de cette évolution, l'homme a contracté des goûts et des besoins nouveaux : il fallait du silex à l'homme primitif, il faut du pétrole au *chauffeur* et à l'*aviateur*. L'homme a donc pu apprécier et rechercher ce qu'il avait d'abord dédaigné ou ignoré.

On comprend dès lors les changements qui se produisent. Sous l'influence des progrès scientifiques modernes, la puissance économique est passée des régions agricoles aux régions minières et industrielles. Des pays longtemps délaissés à cause de leur stérilité se peuplèrent en un clin d'œil parce qu'ils renfermaient le charbon ou le pétrole, l'or ou le diamant ; tandis que d'autres dont l'agriculture avait fait la fortune furent relégués au second plan.

Voyez ce qui se passe aux États-Unis. Vient-on de découvrir dans une région nouvelle un gisement minier ? Aussitôt les spéculateurs se précipitent, s'emparent d'une certaine surface, couchent sur leur position afin de la mieux garder, et dès le lendemain se mettent au travail. Pendant qu'ils explorent avec une activité fiévreuse les profondeurs du sol, d'autres, dans la prairie, tracent au cordeau une large voie qu'on ne prend pas la peine de paver. Au bout de quelques jours un hôtel, une banque, des magasins, des maisons d'habitation s'alignent le long d'un trottoir en planches ; quelques semaines se passent et déjà des rails sillonnent les rues éclairées à l'électricité. Si la ville fait fortune, elle atteint 200 000 âmes quelques années après : c'est la « ville-champignon », comme disent les Américains. Sans doute il arrive que la cité improvisée s'évanouisse aussi rapidement qu'elle s'est créée : c'est que la mine s'est épuisée ou que d'autres richesses ont été signalées plus loin.

Ce qui s'est passé en Angleterre est peut-être encore plus démonstratif. La partie de l'Angleterre riche et prospère, par ses cultures et ses troupeaux, était celle de l'est. Dans cette région s'établirent les Romains, se fondèrent les puissants évêchés, se livrèrent les principales batailles de la guerre des Deux-Roses et s'édifièrent les beaux châteaux et les cathédrales gothiques ; tandis que la région occidentale, montagneuse et froide, formée de terres stériles, n'avait que des landes et des marécages.

Mais, voilà que tout est renversé. Mortes les villes de l'Est, Alnwich et son château, York qui fut la seconde ville de l'Angleterre, Beverley et son antique monastère, Durham, Peterborough, etc. Au contraire, une vie d'une intensité extraordinaire anime les villes du Lancashire, du Staffordshire, du Pays de Galles, que la houille a rendues industrielles et commerçantes. Sheffield, Leeds, Birmingham, Manchester, Liverpool, modestes bourgades il y a deux siècles, comptent leur population par centaines de milliers d'habitants. Le Lancashire, autrefois presque désert, renferme une population moyenne de 790 habitants par kilomètre carré, c'est-à-dire l'une des plus denses du monde entier !

En somme, il n'est pas un pays dont on puisse dire qu'il ne sera jamais rien ; et il n'est pas une région non plus, si riche qu'elle soit, qui puisse se croire à l'abri d'un coup de fortune. Le désert le plus aride peut se peupler demain, comme la Californie et le Caucase, l'Australie et le Transvaal, si l'on y découvre une paillette d'or, un fragment de diamant ou une goutte de pétrole. Par contre, si demain la science trouve le moyen d'utiliser à bas prix l'énergie solaire, la houille devient inutile, et les pays qui la contiennent, aujourd'hui si fiers et si pleins de morgue, seraient dans la situation d'un financier dont le portefeuille serait bondé de valeurs n'ayant plus cours. Ce serait pour l'Angleterre, par exemple, la ruine à bref délai. En revanche, qui sait si le désert du Sahara n'y trouverait pas la vie et même la prospérité? Sans doute l'eau y manque à la surface, mais on la ferait jaillir des profondeurs pour l'étendre en nappes sur cette terre de feu, qui peut-être alors se couvrirait de riches moissons.

Tout ceci est du rêve, qui demain pourrait être de la réalité. L'avenir d'un pays est donc à la merci d'une découverte nouvelle qui aujourd'hui n'est encore qu'une simple spéculation, mais qui pourra, demain, détruire l'équilibre matériel du monde.

Dans la simple et belle leçon de choses que seront *Les Entrailles de la terre*, nous nous efforcerons de mettre en évidence tous les faits qui peuvent faire pressentir les destinées économiques des nations. L'étude de leurs richesses minérales nous fera mieux comprendre leur passé et souvent entrevoir leur avenir. En un mot, nous saisirons sur le vif le mécanisme de leur évolution, et nous verrons alors avec netteté comment elles naissent, grandissent et meurent.

Assurément, nous n'avons pas la sotte prétention de croire que nous allons expliquer tous les phénomènes économiques, pas plus que nous n'espérons pouvoir expliquer toutes les merveilles du monde souterrain à la lumière, cependant si pénétrante, de la science moderne. Notre but est plus modeste : nous voulons seulement rassembler en un langage clair et précis tout ce que l'on sait de beau et d'utile sur les *Entrailles de la terre*.

A notre époque où l'industrie et le commerce règnent en souverains maîtres et fixent désormais le rang des nations dans le monde, il nous semble que dédaigner les connaissances utiles contenues dans cet ouvrage serait se priver d'une arme puissante dans la lutte de tous les jours ; ce serait aussi se priver d'une rare satisfaction intellectuelle que de ne pas contempler en quelle admirable source de biens de toutes sortes la terre se transforme sous l'influence du génie humain. « La terre, a-t-on dit, est comme une énorme orange que le travail humain presse et dont le suc coule à flots le long des continents percés et déchirés. » C'est cette pensée qui domine ce livre ; c'est elle que nous voudrions faire passer dans l'esprit du lecteur.

PREMIÈRE PARTIE

LA TERRE

CHAPITRE I

LE GLOBE TERRESTRE

§ I. — Son origine, son passé, son avenir ; l'age de la terre.

Ce que je sais le mieux, c'est mon commencement,

disait Petit-Jean. La terre ne saurait en dire autant, car son origine vague et incertaine se perd dans une nuit lointaine. D'où vient la terre ? Où va-t-elle ? Questions bien intéressantes, mais combien indiscrètes, même pour nos plus savants astronomes. Laissons donc ces derniers discuter sur l'origine nébuleuse de notre planète, et bornons-nous à recevoir de leurs mains cette terre encore enfant, globe en fusion détaché du soleil et roulant dans l'espace avec l'éclat d'un soleil en miniature.

Voilà donc notre planète à ses débuts, formée d'une masse fluide, animée d'un mouvement de rotation rapide et tournant dans l'espace en compagnie de quelques autres globes, ses frères, autour d'un soleil qui nage lui-même dans l'espace infini, peuplé d'une multitude d'autres soleils, pères lumineux d'une multitude de mondes. Telle est l'idée que nous pouvons nous faire de l'univers.

Dès ses débuts, notre globe terrestre eut une vie agitée. Certains savants vont même jusqu'à émettre l'idée que, dès son stade igné, il fut profondément remué par des marées dues à l'action du soleil, et que l'une de ses marées solaires s'éleva à une hauteur telle que l'onde se sépara de la terre et forma la lune. Ce fut la première catastrophe de l'histoire de notre globe.

Mais laissons ces suppositions et revenons au fait. La terre, encore incandescente, devait être entourée d'une atmosphère de grande épaisseur formée surtout de vapeur d'eau. Puis, perdant sa chaleur par rayonnement dans l'espace, ce globe de feu s'est refroidi graduellement, de sorte que les écumes légères qui flottaient ont dû se solidifier et former une croûte solide qui a séparé les matières en fusion contenues dans l'intérieur du globe, des vapeurs de l'atmosphère. A partir de ce moment, notre planète est passée de la phase *soleil* à la phase *terre*. Cette mince pellicule solide est le plus ancien terrain formé : c'est elle qui va servir de soubassement à toutes les formations sédimentaires que vont déposer les eaux : d'où son nom de *terrain primitif*.

Cette écorce va servir d'écran au rayonnement de la matière en fusion ; dès lors le soleil sera l'unique source de chaleur qui alimentera la surface terrestre.

Le refroidissement continuant, la partie interne va diminuer de volume, se contracter ; de son côté l'écorce solide, subissant l'effet de cette contraction, va se plisser et produire des saillies et des dépressions (fig. 1). Ce sont ces saillies qui formeront les premiers reliefs de la terre, les premiers *continents* sur lesquels vont apparaître bientôt les végétaux. Ce sont les dépressions, par contre, qui formeront les premiers *océans*, dans lesquels la vie animale ne tardera pas à éclore. C'est que par suite de la solidification de l'écorce, l'atmosphère, ne recevant plus autant de chaleur du noyau en fusion, s'est refroidie et la vapeur d'eau qu'elle contenait s'est condensée peu à peu et s'est rassemblée dans les premières dépressions pour y former les premières mers.

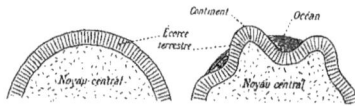

Fig. 1. — Formation de l'écorce terrestre.

Puis le refroidissement, ce grand facteur de la mécanique céleste, continuant, la contraction du globe va produire de nouveaux plissements et augmenter le relief du sol. Ces plissements qui vont former les chaînes de montages se produisent en allant du pôle vers l'équateur : c'est ainsi que dans l'hémisphère boréal les chaînes anciennes (*huronienne, calédonienne, hercynienne*) dessinent une série de ceintures concentriques dont la plus ancienne est la plus rapprochée du pôle. Dans ce mouvement progressif, la mer est refoulée peu à peu vers le Sud, de sorte que, comme on l'a dit en une heureuse expression, un observateur placé pendant la durée des temps géologiques sur un sommet du continent arctique *aurait vu* : d'abord la mer à ses pieds, une grande vague solide (chaîne calédonienne) se former lentement en lui masquant l'horizon, puis se figer en déferlant sur ses bords ; plus tard, des trouées se sont faites dans cette grande muraille continue, et il a pu voir une deuxième vague (chaîne hercynienne), puis une troisième (chaîne alpine) plus au Sud ; il est probable qu'il doit s'attendre aujourd'hui à voir une quatrième vague se former au Sud des Alpes, mais l'attente de notre observateur idéal sera-t-elle réalisée ou déçue ? Nous ne le saurons jamais.

Mais ce que nous savons bien, c'est que pendant ce temps les eaux produisent un effet inverse, car elles agissent chimiquement à cause de leur haute température, et mécaniquement par érosion : elles désagrègent les roches, les réduisent en poussière et les laissent déposer sous forme de sédiments qui vont s'accumuler les uns au-dessus des autres. Cette érosion tend donc à niveler les montagnes et par conséquent à combler les océans ; aussi, des premières montagnes il ne reste plus que des lambeaux. C'est de cette façon que les Ardennes, la Bretagne, le Plateau Central, qui faisaient partie de la chaîne hercynienne et dont les sommets atteignaient 5 à 6 000 mètres, ont été arasés par l'action des eaux.

D'autre part, tandis que les sédiments s'accumulent à l'extérieur du globe, le refroidissement de la masse interne continue, travaillant ainsi à épaissir l'écorce terrestre vers l'intérieur. A un moment donné, dans la suite des siècles, cet épaississement sera si considérable que l'écorce ne pourra plus se plisser, elle résistera aux refoulements : dès lors les montagnes cesseront de se former, tandis que l'érosion continuera son nivellement des continents. Il en résultera que les eaux ne s'écoulant plus facilement vers les océans, les continents seront partagés en nombreux archipels par des canaux où circuleront ces eaux. On pense que la planète Mars est déjà arrivée à ce stade : c'est qu'en effet, étant plus éloignée du soleil que la terre et aussi de moindre dimension, elle a dû se refroidir plus vite.

La terre enfin pourra finir par se solidifier complètement. Les eaux de sa surface seront absorbées par ses crevasses, qui ne pourront plus être comblées par la matière en fusion venant de la profondeur. La vie, dès lors, ne sera plus possible, et le globe ne sera plus qu'une masse inerte perdue dans l'espace. La terre sera devenue une sorte de lune.

Et après? Après, ce sera la fin de l'illumination solaire, le stade des ténèbres, du froid et de la mort, pendant lequel notre demeure ne sera plus qu'une tombe glacée, tournant sans bruit autour d'une autre tombe également glacée, le soleil éteint. Seule une épouvantable catastrophe causée par la chute de la terre sur le globe éteint du soleil pourra rompre la monotonie de ce silence. En effet, d'après la grande loi de l'attraction des corps, le plus petit des deux globes viendra s'écraser sur le plus gros, et rendra pour quelques instants la chaleur et la lumière à l'obscur globule. La terre pourra donc terminer son évolution en s'écrasant comme un bolide sur la surface du soleil éteint, que la violence du choc fera briller de nouveau, mais pour un instant seulement, car, étoile temporaire, il reprendra bientôt sa course silencieuse à travers la nuit éternelle.

Telle sera la fin de la terre, à moins... qu'une autre ne se produise. On a dit, par exemple, que le globe terrestre, crevassé profondément et dans tous les sens, se disloquerait et se réduirait en fragments qui seraient projetés dans l'espace à l'état de météorites : ce serait l'émiettement de la terre dans l'espace.

Quelle que soit cette fin, nous devons nous arrêter, comme stupéfiés, devant la grandeur des phénomènes et l'infinie petitesse de la raison humaine.

Telle est brièvement exposée l'évolution de la terre. Il y a cependant une question fort intéressante que nous voulons maintenant poser, au risque de ne pouvoir y répondre avec précision. Quel est l'âge de la terre? En d'autres termes, peut-on évaluer, du moins d'une manière approximative, le temps qui s'est écoulé depuis la formation de la nébuleuse terrestre jusqu'à nos jours? La discordance des chiffres obtenus par les géologues et les physiciens qui ont entrepris cette tâche indique que les méthodes employées n'offrent aucune certitude. On s'est appuyé sur deux sortes d'investigations : les unes, d'ordre physique, basées sur le refroidissement de l'écorce terrestre ; les autres, d'ordre géologique, basées sur la durée de la formation des dépôts sédimentaires. Étant données, d'une part, l'épaisseur de ces dépôts qui peut atteindre 80 kilomètres, et, d'autre part, la lenteur avec laquelle ces dépôts se forment actuellement, on conçoit le temps énorme qu'il a fallu pour que la terre s'édifie.

La plupart des auteurs ont trouvé des chiffres invraisemblables : des centaines de millions d'années, parfois même des milliards ! Le plus modéré de ces calculs, dû à William Thompson, est de 100 millions d'années. Ce nombre concorde avec les évaluations du géologue anglais Geikie et les calculs récents de M. G. Darwin (1).

Si formidable que soit ce nombre, il ne représente encore qu'une faible partie du temps que mettra la terre à terminer son évolution. Certes, il serait puéril, dans l'état actuel de nos connaissances, de chercher à déterminer le moment où la vie s'éteindra sur le globe. Notre savoir ne saurait prédire la date de la fin du monde. D'autres se sont essayés, avec un art inégal, dans cette prédiction ; nous ne chercherons pas à les concurrencer. Tout ce qu'il est permis d'avancer, c'est que probablement des siècles nombreux nous séparent de ce moment critique. Mais si loin que soit cette limite de la vie, nous nous en rapprochons évidemment chaque jour, et la terre elle-même semble avoir perdu la vigueur de sa jeunesse qui se caractérisait par une intensité de végétation et par une puissance de formes inconnues actuellement. Les êtres vivants sont aujourd'hui plus variés dans leurs formes, plus achevés peut-être dans leurs détails, mais ils sont aussi plus frêles et plus lents à se développer ; ils font songer à ces fleurs d'arrière-saison qui s'épanouissent lentement, péniblement, alors que leurs sœurs printanières accomplissent leur évolution en quelques jours. Il semble que ce soit pour l'homme un avertissement d'être économe des richesses que les âges géologiques ont accumulées dans le sol, ressources qui se renouvellent lentement et que l'on ne doit pas, si l'on est soucieux de l'avenir, gaspiller par des procédés d'exploitation barbares.

Une conséquence pratique est que l'exploitation des richesses contenues dans le sol doit être basée sur la science et la raison, et non, comme cela se fait souvent, sur le caprice des individus qui veulent tirer de la terre tout ce qu'elle peut donner sans rien lui rendre jamais. L'homme ne doit pas oublier qu'il est un être essentiellement terrestre, qu'il n'est rien sans la terre, et « que la vraie civilisation est celle-là seule qui se développe en harmonie et conformité avec les lois qui régissent la planète ».

§ 2. — FORME ET DIMENSIONS DE LA TERRE.

Quelle est la forme de la terre ? Le meilleur moyen de la connaître serait de se transporter dans l'espace, à une distance de la terre égale à celle qui nous sépare de la lune, en un mot de faire un voyage à la lune. Notre planète, éclairée par le soleil, nous apparaîtrait alors comme un globe lumineux. Et si nous avions pris soin d'emporter des instruments de précision, nous verrions que le globe n'est pas parfaitement sphérique, qu'il est légèrement aplati en deux points opposés appelés *pôles*. Or, c'est précisément autour de la ligne qui joint ces deux pôles que la terre tourne sur

(1) SOULAS, *Revue scientifique*, 1901.

elle-même, accomplissant une révolution complète en 24 heures. Par suite de ce mouvement de rotation, chaque point de la surface terrestre décrit, autour de l'axe, un cercle entier ; mais la dimension de ce cercle varie : nulle au pôle, elle atteint sa plus grande valeur à l'équateur. Or, étant donné que le rayon de la terre est de 6 366 kilomètres, un point de l'équateur parcourt environ 40 000 kilomètres en 24 heures, ce qui *fait du 1 660 à l'heure*. Les Parisiens, qui se trouvent à plus de moitié chemin entre l'équateur et le pôle, se contentent de faire du 1 000 à l'heure, c'est-à-dire dix fois la vitesse de nos plus puissantes locomotives !

L'effet de cette rotation rapide est d'écarter de l'axe les parties voisines de l'équateur en produisant un gonflement de cette région, et, par contre, une contraction de la ligne des pôles. Or, si l'on fait tourner très vite une sphère de fer, de bois ou de pierre, elle ne se déforme pas ; c'est seulement si la sphère est creuse et si son enveloppe est mince qu'on la voit s'aplatir par l'effet de sa rotation. Cette remarque permet donc de penser que l'extérieur seul de la terre est solide, tandis qu'à l'intérieur doit se trouver une masse liquide.

La surface de la terre n'est pas lisse ; elle présente des saillies et des dépressions. De sorte qu'on a souvent comparé la terre à une orange dont les rugosités représenteraient les montagnes et les vallées. Ce n'est pas tout à fait exact, car les plus hautes montagnes du globe (Gaurisankar, 8 840 mètres) ou les plus grandes profondeurs de la mer (9 427 mètres, aux îles Tonga, en Polynésie), si imposantes à côté de l'être humain, sont bien peu de chose en comparaison du rayon de la terre ; elles deviennent alors inappréciables, et si elles étaient représentées sur un globe d'un mètre de rayon, ces rugosités ne dépasseraient pas un millimètre et demi. L'image de la terre serait donc plutôt une bille de billard qu'une orange.

La figure 2 nous rend bien compte de ce fait. Le globe terrestre y est dessiné à l'échelle de 1 centimètre par 1 000 kilomètres, et pour rendre visible le relief des montagnes, on a dû l'exagérer 50 fois. Pour rester exact à l'échelle adoptée, il eût fallu indiquer les plus hautes montagnes par une ligne de 1/10 de millimètre d'épaisseur.

Donc, si nous nous figurons volontiers que les mers sont des abîmes insondables et des gouffres vertigineux, et que les montagnes dressent fièrement leurs cimes comme à l'assaut du ciel, en réalité, ces inégalités qui nous en imposent s'évanouissent complètement devant les dimensions de notre globe, l'un des plus petits cependant parmi ceux qui gravitent autour du soleil, qui est lui-même *quatorze cent mille fois* plus gros que la terre !

Maintenant que nous connaissons la forme, les dimensions, l'aspect extérieur du globe terrestre, il nous faut essayer d'en connaître la structure. De quoi est-il fait ?

Que contient-il dans son intérieur ? Est-il creux ? Est-il plein ? C'est à toutes ces questions que nous allons essayer de répondre. Il nous faudra pour cela non seulement soulever le manteau de végétation qui cache le sous-sol comme le tapis d'un appartement cache le plancher, mais encore visiter les carrières et les mines, descendre le plus profondément possible dans l'écorce terrestre.

§ 3. — L'ÉCORCE TERRESTRE ET LE NOYAU CENTRAL : ANCIENNES OPINIONS ET
FANTAISIES SCIENTIFIQUES. UN TROU A LA TERRE. LES VOLCANS GÉOLOGUES.
LA TERRE EST UN RÉSERVOIR D'ÉNERGIE. LES PUITS D'ÉLECTRICITÉ.

Bien des siècles avant l'existence de la science géologique, l'imagination humaine
cherchait à se rendre compte de la structure de l'intérieur du globe. Les philosophes

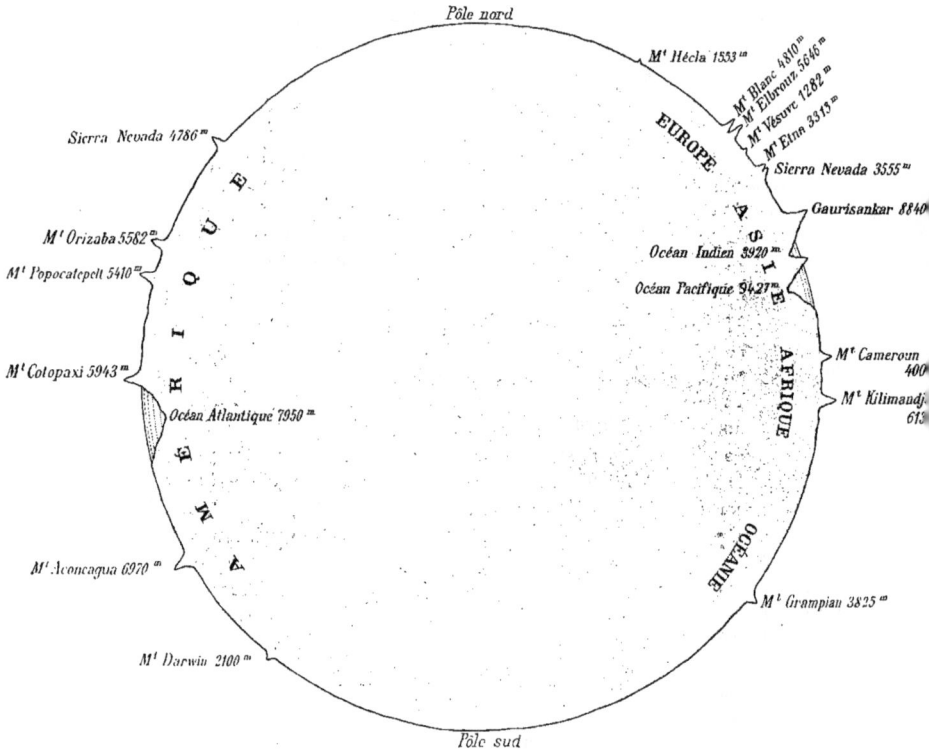

Fig. 2. — Le globe terrestre avec les saillies et les dépressions, à l'échelle de 1 centimètre par 1 000 kilomètres.
(Pour rendre visibles les reliefs et les dépressions, on les a amplifiés 50 fois.)

de l'antiquité, se basant sur des faits souvent vagues et purement locaux, forgeaient
des systèmes plus ingénieux que vraisemblables dans le but d'expliquer cette structure.

Tout d'abord c'est Aristote qui démontre, par un syllogisme demeuré célèbre, que
le centre de la terre coïncide avec le centre même de l'univers visible.

Avec Pythagore et Platon apparaît l'idée du feu central : selon eux les entrailles de la terre doivent être embrasées. Cette opinion, soutenue ensuite avec plus d'autorité par Descartes et Leibniz, est encore défendue de nos jours par d'éminents champions comme Daubrée, Faye et de Lapparent.

Au contraire, d'après Anaxagore et Démocrite, soutenus de fort loin par Woodwart, la sphère terrestre serait formée d'une simple enveloppe contenant de l'eau. Quant à Buffon, il avoue son ignorance, mais cependant il n'admet pas l'idée du feu central.

Beaucoup de géologues ont pensé que le noyau terrestre était composé de fer, par analogie avec les météorites. C'est une idée qui est encore soutenue de nos jours par des savants comme Nordenskiold et par M. Wiechert, qui, récemment, donnait à l'appui de cette thèse des arguments puissants. Les quatre cinquièmes du rayon terrestre seraient composés de fer avec une densité de 8,2, tandis que l'enveloppe extérieure serait composée de silicates tels que ceux des roches éruptives et aurait une densité de 3,2. C'est de cette couche extérieure encore en fusion que s'est détachée la lune, dont la densité est en effet de 3,39, différence légère qui s'expliquerait par la basse température de notre satellite. D'autre part, l'existence du magnétisme terrestre est un argument d'une certaine valeur en faveur de l'existence d'un noyau en fer.

Nous ne voulons pas oublier la curieuse opinion de certains érudits qui croient à l'existence d'une immense cavité au centre de la terre : dans cette cavité circuleraient un soleil, une lune et des planètes portant des êtres vivants d'une nature spéciale ! Notons en passant, avec Helmholtz, que si des êtres intelligents étaient ainsi emprisonnés dans une telle cavité, ils auraient une géométrie particulière, distincte de la nôtre, car sans rapports possibles avec l'extérieur, ils ne pourraient pas, par exemple, concevoir la notion des parallèles. Au surplus nous verrons plus loin que la terre n'est pas creuse, il s'en faut. Cela n'empêche que cette conception d'une terre creuse a beaucoup servi aux écrivains des siècles derniers. Nous voyons, au XVIIe siècle, Holberg, qu'on a appelé le « Molière danois », rédiger en latin les *Aventures de Nicolas Klimius dans le monde souterrain* ; non seulement il décrit les planètes qui circulent dans les cavités souterraines, mais il va jusqu'à analyser les mœurs des êtres qui séjournent sur ces astres. Nous ne suivrons pas cet auteur dans son voyage imaginaire ; notons seulement qu'il n'a pas cru devoir éclairer son univers souterrain par une lumière spéciale : il l'illumine à l'aide de rayons solaires traversant les mers qui forment une gigantesque voûte au-dessus du vide !

Disons encore que les plus timides se contentent de supposer l'existence de mers intérieures communiquant avec les océans superficiels.

Parmi ces opinions diverses il nous serait bien difficile de choisir. Heureusement, peu à peu, aux paradoxes fantaisistes vont succéder des hypothèses plus sérieuses. La croyance la plus répandue et la moins absolue se trouve dans le traité du célèbre P. Kircher (jésuite né à Fulda en 1602, mort à Rome en 1680), intitulé *Mundus subterraneus*. C'est une véritable encyclopédie que ce curieux ouvrage. L'idée fondamentale de l'auteur consiste à mettre en parallèle le corps humain *(microcosmus)* avec la terre *(geocosmus)*. Les intéressantes gravures (fig. 3 et 4) que nous reproduisons montrent que le noyau central est embrasé et que l'enveloppe est des plus hétéro-

gènes. Aux viscères de l'organisme humain correspondent des canaux souterrains et
des abîmes d'eau qui alimentent les fontaines et les mers. C'est ainsi que la mer
Caspienne est réunie à la mer Noire, et la mer Rouge à la mer Morte, par des excavations souterraines ; il signale aussi un tunnel sous-marin perforant l'isthme de Suez
et par lequel, du reste, Jules Verne fait passer le *Nautilus* du capitaine Nemo.

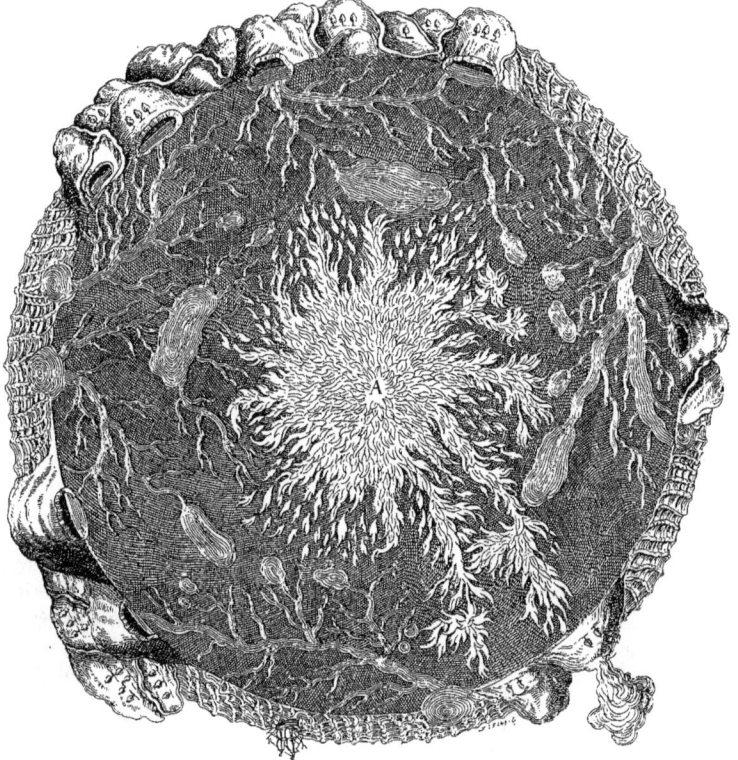

Fig. 3. — Les eaux et les canaux souterrains faisant communiquer les mers entre elles
(d'après le *Mundus subterraneus* du P. Kircher).

Du feu central rayonnent des sortes de veines qui réchauffent le sol, alimentent les
volcans et tiédissent l'eau des sources thermales. De même, dit cet auteur, les esprits
animaux venus du cerveau se répandent dans toutes les parties de notre corps. Enfin,
le globe respire par des sortes de grands réservoirs creux comparables aux poumons
et, comme eux, gonflés d'air. Cet air circule à travers des conduits ramifiés, entrete-
nant la combustion des masses ignées, comme l'oxygène qu'apporte le sang vient

brûler nos tissus. Certains de ces conduits viennent déboucher dans des cavernes superficielles, d'où l'air, devenu libre, s'échappe avec violence à l'extérieur ; ainsi se déchaînent les tempêtes.

Toutes ces fables reflètent fort exactement les préjugés de cette époque. Nous devons du reste reconnaître qu'elles sont souvent mêlées de notions saines qu'un géologue

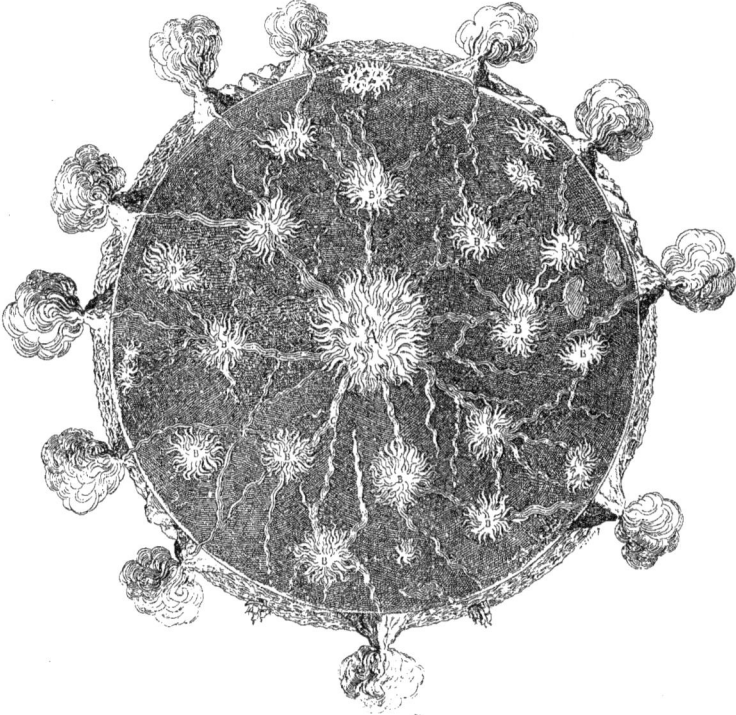

Fig. 4. — Le feu central et les canaux de circulation de l'air et du feu (d'après le *Mundus subterraneus* du P. Kircher).

moderne ne renierait pas. Il est même probable que si le P. Kircher avait pu connaître les progrès de l'art de l'ingénieur et l'activité fiévreuse que mettent nos contemporains à extraire des profondeurs du globe les richesses qu'il renferme, il eût poussé plus loin sa comparaison entre la terre et un organisme vivant. Les trous de sonde eussent été, pour lui, des ponctions faites par l'ingénieur, devenu chirurgien opérateur, pour explorer les tumeurs terrestres que sont les gisements métallifères et autres ; les chercheurs d'or, de diamant ou de pétrole auraient été des vampires suçant avec férocité les richesses du sol ; et qui sait si, pour être dans le mouvement, il n'eût pas comparé les financiers à de vilains parasites et les mineurs aux cellules actives de ce gigantesque organisme ?

En somme, à la fin du xviiᵉ siècle, les savants sont encore loin d'être d'accord sur cette mystérieuse question de l'intérieur de la terre ; aujourd'hui, du reste, la marge laissée aux romanciers est encore assez vaste pour qu'ils puissent, sans être trop invraisemblables, présenter aux jeunes générations des récits extraordinaires.

Il y a cependant une idée qui semble admise par tous les savants modernes : c'est que la terre n'est pas creuse. Qu'en savez-vous ? nous dira-t-on. Vous n'y êtes jamais allé voir. Certes non. Mais nous pourrions démontrer que notre globe est plein par divers arguments. Laissant de côté la preuve trop savante fournie par l'analyse mathématique, en voici une démonstration plus élémentaire. Admettons que la terre soit creuse et que son enveloppe ait 25 à 30 kilomètres d'épaisseur. Nous pourrions comparer cette écorce à une voûte immense dont les assises inférieures supporteraient une pression énorme due à la pesanteur. On a calculé que chaque millimètre carré de la partie inférieure de la voûte aurait à supporter une pression de 37 000 kilogrammes. C'est une pression qu'aucun corps connu ne saurait supporter. Le granite, lui-même, s'écrase quand on le soumet à une pression de 5 à 10 kilogrammes. Si donc la voûte était en granite, elle serait écrasée, pulvérisée depuis longtemps. Il est vrai que cette voûte pourrait être composée d'une roche, encore inconnue, qui serait plus résistante que le granite, plus résistante même que l'acier. Malgré cela, le résultat serait le même, car l'acier ne supporterait pas une charge supérieure à 80 kilogrammes par millimètre carré et serait réduit en poussière sous une charge de 37 000 kilogrammes. Alors, la terre ne saurait être creuse et l'écorce doit reposer sur un noyau central solide ou liquide. Mais est-il liquide ? est-il solide ?

Il existe à ce propos une bien curieuse expérience faite par le physicien anglais William Thompson, et qui consiste à suspendre par des fils d'acier deux œufs, dont l'un est cru et l'autre cuit ; puis les prenant entre ses doigts, on leur imprime un léger mouvement de rotation autour de leur grand axe. L'œuf cuit se comporte comme un corps solide quelconque : sa rotation se continue pendant un temps assez long ; au contraire, le mouvement de l'œuf cru cesse bientôt. Pourquoi cette différence ? C'est que, pour l'œuf cru, la coquille seule a été mise en mouvement, et que dans sa rotation elle est soumise au frottement de la masse liquide de l'œuf, frottement qui tend à la ramener au repos. Donc, ajoute William Thompson, la terre n'est pas formée d'une mince croûte solide entourant un noyau liquide ou pâteux ; cette structure serait incompatible avec le mouvement de l'axe terrestre qui correspond au phénomène bien connu de la précession des équinoxes.

Beaucoup de géologues cependant, tout en ignorant ce qu'il y a au centre de la terre, mais se basant sur les données de l'observation que nous indiquerons plus loin, croient à l'existence d'une masse centrale en fusion.

Comment trancher ce différend ? Il y aurait bien un moyen héroïque ; ce serait celui de *faire un trou à la terre,* de creuser un puits gigantesque de plusieurs kilomètres, et peut-être que de ce puits se déciderait à sortir la pure et simple vérité. Il ne s'agit pas ici du puits de Maupertuis dont parle Voltaire, de ce fameux puits qui devait traverser le globe d'une extrémité à l'autre, afin de nous procurer le plaisir, en nous penchant sur le bord, de voir nos antipodes comme au fond d'une vaste lunette. Il s'agit seulement de creuser un grand puits d'observation. Cette idée avait fortement tenté, il y a quelques années, un savant américain qui avait proposé aux nations civilisées de grouper leurs efforts pour accomplir cette œuvre de science. « Il est certain, disait ce savant, que plusieurs générations passeront avant qu'on ait atteint le centre de la terre ; mais la science ne doit pas travailler seulement pour les générations présentes. » Sans doute le percement d'un tel puits serait d'un intérêt scientifique considérable, et si tous les gouvernements s'entendaient pour exécuter cette besogne, ce serait remporter une victoire supérieure à toutes celles du passé. On a même été jusqu'à dire que si l'on employait les soldats à ce travail, on aurait perdu pendant ce temps l'habitude de se battre, et que par suite l'humanité aurait gagné en partie double : progrès scientifique et progrès social. Sans spéculer sur ce bénéfice moral, très problématique, nous ne pouvons cependant nier l'intérêt que présente ce projet ; mais est-il réalisable ? Nous ne le croyons pas. En admettant même que l'humanité tout entière consacre toutes ses forces à ce travail gigantesque, elle n'arriverait sans doute qu'à de bien piètres résultats. Il suffit pour s'en convaincre de se représenter le globe terrestre tel qu'il est et de comparer aux dimensions de ce globe celles du puits le plus profond qu'on ait creusé jusqu'ici. Ce dernier avec ses 1 200 mètres ferait une pauvre figure. A supposer même que l'on arrive à foncer un puits dix fois plus profond que celui-ci, ce ne sera jamais qu'une légère égratignure à la surface terrestre. Il est donc probable que pour longtemps encore les profondeurs de la terre nous resteront inconnues, et que nous pourrons continuer à interpréter la classique descente aux enfers qui sert d'épisode aux poèmes antiques comme le récit d'un voyage au centre de la terre occupé par Satan.

Le procédé qui nous renseignerait d'une façon simple sur ce qui se passe dans les entrailles du sol reste donc à trouver.

Si au moins nous avions le pouvoir que nous accorde la crédulité de certains mandarins chinois qui se figurent volontiers que nous avons un œil au milieu du ventre et que nous y voyons à 25 lieues sous terre ! Il ne nous reste donc, pour satisfaire notre curiosité, qu'à profiter de ce que la nature met à notre disposition. Pourquoi, par exemple, ne pas utiliser ce qu'un éminent géologue (1) appelle spirituellement les *coups de sonde* des volcans ? Les *volcans géologues,* voilà qui serait nouveau. Quel rapport, dit ce savant, peut-il y avoir entre ces bruyants appareils qui vomissent des laves et les paisibles ramasseurs de pierres qu'on voit rôder dans les chemins creux et les carrières ? L'analogie n'est pas si lointaine, car la fonction du géologue est d'interroger les profondeurs du sol, et jamais les sondages ne descendent assez bas à son gré. Or, ce métier de sondeur, le volcan l'exerce. Nous verrons, en effet, que les explosions volcaniques percent à travers l'écorce terrestre de nombreux et profonds trous. Ne serait-ce pas un beau résultat pour la science si elle arrivait à tirer parti de ces phénomènes volcaniques qui sont restés pour l'humanité un juste sujet d'effroi ?

(1) De Lapparent, *Nature.* 1898 et 1901.

Les géologues réussiraient alors à connaître les profondeurs du globe par un procédé aussi simple que celui dont se servent les physiciens pour explorer les hauteurs inaccessibles en envoyant des *ballons-sondes* dans l'atmosphère.

Heureusement, si nous devons ignorer ce qui se passe dans les profondeurs du domaine terrestre, nous pouvons au moins le conjecturer en nous basant sur les données scientifiques que nous ont fournies les travaux des ingénieurs. Tout le monde sait qu'à une certaine profondeur la température reste constante ; c'est pour cette raison que nos caves paraissent chaudes en hiver et fraîches en été. Ainsi, dans les caves de l'Observatoire de Paris, qui sont à 27^m,60 au-dessous du sol, un thermomètre placé, en 1783, par Lavoisier, marque depuis cette époque 11°,8 ; ses variations les plus grandes n'ont pas atteint un quart de degré. Voilà ce qui se passe à une certaine profondeur, mais si l'on descendait davantage ? Partout où l'on creuse un puits de mine ou un tunnel, on constate que *la température augmente à mesure qu'on s'enfonce* et environ de 1° par 30 mètres ; c'est un fait général qui se vérifie sous les solitudes glacées de la Sibérie comme sous les tropiques. Les mineurs avaient depuis longtemps révélé ce fait, car cet accroissement de chaleur est le principal obstacle qui s'oppose à l'exploitation des mines au delà d'un certain niveau. C'est aussi cette élévation de la température qui a rendu si pénibles les travaux de percement de certains tunnels comme ceux du Mont-Cenis et du Saint-Gothard.

L'art du sondeur, qui s'est perfectionné beaucoup dans ces dernières années, a permis d'atteindre des profondeurs considérables. A Sperenberg, près Berlin, la sonde après avoir traversé une masse de sel de plus d'un kilomètre d'épaisseur, descendait à 1300 mètres et enregistrait une température de 48°, ce qui correspond à une élévation de 1° par 32 mètres ; aux mines de Schladebach, en Saxe, un sondage allait jusqu'à 1700 mètres indiquant une température de 55° et une moyenne de 1° pour 36 mètres : enfin, le sondage le plus profond qui ait été fait jusqu'ici, en Silésie, a atteint 2040 mètres et donné une température de 70°, ce qui correspond à une moyenne de 1° pour 34^m,4.

La profondeur à laquelle il faut descendre pour que la température s'élève de un degré est appelée *degré géothermique*. Cette profondeur est variable, elle peut descendre au-dessous de 20 mètres, comme dans les mines de Cornouailles, en Angleterre, et s'élever jusqu'à 60 et même 80 mètres dans certaines mines du Brésil. Tout dépend de la nature des couches traversées et aussi de leur situation géologique. En général, dans les mines de houille, l'accroissement est plus rapide, de même que dans les montagnes. L'existence de fissures laissant passer des eaux froides de la surface ou des eaux chaudes de l'intérieur, de même que le voisinage de centres éruptifs peuvent influer sur le degré géothermique.

Comme aucune cause locale ne peut expliquer cette augmentation de la température, il faut admettre qu'il existe une source de chaleur dans l'intérieur du globe. Cette source doit être d'une grande puissance pour traverser ainsi des roches qui conduisent très mal la chaleur. Si cet accroissement se fait régulièrement, de 1° par 30 mètres, la température de 3 kilomètres serait de 100°, à 30 kilomètres de 1000°, enfin à 60 kilomètres de 2000°. Or, à cette température toutes les pierres et tous les métaux connus sont en fusion. Il semble donc logique d'admettre que le globe terrestre est composé d'un *noyau central* en fusion, enveloppé d'une écorce solide, épaisse de moins de 60 kilomètres et qui sert de support à l'océan et à l'atmosphère. Grâce à cette croûte terrestre, à travers laquelle la chaleur se propage si difficilement, le noyau central conserve une grande part de la chaleur initiale de notre planète. C'est là une provision de chaleur et par suite d'énergie que le globe tient en réserve.

Fig. 5. — Dans les Alpes : au Saint-Gothard.

Cette conception de l'existence d'un foyer de chaleur interne ne repose pas seulement sur la base un peu précaire fournie par les sondages ; car enfin on pourrait dire qu'il est difficile d'appliquer aux grandes profondeurs les résultats obtenus seulement jusqu'à 2 000 mètres. D'autres preuves abondent de l'existence de foyers souterrains, et parmi les plus convaincantes sont celles qui sont fournies par les volcans et par les sources thermales. Il serait difficile, en effet, de ne pas rattacher la notion de chaleur centrale à celle des volcans qui vomissent des matières en fusion.

Il existe cependant des géologues réfractaires à cette conception. D'après eux les parties profondes du globe ne peuvent être en fusion, à cause de l'énorme pression qu'elles supportent. On démontre, en effet, en physique que le point de fusion d'un corps s'élève avec la pression qu'il supporte. De sorte, disent ces auteurs, que sous l'écorce terrestre, se trouve une couche en fusion, tandis que le noyau interne serait solide et chaud.

Quoi qu'il en soit, l'existence de la chaleur interne est indiscutable. Les manifestations si puissantes de l'activité volcanique prouvent évidemment l'existence de vastes réservoirs de matières fondues que l'écorce terrestre protège contre le rayonnement, comme la couche scoriacée d'une coulée de lave lui permet de garder sa chaleur pendant plusieurs années.

Quant à l'écorce, elle mérite bien son nom, car en supposant même que son épaisseur soit de 60 kilomètres, elle ne représenterait pas encore le *centième* du rayon terrestre ; elle forme donc par rapport au noyau central une enveloppe relativement plus fragile que la coquille qui protège l'œuf. Nous pouvons ajouter que la partie que nous connaissons par exploration directe ne dépassant pas 2 000 mètres, est au reste à peu près dans la proportion de 1 à 3 000. On peut donc dire que la *pellicule* externe du globe seule est accessible à l'observation.

Désormais donc, voulant nous en tenir à ce qu'on peut voir de ses yeux et toucher de ses mains, c'est cette pellicule que nous allons explorer, sonder dans tous les sens et dans tous les pays.

Pour avoir une idée de la structure de l'écorce terrestre il suffit d'observer une tranchée de chemin de fer, un chemin creux, une carrière ou une falaise. Nous verrons d'abord à la surface une couche sur laquelle poussent les plantes : c'est la *terre végétale* ; puis au-dessous une série de couches empilées les unes au-dessus des autres à la façon des feuillets d'un livre et présentant sur leurs tranches des teintes différentes qui les rendent facilement visibles. Toutes ces parties, désignées sous le nom de *roches,* sont de nature et de solidité différentes ; le mot roche n'est donc pas réservé seulement aux parties dures, il désigne également le sable le plus fin, l'argile la plus molle, et le calcaire ou marbre le plus dur. Toutes ces roches ainsi disposées en couches parallèles ou *strates* sont dites *stratifiées* ; de plus, comme elles ont le même aspect que les matières déposées actuellement par les eaux des mers, des lacs ou des fleuves, et qu'on appelle des *sédiments,* on les désigne encore sous le nom de *roches sédimentaires.* Elles ne contiennent ordinairement pas de cristaux, mais on y trouve souvent des débris d'êtres vivants, animaux ou végétaux, qui existaient au moment de leur formation et qu'on appelle *fossiles.*

Si, au contraire, nous voyageons dans les montagnes, nous trouverons des roches, non plus stratifiées, mais disposées en masses irrégulières (fig. 5), généralement

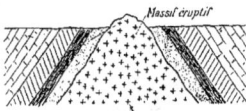

Fig. 6. — Massif éruptif ayant soulevé des roches sédimentaires.

brillantes et dures et formées par une agglomération de petits cristaux ; ce sont des roches du *terrain primitif,* ou bien des *roches éruptives,* qui proviennent des profondeurs du sol, à travers les fissures de l'écorce terrestre. Ces roches venant s'intercaler au milieu des roches sédimentaires s'y présentent sous divers aspects : tantôt ce sont d'énormes masses qui se font jour en relevant sur leurs flancs les roches stratifiées voisines : elles forment alors des *massifs* (fig. 6) ; tantôt elles remplissent les fentes qui existent dans les roches stratifiées sans déplacer celles-ci ; elles forment alors des *filons de roches,* qui, arrivés à la surface, peuvent s'y épancher et donner des *nappes* ou *coulées* (fig. 7).

Quant aux roches sédimentaires, elles peuvent rester horizontales comme elles étaient au moment de leur dépôt ; mais elles peuvent aussi être inclinées, redressées par les mouvements du sol. Parfois même on les voit se relever, comme si une force souterraine les avait lancées contre leur couverture en crevant cette dernière ; de sorte qu'elles apparaissent au jour, les unes à la suite des autres, dans l'ordre de leur superposition, et si l'on voulait en dresser une liste, il suffirait de marcher sur la série de leurs tranches, sans qu'il soit besoin de faire un sondage.

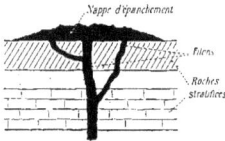

Fig. 7. — Filons de roches et nappe d'épanchement.

Il est facile de se rendre compte que ces plissements sont dus à des poussées formidables en rapport avec le refroidissement de la terre. Comme nous l'avons dit plus haut, le noyau central en se refroidissant se contracte, et l'écorce pour rester appliquée sur ce noyau se plisse, se ride, comme la pelure d'une vieille pomme. Les saillies qui vont constituer les montagnes ou les bombements sont appelées *plis anticlinaux* ou *selles* ; les dépressions qui vont former les bassins sont connues sous le nom de *plis synclinaux*, ou *fonds de bateau*, ou *thalwegs*.

Parfois ces plis sont exagérés : l'anticlinal, par exemple, peut être resserré à la base et épanoui en gerbe au sommet, il est dit alors en *éventail* (fig. 8). Enfin, la partie supérieure des plis a pu être enlevée par érosion, de sorte que l'on ne voit plus que des couches verticales ou légèrement inclinées.

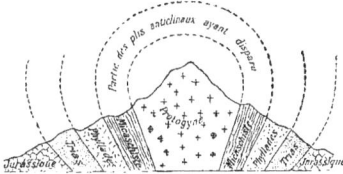

Fig. 8. — Stratification en éventail (Mont Blanc).

C'est surtout dans les régions des montagnes que ces bouleversements sont plus compliqués, car les refoulements peuvent agir, à des époques différentes, dans des directions différentes. Il en résulte que non seulement les couches sont plissées, relevées, mais parfois même complètement renversées (fig. 9), de sorte qu'il se produit une interversion dans l'ordre de superposition des couches. C'est un fait qu'il ne faut pas perdre de vue, surtout quand il s'agit de rechercher un dépôt aussi précieux que la houille. Le sondage fait dans

Fig. 9. — Pli renversé dont la partie pointillée a été enlevée par l'érosion.

ce but peut rencontrer un terrain inférieur, par suite plus ancien que le terrain houiller, et sous lequel la houille ne devrait pas exister. On en conclurait donc à l'absence de la houille. Mais, si l'on continue le sondage, le houiller pourra être rencontré de nouveau : c'est qu'il y a eu ici un renversement des terrains. Le bassin houiller du Nord de la France nous donne de ce fait un exemple remarquable.

Quelle que soit la disposition des couches qui composent l'écorce terrestre, celle-ci, à cause de sa mauvaise conductibilité de la chaleur, permet au globe de conserver sa provision de chaleur interne et par suite une certaine réserve d'énergie. La terre

est donc comme une vaste mine de chaleur que nous n'utilisons pas. Mais cette réserve
de chaleur ne semble pas être la seule. Des savants veulent voir dans la terre un
énorme *réservoir d'électricité* qui a ses fluctuations, ses marées, ses vagues, comme
la mer a les siennes. Mais nous sommes loin du jour où l'on creusera dans les profondeurs du globe des « puits d'électricité » pour déterminer dans les différents
étages géologiques les « couches équipotentielles ».

En tout cas, dans cette nouvelle conquête que pourra faire la science, une large
part du succès reviendra sans doute au sondeur, qui est depuis longtemps le collaborateur du géologue et de l'ingénieur. C'est pourquoi nous croyons utile et intéressant
de décrire sommairement les procédés de sondage employés actuellement et dont la
pratique s'étend chaque jour davantage ; nous fournirons ainsi à ceux qui ne sont
pas initiés à ce curieux art des sondages des renseignements qu'ils ne trouveraient
que dans des ouvrages techniques, difficiles à lire et souvent plus difficiles encore à
comprendre.

CHAPITRE II

LES EAUX SOUTERRAINES

§ 1. — Les sondages anciens et modernes. Moïse, patron des sondeurs. Le matériel du sondeur moderne : trépans et tarières ; pompe a sable. L'art de « tirer des carottes ».

L'art du sondage n'est pas à ses débuts, mais ce n'est guère que depuis une cinquantaine d'années qu'il a pris son véritable essor. Actuellement, il est pour les recherches dans les profondeurs du sol ce que l'analyse est pour la chimie, et les services qu'il a rendus sont considérables. C'est lui qui fait découvrir les nappes d'eau souterraines nécessaires à l'alimentation des villes : c'est lui qui met sur la trace des gisements de houille ou de pétrole, de sel ou de phosphates, d'or ou de fer, car il n'est aucune recherche minière sérieuse qui ne soit précédée d'un sondage ; c'est lui qui renseigne sur la composition des couches géologiques inaccessibles, sur la chaleur des eaux intérieures. Aussi l'on comprend les progrès rapides faits par cette science, surtout depuis que l'homme s'acharne à découvrir les trésors minéraux enfouis dans le sol.

Quelque degré de perfection qu'il ait atteint, cet art fut lent dans ses progrès. Il est certainement très ancien : on en voudrait même faire remonter l'origine aux temps bibliques. « Il serait assez séduisant, dit M. Lippmann (1), de voir dans la baguette de Moïse la première tarière artésienne, et de faire ainsi de ce grand prophète le patron des sondeurs. » Nous devons douter, car l'Écriture ne dit pas que les peuples pasteurs aient fait usage d'un pareil instrument pour établir dans le désert toutes ces fontaines antiques qui existent encore aujourd'hui sous les noms de fontaines d'Agar, d'Ismaël, etc. ; elle dit simplement qu'ils creusaient le sable jusqu'à la rencontre de la pierre, d'où l'eau jaillissait impétueusement jusqu'à la surface du sol. Du reste, leur façon de procéder, transmise de génération en génération, se pratiquait encore il y a quelques années dans les déserts algériens. Les sondeurs arabes ont formé dès la plus haute antiquité une corporation très estimée et même vénérée. De tout temps, le r'tas, c'est le nom du puisatier arabe, a joui de grands privilèges, et il n'a perdu son prestige sacré que lors de l'apparition de la sonde au Sahara. C'est que depuis cette époque la sonde ne cesse de faire jaillir des profondeurs du sol, et sous les yeux émerveillés des populations indigènes, de belles

(1) Ed. Lippmann, *Petit traité des sondages*, 2ᵉ édition, 1901.

et puissantes sources artésiennes qui sèment la vie sur cette terre brûlante et tracent les voies de pénétration du Sud Algérien.

Il semble hors de doute que ce sont les Chinois qui, les premiers, ont foré des puits à l'aide d'une sonde rudimentaire, qui est encore en usage chez eux. Leur procédé a été décrit pour la première fois, en Europe, dans un ouvrage intitulé *Voyage pittoresque*, édité à Amsterdam et paru dans les dernières années du XVIIe siècle.

Quant à la sonde à tige que nous décrirons plus loin, son invention fut disputée à la France par tous les pays miniers. En toute équité, cependant, nous devons revendiquer la priorité de cette découverte pour notre pays. En effet, le célèbre potier Bernard Palissy, qui s'est occupé de la recherche des eaux jaillissantes, décrit dans son *Traité de la Marne*, édité en 1580, la conception qu'il a « d'un outil, d'une tarière munie d'un manche ou d'une tige en bois qu'il allongera suivant les besoins, pour aller prendre des échantillons de terre, voire même pour trouver de l'eau qui s'élèvera plus haut que le lieu où la pointe de la tarière l'aura rencontrée ». Sans doute dès le XVIIe siècle les auteurs allemands décrivent cet instrument ; c'est que, comme trop souvent en France, l'invention de Bernard Palissy avait été perfectionnée et mise à profit tout de suite à l'étranger.

En réalité, ce n'est qu'au début du XIXe siècle que l'art du sondeur a pris un développement rapide. C'est alors que le modeste praticien qui exerçait le plus habilement possible son métier de *fontainier-sondeur* est devenu, en quelques années, un ingénieur spécialiste qui ne devait rien négliger des progrès faits par la science. Aussi pour bien comprendre la description des procédés de sondage employés actuellement, il est nécessaire de connaître, au moins dans ce qu'ils ont d'essentiel, les outils qui composent le matériel du sondeur.

Quelle que soit la profondeur qu'il s'agisse d'atteindre, ce matériel se compose : 1° des outils de forage et de curage ; 2° des tiges de sonde ; 3° des outils et engins de manœuvre ; 4° de parties accessoires, mais souvent indispensables, telles que des tubes pour soutenir les terrains, et des outils pour réparer les accidents.

Les outils de *forage* varient avec la nature de la roche que l'on attaque. Sur les roches dures on agit par percussion, c'est-à-dire par chocs répétés, et l'on emploie les outils connus sous le nom de *trépans* ; le forage des roches tendres, au contraire, se fait par rotation et exige l'usage d'outils appelés *tarières*.

Les *trépans* (fig. 10) sont des lames en acier dont la partie supérieure se visse sur l'extrémité inférieure de la sonde, et dont le taillant peut avoir des formes variées suivant les terrains. Le forage à l'aide du trépan se fait en soulevant la sonde pour la laisser retomber ensuite sur la roche à perforer. C'est pourquoi le trépan doit être solide et de poids considérable. Lorsque la roche est très dure, il est préférable de diminuer la hauteur de la chute et d'augmenter la rapidité.

Les *tarières* (fig. 11) qui servent à forer par rotation, sont ordinairement employées pour le percement des terrains tendres, tels que : marne, craie et argile. Ces outils s'enfoncent dans le sol par leur poids et par le mouvement de rotation qu'on leur imprime.

Les outils de *curage* servent à retirer du trou les matériaux broyés par les trépans ou les tarières ; ils sont ordinairement désignés sous le nom de *cuillers*, et sont de deux sortes : la cuiller à clapet (fig. 12, A), qu'on emploie dans les roches calcaires

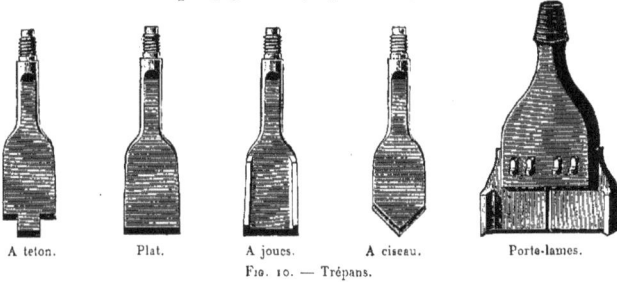

| A teton. | Plat. | A joues. | A ciseau. | Porte-lames. |

Fig. 10. — Trépans.

et les marnes, et la cuiller à boulet (fig. 12, B), qui sert pour les sables et les graviers. La première se compose d'un cylindre portant à sa partie inférieure un clapet

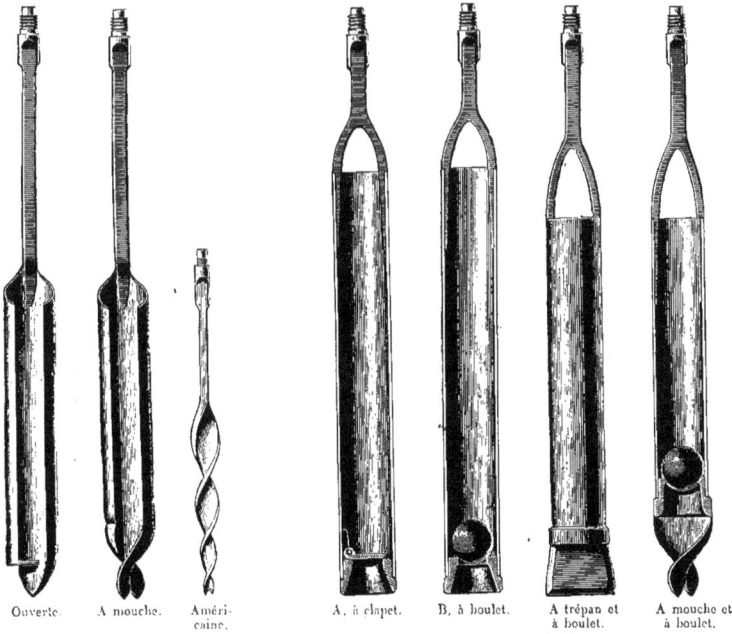

Ouverte.   A mouche.   Américaine.

Fig. 11. — Tarières.

A, à clapet.   B, à boulet.   A trépan et   A mouche et
à boulet.   à boulet.

Fig. 12. — Cuillers.

Matériel de la Maison Pontet et Bernard.

qui s'ouvre pendant la chute et laisse pénétrer les déblais ; ceux-ci par leur poids referment la soupape et peuvent alors être ramenés au sol. La seconde est fermée à sa partie inférieure par une soupape sphérique ou boulet grâce à laquelle elle fonctionne comme une véritable *pompe à sables*.

On se sert dans les recherches de mine ou pour les études géologiques d'un trépan spécial, appelé découpeur, qui attaque la roche seulement sur une surface annulaire, de façon à laisser à l'intérieur un cylindre intact qu'on appelle *témoin* ou *carotte*.

Pour manœuvrer les outils de forage, trépans ou tarières, au fond du trou de sonde, on les adapte à des tiges (fig. 13) qui s'emmanchent les unes au bout des autres à mesure de l'approfondissement.

La manœuvre d'un appareil de sondage se fait en deux temps : 1° la descente de l'outil dans le trou ou bien sa remonte au sol ; 2° le fonctionnement de l'outil sur la roche du fond pour produire l'approfondissement.

Dès que la profondeur du sondage dépasse une dizaine de mètres, il est nécessaire de dresser une *chèvre* plus ou moins robuste, plus ou moins haute, suivant l'importance du travail, c'est-à-dire suivant la longueur et le diamètre. Cet appareil est muni, suivant la profondeur, d'un moulinet à manivelles, ou bien d'un treuil à engrenage, au moyen desquels le sondeur peut soulever le poids de la sonde. Cette chèvre, très légère et facilement démontable, est souvent construite en bois. La chèvre en fer (fig. 18) est évidemment plus résistante et se prête mieux à des tractions plus fortes.

Les PARTIES ACCESSOIRES comprennent des tubes en tôle d'acier (fig. 14) et des outils pour réparer les accidents. Les tubes servent soit à maintenir les terrains ébouleux, soit à conduire les eaux d'une nappe souterraine que l'on veut utiliser.

Les accidents les plus fréquents sont les ruptures de sonde. Pour retirer la partie engagée dans le trou, on peut se servir d'un outil appelé *caracole* (fig. 15), dont le crochet horizontal habilement manœuvré peut saisir la tige de sonde et la remonter. Dans d'autres cas, il vaut mieux employer une *cloche à vis* ou *cône taraudé*

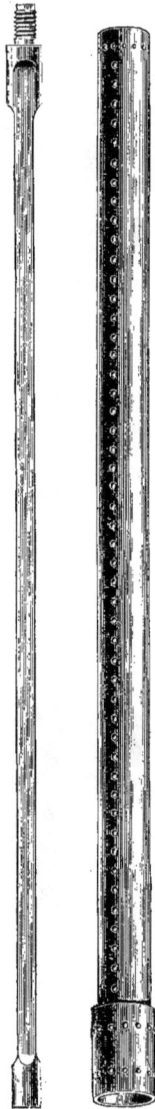

Fig. 13.   Fig. 14.
Tige de sonde. Tube de sondage.

Fig. 15.   Fig. 16.
Caracole.   Cloche taraudée.

(fig. 16), dont la partie inférieure a la forme d'un cône fileté intérieurement ; on descend ce cône de manière à coiffer la pièce à retirer, puis on taraude doucement, et la sonde brisée, solidement harponnée, peut être remontée.

Pour extraire des outils cassés on a utilisé aussi une méthode des plus curieuses qui consistait à descendre un électro-aimant dans le sondage, et grâce à un courant produit par une dynamo qu'actionnait la locomobile du sondage, les fragments de la tige de sonde ont été remontés.

Il est évident que les moyens d'exécution d'un sondage doivent varier avec la nature des terrains et avec la profondeur qu'on se propose d'atteindre.

Si, par exemple, on veut faire rapidement l'étude d'un terrain, à une profondeur ne dépassant pas 4 mètres, on se sert de la *sonde de Palissy* (fig. 17), du nom du célèbre potier qui a le premier donné la description de cet appareil. Elle se compose d'une seule pièce en fer carré de 16 millimètres, portant à l'une des extrémités un petit trépan, et à l'autre une tarière ouverte.

Pour des sondages de 20 à 30 mètres, on emploie une chèvre de fer de 4",50 de hauteur (fig. 18). L'effort de deux hommes agissant sur les manivelles est suffisant pour produire un travail rapide.

Au delà de 50 mètres de profondeur, il est nécessaire d'employer des outils plus robustes et

Fig. 17. — Sonde de Palissy.

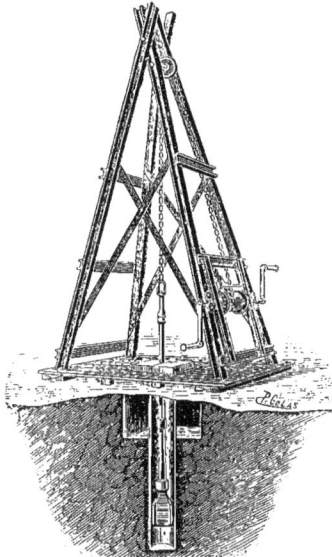

Fig. 18. — Appareil pour sondage de 20 à 30 mètres.

au delà de 100 mètres, des dispositions spéciales doivent être prises pour assurer la rapidité des travaux. Chaque maison de sondage a ses outils et ses méthodes qui peuvent varier un peu, mais dont les parties essentielles restent les mêmes. Ainsi un appareil pour les sondages profonds (fig. 19) se composera toujours : d'un pylône en fer, démontable et de 15 mètres de hauteur ; d'un treuil à tambour servant à la manœuvre de descente et de relevée du trépan ; d'un arbre de commande actionné directement par le moteur à vapeur ; d'un balancier avec sa bielle, donnant à la sonde un mouvement rapide pour le choc ou *battage* du trépan ; enfin, d'un treuil indépendant, servant à la manœuvre des outils de nettoyage.

Voilà l'outillage. Voyons maintenant les différents systèmes de sondage. Ils peuvent se ramener à trois : le *sondage à la corde*, le *sondage à la tige creuse* et le *sondage à la tige pleine*. Quel que soit le système adopté, les ingénieurs spécialistes ne sont plus arrêtés, ni par la dureté excessive des terrains, ni par les profondeurs qui dépassent souvent 1 000 mètres, pas plus que par les diamètres du trou qui arrivent à dépasser 4 et 5 mètres.

1° SONDAGE A LA CORDE, dit SYSTÈME CHINOIS. — Ce procédé est séduisant, car il n'exige qu'un matériel sommaire. Il a pris naissance en Chine, et il y est encore en usage. Les indigènes peuvent atteindre jusqu'à 8 et 900 mètres dans leurs recherches d'eau salée, en conservant de petits diamètres et sans avoir recours à de fréquents tubages. Au surplus, nous avons pu voir, à l'Exposition de 1900, ce sondage à la corde fonctionner. Une Société américaine : *Oil well Suply Company*, avait établi son installation dans le Bois de Vincennes. Cette installation, toute rustique, était très intéressante, car elle mettait bien en évidence la merveilleuse ingéniosité américaine, qui sait agencer les mécanismes les plus simples, de manière à ne pas perdre une minute dans l'exécution rapide des manœuvres. C'est que dans certaines recherches, dans celles du pétrole surtout, la vitesse du sondage est de la plus grande importance, car il s'agit d'arriver au précieux liquide avant un concurrent installé sur un terrain voisin.

Dans ce système, le câble qui soutient le trépan est actionné par un balancier dont les oscillations atteignent 140 par minute. D'autre part, la rotation du trépan se produit spontanément par le détors du câble. La particularité du système

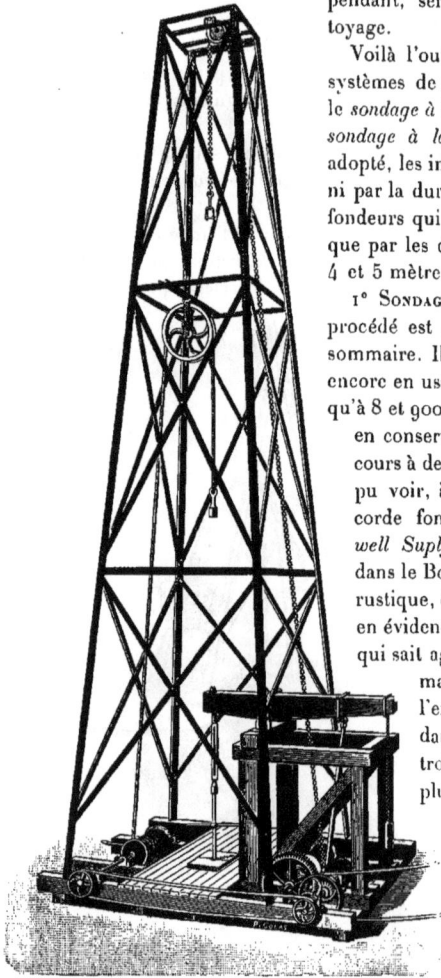

Fig. 19. — Appareil pour sondages profonds.

consiste dans l'emploi de tubes parfaitement étanches, car il importe que le câble ne travaille pas dans l'eau. Le prix élevé de ce tubage soigné trouve sa compensation dans la rapidité du forage. C'est ainsi qu'à Vincennes, le sondage est arrivé à

567 mètres de profondeur en deux mois de travail, ce qui représente une vitesse de 16 mètres environ par 24 heures de travail.

2° Sondage a la tige creuse. — Ce système imaginé par l'ingénieur Fauvelle, en 1845, consiste dans l'emploi d'une tige de sonde creuse dans laquelle une pompe injecte de l'eau sous pression. Cette eau vient nettoyer le fond du trou et remonte au jour en entraînant les déblais, sous forme de sables, par l'espace annulaire qui entoure la tige. Ce système n'est pas dépourvu d'inconvénients, mais il donne l'avantage de la vitesse. Il a du reste à son actif les sondages les plus profonds qui

Fig. 20. — Photographie d'une installation complète d'un sondage (Maison PORTET et BERNARD).

aient jamais été exécutés, ceux de Schladebach, à 1 748 mètres, et de Paruschowitz, à 2 040 mètres.

On peut, en modifiant légèrement ce procédé, obtenir un échantillon massif de roches situées dans la profondeur. Pour cela, la tige de sonde porte à sa base une couronne en acier, garnie, par sertissage, d'un certain nombre de diamants noirs (fig. 21). On donne alors à cette sonde un mouvement de rotation continu au lieu du mouvement alternatif, et l'on ramène au niveau du sol ce que, dans le langage minier, on appelle une « carotte ». Personne, dans ce cas, ne saurait se plaindre de voir « tirer des carottes », car c'est la vérité qui sort de terre sous cette forme.

Actuellement, on emploie beaucoup en Allemagne et dans les Indes néerlandaises le *système Raky*, qui n'est qu'une modification de la sonde creuse, et qui est caractérisé par la rapidité du trépan, lequel peut battre de 80 à 120 coups par minute. Ce système semble détenir les honneurs du « record » de la pénétration, qui peut aller jusqu'à 10 et 15 mètres par jour. On cite même un sondage fait en Allemagne, et vraiment prodigieux, car il a été de 110 mètres en 22 heures. En France, le record a été de 41 mètres en 24 heures, aux mines de Champeaux (Saône-et-Loire).

3° SONDAGE A LA TIGE PLEINE. — Dans ce système, la sonde est divisée en deux parties ; la partie supérieure munie d'un déclic spécial transmet à la partie inférieure le mouvement du balancier pour aller reprendre le trépan et le soulever après que, par le déclic, il est tombé de tout son poids sur le fond du forage. C'est ce qu'on appelle le *trépan à chute libre*. Sans doute, ce forage est plus lent, car le mouvement du trépan ne dépasse guère 30 coups par minute. Cela n'empêche qu'il est encore employé par les sondeurs français, qui préfèrent la marche lente à l'avancement rapide mais incertain des autres systèmes.

FIG. 21. — Couronne en acier portant des diamants (système FROMHOLT).

Nous décrirons à propos du pétrole un système très employé en Amérique et connu sous le nom de *système canadien*. Dans ce procédé, tout le matériel est en bois, y compris la chèvre *derrick*, et même les treuils de manœuvre et de battage. Laissons de côté aussi, pour la retrouver plus loin, l'intéressante question du fonçage des puits de mine. Nous avons hâte de parler de la recherche des eaux souterraines, et de leur captation, car c'est une des questions qui préoccupent le plus toute personne vivant à la campagne. D'autre part, la question de l'eau potable se pose avec acuité pour toutes les grandes villes. Aussi, pour être complet, c'est un ouvrage qu'il faudrait écrire et non une partie de chapitre. Nous voudrions nous borner à dire ce que l'on sait sur les eaux souterraines et par quels procédés l'homme les a découvertes et amenées à la surface pour les faire servir à ses besoins.

§ 2. — RECHERCHES DES EAUX SOUTERRAINES : LA « BAGUETTE DIVINATOIRE » ET LES SOURCIERS. LES PUITS ORDINAIRES ET LES PUITS INSTANTANÉS.

L'eau qui tombe à la surface du sol s'infiltre à travers les couches perméables jusqu'au moment où elle rencontre une couche imperméable, une couche d'argile par exemple. En principe, aucun terrain n'est imperméable d'une façon absolue, car la roche la plus compacte, mise à sec, reprendra ensuite ce qu'on appelle l'*eau de carrière*, qui l'imprègne ordinairement. Même au milieu d'un gneiss qui paraît impénétrable, un sondage pourra rencontrer de l'eau. Dans la pratique, cependant, les argiles, les marnes, la plupart des roches cristallines s'opposent à la pénétration des eaux. Certaines mines, comme celles de Diélette, dans la Manche, ont été creusées sous la mer sans qu'il y ait eu d'infiltration.

Donc l'eau de pluie va s'accumuler sur une couche imperméable et former ce qu'on appelle une *nappe d'infiltration* (fig. 22). A l'endroit où cette nappe rencontrera une dépression du sol, elle formera une *source*, qui alimentera les cours d'eau voisins. Mais, pour atteindre cette nappe souterraine, on est souvent obligé de creuser un *puits* (fig. 23), c'est-à-dire de creuser jusqu'à la couche imperméable et de ménager dans cette dernière une petite cavité dans laquelle l'eau de la nappe va s'accumuler. Cette eau, en filtrant à travers les sables et les graviers, s'est purifiée en se débarrassant des matières organiques et des microbes qu'elle contenait. Par suite, à la condition d'aller chercher l'eau, de la capter, comme on dit, à une profondeur suffisante, on est certain d'avoir une eau claire et fraîche, parfaite pour la consommation. Mais ce qu'il faut éviter à tout prix, c'est la contamination, toujours possible, avec les eaux impures de la superficie. Il suffit que la nappe souterraine soit contaminée en un certain point par des eaux impures ayant traversé des fissures du sol pour que tous les puits qui s'alimentent à cette nappe contiennent des germes morbides. C'est ainsi que les épidémies, et surtout la fièvre typhoïde, suivent fréquemment le cours de ces rivières souterraines.

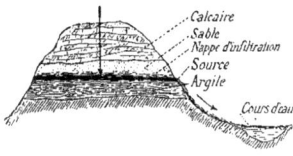

FIG. 22. — Nappe d'infiltration et source.

Calcaire
Sable
Nappe d'infiltration
Source
Argile
Cours d'eau

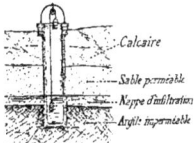

FIG. 23. — Puits ordinaire.

Calcaire
Sable perméable
Nappe d'infiltration
Argile imperméable

Nous avons montré, au début de ce livre, que le groupement des habitations humaines était sous la dépendance de la répartition des eaux souterraines. On peut d'ailleurs constater que les grandes agglomérations humaines se sont formées de préférence le long d'une importante vallée, où elles pouvaient trouver de l'eau abondamment et facilement. Paris et Londres en sont des exemples. A Paris, pendant le siège de 1870, on a fait le recensement des puits, et l'on a constaté qu'il y en avait plus de 30 000 situés dans les quartiers anciens et, pour la plupart, très rapprochés les uns des autres. En faisant l'analyse de l'eau de ces puits on a vu que, près de l'Hôtel de Ville en particulier, elle contenait jusqu'à 34 grammes d'ammoniaque par mètre cube, et 2 kilogrammes d'azotate de chaux. C'est en effet sous forme de nitrate que le sous-sol arrête les impuretés organiques. Il en résulte que le sous-sol parisien, à cause de l'abondance des matières organiques déversées à la surface, est riche en nitrate, et aussi riche en sulfure que certaines eaux minérales si vantées par les hydro-thérapeutes. Ce fait nous explique pourquoi les caves de Paris furent longtemps exploitées comme de véritables mines de salpêtre par l'administration de la guerre. Donc, par suite du travail chimique qui se produit dans le sous-sol des grandes villes, les puits qu'on y creuse ne sauraient fournir de l'eau potable, à moins que l'on ne descende à une grande profondeur, jusqu'à la nappe artésienne, comme cela a été fait à Paris.

Pour se mettre à l'abri des contaminations, il est donc nécessaire d'aller chercher l'eau dans son gisement, et cela au moyen de puits ou de galeries que l'on établira assez loin des agglomérations humaines. Comment faire pour découvrir une nappe souterraine ? Cela paraît facile, car c'est un fait connu de tous que si l'on creuse un puits suffisamment profond on y rencontre de l'eau. Pas toujours cependant. Et nous n'en voulons pour preuves que les nombreux livres écrits sur ce sujet,

Nous n'insisterons pas sur l'œuvre de l'abbé Paramelle, qui était arrivé à formuler, dans un petit nombre de maximes, tout ce qu'il est indispensable de savoir quand on veut découvrir de l'eau. C'était un *sourcier* distingué, ce qui n'empêchait pas bien des gens de le confondre avec les *sorciers* qui, à l'aide de la fameuse « baguette divinatoire », prétendaient découvrir les sources d'eau cachées, les mines, les trésors enfouis, et même les traces des meurtriers et des voleurs. Ces tourneurs de baguettes étaient nombreux jadis ; ils formaient tout un bataillon qui avait son organisation, sa discipline et ses lois. Ils découvraient les nappes d'eau souterraines ou bien les gîtes métallifères comme d'autres prédisent l'avenir. De là serait venu, dit-on, le nom de sorcier ou *sourcier* (?).

C'est surtout aux xvıᵉ et xvııᵉ siècles que se développa l'art du tourneur de baguette, et le plus célèbre rabdomancien fut Jacques Aimar, paysan du Dauphiné. Ayant réussi à découvrir certaines sources, il voulut augmenter sa célébrité en découvrant des trésors et des criminels. Il réussit à trouver dans un hôpital de Lyon le complice d'un assassinat dont les auteurs avaient passé la frontière. Mais on apprit bientôt que la découverte n'avait eu lieu qu'avec la connivence de la police, et que les oscillations de sa baguette n'y étaient pour rien. Aussi Jacques Aimar fut-il disqualifié. Et ce n'est que plus tard que l'abbé Paramelle, guidé par sa science géologique, releva le prestige de la baguette divinatoire.

Voyons comment opère le sourcier. La baguette, qui doit être en coudrier et fraîchement coupée, est tenue horizontalement de manière qu'elle puisse se mouvoir facilement. Puis, l'opérateur va, vient, inquiet, hésitant ; ses mains, prises d'un mouvement convulsif, font tourner la baguette sur elle-même dès qu'il approche de la source. Il est incontestable, et tous ceux qui ont assisté à l'une de ces scènes le reconnaissent, qu'en ce moment le tourneur de baguette est dans un état physiologique particulier. Mais de là à lui reconnaître cette puissance divinatoire, il y a un pas que, dans l'état actuel de nos connaissances, nous ne saurions franchir. On a prétendu pour appuyer cette croyance, encore très répandue dans les campagnes, que le coudrier, étant hygrométrique, devait attirer l'humidité, et qu'en plaçant une baguette en équilibre au-dessus d'un terrain sous lequel existait une source d'eau, l'extrémité de cette baguette devait s'incliner vers le sol et dénoncer ainsi la présence de l'eau. Nous verrons plus loin qu'on a dit aussi des métaux cachés dans le sol qu'ils pouvaient, par des actions électromagnétiques à travers les couches terrestres, agir sur les nerfs délicats du magicien ou sur la sensibilité de sa baguette. Mais ce que l'on sait de la physique et de la biologie ne permet guère, au moins actuellement, d'admettre ces explications. Certains pensent que cette superstition a été inspirée par le souvenir de la verge miraculeuse de Moïse ou de la baguette magique de Circé. Du reste, les alchimistes du Moyen âge, à la poursuite du grand œuvre, tenaient à la main une baguette sympathique. Mesmer lui-même, près de son baquet magnétique, avait une canne légère d'où s'échappait le fluide. Enfin, aujourd'hui encore, c'est par la puissance d'une baguette que les magiciens des places publiques font paraître et disparaître les muscades aux yeux émerveillés des badauds.

Puisque la baguette divinatoire ne nous satisfait pas, sur quels procédés allons-nous nous rabattre pour rechercher les nappes d'eau souterraines ? En existe-t-il qui soient fondés sur la science et sur l'observation ? Le meilleur moyen, à notre avis, c'est de faire ce que faisaient les anciens fontainiers : regarder, observer, car les secrets des profondeurs se font souvent connaître à la surface.

Si, en un certain point, l'eau est voisine du sol, vous y verrez une végétation spéciale : des saules, des aulnes, des joncs, des roseaux, des mousses, et certaines plantes aquatiques caractéristiques comme les hépatiques, la véronique cressonnière, la menthe aquatique, la renoncule aquatique, etc. D'autre part, la neige fond-elle plus vite en certains points de votre domaine que sur d'autres ? C'est que l'eau est proche. Observez ces mêmes endroits, matin et soir, vous y verrez des vapeurs se traîner au ras du sol : après une pluie, l'eau y restera stagnante. Voici encore un autre indice qui nous est fourni par des escadrons de moucherons qui voltigent au-dessus de ces mêmes endroits : c'est que ces insectes aiment la fraîcheur. Certes, il s'en faut que ces signes extérieurs soient infaillibles, mais ils peuvent souvent donner de bonnes indications, dont on aurait tort de ne pas tenir compte.

Il existe cependant un moyen héroïque, comme disent les médecins, c'est le sondage, car il donne des renseignements précis, et si la profondeur n'est pas trop grande, il est peu coûteux et très rapide.

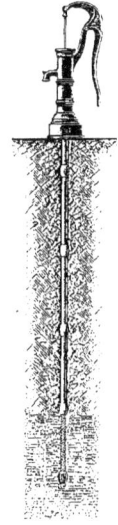

Fig. 24. — Puits instantané.

Enfin, ce n'est pas tout que de découvrir une nappe d'eau, il faut encore aller chercher cette eau pour l'amener au jour. Depuis quelques années on utilise les couches d'eau souterraines par le moyen pratique des puits tubulaires. C'est un procédé qui devrait se répandre surtout dans les campagnes ne possédant pas d'eau de source jaillissant naturellement du sol. L'opération est des plus faciles. Supposons qu'une nappe liquide existe à dix mètres de profondeur. Il s'agit alors d'enfoncer dans le sol un tube en fer de petit diamètre. Pour faciliter sa pénétration, le tube est muni à sa partie inférieure (fig. 24) d'une pointe d'acier, au-dessus de laquelle se trouvent de petits trous. Ce tube, enfoncé à coups de masse, repousse sur le côté les obstacles résistants qu'il peut rencontrer, un rognon de silex par exemple. Une fois l'extrémité arrivée dans la nappe aquifère, on adapte à la partie supérieure une petite pompe à balancier. En quelques heures le travail est terminé, et l'on a obtenu rapidement une eau fraîche et limpide, sans les embarras que nécessitent les puits creusés à grands frais. On a donné à ce système le nom significatif de *puits instantané*, ou encore *puits abyssinien*, à cause des services qu'il a rendus aux Anglais dans l'expédition d'Abyssinie.

§ 3. — LES PUITS ARTÉSIENS. LES SONDEURS ARABES ET LA CONQUÊTE DU DÉSERT. EAUX JAILLISSANTES AU PAYS DE LA SOIF. L'ŒUVRE DE LA COLONISATION FRANÇAISE.

Quand on creuse un puits ordinaire on peut ne rencontrer l'eau qu'à une profondeur telle qu'il devienne à peu près impossible d'y puiser. Dans ce cas on peut avoir intérêt, si toutefois les terrains s'y prêtent, à descendre encore plus loin, pour trouver ce qu'on appelle la *nappe artésienne*, c'est-à-dire une nappe emprisonnée dans les profondeurs du sol et dont l'eau pourra remonter d'elle-même jusqu'au sol si un sondage profond lui ouvre une issue. Il est facile de comprendre comment cette nappe se forme. Soit une couche

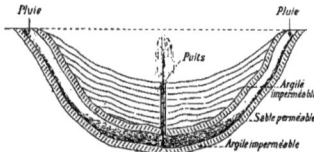

Fig. 25. — Puits artésien.

de sable perméable (fig. 25) comprise entre deux couches imperméables d'argile disposées en forme de cuvette. L'eau de pluie pénètre dans la couche de sable à ses affleurements et se rassemble dans le fond de la cuvette. Si l'on fonce un puits dans cette région, l'eau va jaillir, et en vertu du principe des vases communicants, elle cherchera à atteindre le niveau des bords de la cuvette. Ces puits jaillissants sont appelés *puits artésiens*, parce qu'ils ont été forés en grand nombre dans l'Artois dès le XIIe siècle ; mais leur origine est beaucoup plus ancienne, puisque Diodore de Tarse en mentionne l'existence en Égypte dès le IVe siècle après Jésus-Christ.

Nulle part les conditions favorables au forage des puits artésiens ne sont aussi complètement réalisées qu'à Paris. Notre capitale, en effet, occupe le centre d'un bassin géologique dont les divers terrains forment des cuvettes concentriques. La moins étendue de ces cuvettes est celle de la région parisienne ; ensuite vient la cuvette de la craie, dont les bords forment autour de la première une sorte d'auréole ; puis vient la cuvette argileuse de la Champagne humide ; enfin une assise de sables verts dessine une bande continue depuis le département des Ardennes jusqu'à la vallée de la Loire. Ces sables absorbent l'eau sur leur affleurement et la conduisent vers le centre du bassin, où elle s'accumule sous une forte pression, maintenue qu'elle est par l'argile. Mais si l'on vient à crever par un sondage d'environ 600 mètres de profondeur la couche argileuse qui comprime cette eau, on voit celle-ci jaillir avec force et dépasser, à Paris, le niveau du sol d'une quarantaine de mètres.

Cette eau artésienne ayant accompli sous terre un trajet qui dure parfois plusieurs mois est bien filtrée et présente un degré de pureté qui n'est dépassé que par les sources thermales. Aussi l'on comprend que l'on ait voulu creuser à Paris un certain nombre de puits artésiens, dont les plus importants sont ceux de Grenelle, de Passy, de la raffinerie Say, de La Chapelle, et enfin de la Butte-aux-Cailles.

Le puits de Grenelle, commencé en 1833, fut achevé en 1842 ; il atteignit la nappe aquifère à 548 mètres de profondeur, et à l'origine son débit au niveau du sol fut de 3 200 mètres cubes par 24 heures. Mais ce débit baissa, d'abord lors de l'ouverture du puits de Passy, puis encore après le sondage de la raffinerie Say, qui a influé sur les deux premiers puits. Cette influence réciproque s'explique par la proximité de ces puits, qui s'alimentent à la même nappe. La température de l'eau est de 28°, soit environ 18° de plus que la moyenne annuelle de Paris.

Le puits de Passy, entrepris en 1855, fut achevé en 1861. Son débit fut dès le début de 20 000 mètres cubes par 24 heures, mais bientôt il tomba à 5 000 mètres cubes et fournit à peine la moitié de l'eau nécessaire à l'alimentation des fausses rivières du bois de Boulogne pour laquelle il avait été entrepris.

Le puits de la raffinerie Say, ouvert en 1869, et profond de 600 mètres, a un débit quotidien de 6 000 mètres cubes. Quant au puits de La Chapelle, dont la profondeur est de 718 mètres, il ne débite que 300 mètres cubes par jour.

Reste le puits de la Butte-aux-Cailles, sur lequel on avait fondé de grandes espérances. L'ingénieur Mulot, qui avait déjà creusé le puits de Grenelle, — à propos duquel il avait subi, huit années durant, les railleries de ses contemporains, mais lequel aussi lui fit connaître les joies du triomphe, — eut l'idée de creuser un puits au sommet de la Butte-aux-Cailles. Sa construction fut difficile, des incidents nombreux l'entravèrent : outils brisés, rencontre de roches dures, etc. Commencé en 1863, les journaux de cette époque annonçaient « qu'il serait prochainement terminé », et c'est seulement en 1900, trente-sept ans après, que l'eau était enfin venue ; mais en quantité si minime que ce puits ne pourra guère servir, comme celui de La Chapelle, qu'à l'alimentation d'une piscine scolaire.

Il est intéressant de se demander quel est le temps employé par l'eau pour venir souterrainement depuis l'affleurement des sables verts sur le pourtour du bassin de Paris, jusqu'aux puits artésiens de la capitale. On a pu constater, par exemple, que l'effet des pluies abondantes se faisait sentir au puits de Grenelle *plusieurs mois* après les crues de l'Aisne. Tel est donc le temps que l'eau met à parcourir, à travers les sables verts, les 200 kilomètres qui séparent la capitale de la rivière d'Aisne.

La région parisienne n'a pas été la seule à profiter des puits artésiens ; leur usage s'est répandu en bien des pays. C'est ainsi que M. Mir, sénateur de l'Aude, a été le bienfaiteur de toute une région en faisant forer à Cheminières, près de Castelnaudary, un puits artésien de 420 mètres de profondeur d'où l'eau jaillit avec un débit de 310 litres à la minute et à la température de 30 degrés. Cette eau fut utilisée pour arroser quotidiennement 4 à 5 hectares de prairies ou de vignes et les résultats obtenus furent excellents. Cet exemple d'initiative privée méritait d'être cité, et il serait à souhaiter qu'il fût suivi dans les régions où la structure géologique se prête à ces forages.

Parfois l'industrie même peut profiter des eaux artésiennes. C'est ainsi qu'à Buda-Pesth, la municipalité fit creuser, en 1886, un puits de 970 mètres de profondeur qui débite journellement 800 mètres cubes d'eau à une température de 70 degrés. La haute température de cette eau permet de fournir de l'eau chaude à des établissements de bains, à des lavoirs publics et à d'autres industries de cette ville.

Mais c'est surtout en Algérie et dans le Sahara que les puits artésiens ont rendu de grands services à la colonisation.

Les sondeurs arabes étaient surnommés les *meallem* (savants, maîtres) et *r'tassin* (plongeurs) ; c'est qu'ils avaient, par leurs travaux, créé de toutes pièces ces belles oasis du Sud-Algérien. D'une part leur métier dangereux, dont la conséquence était presque toujours la phtisie quand ce n'était pas la mort brusque, d'autre part les avantages retirés de leurs travaux, en faisaient des êtres d'une nature spéciale ; et l'on comprend que de tout temps ils aient joui de grands privilèges parmi les populations de cette région. Cependant, malgré le prestige dont cette corporation était entourée, on montrait peu d'empressement à apprendre un métier aussi pénible.

Fig. 26. — Le puits jaillissant « le *Ben Driss* », à Tala-em-Mouidi (Oued Rir').

C'est surtout dans la région de l'Oued Rir', dont Tougourt est la capitale, que des puits artésiens ont été creusés en grand nombre. Cette région est située dans les plaines sahariennes du sud de la province de Constantine. Sur cette terre stérile des oasis prospères ont été créées, qui font comme des taches sombres et fraîches sur le fond jaune et brûlant du désert. L'existence de ces oasis est liée à la présence d'un immense réservoir artésien d'où l'on peut faire jaillir l'eau à l'aide de puits creusés soit par les indigènes, soit par la sonde française. Aussi bien grâce à ces eaux qui ne tarissent jamais, le sol de cette région s'est couvert de cultures, et on a pu dire que « l'Oued Rir' » était une petite Égypte avec un Nil souterrain ».

Le procédé employé par les sondeurs indigènes pour atteindre la nappe artésienne située à des profondeurs variant de 50 à 80 mètres comprend deux parties : le travail des *meallem* et celui des *r'tassin*. Les premiers commencent par creuser une

excavation de 3 à 4 mètres de côté, jusqu'au moment où ils rencontrent la nappe
d'infiltration saumâtre, qui existe dans ce pays à une profondeur variant entre 1 et
6 mètres. Cette excavation se remplit d'eau mauvaise que les habitants des villages
voisins épuisent avec des outres en peau de bouc. Si les meallem ne parviennent
pas à épuiser cette eau, ils abandonnent ce point et se portent en un autre endroit où
ils espèrent être plus heureux. Si au contraire l'excavation est vidée, les sondeurs
creusent un puits carré de 0^m,70 de côté, qu'ils boisent avec des troncs de palmiers
fendus longitudinalement et dont ils font des cadres grossiers. Ces cadres sont reliés

Fig. 27. — Le puits jaillissant « le *général Forgemol* » (Oued Rir') et son déversoir.

entre eux par de l'argile mélangée avec des noyaux de dattes et autres matières
ligneuses, de façon à former un calfatage plus ou moins parfait. Au-dessus de l'ouverture du puits, les meallem établissent un échafaudage composé de deux troncs de
palmiers, reliés à leur sommet par une traverse sur laquelle s'enroulent deux cordes
destinées à remonter et à descendre le *coffin*, c'est-à-dire le panier en feuilles de palmier que le travailleur doit remplir de déblais.

Assis au fond du puits, le meallem, sans lumière, et tout en chantant, exécute son
fonçage au moyen d'une petite pioche à manche très court. Il descend ainsi jusqu'au
niveau où, selon l'expression arabe, la pierre recouvre la mer souterraine. Cette roche
qui recouvre la nappe aquifère est formée, dans l'Oued Rir', d'un poudingue rouge très
dur qui fait feu sous l'outil. C'est alors que les habitants de l'oasis s'engagent à payer
la *dia*, ou prix du sang, à l'ouvrier qui donnera le dernier coup de pioche et livrera

passage à l'eau jaillissante. Ce prix qui peut atteindre 500 et même 1 000 francs, une fois débattu, l'un des plus habiles parmi les meallem descend dans le fond, attaché à une corde, et commence le trou. Bien souvent, il arrive que l'eau jaillit avec une telle force que le malheureux sondeur est brusquement projeté, aplati contre les parois du puits, pour être rejeté enfin inanimé sur le sol. Cette eau jaillissante a une température de 25 degrés en moyenne. Comme elle est maintenue dans des sables fluides, elle charie ces sables et même des graviers ; il en résulte que si la force ascensionnelle de la source n'est pas suffisante, il se produit un ensablement qu'il

Fig. 28. — Un matériel de sondage pour la recherche des eaux artésiennes.

faut enlever. C'est alors que commence la besogne des *r'tassin* ou plongeurs. Une brigade de r'tassin se compose ordinairement de quatre plongeurs et d'un chef.

Voici comment ils procèdent à leur dangereux travail. D'abord ils doivent être à jeun, et cela sous peine des plus grands dangers. Le r'tass qui doit faire le plongeon s'approche d'un feu assez vif allumé près du puits, se chauffe tout le corps, puis se bouche les oreilles avec de la laine imprégnée de graisse de bouc. Il se plonge ensuite dans l'eau jusqu'aux épaules, en se maintenant avec les pieds contre les parois du puits, fait ses ablutions et sa prière ; puis tousse, crache, éternue, se mouche, aspire fortement deux ou trois fois de l'air qu'il rejette contre l'eau en produisant un siffle-ment particulier ; enfin il fait ses adieux aux camarades, saisit la corde qui est fixée à l'échafaudage et se laisse glisser.

Tout le travail se fait dans le silence le plus parfait ; les ordres se donnent par signes. On sent que le danger est imminent et qu'à chaque instant le plongeur risque sa vie. Le chef, assis au bord du puits, tient la corde tendue, prêt à exécuter les signaux que peut lui donner le travailleur. A côté, un deuxième r'tass tient à la main une autre corde à l'extrémité de laquelle est suspendu le coffin. Le travail est terminé lorsque le coffin est plein de sable. Le plongeur remonte alors au jour, et ses compagnons l'embrassent, le sortent du puits et le conduisent près du feu. On retire ensuite le coffin de sable et un nouveau r'tass s'apprête à descendre.

Chaque plongeur reste sous l'eau deux à trois minutes, et il fait de quatre à cinq

Fig. 29. — Installation d'un atelier de sondage dans une oasis.

plongeons par jour. Or le coffin contenant environ 10 litres, un r'tass retire journellement 50 litres de sable, et la brigade 200 litres. Le travail n'est donc pas que pénible, il est aussi fort long. Il arrive parfois que le plongeur est suffoqué soit avant d'arriver au fond, soit pendant son travail, soit en remontant au jour. Le chef s'en aperçoit immédiatement par les secousses brusques données à la corde ; aussitôt et sur un simple signe, l'un des plongeurs se précipite au secours de son camarade, et cela sans se préoccuper des préparatifs si minutieux de celui qui est descendu. Quelques secondes, et le plongeur asphyxié est ramené au jour.

Un des principaux chefs de cette corporation existait encore vers 1854 ; il était sourd et aveugle, et sans doute ses nombreux plongeons n'étaient pas étrangers à ses infirmités. Il guidait encore ses élèves, leur donnait des renseignements précis, et ne cessait de répéter : « Nos enfants se ramollissent et craignent le danger. Si Dieu, le possesseur des miracles, ne vient point à notre aide, dans dix ans l'Oued Rir' sera abandonnée et ensevelie sous les sables. » Et de fait cette opinion n'avait rien d'exagéré ; car les oasis commençaient à se dessécher, et les populations allaient se disperser devant l'invasion du sable, lorsque le gouvernement de l'Algérie décida fort heureusement de forer des puits artésiens.

Aussi bien l'arrivée des sondeurs français, en 1856, fit disparaître les sondeurs indigènes. Ils mirent cependant un certain temps à détruire le pouvoir indiscuté des r'tassin, mais ils finirent par être vénérés à leur tour. Pour atteindre ce but, rien ne fut négligé. C'est qu'on sentait bien toute la satisfaction que les Arabes éprouveraient si nos projets venaient à échouer. Un matériel de sondage construit spécialement par la maison Degousée débarqua à Philippeville en avril 1856, précédé de M. l'ingénieur Jus, qui pendant plus de quinze années devait diriger ces sondages avec tant de compétence et d'habileté. Ce matériel fut dirigé non sans difficultés sur l'oasis de Tamerna, dans l'Oued Rir', où le premier puits devait être creusé. On se mit à l'œuvre avec une ardeur extrême : le premier coup de sonde était donné le 17 mai 1856, et le 9 juin une véritable rivière débitant 4 000 litres par minute s'élançait des entrailles de la terre et venait récompenser le dévouement de nos sondeurs. Pendant quelques jours l'eau charria du sable et du gravier ; puis, l'eau sortit claire et limpide de l'orifice, retombant autour du trou de sonde, semblable à un dôme transparent de cristal (fig. 26, 27, 30). C'est cet aspect caractéristique que montrent bien les photographies que nous reproduisons,

Dès que ce premier puits lança sa gerbe d'eau, la joie des indigènes fut immense et la bonne nouvelle se répandit dans tout le Sud avec une rapidité inouïe. On vint de loin pour voir cette merveille. Chacun voulait voir cette eau que les français avaient su faire venir au bout de quelques semaines, tandis que les indigènes avaient eu besoin d'autant d'années et de cinq fois plus de monde. On vit même les femmes de tout âge accourir, et celles qui ne pouvaient arriver jusqu'à la source se faire donner de l'eau dans les bidons de nos soldats et la boire avec avidité. Le sondage eut l'immense avantage de montrer aux Arabes que, là où ils échouaient, la sonde passait quand même, s'enfonçant toujours plus bas, et que, bien dirigée, elle pouvait atteindre l'eau partout, et accomplir de nouveau la prophétie d'Isaïe : « Alors des sources abondantes couleront dans le désert et des torrents dans la solitude. Et la terre aride se changera en étangs, et celle que la soif brûlait se changera en fontaines. » La facilité avec laquelle les Français faisaient jaillir l'eau du désert en imposait donc aux Arabes, comme Christophe Colomb en imposait aux sauvages de Saint-Domingue en leur annonçant l'éclipse de soleil. Le fanatisme musulman était vaincu par l'intelligence et l'art de nos sondeurs. Et l'on vit les notables de l'Oued Rir' demander les bénédictions du ciel pour tous ceux qui avaient donné l'impulsion à ces travaux, et exhorter les indigènes à être reconnaissants envers ceux qui leur donnaient de pareilles richesses.

L'incrédulité étant remplacée par l'admiration, les incertitudes étant dissipées, il fallait continuer ce qui avait été si heureusement commencé. On se remit à l'œuvre, et de nombreux ateliers de sondage furent établis dans ces régions, apportant la prospérité et la vie où il n'y avait que la stérilité et la mort. Tous ces ateliers étaient composés de militaires sous la direction d'un officier ou d'un sous-officier que M. l'ingénieur Jus instruisait. Tous, légionnaires, lignards, zouaves, joyeux (infanterie légère d'Afrique), coopérèrent avec le même entrain et le même dévouement à cette œuvre de civilisation. De 1856 à 1900, c'est-à-dire pendant une durée

FIG. 30. — Un groupe de « joyeux » autour d'un puits jaillissant.

de 44 ans, près de 900 sondages furent exécutés, représentant une longueur forée de près de 40 kilomètres, 570 nappes d'eau jaillissante furent découvertes, débitant ensemble plus de 300 mètres cubes d'eau à la minute utilisés pour l'irrigation des palmiers et des cultures, et pour l'alimentation des indigènes, ce qui n'est pas le moindre résultat dans ce pays de la soif. La collaboration de l'armée à cette œuvre de colonisation eut aussi une influence morale des plus heureuses sur les Arabes, car elle leur montra que si le soldat français était terrible dans le combat, il devenait, en peu de jours, le travailleur pacifique et le compagnon généreux de son ennemi de la veille.

Aussi quelle fête quand nos soldats annoncent le jaillissement d'un nouveau puits ! Aujourd'hui, comme en 1856, chaque fois qu'un nouveau puits est achevé, c'est une joie débordante dans tout le pays. Lorsque, sous le dernier coup de trépan, la colonne liquide se montre, la foule pousse des cris de joie et se précipite sur cette source arrachée aux profondeurs de la terre. Les hommes immolent une chèvre en guise d'action de grâces ; les mères plongent leurs enfants dans la première eau ; les versets du Coran sont récités sur place (fig. 31) ; et la fête se termine par une brillante *fantasia* suivie d'une *diffa* générale. Les musiques indigènes jouent et les femmes accourent pour danser. Ces danseuses ne cèdent la place qu'à des groupes d'hommes armés qui pénètrent dans le cercle et font entendre les détonations de leurs fusils (fig. 32). Il faut que la poudre salue cette eau bienfaisante, il faut que la « poudre parle ».

Ces fêtes ont même leurs poètes arabes, dont les œuvres disent toute la reconnaissance et toute l'admiration de la population indigène. En voici du reste quelques lignes que je transcris en respectant la traduction ; « Deux machines qui tournent et marchent sur elles-mêmes vont chercher l'eau dans les entrailles de la terre, et la font jaillir abondamment. Cette œuvre est comparable à celle de l'homme qui plonge au fond des mers pour en retirer des perles. »

Fig. 31. — Chants et prières à l'occasion du jaillissement d'un puits.

Il n'est pas toujours nécessaire de forer un puits pour aller chercher la nappe artésienne : car les eaux qui y sont enfermées sous pression peuvent se creuser un passage au travers des terrains et donner des sources naturelles. Autour de celles-ci sont souvent des gouffres assez profonds qui vont se remplir d'eau et donner des sortes de lacs, aux eaux limpides et bleues.

On comprend facilement de quelle importance furent pendant longtemps ces sources naturelles pour ces malheureuses populations qui mouraient de soif dans les années de sécheresse. Aussi que de légendes! Voici celle de la fontaine naturelle d'Aïn-Kelba *(fontaine de la Chienne)* : « Il y a environ deux cents ans, à la suite d'une grande sécheresse, toutes les tribus du Hodna avaient émigré pour se réfugier près des sources qui donnaient encore quelques gouttes d'eau. Un pieux marabout, revenant de La Mecque, à pied, suivi de sa chienne, ne trouvant aucune tente pour lui donner l'hospitalité, s'arrêta exténué et mourant de soif sur cette terre brûlante. Sa chienne, le voyant sur le point d'expirer, gratta le sol avec ses pattes, et aussitôt il en sortit une source fraîche et limpide, qui permit au saint homme de se désaltérer, de continuer sa route et, enfin, de retrouver les siens. »

Certains puits ont rejeté et rejettent encore des animaux vivants appartenant à des groupes variés (fig. 33). Ce sont surtout des poissons, des mollusques et des crustacés, dont un crabe (*telphusa fluviatilis*, Rondelet) est une espèce terrestre vivant au

Fig. 32. — Fantasia dans une oasis : La poudre parle.

bord des eaux douces et pouvant vivre assez longtemps sous l'eau. Tous ces animaux se rencontrent couramment dans les bassins alimentés par les eaux artésiennes et ont été apportés par ces eaux mêmes. Le fait est incontestable. On peut du reste, comme l'a fait M. G. Rolland (1), coiffer l'orifice du puits avec un filet à mailles très serrées, et l'on trouverait bientôt de nombreux animaux dans le filet, alors qu'on n'en trouverait pas dans les eaux du bassin. Un autre fait encore : un puits qui vient d'être foré dans un terrain nu et inculte, sans eau, rejette des animaux. Il est donc bien certain que ces animaux viennent de la profondeur. Mais ce qui est certain aussi, c'est qu'ils ne constituent pas une faune souterraine comparable à celles des cavernes, et dont les représentants ont subi de profondes modifications, comme l'atrophie des yeux

(1) G. ROLLAND, *Hydrologie du Sahara algérien*, 1894.

et la disparition des pigments. Les animaux expulsés par les puits artésiens de l'Oued Rir' ne sont ni aveugles, ni décolorés; ils ne diffèrent en rien de ceux qui vivent dans les eaux superficielles voisines, ni comme couleur, ni comme dimension, ni comme formes des organes. Ils ne sauraient donc constituer une faune souterraine. Ils viennent pourtant des profondeurs du sol; seulement ils n'y vivent pas normalement; ils n'ont fait qu'y passer, et n'y ont pas vécu assez longtemps pour avoir subi la moindre modification organique. Mais alors d'où proviennent-ils, et comment expliquer leur présence dans ces eaux profondes? L'explication nous paraît simple: c'est qu'il existe de nombreuses communications naturelles entre les eaux superficielles et

Telphusa fluviatilis.   Chromis Desfontainei.

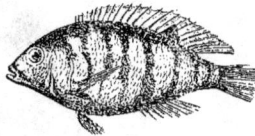

Chromis Zillii.   Hemichromis Saharæ.

Hemichromis Rollandi.   Cyprinodon calaritanus (mâle et femelle).

FIG. 33. — Animaux rejetés par les puits artésiens de l'Oued Rir'.

les eaux profondes. Or, les lacs sont habités par des poissons, des mollusques et des crustacés qui s'y reproduisent; il en résulte que les œufs de ces animaux eux-mêmes, peuvent passer par les petits canaux d'alimentation de la nappe artésienne. Puis une fois dans la nappe souterraine, au voisinage d'un puits, ils obéissent à l'appel de l'eau jaillissante, et, entraînés par le courant ascensionnel, ils sont ramenés au jour.

Bien que la plupart des puits de cette région saharienne, dont certains auront bientôt cinquante ans, n'aient pas varié de débit depuis leur exécution, il ne faudrait pas multiplier outre mesure ces saignées. On sait aujourd'hui, en effet, comment s'alimente cette nappe souterraine: ce n'est pas assurément des eaux de pluie de ces régions, car la pluie est dans ce pays un phénomène rare. D'après M. G. Rolland, qui a beaucoup étudié ces questions, les eaux artésiennes du bas Sahara algérien et tunisien viennent du Nord et descendent des massifs de l'Atlas, où les eaux de pluie et les eaux courantes se sont infiltrées en partie dans les terrains perméables. Dans les régions situées plus au Sud, les eaux souterraines proviendraient, selon le même auteur, en grande partie du Sud et des massifs montagneux des Touareg. Récemment cet observateur(1) montrait que cette nappe artésienne avait donné tout le débit dont elle était capable, et qu'il n'était pas prudent de lui demander davantage. Il y aurait donc lieu d'enrayer les forages, et surtout de diminuer le gaspillage de ces eaux, car on estime que la moitié de l'eau actuellement débitée est perdue faute de canalisations pour l'utiliser.

Fig. 34. — Le puits « El-Meallem Rolland » (Maître Rolland) Oued Rir'.

Au surplus, cette nappe artésienne a donné « la mesure de sa force productive en végétation, et, par conséquent, en vies humaines ». Elle justifie cette formule adressée, il y a quelque dix ans, à l'un de nos hauts fonctionnaires qui partait pour la Tunisie : « En Afrique, l'eau se perd ; retenez-la ; l'eau est dessous, mettez-la dessus ». Elle a réellement fait la conquête du désert en permettant de créer de toutes pièces des oasis là où il n'y avait rien, pas un arbre, pas une goutte d'eau. Grâce à l'abondance des eaux qu'elle fournit, des forêts de palmiers, abritant d'autres cultures sous leur ombrage, ont été créées. Cette riche irrigation est nécessaire pour que le palmier puisse prospérer, car il doit avoir, disent les Arabes, « le pied dans l'eau et la tête dans le feu du ciel ».

(1) G. ROLLAND, C. R. Acad. des sciences, 1898.

Non seulement l'irrigation a causé dans notre colonie africaine un progrès matériel en quintuplant les richesses agricoles des oasis et en doublant la population, mais
elle a apporté par suite un bénéfice moral considérable en rendant sédentaires et
pacifiques des tribus nomades et pillardes qui traînaient à leur suite famille et troupeaux, causant sur leur passage de véritables perturbations. Il a suffi de quelques
puits artésiens pour modifier les instincts de cette race arabe, cependant si immuable
et qui met un soin si jaloux à conserver les mœurs des ancêtres. Donc, à tous égards,
ces travaux de sondages, si ingénieusement dirigés et si laborieusement exécutés,
constituent une œuvre qui fait grand honneur à ceux qui l'ont conçue et qui ont réussi
à la mener à bien. C'est une œuvre de colonisation dont la France a le droit d'être
fière.

CHAPITRE III

LE FEU SOUTERRAIN

On pourrait dire avec de bonnes raisons à l'appui que deux éléments se disputent l'activité interne du globe : l'eau et le feu. Nous venons de parler longuement des eaux souterraines et de leur utilité pour l'homme ; nous les verrons encore plus loin accomplissant leur œuvre, rongeant le sous-sol, creusant de grandioses cavernes, collaborant à la production des phénomènes volcaniques. Nous voudrions maintenant décrire les principales manifestations du *feu souterrain*. Sans doute, comme nous l'avons dit, la conception d'une masse en fusion enveloppée d'une mince écorce n'est qu'une hypothèse : mais c'est encore celle qui se concilie le mieux avec les faits observés. Nous considérerons donc l'intérieur de la terre comme recélant une provision de chaleur, comme étant un réservoir d'énergie. Et les meilleures preuves de l'existence du feu souterrain, nous les trouverons sur la terre, dans l'observation de ces puissants phénomènes géologiques qui, de tout temps, ont frappé l'imagination humaine, et dont les plus grandioses sont : les *volcans,* les *geysers,* les *sources thermales* et les *tremblements de terre.*

A. LES VOLCANS

Qu'est-ce qu'un volcan ? « Une cheminée de feu dans un nuage d'or », dira le poète ; tandis que ce mot éveillera dans l'imagination populaire, avec des images

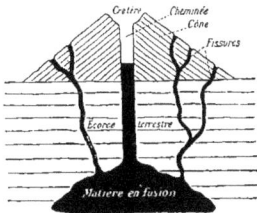

Fig. 35. — Coupe théorique d'un volcan.

effrayantes, l'idée d'une montagne vomissant des flammes et des laves ardentes. Disons simplement qu'un volcan, sous sa forme la plus habituelle, est une montagne qui se signale de loin par un panache de fumée, et qui de temps en temps entre en éruption, c'est-à-dire qu'elle lance par son sommet une pluie de cendres et de pierres, accompagnée de nuages de vapeurs, pendant que sur ses flancs descend, comme un fleuve de feu, une coulée de lave qui va se solidifier. La montagne elle-même est formée des matières rejetées par les éruptions successives et accumulées autour de la *cheminée* du volcan (fig. 35), laquelle, établie sur une fente de l'écorce terrestre, met en communication la surface de cette écorce avec les matières fondues de l'intérieur. C'est l'extrémité de cette cheminée, évasée comme un entonnoir, qu'on nomme *cratère*, d'un mot grec qui signifie *coupe*.

Le spectacle imposant des forces souterraines qui président aux éruptions volcaniques ne pouvait manquer de frapper l'imagination des Anciens. Aussi la mythologie et les poètes peuplent de héros les flancs des volcans. Selon les Grecs, l'Etna était la forge infernale où Vulcain, dieu du feu, forgeait les foudres de Jupiter. C'est sous la masse énorme de l'Etna que les dieux de l'Olympe ensevelissent Encelade, coupable de s'être révolté contre Jupiter. Aussi quand le volcan gronde, quand le ciel se couvre de fumée brûlante, c'est Encelade qui « se débat dans sa prison profonde » et qui

> La bouche haletante et le sein enflammé
> Soulève le fardeau dont il est opprimé.

Plus près de nous, au Moyen âge, on voit dans les désastres causés par les volcans des signes de la colère céleste. A cette époque le cratère d'un volcan est « un soupirail de l'Enfer ».

L'observation scientifique va nous montrer que l'activité volcanique n'est pas un si redoutable mystère, et qu'elle ne doit pas évoquer dans l'esprit que des idées de destruction et de ruines. Oui, le volcan détruit souvent, mais aussi il édifie toujours. Il réagit contre l'action des eaux, en maintenant un relief contre lequel s'acharnent les fleuves et les vagues ; grâce à lui, le sol menacé d'aplanissement lutte d'une façon continue pour conserver ce relief qui fait sa diversité et sa beauté. Ajoutons que, grâce au volcan, l'écorce terrestre s'enrichit de matières arrachées aux entrailles de la terre, et que, par ses cendres, le volcan apporte la fertilité en de vastes régions. On conviendra donc que si le volcan porte à son passif des destructions, même des désastres, son actif offre, en revanche, de grands travaux d'édification. N'est-ce pas Delille qui écrit que les volcans,

> ..... rapides destructeurs,
> Mais quelquefois aussi hardis fabricateurs,
> Mêlent de grands travaux à d'horribles ravages.

Nous devons donc mettre en regard ces deux facteurs de destruction et d'édification. Et l'histoire scientifique des volcans doit être faite sans autre préoccupation que celle de connaître un des organes de la gigantesque machine terrestre.

Jusqu'au xviiie siècle les observations exactes sont peu nombreuses. C'est Buffon qui, en parlant des volcans, dit simplement : « Tout cela cependant n'est que du bruit, du feu et de la fumée. » Mais actuellement la science est en possession de nombreux documents recueillis sur place par des naturalistes éclairés et intrépides qui, parfois même, n'ont pas craint de risquer leur vie pour interroger la nature. Encore aujourd'hui les volcans en feu ne manquent pas. On en connaît plusieurs centaines, et nous n'avons pas besoin d'aller bien loin pour en trouver : l'Etna est là qui n'est pas toujours de bonne humeur, et aussi le Vésuve qui gronde et flambe

souvent. D'autre part, des volcans qui semblaient éteints ont eu parfois de terribles
réveils : tel est le cas du Mont-Pelé, à la Martinique qui, le 8 mai 1902, détruisait la
ville de Saint-Pierre et causait la mort de plus de 30 000 habitants.

Il faudrait, pour être complet, écrire non seulement l'histoire particulière de chaque
volcan, mais aussi l'histoire de chaque éruption, car pour le même volcan les éruptions successives peuvent être très différentes. Essayons d'abord de donner une idée
d'une éruption volcanique, d'en noter les principales phases, et nous chercherons
ensuite à dégager les caractères des principaux volcans et des plus célèbres éruptions.

§ 1. — UNE ÉRUPTION VOLCANIQUE. LES PROJECTILES VOLCANIQUES : UN BOULET DE
30 TONNES. LES LAVES : CHEIRES ET ORGUES D'AUVERGNE ; CHAUSSÉE DE GÉANTS :
CHEVEUX DE PÉLÉ : LE LABORATOIRE IMITANT LA NATURE. LES FUMEROLLES.
LES NUÉES ARDENTES.

Habituellement l'éruption s'annonce par des phénomènes précurseurs : des tremblements de terre se produisent : des bruits souterrains se font entendre ; les sources
tarissent ; puis enfin, une formidable explosion se produit, le sol s'ouvre avec fracas

FIG. 36. — Une violente éruption du Vésuve, le 5 juillet 1895.

et laisse échapper une colonne de fumée qui, à sa partie supérieure, va s'étaler en un
panache horizontal (fig. 36) offrant l'aspect d'un gigantesque pin-parasol, pour
employer la comparaison de Pline. Cette colonne peut s'élever à une hauteur considérable : 3 000 mètres au Vésuve, en 1822 : 8 000 mètres au Cotopaxi, en 1877 ;

13 000 mètres au Krakatoa, en 1883. Les vapeurs entraînent avec elles des cendres qui donnent une couleur noire à la fumée (fig. 37) ; par place, au hasard des remous de cette masse, cette enveloppe noire se déchire, laissant apercevoir des boules de vapeur blanchâtre qui roulent les unes sur les autres comme de grosses « boules de coton » (fig. 38). Parfois ce nuage de fumée est si vaste et si opaque qu'il peut plonger dans l'obscurité la plus complète toute la campagne environnante. Alexandre

FIG. 37 : Le Vésuve : fumées noires.

FIG. 38. — Le Vésuve : fumées blanchâtres en
« boules de coton ».

de Humboldt, dans ses admirables *Tableaux de la nature,* nous raconte que pendant l'éruption du Vésuve, en 1822, il y avait tant de cendres dans l'air que les habitants du pays, plongés en plein jour dans une nuit profonde, parcouraient les rues avec des lanternes.

Les signes précurseurs que nous avons cités plus haut font rarement défaut. Même l'éruption de la Martinique qui fit tant de victimes avait été précédée du dessèchement du lac des Palmistes deux mois auparavant, de dégagements gazeux irrespirables, de secousses du sol ; et quelques jours avant la catastrophe, une pluie de cendres blanches recouvrait la ville de Saint-Pierre et lui donnait l'aspect inattendu sous les tropiques d'une ville couverte de neige.

Ce torrent de vapeurs emporte avec lui des cendres, des blocs arrachés à la cheminée et au cratère, des morceaux de lave qui se solidifient dans leur course aérienne (fig. 39). Les plus fins de ces débris seront emportés par le vent, les autres retomberont

autour du cratère. Enfin, du cratère ou bien des crevasses situées sur le flanc de la
montagne va s'écouler la lave incandescente, tandis que le volcan qui paraît épuisé
va s'acheminer vers une période de calme, de repos, pendant laquelle cependant des
gaz abondants continueront à se dégager, soit par le cratère, soit à la surface des laves
qui se refroidissent.

Au cours d'une éruption, le spectacle le plus saisissant est celui des admirables
feux d'artifice qu'engendrent les explosions. Pendant la nuit, à chaque détonation, les
blocs incandescents projetés illuminent le ciel de points étincelants ; ils retombent

Fig. 39. — Le Vésuve : cratère lançant des projectiles

avec fracas et, pendant quelques instants encore, revêtent la surface des cônes d'un
semis lumineux. Puis, tout rentre dans l'obscurité jusqu'à la prochaine explosion.
Pendant le jour, le feu d'artifice se change en un panache de fumée que sillonnent les
éclairs de la foudre ; et le bruit du tonnerre se mêlant à celui des détonations volcaniques augmente encore le grandiose du spectacle.

Telles sont, brièvement résumées, les principales phases d'une grande éruption. Il
nous faut cependant compléter cette description par quelques détails intéressants sur
les produits rejetés par les volcans. Ils peuvent être solides, liquides ou gazeux.

Les PRODUITS SOLIDES ont des aspects très différents. Les plus communs sont les
cendres, les scories, les lapilli, les bombes et les tufs.

Les *cendres* sont des poussières volcaniques dues à la pulvérisation de la lave en
fines gouttelettes qui, soumises dans l'air à un refroidissement rapide, se solidifient en
donnant une poussière grise. Ces cendres peuvent être transportées fort loin : c'est

ainsi que des cendres du Vésuve ont été entraînées jusqu'à Constantinople ou jusqu'en Tunisie suivant la direction des vents. On cite encore des cendres qui, parties d'Islande, sont venues tomber dans les rues de Stockholm après un parcours aérien de 1900 kilomètres. On prétend même que dans la fameuse éruption du Krakatoa, en 1883, les cendres les plus fines lancées par ce volcan et poussées par les vents ont fait le tour du monde en produisant des lueurs crépusculaires. L'exploration sous-marine du *Challenger* révéla ce fait intéressant que partout le fond des mers profondes est tapissé de ces débris volcaniques.

Les *scories* sont des masses irrégulières assez volumineuses, souvent déchiquetées et caverneuses. Les *lapilli* sont des grains dont l'accumulation forme une sorte de sable. Toutes ces matières proviennent de la lave qui a été projetée en l'air par les explosions. Lorsque, dans leur chute, ces morceaux de lave ont été animés d'un mouvement de rotation, ils prennent une forme en fuseau (fig. 40), effilée aux deux extrémités et portant à la surface des sillons en spirale : ce sont les *bombes,* que les Napolitains désignent aussi sous le nom de *larmes du Vésuve.* La grosseur de ces blocs peut varier depuis la dimension du poing jusqu'à plusieurs mètres cubes. Ainsi, le Vésuve, en mai 1900, lança une bombe (fig. 41) dont le volume était de 12 mètres cubes et le poids de 300 quintaux. Un boulet de 30 tonnes ! D'après les observations de M. le Pr Matteucci (1), qui a failli être tué sur les bords du cratère lors de cette éruption, ce bloc énorme mit à peu près 17 secondes à parcourir sa trajectoire, et tomba sur le sol avec une vitesse de 80 mètres à la seconde. La force vive des vapeurs qui l'ont projeté peut être évaluée à plus de 45 millions de kilogrammètres, c'est-à-dire à plus de 600000 chevaux-vapeur ! Dans cette éruption, tout le bagage du savant observateur fut anéanti ; seul son appareil photographique fut épargné, et c'est à ce hasard heureux que nous devons de pouvoir reproduire ici quelques-unes des vues prises par le hardi naturaliste.

Fig. 40. — Bombes volcaniques.

Enfin, les cendres peuvent, en se mélangeant avec la pluie provenant de la condensation de la vapeur d'eau ou en tombant dans un lac, donner une sorte de boue, qui, en se solidifiant, produira une roche grossièrement stratifiée appelée *tuf.* C'est sous une telle pluie de boue qu'Herculanum a été engloutie en 79, tandis que c'est sous une pluie de cendres sèches que périt Pompéi.

Les PRODUITS LIQUIDES sont uniquement constitués par les *laves* qui, sous l'influence de la poussée éruptive, s'échappent par le cratère ou par les flancs entr'ouverts de la montagne. Ces flots de laves déroulent sur les pentes, comme un véritable fleuve de feu, d'abord avec une grande vitesse qui peut dépasser 10 mètres par seconde ; puis, en se refroidissant, la lave devient pâteuse, son mouvement se ralentit et atteint à peine un mètre par heure. A ce moment, elle est tellement visqueuse que l'on peut,

(1) C. MATTEUCCI, *C. R. de l'Acad. des sciences,* décembre 1900.

comme on le fait à Naples, la comprimer dans des moules pour en fabriquer des médailles grossières. Enfin, elle finit par s'arrêter, complètement solidifiée.

La fluidité des laves varie avec la quantité de silice qu'elles contiennent. Si elles en contiennent plus de 65 pour 100, elles sont pâteuses, légères et *acides* ; si, au contraire, elles en contiennent moins de 45 pour 100, elles sont plus fluides, plus lourdes et *basiques*.

Fig. 41. — Une bombe de 12 mètres cubes et de 300 quintaux, lancée par le Vésuve en mai 1900. A côté se trouve M. le professeur Matteucci.

Par leur composition, aussi bien que par leur aspect, les laves ressemblent aux scories de forge et aux laitiers des hauts fourneaux. Une ressemblance de plus avec ces derniers, c'est que les laves peuvent être considérées comme l'écume du noyau métallique interne dont elles formeraient les zones supérieures.

On a voulu connaître la température de la lave à la sortie du volcan. C'est une observation difficile, dangereuse même : cependant, malgré les périls dont elle est entourée, de hardis observateurs ont réussi à s'aventurer au voisinage de laves incandescentes, et ils ont pu constater que la température oscillait entre 1000 et 2000 degrés. Rappelons qu'en 1865 M. Fouqué fit une série d'observations sur la température des laves de l'Etna, et plusieurs fois il obtint la fusion du fil de fer qu'il plongeait dans ces laves. Mais, dès que la lave s'épanche, la température baisse rapidement, surtout à la surface ; il se forme alors une croûte de scories toute bouleversée, et que la lave encore liquide, cheminant dans son intérieur, va fréquemment déchirer et déchiqueter en la forçant à s'allonger. Cet aspect si caractéristique des coulées de laves est bien connu de tous ceux qui ont parcouru l'Auvergne, où cette croûte bouleversée est désignée sous le nom de *cheire*. Sous cette voûte solide qui forme comme un manteau contre le rayonnement, la lave reste liquide et s'écoule en laissant à l'intérieur de cette gaine solide de scories un vide qui forme un tunnel. Ces tunnels, très

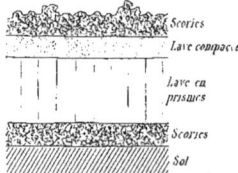

Fig. 42. — Coupe théorique d'une coulée de lave.

fréquents aux Açores, peuvent avoir plus d'un kilomètre de longueur, avec une hauteur et une largeur de plusieurs mètres.

La lave, à cause du manteau de scories qui la protège contre le refroidissement, peut rester longtemps fluide. Spallanzani, sur une coulée du Vésuve, onze mois après sa sortie du cratère, put enflammer un bâton en l'introduisant dans les fissures de la croûte. Il y a mieux : la coulée émise par le Jorullo (Mexique), en 1759, était encore chaude cinquante ans après, et vingt et un ans après l'éruption on allumait facilement un cigare dans ses crevasses. Souvent les guides provoquent l'étonnement des touristes qui montent au Vésuve en les invitant à faire cuire leurs aliments, poulets ou œufs, dans des cavités de la lave, véritables fours naturels.

En se solidifiant lentement, la lave subit une sorte de retrait qui la partage en colonnes prismatiques d'une remarquable régularité et pouvant atteindre jusqu'à 50 mètres de hauteur. Il se passe un phénomène semblable à celui qu'on observe quand on fait sécher de l'empois d'amidon : celui-ci se divise en petits bâtonnets assez régulièrement prismatiques. Ces prismes se sont produits surtout dans les coulées de laves anciennes, comme les basaltes. Tantôt ils se dressent verticalement comme de gigantesques tuyaux d'orgue, disposition fréquente dans les volcans éteints d'Auvergne, où elle forme ce qu'on appelle les *orgues* d'Espaly (fig. 43), de Murat et de Saint-Flour ; tantôt ces piliers restent petits et offrent sur leur section une sorte de dallage naturel formant ce qu'on appelle une *chaussée de géants*.

Lorsque la lave est très fluide et que le vent vient à la fouetter avant sa solidification, elle s'éparpille dans l'air en fils d'une finesse extrême et semblables à ces « fils de la Vierge » qu'on voit flotter dans l'air. C'est ce qui se passe au volcan de Mauna Loa, en Océanie, où ces filaments déliés qui forment comme des paquets d'étoupe sont poétiquement désignés sous le nom de *cheveux de Pélé*. Le mécanisme de formation de ces fils est d'autant mieux connu qu'on les voit se produire dans les usines où la tuyère d'une soufflerie déverse un courant d'air sur un bain de laitier fondu.

Il nous reste à dire quelle est la structure d'une lave. Celle-ci se présente ordinairement avec un aspect scoriacé, c'est-à-dire qu'elle est bulleuse et fendillée. Les cavités qu'elle contient sont dues aux bulles de gaz emprisonnées dans la pâte au moment de la solidification. Si l'on veut pousser plus loin l'analyse de la lave, il faut avoir recours au microscope qui, avec une sûreté et une élégance remarquables, nous fera connaître la texture intime de la roche. A cet effet, les roches, même les plus dures, sont réduites sur le tour du lapidaire en lamelles aussi minces qu'une pelure d'oignon. Ces plaques, dont l'épaisseur ne dépasse pas 2 ou 3 centièmes de millimètre, sont transparentes et peuvent, par suite, être examinées au microscope. On y voit alors (fig. 44), au milieu d'une sorte de pâte, des cristaux d'une infinie délicatesse, que l'on observera avec autant de sûreté que si l'on pouvait les manier. On a pu

Fig. 43. — Orgues d'Espaly.

voir ainsi que ces très petits cristaux, décrits sous le nom de *microlithes,* et dont on ne pouvait soupçonner l'existence, présentent avec une exactitude merveilleuse les caractères optiques des minéraux de même espèce mais de dimensions plus considérables. De plus, si dans cet examen micrographique on se sert de la lumière polarisée, chaque espèce minérale entrant dans la composition de la roche sera déterminée avec précision, car chaque espèce vue à la lumière polarisée présentera un aspect différent. Tous les cristaux se sont parés des couleurs du spectre les plus éclatantes, se soumettant ainsi aux plus minutieuses des recherches optiques.

Outre ces microlithes, on observe souvent dans la lave de grands cristaux parfois visibles à l'œil nu. Ces cristaux ont dû se former dans la masse en fusion, alors qu'elle était encore dans les réservoirs souterrains. La présence de zones concentriques dans ces cristaux est une preuve de leur accroissement lent. En résumé, le microscope nous montre que les cristaux se sont formés en deux temps : pendant le premier, avant l'éruption, les grands cristaux se forment dans les profondeurs du sol ; pendant le second, au moment de l'éruption seulement, les microlithes apparaissent.

Si le refroidissement de la lave se fait brusquement, le second temps de la cristallisation ne se produit pas, et la pâte de la roche reste amorphe ; c'est le cas pour la *pierre ponce* et pour l'*obsidienne*, qui ne présentent pas de cristaux, même vues au microscope, et dont l'aspect, assez semblable à celui du verre, leur a valu le nom de *roches vitreuses*. Au contraire, si le refroidissement est moins rapide, des microlithes se forment, et enfin, s'il est très lent, de grands cristaux se développent.

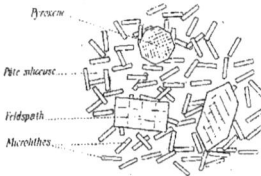

Fig. 44. — Fragment de roche microlithique vu au microscope.

D'autre part, l'analyse chimique, grâce à ses méthodes ingénieuses, nous renseigne d'une façon précise sur la composition des roches, sur le pourcentage des éléments qu'elles renferment. Il était donc logique que la science, après avoir observé et analysé les roches, cherchât à en faire la synthèse, c'est-à-dire à les reproduire artificiellement. Or, on sait que ce n'est pas chose facile que de vouloir imiter les produits de la nature. D'autant plus difficile que si la formation des roches sédimentaires s'accomplit pour ainsi dire au grand jour, celle des roches éruptives, au contraire, s'effectue dans les profondeurs de la terre ; leur genèse est en quelque sorte entourée de mystère, car le regard ne peut sonder les vastes réservoirs souterrains où ces matières en fusion se pétrissent. Cependant, des hommes supérieurs ont pressenti depuis longtemps le rôle de l'expérience dans les progrès scientifiques : c'est Buffon qui démontre par des essais que le granite est fusible et qu'il se transforme par la fusion en matière vitreuse ; c'est Spallanzani qui, pour détruire certains préjugés, exécute une série d'expériences sur la fusion des laves ; c'est James Hall, l'illustre géologue écossais, qui fond des roches éruptives dans un creuset en graphite, et observe que le produit de cette fusion, refroidi brusquement, donne une matière vitreuse amorphe, tandis qu'un refroidissement plus lent y provoque la formation de cristaux. Enfin, en 1866, c'est Daubrée qui reproduit certaines pierres météoriques en fondant une roche terrestre, la lherzolite, dont la composition est voisine de celle des roches qu'il voulait imiter. Cet éminent géologue avait donc fait le premier pas dans la voie de la synthèse, mais il fut arrêté, parce qu'à cette époque les méthodes d'analyse ne permettaient pas de pénétrer à fond la structure des roches, et aussi parce que les laboratoires ne possédaient pas d'appareils permettant d'obtenir de hautes températures et de les maintenir pendant un temps prolongé. Il était réservé à deux savants français, MM. Fouqué et Michel Lévy, de mener à bien ces recherches qui devaient jeter un si vif éclat sur le laboratoire de géologie du Collège de France. Nous ne décrirons pas leurs appareils ; bornons-nous à dire que leurs fourneaux leur permettaient d'obtenir tous les degrés intermédiaires entre le rouge sombre et le blanc éblouissant, et de maintenir constante une température donnée pendant un temps illimité. Ajoutons cependant que ces expérimentateurs ont été guidés par des essais faits en projetant dans l'eau de petites quantités de laves encore en fusion et prises en différents endroits sur la coulée en mouvement. Ils observaient ainsi la préexistence des grands cristaux et le développement graduel des microlithes pendant l'épanchement.

Voici comment ces savants opéraient : ils plaçaient dans le fourneau un creuset en platine contenant le mélange de matières minérales (silice, alumine, chaux, etc.) répondant à la composition de la roche à reproduire. La température du fourneau était portée au blanc, le mélange se transformait en verre. Puis, découvrant le fourneau et réglant l'admission de l'air à son intérieur, on faisait décroître la température jusqu'au rouge orangé, point de fusion de l'acier, puis au rouge cerise, point de fusion du cuivre. Ces recuits successifs à des températures décroissantes forçaient les cristaux à se former en série, d'abord les moins fusibles et les plus gros, puis ensuite les microlithes. Prenons comme exemple la reproduction d'une lave du Vésuve, la leucotéphrite, qui est composée de leucite, de labrador et d'augite. On forme un mélange de silice, d'alumine, de chaux, d'oxyde de fer, de potasse et de soude qui répond à une partie d'augite, quatre de labrador, huit de leucite. Dès que la fusion est obtenue, on abaisse la température et on la maintient pendant 48 heures à la température de l'acier fondu. Pendant cette première phase les cristaux de leucite apparaissent ; c'est le premier temps de la solidification. Puis, on maintient pendant 48 heures la matière à la température de fusion du cuivre ; toute la masse se transforme alors en microlithes d'augite et de labrador. Si maintenant l'on compare des préparations microscopiques de cette roche de synthèse avec celles de la lave naturelle, la ressemblance est parfaite, même dans les détails des formes cristallines. Toutes les roches éruptives contemporaines ont été reconstituées ainsi : les basaltes, les andésites, les labradorites, etc. Mais cette méthode n'a pu réussir à imiter les roches éruptives acides, comme celles qui renferment du quartz, du mica et de l'orthose. Peut-être que demain de nouvelles tentatives triompheront, et c'est le cas de répéter que les échecs du passé préparent les conquêtes du lendemain.

Si nous avons insisté sur ces expériences, c'est parce qu'elles ont permis d'imiter dans le laboratoire la puissance créatrice de la nature, et d'entrevoir ce qui se passe dans les mystérieuses profondeurs du sol. Cette synthèse vient donc couronner l'œuvre scientifique, et c'est sans doute ce couronnement que présentait Leibniz lorsqu'il écrivait, il y a deux siècles : « Il fera, selon nous, une œuvre importante, celui qui comparera soigneusement les produits tirés du sein de la terre avec ceux des laboratoires : car alors brilleront à nos yeux les rapports frappants qui existent entre les produits de la nature et ceux de l'art. » C'est aussi ce qu'a exprimé un géologue moderne en disant que le volcan est un grand laboratoire naturel où les expériences se font d'elles-mêmes et s'offrent spontanément à l'observation.

Les PRODUITS GAZEUX, qu'il nous reste à étudier, sont ordinairement désignés sous le nom de *fumerolles* ; ils se dégagent soit du cratère, soit des laves encore en fusion. L'étude des fumerolles, commencée en 1846, en Islande, par Bunsen, fut continuée de 1855 à 1861 par Ch. Sainte-Claire Deville au Vésuve et aux îles Lipari, en 1865, par M. Fouqué à l'Etna, et enfin, en 1902, par M. Lacroix à la Martinique. C'est une étude difficile, non seulement parce qu'elle est dangereuse pour l'observateur, mais parce que la récolte des gaz exige des précautions spéciales. On emploie pour cela un tube en verre, effilé à son extrémité, et dans lequel on fait le vide ; puis, après avoir fermé la pointe à la lampe, on l'introduit aussi profondément que possible dans le foyer d'émanations gazeuses. On casse alors la pointe avec une pince, et une fois l'appareil rempli, on le retire rapidement pour le fermer à la lampe. L'analyse des gaz est ensuite faite dans le laboratoire.

Les résultats de ces observations ont montré que les fumerolles ne sont pas, comme on l'avait cru d'abord, différentes suivant les volcans. La différence dans la composition des gaz n'existe que parce qu'ils ont été recueillis à des moments différents. Tout dépend de la température, qui peut transformer certaines vapeurs, dissocier certains composés ou faciliter certaines réactions chimiques.

Les fumerolles ont été classées en plusieurs catégories. Ce sont d'abord les *fumerolles sèches* ; elles sont les plus chaudes, car leur température dépasse souvent 500 degrés ; elles rejettent surtout du sel marin, qui se dépose sur les blocs de lave sous forme d'un enduit blanc. Les *fumerolles acides* se dégagent un peu plus loin du cratère et sont caractérisées par des dégagements suffocants d'acide chlorhydrique et d'acide sulfureux associés à des torrents de vapeur d'eau ; leur température n'est plus que de 300 à 400 degrés. Plus loin encore du foyer d'éruption se dégagent les *fumerolles alcalines*, dont la température est voisine de 100 degrés et qui contiennent du sel ammoniac et de l'hydrogène sulfuré dont la décomposition donne lieu à des dépôts de soufre. Enfin, les *fumerolles froides* ont une température inférieure à 100 degrés et contiennent de la vapeur d'eau et du gaz carbonique. Ce dégagement de gaz carbonique peut persister pendant des mois, des années et même des siècles après la fin de l'éruption ; il est ordinairement décrit sous le nom de *mofette*.

On trouve aussi parmi les gaz rejetés par les volcans des gaz combustibles tels que l'hydrogène et les carbures d'hydrogène. L'existence de ces gaz explique la présence de flammes dont la réalité fut si souvent contestée, mais qu'il est impossible de nier devant l'affirmation d'observateurs éprouvés comme MM. Deville, Fouqué et Janssen. C'est ainsi qu'en 1866, à Santorin, M. Fouqué vit l'hydrogène et les carbures se dégager bulle à bulle de la mer, puis s'allumer au contact des roches incandescentes, pour s'éteindre ou se rallumer ensuite suivant les caprices du vent. « Sur les roches brûlantes d'un îlot naissant, dit M. Fouqué, leurs flammes ressemblaient à celles d'un bûcher. »

L'observation des phénomènes qui se sont passés pendant l'éruption de la Martinique, en 1902 et 1903, ont montré l'existence d'un fait nouveau. Il s'agit de ce qu'on appelle aujourd'hui les *nuées ardentes*. On savait bien que dans quelques éruptions anciennes, des nuages lourds, à haute température, avaient ravagé certaines régions en brûlant les êtres vivants sur leur passage, mais on n'avait pas de renseignements précis sur la nature et l'action mécanique de ces nuages. Or, la production de ces nuées ardentes est le trait caractéristique de l'éruption actuelle de la Martinique. M. le Pr Lacroix, chef de la mission française chargée de l'étude de ce volcan, et qui a étudié ces nuées de près pendant plusieurs mois, dit qu'elles sont produites par « une projection dans une direction plongeante de gaz et de vapeurs, entraînant une énorme quantité de cendres et de blocs ». C'est une nuée de cette nature qui, le 8 mai 1902, fut lancée dans la direction de Saint-Pierre, produisant la terrible catastrophe que l'on sait. A son arrivée à Saint-Pierre, la température de cette nuée ardente était d'environ 200 degrés. Depuis cette époque, de nombreuses nuées ardentes ont été émises par le volcan, sont descendues sur les pentes et, ralentissant peu à peu leur vitesse, sont venues, dans l'espace de quelques minutes, s'étendre sur plus d'un mille en mer.

Quant aux gaz contenus dans ces nuées, ils sont les mêmes que ceux trouvés dans les fumerolles des bords du cratère. Ce sont, dans l'ordre décroissant de leur quantité : gaz carbonique, hydrogène, méthane, azote, oxyde de carbone et argon. La quantité d'oxyde de carbone contenu dans cette trombe gazeuse qui a ravagé Saint-Pierre permet de comprendre la mort rapide des habitants de cette ville. Et il est à présumer que ce n'est qu'après cet empoisonnement que les cadavres ont été carbonisés.

Il convient d'ajouter aux produits gazeux que nous venons d'énumérer des substances métalliques volatilisées et qui se déposent par refroidissement, à l'état solide. Ce sont : le fer oligiste, l'acide borique, le réalgar, l'orpiment, etc.

Que de particularités intéressantes nous aurions encore à signaler? Mais il est préférable de jeter un coup d'œil sur les principaux volcans et de raconter quelques-unes des éruptions les plus célèbres.

§ 2. — LES PRINCIPAUX VOLCANS ET LES GRANDES ÉRUPTIONS. LE VÉSUVE ET POMPÉI : L'ETNA ET LE STROMBOLI ; LES VOLCANS SOUS-MARINS DE SANTORIN ; LE MONT PELÉ. LE CERCLE DE FEU DU PACIFIQUE. UNE MONTAGNE QUI FAIT EXPLOSION.

Les volcans ne sont pas des phénomènes isolés. S'ils ne sont pas partout, ils sont du moins répartis sur d'immenses étendues. Ils sont ordinairement situés au voisinage de la mer, sur les bords des grandes dépressions. Il en existe une ceinture continue autour de l'Océan Pacifique ; une longue chaîne de volcans jalonne la Méditerranée, l'Asie Mineure, le Golfe Persique et l'Océan Indien ; une autre ligne occupe l'axe de l'Atlantique, depuis Jan Mayen, au Nord de l'Islande, jusqu'à ces volcans de l'Érebus et du Terror, entrevus par Ross au voisinage du pôle antarctique. C'est par centaines que se comptent les bouches volcaniques en activité, et nous ne saurions songer à en donner ici l'énumération complète. Cependant il nous semble utile d'étudier les principaux foyers volcaniques, afin de constater que leur répartition géographique n'est pas quelconque. Installés sur des fentes de l'écorce terrestre, les volcans représentent les points où ces fentes sont le mieux ouvertes. On pourrait donc comparer les volcans à des espèces de soupapes de sûreté par lesquelles s'épancherait au dehors l'excès d'énergie du noyau intérieur.

Parcourons d'abord la _dépression méditerranéenne_, nous y trouverons le Vésuve (fig. 45), l'Etna, le Stromboli et les volcans sous-marins de l'archipel Santorin.

Le Vésuve domine de 1303 mètres cette superbe baie de Naples qu'il n'est plus permis aujourd'hui de décrire, car, on l'a dit et plus que jamais le mot est vrai, « ceux qui ne l'ont pas vue la connaissent, tant ils l'ont entendu célébrer ». Pourtant ce volcan met dans le paysage napolitain comme une vision des antiques légendes d'Encelade et des Titans. Si, à certains moments de son histoire, il a pu semer la mort et la terreur, actuellement il est pour cette région une merveilleuse réclame. Son abord a même été facilité par l'installation d'un chemin de fer funiculaire (fig. 46). Aussi bien il nous paraît inutile de faire ici une description que l'on trouvera dans tous les guides de cette région. Par contre, il nous semble intéressant de rappeler en quelques mots son histoire géologique.

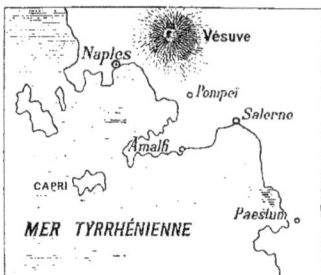

Fig. 45. — La région du Vésuve.

Avant l'an 79 de notre ère, le Vésuve, de mémoire d'homme, n'avait donné aucun signe d'activité. Et c'est sur son ancien cratère, aujourd'hui la Somma, alors occupé par une vigne sauvage, que Spartacus était venu camper avec dix mille esclaves révoltés. Donc pendant toute l'antiquité on ignorait la nature volcanique de cette montagne couverte de végétation, lorsqu'en l'an 63 le volcan s'éveilla. Il y eut alors un tremblement de terre, mais c'est en 79 qu'une éruption formidable se produisit, détruisant toute une contrée, engloutissant Herculanum et Pompéi sous une pluie de cendres et de boue, et coûtant la vie à un grand nombre d'hommes, parmi lesquels le naturaliste Pline l'Ancien. Cette formidable explosion ébranla et démantela partiellement la Somma, dont le cratère fut alors ébréché à la

Fig. 46. — Le chemin de fer funiculaire du Vésuve.

façon de ceux des puys de la Vache et de Lassolas, en Auvergne. Au surplus, nous ne saurions mieux faire, pour donner une idée exacte de cette terrible catastrophe, que de transcrire ici la belle lettre que Pline le Jeune écrivit à Tacite pour lui raconter, sur la demande de celui-ci, la mort de son oncle :

Vous me demandez des détails sur la mort de mon oncle, afin d'en transmettre plus fidèlement le récit à la postérité ; je vous en remercie, car je ne doute pas qu'une gloire impérissable ne s'attache à ses derniers moments si vous en retracez l'histoire. Quoiqu'il ait péri dans un désastre qui a ravagé la plus heureuse contrée de l'univers ; quoiqu'il soit tombé avec des peuples et des villes entières, victime d'une catastrophe mémorable qui doit éterniser sa mémoire, quoiqu'il ait élevé lui-même tant de monuments durables de son génie, l'immortalité de vos ouvrages ajoutera beaucoup à celle de son nom. Heureux les hommes auxquels il a été donné de faire des choses dignes d'être écrites, ou d'en écrire qui soient dignes d'être lues. Plus heureux encore ceux à qui les dieux ont départi ce double avantage ! Mon oncle tiendra son rang entre les derniers, et par vos écrits et par les siens. J'entreprendrai donc volontiers la tâche que vous m'imposez, ou, pour mieux dire, je la réclame.

Il était à Misène où il commandait la flotte. Le neuvième jour avant les calendes de septembre, vers la septième heure, ma mère l'avertit qu'il paraissait un nuage d'une grandeur et d'une forme extraordinaires.

Après sa station au soleil et son bain d'eau froide, il s'était jeté sur un lit, où il avait pris son repos ordinaire, et il se livrait à l'étude. Aussitôt il se lève et monte en un lieu d'où il pouvait aisément observer ce prodige.

La nuée s'élançait dans l'air sans qu'on pût distinguer à une si grande distance de quelle montagne elle était sortie ; l'événement fit connaître ensuite que c'était du mont Vésuve. Sa forme approchait de celle d'un arbre et particulièrement d'un pin ; car, s'élevant vers le ciel comme sur un tronc immense, sa tête s'étendait en rameaux. J'imagine qu'un vent souterrain poussait d'abord cette vapeur avec impétuosité, mais que l'action du vent ne se faisant plus sentir à une certaine hauteur où, le nuage s'affaissant sous son propre poids, il se répandait en surface. Il paraissait tantôt blanc, tantôt noirâtre et tantôt de diverses couleurs, selon qu'il était plus chargé ou de cendres ou de terre. Ce prodige surprit mon oncle, et, dans son zèle pour la science, il voulut l'examiner de plus près. Il fit appareiller un bâtiment léger, et me laissa la liberté de le suivre. Je lui répondis que j'aimais mieux étudier : il m'avait, par hasard, donné lui-même quelque chose à écrire. Il sortait de chez lui, lorsqu'il reçoit un billet de Rectine, femme de Cæsius Bassus. Effrayée de l'imminence du péril (car sa maison était située au pied du Vésuve, et elle ne pouvait s'échapper que par la mer), elle le priait de lui porter secours. Alors, il change de but, et poursuit par dévouement ce qu'il n'avait d'abord entrepris que par désir de s'instruire. Il fait préparer des quadrirèmes, et y monte lui-même pour aller secourir Rectine et beaucoup d'autres personnes, qui avaient fixé leur habitation dans ce site attrayant. Il se dirige à la hâte vers des lieux d'où tout le monde s'enfuit ; il va droit au danger, l'esprit tellement libre de crainte qu'il dictait la description des divers accidents et des scènes changeantes que le prodige offrait à ses yeux.

Déjà sur ses vaisseaux volait une cendre plus épaisse et plus chaude à mesure qu'ils approchaient ; déjà tombaient autour d'eux des pierres calcinées et des cailloux noirs tout brûlés, tout brisés par la violence du feu. La mer, abaissée tout à coup, n'avait plus de profondeur et le rivage était inaccessible par l'amas de pierres qui le couvrait. Mon oncle fut un moment incertain s'il retournerait, mais il dit bientôt à son pilote, qui l'engageait à revenir : *La fortune favorise le courage ; menez-nous chez Pomponianus.* Pomponianus était à Stabie, de l'autre côté d'un petit golfe formé par la courbure insensible du rivage. Là, à la vue du péril qui était encore éloigné, mais qui s'approchait incessamment, Pomponianus avait fait partir sur des vaisseaux, et n'attendait pour s'éloigner qu'un vent moins contraire. Mon oncle, favorisé par ce même vent, aborde chez lui, l'embrasse, calme son agitation, le rassure, l'encourage, et, pour dissiper, par sa sécurité, la crainte de son ami, il se fait porter au bain. Après le bain, il se met à table et mange avec gaieté, ou, ce qui ne suppose pas moins de force d'âme, avec toutes les apparences de la gaieté. Cependant, on voyait luire, de plusieurs endroits du mont Vésuve, de larges flammes et un vaste embrasement, dont les ténèbres augmentaient l'éclat. Pour rassurer ceux qui l'accompagnaient, mon oncle leur disait que c'étaient des maisons de campagne abandonnées au feu par les paysans effrayés. Ensuite il se coucha et dormit réellement d'un profond sommeil, car on entendait de la porte le bruit de sa respiration, que la grosseur de son corps rendait forte et retentissante.

Cependant la cour par où l'on entrait dans son appartement commençait à se remplir de cendres et de pierres, et pour peu qu'il y fût resté plus longtemps, il ne lui eût plus été possible de sortir. On l'éveille, il sort et va rejoindre Pomponianus et les autres qui avaient veillé. Ils tiennent conseil et délibèrent s'ils se renfermeront dans la maison, ou s'ils erreront dans la campagne ; car les maisons étaient tellement ébranlées par les violents tremblements de terre qui se succédaient qu'elles semblaient arrachées de leurs fondements, poussées tour à tour dans tous les sens, puis ramenées à leur place. D'un autre côté, on avait à craindre, hors de la ville, la chute des pierres, quoiqu'elles fussent légères et desséchées par le feu. De ces périls, on choisit le dernier. Dans l'esprit de mon oncle, la raison la plus forte prévalut sur la plus faible ; dans l'esprit de ceux qui l'entouraient, une crainte l'emporta sur une autre. Ils attachent donc des oreillers autour de leur tête : c'était une sorte de rempart contre les pierres qui tombaient. Le jour recommençait ailleurs ; mais autour d'eux régnait toujours la plus sombre et la plus épaisse des nuits, éclairée cependant par l'embrasement et des feux de toute espèce. On voulut s'approcher du rivage pour examiner si la mer permettait quelque tentative ; mais on la trouva toujours orageuse et contraire. Là, mon oncle se coucha sur un drap étendu, demanda de l'eau froide et en but deux fois. Bientôt des flammes et une odeur de soufre qui en annonçait l'approche mirent tout le monde en fuite et forcèrent mon oncle à se lever. Il se lève, appuyé sur deux jeunes esclaves, et au même instant il tombe mort. J'imagine que cette épaisse fumée arrêta sa respiration et le suffoqua : il avait naturellement la poitrine faible, étroite et souvent haletante. Lorsque la lumière reparut (trois jours après le dernier qui avait lui pour mon oncle), on retrouva son corps entier, sans blessure ; rien n'était changé dans l'état de son vêtement, et son attitude était celle du sommeil, plutôt que de la mort.   . . . .

Pendant ce temps, ma mère et moi nous étions à Misène... Mais cela n'intéresse plus l'histoire et vous n'avez voulu savoir que ce qui concerne la mort de mon oncle. Je finis donc, et je n'ajoute plus qu'un mot ; c'est que je ne vous ai rien dit, ou que je n'aie vu ou que je n'aie appris dans ces moments où la suite des événements n'a pu encore être altérée. C'est à vous de choisir ce que vous jugerez le plus important. Il est bien différent d'écrire une lettre ou une histoire, d'écrire pour un ami, ou pour la postérité. Adieu.

Il est curieux de remarquer que, dans cette lettre, il ne soit fait qu'une légère allusion à la disparition de Pompéi. Nous voudrions cependant donner une idée de la grandeur de ce cataclysme, en fixant par quelques traits l'histoire de cette cité ensevelie. Depuis plus de cent ans que les premières maisons de Pompéi furent mises à jour, chaque année apporte, grâce à des fouilles méthodiquement pratiquées, de nouvelles découvertes qui font la joie des artistes et des archéologues. Déblayée aux deux tiers de sa couche de cendres, qui mesurait par place une quinzaine de mètres d'épaisseur, cette ville ancienne présente l'ensemble le plus complet d'une ville romaine sous les empereurs. Aussi, c'est par milliers que les visiteurs affluent dans cette ville exhumée, capable de nous donner une vision précise de la vie antique. Les captivantes images de ces époques lointaines nous font remercier cette montagne de feu de nous avoir conservé tous ces vestiges d'une civilisation disparue. La guerre, la civilisation, et surtout le temps auraient eu raison depuis longtemps de tous ces trésors que nous a conservés le feu de la terre. Revoir une cité antique vieille de deux mille ans, parcourir ses rues, suivre les habitants sur leur forum, visiter leurs maisons et leurs temples, sont autant de plaisirs capables d'émouvoir même les plus blasés de nos contemporains. Et quel admirable pays ! Là-bas dans le lointain, c'est la ligne d'azur du golfe de Naples ; plus près, c'est le cône géant du Vésuve avec ses escarpements aux teintes grises et roses, et sa fumée blanche au majestueux panache.

Sur une terrasse naturelle, véritable acropole, qui domine la vallée, est situé le

Fig. 47. — Pompéi : le Forum.

forum (fig. 47), où s'élevait un temple grec dédié, dit-on, à Hercule. Un portique de cent colonnes enserrait le forum et servait aux spectateurs des deux théâtres, dont plusieurs portes donnaient sur la place. Volontiers nous nous figurons le mouvement de la foule, les gestes expressifs des Pompéiens, les élégances des femmes qui venaient au spectacle, parées avec recherche, les cheveux frisés aux petits fers, comme le dit Ovide, et toujours armées du *flabellum* (éventail) qui, discrètement, devait abriter plus d'un sourire. L'un de ces deux théâtres pouvait contenir 5 000 personnes ; l'autre, qui était couvert, offrait 1 500 places où l'on pouvait à l'aise venir écouter Plaute et Térence. Des contremarques (déjà !) servaient de tickets d'entrée, et sur ces jetons en os ou en terre cuite étaient inscrits les numéros du gradin et de la stalle que l'on devait occuper. Des tickets ayant la forme de pigeons devaient servir aux spectateurs placés au *piccionaia*, comme on dit encore à Naples, c'est-à-dire au *pou-lailler*. Cette expression était assez juste dans l'antiquité, car des oiseaux divers venaient se poser sur le faîte de l'édifice.

Un immense amphithéâtre (fig. 48) avait été construit à l'extrémité de la ville pour les combats de gladiateurs. Ce monument, qui pouvait contenir 20 000 spectateurs, fut l'un des premiers découverts. Il présente l'originalité d'être bâti dans une sorte de bassin creusé en partie de main d'homme, de telle façon que l'arène est en contre-bas

Fig. 48. — Pompéi : l'Amphithéâtre.

du sol extérieur. Plusieurs tours, encore debout, hérissent les murailles de cette construction, dont huit portes donnaient accès dans la cité.

Notons encore ce fait singulier que les boutiques de Pompéi ont conservé pour la plupart leur physionomie pittoresque et réaliste. Des boulangeries sont presque intactes ; on a même trouvé dans le four de l'une d'elles plusieurs pains qui sont exposés aujourd'hui dans les vitrines du musée de Naples. Les thermopoles, où l'on débitait des boissons chaudes et des vins variés, sont aussi dans un excellent état de conservation ; on y a trouvé des amphores avec des inscriptions renseignant sur l'origine du vin, parfois même nous indiquant qu'il était fort mauvais. La preuve en est dans cette épigramme virulente formulée par un client mécontent : *Suavis vinaria sitit, rogo vos valde sitiat* (Suavis, la marchande de vin, a soif ; je vous en prie, qu'elle ait très soif...), sans doute pour qu'elle boive elle-même tout son vin. Non moins avisés que nos marchands de vin d'aujourd'hui, ceux de Pompéi prenaient soin de s'établir aux angles des rues et aux carrefours les plus fréquentés.

Débarrassée de son manteau de cendres, cette ville antique nous laisse voir ses rues avec leurs grandes dalles usées par les roues des chars (fig. 49), ses fontaines publiques, ses murs couverts d'affiches électorales, et ses maisons particulières avec

Fig. 49. — Pompéi : Voie de l'Abondance.

leurs peintures murales et leurs objets d'art, parfois si nombreux qu'ils constituaient de véritables trésors. Le musée de Naples contient tous ces objets, depuis les plus intimes et les plus minuscules, créés par une civilisation raffinée, jusqu'aux cuirasses de gladiateurs et aux costumes les plus rares. Nombreuses surtout sont les peintures conservées intactes ; toutes sont remarquables par la simplicité du mouvement et l'heureuse harmonie des couleurs. Dans ces sujets divers les artistes s'appliquent à rendre la grâce plutôt que la puissance. C'est de l'art frivole qui pourrait se comparer à celui du xviiie siècle. Certaines maisons se distinguent par leur brillante décoration : telles sont la maison du poète tragique, la maison de la chasse, celle du faune, du banquier Jucundus, et surtout celle de Vettii, récemment découverte.

Cicéron, Phèdre, Sénèque avaient habité Pompéi ; on y venait en villégiature en
y apportant le confort et le luxe des centres mondains. Des gens fort riches y habitaient, tel ce banquier Jucundus dont on a retrouvé les comptes gravés sur des
tablettes de cire avec un stylet d'ivoire.

Au milieu de la décadence générale, une seule croyance semble avoir survécu :
c'est l'amour de la famille, du foyer. Toutes les maisons de Pompéi possèdent, en
effet, leur autel aux dieux du foyer, aux *dieux lares*. Chacun, dit Cicéron, doit regarder comme dieux les parents qu'il a perdus. Aussi le culte des morts porta-t-il les
anciens à élever de superbes mausolées, d'élégants tombeaux, établis le long des
grandes voies qui sortent de la ville. La voie des Tombeaux, située à la porte d'Her-

Fig. 50. — Un moulage d'une victime de Pompéi.

culanum, est particulièrement impressionnante. C'est au bout de cette avenue que se
trouve la villa de Diomède où, dans les caves, furent trouvés, enfouis dans les cendres,
dix-huit cadavres de femmes et d'enfants. Deux squelettes d'hommes furent découverts devant la porte du jardin : l'un avait une clef à la main et l'autre portait de
l'argent et des objets précieux.

Enfin, c'est à 2 kilomètres de Pompéi vers le Nord, sur les dernières ondulations
du Vésuve, que l'on découvrait une ferme d'un grand intérêt. Dans cette ferme, dit
M. R. Cagnat, « tout se trouvait à sa place antique et dans l'état où le volcan avait
surpris les hommes et les choses ; on eût dit que la catastrophe datait de la veille.
La sonnette pendait encore au montant de la porte d'entrée ; dans les portiques de la
cour, les armoires, consumées par le contact des pierres brûlantes, avaient laissé
leur forme si nettement marquée dans la cendre qu'il suffisait d'y couler du plâtre
pour obtenir une image fidèle de ce qu'elles étaient autrefois ; les squelettes des chiens

gisaient, le collier au cou, devant la loge du portier et devant la cuisine ; à l'écurie, les chevaux étaient encore attachés à leur mangeoire, les porcs couchés devant leur auge, les poulets éparpillés dans le bûcher ou dans quelque coin de la maison… »

Grâce à l'ingénieuse idée de M. Forelli, qui a mené si activement la plus grande partie des fouilles, on a pu reproduire le corps des victimes du Vésuve. Ensevelis dans les boues et les cendres chaudes, ces corps furent vite détruits, mais ils laissèrent dans la masse solide un vide, une sorte de moule dans lequel M. Forelli eut l'idée de couler du plâtre. Il obtint de cette façon des images terrifiantes d'hommes et de femmes dans les affres de la mort. N'est-ce pas l'une de ces reproductions qui inspira Théophile Gautier dans *Arria Marcella*? C'est une jeune femme élégamment coiffée et qui, couchée sur le ventre, a le bras autour de la tête comme pour se préserver du désastre. Tantôt c'est un corps simplement étendu qui semblait dormir tranquillement (fig. 50) ; la mort sans doute lui fut douce et facile. Tantôt au contraire, le corps est renversé, les poings sont crispés, et c'est en vain que cette victime a caché sa bouche et son nez sous un pan de son vêtement pour les protéger contre les cendres brûlantes et les émanations suffocantes : l'asphyxie avait dû être cruelle, la souffrance atroce. Voici un autre moulage intéressant (fig. 51) : un chien sur le dos, les pattes raidies et la gueule ouverte, porte un collier auquel devait être attachée la chaîne qui retenait la pauvre bête.

Fig. 51. — Pompei : cadavre de chien.

On a mis au jour jusqu'ici le corps de 700 Pompéiens et Pompéiennes, les uns asphyxiés au milieu de leur course désespérée à travers les rues, ou surpris pendant leurs occupations journalières, les autres écrasés par la chute d'un mur ou d'un bâtiment, d'autres enfin étouffés par la cendre au fond des caves où ils s'étaient réfugiés. Il ne faudrait cependant pas en conclure que tous les Pompéiens aient péri dans cette catastrophe. On estime que deux milliers seulement sur 20 000 habitants furent engloutis.

En somme, Pompéi est un immense tombeau du passé. Il en a du reste la physionomie et le caractère. D'où qu'on y arrive, tout revêt un air mélancolique dans cette vaste nécropole. Et c'est à peine si le silence qui règne sur cette solitude est troublé de temps en temps par le passage d'un gardien dont le pas monotone et régulier, en frappant les dalles, semble marquer le temps, comme le bruit d'un balancier d'horloge.

Après cette terrible éruption de l'an 79, le Vésuve, comme épuisé, rentra au repos pendant un certain temps ; puis il eut de siècle en siècle certains réveils plus ou moins violents. En 1631, l'éruption fut forte, car les laves envahirent la ville de Torre del Greco, en faisant 3000 victimes. Depuis ce temps, les éruptions n'ont guère discontinué ; en 1891, une fissure ouvrait le flanc du cône volcanique et laissait échapper une coulée de lave tout près du fond de l'Atrio del Cavallo, c'est-à-dire de cette vallée qui sépare la Somma du cône volcanique (fig. 52) ; en juin 1895, s'édi-fiait un cône d'éruption, et enfin en juillet de la même année s'ouvrait une fente de 1600 mè-tres de long, allant du sommet du cône au delà de sa base. D'après le récit que nous fait M. le Pr Matteucci (1), le Vé-suve ne semble pas disposé à s'endormir. Du 24 avril 1900 date une période de violente activité qui a duré un mois et pendant laquelle il ne s'est fait aucune émission de lave ; mais de fortes explosions se produisirent, avec un maximum dans la journée du 9 mai. Le cratère s'est élargi de 5 mètres, sa circonférence étant de 540 mètres. Les bombes et les scories montèrent jusqu'à 537 mètres au-dessus du fond du cratère ; et c'est ce jour que fut lancé cet énorme bloc de 30 tonnes dont nous avons parlé. Du reste, la quantité de matériaux rejetés pendant cette période a été d'environ un demi-million de mètres cubes, de sorte que l'altitude du Vésuve se trouve accrue de 10 mètres, s'élevant de 1293 à 1303 mètres. Au cours de cette éruption, M. Matteucci ne fut pas qu'un observateur consciencieux, il fut aussi d'une grande hardiesse, car il faillit être tué sur les bords du cratère. Il est resté sur le Vésuve trois jours consécutifs. La dernière journée dans la matinée, le volcan semblait plus calme ; mais, vers midi, les explosions recommencèrent et devinrent d'une intensité extraordinaire. Placé sur le bord du cratère, M. Matteucci contemplait ce grandiose spectacle lorsqu'il fut surpris par une explosion formidable qui fit pleuvoir autour de lui des milliers de blocs et de scories incandescentes. C'est par miracle que l'intrépide observateur fut épargné. Malgré le danger, il eut encore le courage de noter l'incandescence complète du cra-tère et la multitude de bombes explosives qui éclataient dans l'air. C'était, ajoute-t-il simplement, un spectacle merveilleux !

Les lapilli qui tombèrent autour de M. Matteucci étaient revêtus de sels ammo-niacaux, et les scories étaient recouvertes d'une patine luisante formée d'azoture de fer. D'après les recherches de M. le Pr Gautier, ces corps proviendraient des disso-ciations chimiques qui se produisent dans les profondeurs du globe et l'azoture de fer serait le générateur des sels ammoniacaux.

Enfin, tout récemment, en 1906, une éruption survint qui rappelle par son inten-

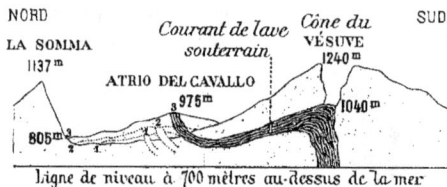

FIG. 52. — Coupe N.-S. à travers le Vésuve et la Somma (d'après M. MATTEUCCI).

(1) R.-V. MATTEUCCI. C. R., Acad. des sc., décembre 1900.

sité les phénomènes éruptifs de l'an 79. Le 7 avril vers le soir une fissure s'ouvre à la base du cône, livrant passage à un courant de lave qui, après avoir franchi rapidement les hauteurs désertes, arrive dans la zone des cultures, puis pénètre dans le bourg de Bosco Trecase (fig. 53), renversant ou envahissant les maisons, faisant en quelques heures un désert scoriacé d'une verte contrée. Heureusement, presque tous les habitants avaient eu le temps de s'enfuir. Dans la même soirée, après de violentes détonations, des projections de lave incandescente s'élèvent du cratère et forment de monstrueuses fontaines de feu. Puis les explosions sont de plus en plus violentes et le jet lumineux fait place à une énorme colonne de fumées que zèbrent des éclairs immenses. Depuis quelques heures des lapilli tombaient sur le flanc nord du volcan, menaçant les petites villes d'Ottajano et de San-Giuseppe. Cette chute de pierres devient de plus en plus intense et affole les malheureux habitants dont les plus prudents abandonnent leurs demeures sous une grêle de projectiles, tandis que les hésitants et les malades s'enferment chez eux, et que d'autres, plus mal avisés, courent se réfugier dans les églises. Mais les

Fig. 53. — Une ville sous la lave : la rue principale de Bosco Trecase (éruption du Vésuve, 6-13 avril 1906).

toitures surchargées par les matériaux éruptifs qui s'y accumulent, fléchissent et s'effondrent, ensevelissant sous leurs débris 200 malheureux : 94 d'entre eux sont écrasés dans la seule église de San-Giuseppe. Au cours de cette éruption le sol est recouvert d'une couche de petites scories noires d'un mètre d'épaisseur : le volcan a projeté dans les airs 150 mètres de son sommet et ses parois se sont effondrées dans un gouffre large et profond. Toutes ces observations comparées aux récits de Pline établissent un parallélisme entre les phénomènes éruptifs de 1906 et ceux de 79. Le Vésuve a revécu, en 1906, une page de sa vieille histoire.

Ajoutons, enfin, que malgré les terreurs passées, malgré les secousses de cette terre, les Napolitains construisent toujours autour du Vésuve de charmantes et coquettes villas, fraîchement ombragées de pins parasols et de lauriers, et entourées de ces fameux vignobles qui produisent le célèbre vin de Lacryma-Christi.

L'ETNA, situé au Nord-Est de la Sicile (fig. 54), est le plus grand volcan de l'Europe. Sa hauteur est de 3 313 mètres, et la circonférence de sa base est d'environ 150 kilomètres. Il en résulte que l'on est moins frappé par son élévation que par l'ampleur de sa masse : aussi les touristes sont-ils souvent désillusionnés au premier aspect de l'Etna, car la largeur de sa base ne fait pas valoir la hauteur. Il faut en faire l'ascension pour en saisir toute la grandeur. Déjà l'Etna émerveillait les Anciens : Vulcain y forgeait les foudres de Jupiter ; Pindare et Virgile le chantaient ; Thucydide et Strabon le décrivaient ; Platon et l'empereur Hadrien en gravissaient le sommet ; et Empédocle l'Agrigentin se précipitait dans son cratère 400 ans avant J.-C.

FIG. 54. — Carte de la Sicile.

Nous ne saurions mieux faire pour donner une idée de l'aspect de l'Etna que de placer ici l'esquisse par laquelle Élie de Beaumont commençait son mémoire sur ce volcan. « Sa base, dit-il, est baignée par la mer et empiète même légèrement sur la ligne générale des rivages ; sa masse imposante et solitaire est complètement détachée des montagnes calcaires et granitiques qui remplissent une partie de son horizon. La forme pyramidale de sa cime (fig. 55), l'aspect brûlé de ses flancs, la disposition de leurs anfractuosités, qui décèle un groupement autour d'un centre commun, la belle et riante végétation qui couvre sa base, les villes, les villages élégants et presque monumentaux qui s'y détachent sur la verdure, tout y révèle à l'œil, d'aussi loin qu'il puisse l'apercevoir, un massif à part, doué d'une existence individuelle, un de ces points où s'est concentrée de nos jours l'activité de la nature minérale, où vit une cause sans cesse agissante de destruction et de renouvellement, *un volcan,* à la fois source de désastres par les secousses qu'il occasionne, par les déjections dont il recouvre le terrain, et source de richesses par la nature du sol que font naître à la longue ses produits accumulés. »

L'Etna n'est pas un volcan simple, à la façon du Vésuve : c'est un massif volcanique, dans lequel le cratère principal est escorté de tout un cortège d'évents accessoires qui ont fonctionné successivement sur ses flancs. Aussi de toutes parts sur les pentes de l'Etna, et suivant des lignes dirigées vers la cheminée centrale du volcan, pointent des cônes qui furent jadis des cratères. Et ces cônes parasites qui se comptent par centaines sur les flancs du colosse, à toutes les altitudes et dans toutes les orientations, ces *enfants de l'Etna,* comme les appellent les gens du pays, contribuent à l'élargissement de sa base. De tous ces points, en effet, l'infernale mer des laves a dévalé en flots obscurs jusqu'à la base. Partout le sol est noir, bouleversé, hérissé, et d'une désolation sans bornes.

Pendant longtemps le centre d'activité du volcan fut situé au fond du grand cirque

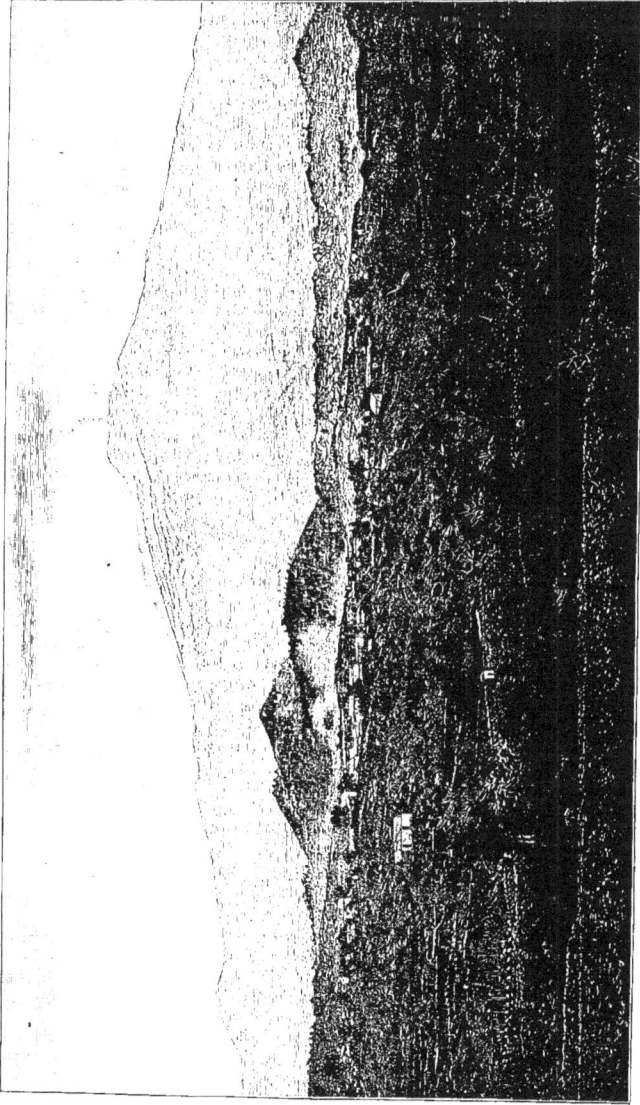

Fig. 55. — Vue d'ensemble de l'Etna.

du Val del Bove (fig. 56) : c'est là qu'était la cheminée centrale du volcan. A cette époque, dit M. Fouqué, la forme de l'Etna était celle d'un immense tumulus, et l'imagination des contemporains pouvait déjà sans peine y voir la tombe d'Encelade

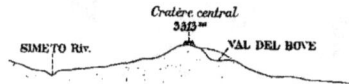

Fig. 56. — Profil de l'Etna, de l'Ouest à l'Est, montrant le cratère central et l'échancrure du Val del Bove.

enterré vivant, ébranlant le sol de secousses convulsives et exhalant par toutes les fissures du terrain les effluves corrosifs de son haleine brûlante. C'est alors qu'une explosion d'une énergie inouïe produisit la cavité du Val del Bove, par le même pro-cédé que se sont formés le cirque de la Somma, la baie de Santorin dans l'archipel grec et l'entaille gigantesque du Krakatoa. Quant aux îles Cyclopes, quoi qu'en dise la légende, elles n'ont pas été lancées par Polyphème à la poursuite d'Ulysse ; elles ont une origine plus pacifique, car elles proviennent simplement d'un épanchement basaltique de l'Etna.

L'une des plus épouvantables convulsions du volcan eut lieu au xiie siècle. L'évêque de Catane, le clergé tout entier et une foule pieuse furent écrasés sous les ruines de la cathédrale. L'éruption de 1693 coûta la vie à 50 000 personnes en Sicile, dont 18 000 à Catane. Catane, dont l'origine remonte à 700 ans avant J.-C. et qui eut son époque de splendeur, pendant laquelle elle rivalisa avec Syracuse et Agrigente, fut détruite plusieurs fois, puis reconstruite. Mais de ses édifices magnifiques qui furent son orgueil au cours des siècles lointains, il ne lui reste plus que des ruines et quelques pans de murailles.

Malgré les menaces et les dangers du volcan, le pied de l'Etna est une des régions les plus pittoresques et les plus peuplées du monde. C'est que, si son sommet touche presque la limite des neiges éternelles, par contre, la partie inférieure jouit d'un cli-mat dont la douceur permet une végétation riche et variée.

Au point de vue du climat et de la végétation, l'Etna est partagé en trois régions distinctes : une région *fertile*, très habitée, très cultivée et qui touche la plaine de Catane ; une région *boisée*, dont l'altitude varie de 1 000 à 2 000 mètres ; enfin une région *déserte*, couverte de neige et de cendres volcaniques. La zone fertile est un superbe jardin où s'entrelacent les vignes et les oliviers et où fleurissent les bois d'orangers. La zone boisée verdit à travers les coulées de lave ; les châtaigniers y pous-sent vigoureusement, quelques-uns même, comme le célèbre châtaignier des Cent-Chevaux, atteignent des dimensions fabuleuses. L'air y est doux, délicieux et parfumé par les exhalaisons des plantes aromatiques. « C'est un printemps éternel où l'on entend le bêlement des troupeaux et la chanson des bergers. » Les chênes et les hêtres se continuent plus haut, mais ils y deviennent bientôt clairsemés et rabougris. Les pins (*pinus nigricans*) forment à la limite de cette zone des bois pittoresques qui s'é-tendent jusque dans les petits cratères parasites et sous l'ombrage desquels fleurit le genêt de l'Etna. Souvent cette zone boisée est déchirée, bouleversée par des fissures du sol ; des arbres séculaires sont écrasés par des blocs de lave ; d'autres, au contact d'une coulée incandescente, flambent comme de la paille ; parfois, en se solidifiant, la lave forme comme une cuirasse protectrice qui est écartée de quelques centimètres du tronc de l'arbre cerné, grâce au développement des vapeurs provenant de la com-

Fig. 57. — Une coulée de lave de l'Etna pénétrant jusque dans les vignes.

bustion de son écorce. Enfin, c'est la région désertique, avec son linceul de neige en hiver, et sa surface sèche et aride en été.

Fig. 58. — Une rue du village de Nicolosi, sur les pentes de l'Etna.

L'Etna a de longues périodes de calme pendant lesquelles le sol est tout à fait tranquille, même près du cratère, même pour les appareils sismiques les plus sensibles. Aussi, la station météorologique de l'Etna, que dirige avec tant de compétence M. le Pr Ricco, se présente-t-elle dans d'excellentes conditions.

Quand les grandes éruptions se produisent, la montagne est fortement secouée ; le volcan éclate, ouvre ses entrailles et lance jusqu'à des centaines de mètres de hauteur des blocs de plusieurs mètres cubes de volume. Des torrents de laves s'échappent, descendent en cascades et vont brûler les forêts, les vignes et les moissons (fig. 57).

Les champs et les vergers sont envahis, les fermes détruites et les villages atteints. Quelques heures suffisent pour transformer cette riche campagne en un désert sur lequel la nature reprendra peu à peu ses droits, en faisant développer sur les cendres et les scories la verdure et les fleurs.

Pour venir de Catane à l'Etna, situé à 30 kilomètres, on suit une route carrossable jusqu'à Nicolosi (fig. 58), petit village situé à 700 mètres d'altitude, sur les pentes de la montagne volcanique ; puis, à l'aide de mulets, on s'élève jusqu'à la *Casa del Bosco* (1 440 mètres d'altitude) et à la station météorologique alpine (1 890 mètres) ; enfin, par des sentiers, et même, l'été, à l'aide de mulets, on arrive jusqu'à la porte

Fig. 59. — L'Observatoire de l'Etna.

de l'Observatoire de l'Etna (fig. 59). En hiver, cet établissement est parfois caché sous plusieurs mètres de neige et l'on doit y entrer par une fenêtre du premier étage. Cet observatoire, situé à 2 942 mètres d'altitude et à un kilomètre du bord du cratère central, a permis à M. Ricco, qui dirige également l'Observatoire de Catane, de faire d'intéressantes observations. C'est ainsi qu'il a pu nous donner des détails sur l'éruption de 1892, dont il fut témoin. Le 8 juillet se produisent les signes précurseurs habituels : sortie d'une épaisse colonne de fumée noire, tremblement de terre qui se fait sentir jusqu'à Catane. Les jours suivants, 9 et 10, les explosions diminuent, et l'on aurait pu croire que l'éruption entrait dans sa période décroissante, lorsque, le 11 juillet, il se produisit une émission de fumée telle que l'Etna disparaissait complètement dans un nuage d'une opacité parfaite (fig. 60), pendant que la lave s'écoulait en s'ouvrant un chemin à travers les vignobles. M. Ricco reste stupéfait devant ce spectacle : trois cratères lancent des jets de flammes, d'épaisses colonnes de fumée s'élèvent, des blocs incandescents montent jusqu'à une prodigieuse hauteur. Autour de lui l'atmosphère est brûlante et des bouffées ardentes le suffoquent, pendant que des flots de feu continuent leur descente, brûlant les arbres qu'ils rencontrent, semant la ruine et la dévastation où verdissaient les forêts. Cet intrépide observateur a constaté que les cônes adventifs se sont développés le long d'une ligne orientée Sud-Sud-Est. Il en a compté 34 ainsi placés, contre quelques-uns situés en dehors ; de sorte qu'il conclut que cette disposition montre l'existence d'une ligne de moindre résistance de l'écorce terrestre ; il fait même remarquer que cette ligne prolongée passerait par le Vésuve et le Stromboli. Ce qui ne veut pas dire que ces volcans communiquent souterrainement. Il semble même, à en juger par la composition de leurs

FIG. 60. — Cône du milieu de l'appareil éruptif de l'Etna, en 1892
(d'après une photographie de l'Observatoire de l'Etna).

laves, qu'ils ne s'alimentent pas au même réservoir de matière en fusion. Au Vésuve, les laves sont riches en potasse : à l'Etna, la chaux est abondante.

Enfin, une dernière éruption, survenue en 1899, nous montre que l'Etna n'est pas toujours d'humeur facile : il rejeta en effet une pluie de pierres qui retombèrent sur la coupole de l'observatoire en y perçant une trentaine de trous à travers des plaques de fer de 6 millimètres d'épaisseur.

Le STROMBOLI, situé à peu de distance de l'Etna, dans les îles Lipari, est, de tous les volcans de l'Europe, le seul qui soit toujours en activité. Il est connu de toute antiquité : Homère en fait déjà mention, et il a toujours servi de phare aux marins de ces parages. Sur les pentes de ce volcan, comme au pied du Vésuve ou de l'Etna, vivent des habitants qui, malgré les dangers dont ils sont menacés, aiment leur île, tant il est vrai qu'on tient au sol natal par de puissantes attaches. Au fond de son cratère bouillonne la lave que de hardis observateurs, comme Spallanzani, Hoffmann et Poulett-Scrope, ont pu apercevoir. Sous forme d'une masse luisante comme du métal fondu, cette lave bouillante monte toutes les deux minutes de six mètres pour retomber ensuite. Au sommet de cette course rythmique, on voit se dégager des bulles de gaz de plus d'un mètre de diamètre, qui souvent éclatent en

projetant autour d'elles une pluie de cendres et de scories. Ce soulèvement de la lave
est évidemment dû à la poussée des vapeurs accumulées dans les profondeurs du
foyer. L'immense lueur projetée par les vapeurs qui reflètent la lumière émise par les
laves varie avec les conditions atmosphériques ; c'est pourquoi ce volcan peut servir
non seulement de phare, mais de baromètre aux pêcheurs qui habitent l'île.

Les volcans sous-marins des ILES SANTORIN (fig. 61), qui font partie du groupe
des Cyclades (Grèce), se sont formés au
sein même de la mer. Leur éruption n'est
pas différente de celle des volcans conti-
nentaux, si ce n'est que l'eau refroidit
plus vite les matières rejetées et empêche
la combustion de certains gaz comme les
carbures d'hydrogène. Les laves et les
débris, en s'accumulant au fond de la
mer, peuvent former des îles nouvelles :
telle est l'origine du groupe d'îles de
Santorin. Grâce aux belles études de
M. Fouqué (1), l'histoire de ces îles nous
est bien connue.

Il fut un temps où Santorin était une
île ronde et conique ; mais le cratère central de ce volcan éteint s'effondra un jour,
formant un gouffre de 400 mètres de

FIG. 61. — Iles Santorin (les profondeurs de quelques
points de la mer sont indiquées en mètres).

profondeur, où Paris tout entier se serait englouti. Depuis ce temps, les secousses et
les soulèvements du sol n'ont guère cessé. Aussi l'aspect de cet archipel est-il aujour-
d'hui des plus extraordinaires ; qu'on se figure, pour s'en faire une idée, un immense
cirque de 10 kilomètres de long sur 7 de large, bordé de falaises à pic, de 300 mètres
de hauteur et qui sont de formidables murailles de laves noires ou de scories
rougeâtres, et au milieu de ce bassin un amas de blocs volcaniques lançant des
tourbillons de flammes et de fumées. Ce cirque est limité par trois îles : une
grande, en forme de croissant, c'est Théra ; en face, deux autres plus petites,
Thérasia et Aspronisi. En 97 avant J.-C., on vit surgir, au fond du grand cratère
compris entre ces îles, un îlot nouveau appelé Palœa Kaméni ou *Ancienne brûlée*.
En 1573, une nouvelle île se montre, c'est Mikra Kaméni ou *Petite brûlée*. Enfin,
en 1707, Néa Kaméni ou *Nouvelle brûlée* venait prendre place entre les deux îles
précédentes.

Tel était l'état de Santorin jusqu'en 1866. L'activité volcanique semblait être disparue de cette baie ; les navires y venaient même en toute sécurité afin de nettoyer, par
l'action des sels métalliques dissous dans l'eau de mer, leurs carènes encombrées d'organismes. C'est alors que survint la grande éruption de 1866, précédée de secousses

(1) FOUQUÉ, *Santorin et ses éruptions*, 1879.

et d'une grande agitation de la mer. En certains points l'eau se mit à bouillonner, pendant que se dégageaient d'épaisses vapeurs blanches accompagnées de flammes. Le 4 février apparaissait sans secousse, sans violence, un rocher qui, à onze heures du matin, avait 25 mètres de longueur, 8 de largeur et 10 de hauteur ; puis, s'accroissant silencieusement, mais rapidement, le 7 février il était devenu un véritable îlot de 70 mètres sur 30 mètres, avec 20 mètres de hauteur. Le 12 février, cette île, que l'on nomma Giorgios, en l'honneur du roi de Grèce, cessait d'être une île, car elle était entièrement réunie à Néa Kaméni. Les transformations de cette masse avaient été si rapide que M. Fouqué put comparer ce développement à celui d'une bulle de savon. C'est de la même façon qu'apparut le rocher d'Aphrœssa, qui grandit rapidement (fig. 62) et vint se souder, comme celui de Giorgios, à Néa Kaméni, augmentant ainsi le territoire de cette île, qui, en 1870, avait presque quadruplé.

Si maintenant nous continuons notre voyage d'exploration volcanique, nous trouverons dans l'*Océan atlantique* une véritable chaîne d'îles volcaniques, depuis le Sud de l'Afrique jusqu'au Groënland. Telles sont les îles de Sainte-Hélène, de l'Ascension, des Canaries (Ténériffe) et des

Fig. 62. — Néa-Kaméni à plusieurs phases (d'après M. Fouqué).

Açores. Mais, de toutes ces îles, celle qui présente la plus grande activité volcanique est certainement l'Islande avec ses 27 volcans, dont le plus connu est le mont Hécla (1 553 mètres). Cette île, qui couvre une surface d'environ 100 000 kilomètres carrés, est entièrement formée de matériaux volcaniques. Et presque partout on y voit la lutte incessante entre les deux éléments : le feu et l'eau ; le feu avec les volcans et les sources d'eau chaude qui jaillissent à chaque pas ; l'eau avec les immenses glaciers qu'elle forme.

Parmi les volcans de la dépression atlantique, nous ne pouvons passer sous silence ceux des Antilles, et en particulier celui de la Martinique, dont l'éruption détruisit la ville de Saint-Pierre le 8 mai 1902, et qui n'avait manifesté aucune activité bien sensible depuis 1851, lorsqu'il eut ce réveil terrible qui coûta la vie à près de 40 000 personnes. Laissant de côté les phénomènes éruptifs dont il a été parlé plus haut, nous voudrions dire quelques mots sur les victimes de cette catastrophe. Tous les cadavres qui jonchaient le sol étaient nus, leurs vêtements ayant été brûlés. Les uns étaient couchés sur le dos, les autres sur le côté, le plus grand nombre avait la face contre terre. Les uns étaient groupés, enlacés dans un adieu suprême ; une mère tenait son enfant dans ses bras ; un cadavre étendu sur le dos avait le bras levé vers le ciel. Tous paraissaient avoir été saisis, figés pour ainsi dire. Quelques-uns étaient calcinés. A mesure qu'on s'éloignait du centre d'activité, les cadavres étaient de moins en moins brûlés et certains même ne portaient aucune trace de brûlure. Un douanier est retrouvé intact, asphyxié sous un canot qu'il avait retourné, espérant y trouver un abri contre la mort. Il semble résulter de la position des cadavres que la mort a dû être produite par les gaz échappés du volcan et portés à une température élevée qui aura sans doute provoqué une coagulation instantanée du sang, ainsi qu'on l'a observée lors de l'incendie de l'Opéra-Comique de Paris. Quoi qu'il en soit, il paraît probable que l'incendie allumé à Saint-Pierre par la nuée ardente n'a carbonisé que des gens déjà morts.

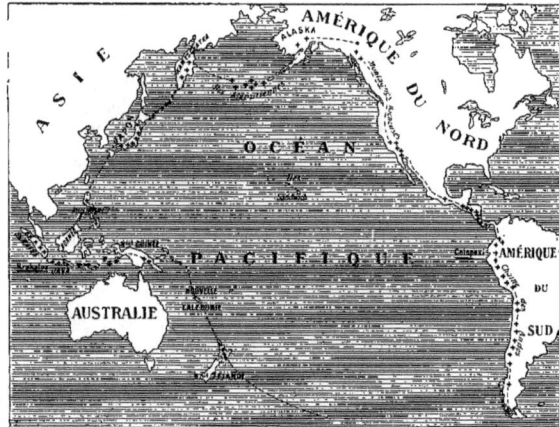

Fig. 63. — Le cercle de feu du Pacifique.

Dans l'*Océan indien* les îles volcaniques sont peu nombreuses. Les plus importantes sont les îles Maurice, de la Réunion avec un volcan encore en activité, d'Amsterdam et de Saint-Paul, qui sont des volcans éteints.

Quant à l'*Océan pacifique,* il est entouré d'une véritable ceinture de volcans, qu'on décrit sous le nom de *cercle de feu du Pacifique* (fig. 63). Commençant à la Nouvelle-Zélande, cette ceinture passe par les Nouvelles-Hébrides, se continue par les îles de la Sonde, les volcans du Japon, des îles Kouriles, du Kamtchatka, des îles Aléoutiennes, de l'Alaska, des Montagnes Rocheuses, du Mexique (fig. 64), de l'Amérique centrale (fig. 65), de la chaîne des Andes, enfin par ceux de la Terre de Feu, et arrive jusqu'aux régions antarctiques par l'Érèbe et la Terreur, rattachés eux-mêmes à la Nouvelle-Zélande par quelques îlots volcaniques. Le cercle est donc complet, et c'est au centre de cet anneau de feu que se trouvent les îles Sandwich, dont un des plus célèbres cratères, le Kilauea, est toujours en activité.

Que de choses intéressantes à dire sur ces volcans ! Mais nous devons limiter cette énumération déjà longue. Nous ne saurions le faire cependant sans dire quelques mots des volcans de la Sonde et du Japon.

Aucune contrée assurément ne peut le disputer aux îles de la Sonde pour le nombre et l'activité des cônes volcaniques. Java compte plus de 120 volcans, dont 14 ont leur cime au-dessus de 3 000 mètres. Ces volcans se dressant brusquement au-dessus de la plaine, dont l'altitude dépasse rarement 600 mètres, produisent un effet particu-

Fig. 64. — Volcans du Mexique : le cratère éteint Batok et le cratère en activité Bromo ; au second plan le volcan Sméru.

lièrement grandiose. Certains de ces volcans ont causé des désastres restés célèbres, mais d'autres rejettent seulement des cendres en faible quantité, rarement des laves. Ces cendres sont comme des engrais qui tombent du ciel, car elles contribuent à augmenter la fertilité du sol, déjà si extraordinaire dans cette région qu'on a pu énoncer cette gasconnade, à savoir que, dans ce pays, si l'on plantait des poteaux télégraphiques, il y pousserait des feuilles ! De toutes les éruptions modernes, la plus célèbre peut-être est celle qui eut lieu en 1883, dans le détroit de la Sonde, au Krakatoa. Le 20 mai, ce volcan lança une colonne de fumée qui atteignit 11 000 mètres de hauteur, s'étendant sur un rayon de 500 kilomètres. Puis de formidables explosions se produisirent, rejetant une quantité de pierre ponce tellement abondante qu'il se forma dans la mer une sorte de barre flottante, large de plus d'un kilomètre, longue de 30 kilomètres et épaisse de 3 à 4 mètres. Cette pierre ponce fut entraînée par les courants marins, à de grandes distances. jusque sur les côtes de Madagascar. L'effondrement du volcan avait fait naître une vague formidable ou *ras de marée*. Cette vague, haute de 20 à 30 mètres pénétra jusqu'à plus de 3 kilomètres dans les terres, dévastant la côte de Sumatra, ravageant tout sur celle de Java, et causant la mort de 30 ou 40 000 personnes. Un vaisseau de guerre fut même transporté à 4 kilomètres de la côte. et vint s'échouer en pleine forêt, à dix mètres environ au-dessus du niveau des eaux !

Fig. 65. — Cratère d'un volcan de Costa-Rica (Amérique centrale).

Parmi les volcans du Japon, dont vingt sont encore en activité, il nous faut citer le gigantesque Fusiyama (environ 4 000 mètres d'altitude). Son profil régulier (fig. 66) qui se découpe vigoureusement sur le ciel est bien connu, car on le voit dans nombre d'images japonaises. Tous les navires qui approchent de la baie de Yeddo aperçoivent cette colossale sentinelle, aujourd'hui immobile et silencieuse, mais qui ne fut pas toujours aussi calme. La terreur superstitieuse qu'il inspire aux Japonais en a fait un dieu ; c'est pourquoi tous les ans, pendant juillet et août, des files interminables de pèlerins s'acheminent de tous les points de l'île vers la montagne sainte. En partant de Yokohama le matin on peut arriver au sommet avant la tombée de la nuit. Sur les bords du cratère, qui a 600 mètres de diamètre et 200 mètres de profondeur, on trouve de nombreux temples et un prêtre qui vend un certificat enluminé de l'ascension et qui timbre les bâtons ferrés. Le premier pèlerin qui monta sur ce volcan, 300 ans avant J.-C., fut un sage Chinois qui, en compagnie de 600 jeunes gens et jeunes filles, venait y chercher la panacée de l'immortalité pour l'empereur Che-Wang-The. Ils n'en revinrent jamais, dit la légende japonaise.

Les volcans que nous venons d'énumérer, malgré leur diversité, peuvent être ramenés à deux types bien distincts.

Dans le premier type nous rangerons les volcans dont la lave est *acide,* et par suite pâteuse, et dont les gaz et les vapeurs, ne pouvant se dégager facilement, provoquent des explosions qui pulvérisent la lave et font sauter une partie du cône volcanique, laissant à sa place une cavité en forme de gouffre. Un exemple célèbre d'explosion

Fig. 66. — Le Fusiyama, au Japon.

est celui du Mont Bandaï, au Japon, qui, en juillet 1888, avant la catastrophe, avait 1 800 mètres de hauteur et sur lequel s'ouvrit un immense gouffre de 3 000 mètres de long, sur 2 000 de large et 200 de profondeur. Des poussières brûlantes engloutirent quatre villages, et un bloc de lave de 250 mètres cubes fut trouvé à 3 kilomètres du centre de l'explosion.

Parfois, au milieu de ces cratères d'explosion ou *caldeiras,* il apparaît un amas de laves pâteuses qui vont s'accumuler et se solidifier en formant comme un dôme. Ainsi, dans le cratère du Mont Pelé, à la Martinique, il s'est formé un dôme qui a comblé peu à peu la cavité ancienne, et sur le sommet de ce dôme est apparue une sorte de dent qui domine la crête de la montagne de plus de 300 mètres (fig. 67). L'élévation de cette dent était parfois de plus de 10 mètres en 24 heures, et tandis que le sommet se détruisait, un nouvel afflux de lave soulevait la base. Par les fissures de cette gigantesque colonne on aperçoit la lave incandescente. Au second type de volcans se rattachent ceux dont la lave est *basique*, par conséquent très fluide et n'opposant pas de résistance au dégagement des gaz et des vapeurs. Ceux-ci se dégagent régulièrement comme d'un liquide en ébullition sans que jamais il se produise d'explosions. Les volcans des îles Sandwich sont de bons exemples de ce type.

En somme, les volcans sont répartis ordinairement dans les îles ou sur le bord des grandes dépressions terrestres, et par suite dans le voisinage de la mer. C'est là un

Fig. 67. — Photographie montrant la dent qui a surgi au milieu du cratère du Mont Pelé depuis l'éruption du 8 mai 1902.   (*Cliché de M. Lacroix.*)

fait général qui depuis longtemps a frappé les observateurs. Il semble donc que les volcans soient installés sur des fentes de l'écorce terrestre, et c'est pour cela que souvent ils forment des séries parfaitement alignées. Ainsi les volcans du Chili s'étendent sur une direction rectiligne, longue de 1 500 kilomètres, et ceux du Mexique sur une longueur de 1 000 kilomètres ; de même à Java, les volcans sont alignés suivant l'axe principal de l'île ; enfin, les volcans éteints d'Auvergne se partagent aussi en deux lignes bien nettes. Ce serait donc par les fentes ouvertes dans l'écorce que s'épancherait au dehors l'excès d'énergie de l'intérieur du globe ; mais quelle est la cause du rejet des matières éruptives, sous quelle influence les volcans entrent-ils en activité ? C'est ce que nous allons dire maintenant.

§ 3. — LES CAUSES DU VOLCANISME. LE VOLCAN EXPÉRIMENTAL. LES NEPTUNISTES ET LES PLUTONISTES. THÉORIES MODERNES.

Les idées les plus bizarres ont été émises pour expliquer la cause du volcanisme. Au xviiie siècle les chimistes et les naturalistes attribuaient les éruptions à des incendies souterrains provoqués par la combustion des matières pyriteuses au contact de l'eau. On connaît l'expérience de Lémery, qui consiste à produire une sorte de volcan en miniature en mélangeant dans une cavité creusée dans le sol du soufre et de la limaille de fer humectée d'eau. Mais ce n'est qu'une expérience de chimie amusante, et l'on s'étonne qu'elle ait pu paraître suffisante, même à cette époque, pour expliquer une éruption volcanique. C'est ainsi que Buffon, frappé de la situation des volcans italiens au voisinage de la mer, pensait que les éruptions du Vésuve et de l'Etna résultaient du choc des vagues contre les amas de pyrites et de charbon accumulés à l'intérieur de ces montagnes. A la suite de Buffon et de Lémery, Werner, l'illustre chef de l'école des *neptunistes,* ne voyait dans chaque éruption qu'un embrasement des couches de houille et de pyrites au contact des eaux de pénétration de la surface.

Cette théorie fut du reste renversée dès 1797 par Dolomieu qui, remarquant que les volcans d'Auvergne reposent sur le granite, en conclut que le foyer n'était pas superficiel, mais au contraire qu'il avait son gisement dans les profondeurs de la terre, et que tous les volcans communiquaient avec la masse interne du globe encore en fusion. Dès lors, l'école des *plutonistes,* avec Dolomieu, Brongniart et Cuvier, triomphait, reconnaissant comme cause première du volcanisme le feu central.

A son tour cette théorie subit l'assaut des objections et fut remplacée par une théorie plus éclectique qui, prenant dans chacune des manières de voir les parcelles de vérité qui s'y rencontrent, s'efforça de les grouper et de les adapter aux aspects multiples de ce mystérieux phénomène. Les disciples de cette théorie, dont les plus célèbres furent Boussingault, Bunsen, Ch. Sainte-Claire Deville, Fouqué, font intervenir à la fois le feu central et la mer. « Si l'on admet l'existence d'une couche de matières en fusion étendue au-dessous de l'écorce terrestre et pénétrant dans ses anfractuosités, dit M. Fouqué, et si l'on suppose des infiltrations de l'eau de la mer arrivant jusqu'au contact du liquide incandescent, toutes les manifestations volcaniques s'expliquent et s'interprètent avec une grande facilité. » A l'appui de cette théorie, M. Fouqué faisait remarquer que les gaz rejetés par certains volcans ont la même composition et sont dans les mêmes proportions que les substances contenues dans l'eau de mer. Mais, d'autre part, si cette explication est satisfaisante pour les volcans situés près de la mer, comment interpréter l'activité des volcans de la Mandchourie situés à *neuf cents kilomètres* de toute masse d'eau ?

Quoi qu'il en soit de ces théories, il est certain que la chaleur interne du globe permet d'expliquer les phénomènes volcaniques. Les éruptions montrent qu'il existe dans les profondeurs du sol des matières en fusion. Que ces matières s'étendent en une nappe continue, ou bien qu'elles existent sous forme de lacs intérieurs occupant des cavités de l'écorce, elles existent, c'est un fait. Or, on sait aussi que les plisse-

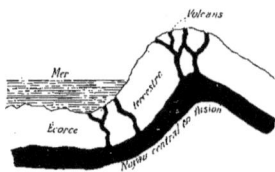

Fig. 68. — Plissements et fissures de l'écorce terrestre.

ments de l'écorce terrestre forment des fissures par lesquelles l'eau marine ou pluviale peut pénétrer et produire, au contact des matières en fusion, des gaz et des vapeurs (fig. 68). D'autre part, enfin, les plissements déterminent une pression capable de chasser par les fissures les matières en fusion, les gaz et les vapeurs. D'autant mieux que ces gaz et ces vapeurs, emprisonnés dans la lave, aideraient à entraîner celle-ci hors du volcan.

comme le gaz carbonique fait jaillir le vin de Champagne hors de la bouteille que l'on débouche.

Et pour expliquer la diversité des laves rejetées par les différents volcans (deux cratères voisins peuvent, en effet, produire des laves différentes), inutile d'imaginer un lac de lave distinct au-dessous de chacun des volcans. Sans doute cela permettrait de comprendre que le volcan doit s'éteindre quand son réservoir est épuisé, mais comment expliquer son réveil? Il est préférable d'admettre, comme le fait M. de Lapparent, que les volcans s'alimentent à un foyer commun, à une nappe continue, mais cela à des niveaux différents, à des parties plus ou moins profondes. Les couches de matières fondues étant disposées par ordre de densité, il en résulte que la composition des laves peut varier d'un volcan à un autre, en des points très voisins.

En résumé, l'état actuel de la science nous permet de rattacher le phénomène volcanique, dans ce qu'il a de plus essentiel, à une cause générale dépendant à la fois de l'existence d'un foyer interne et des grands mouvements de l'écorce du globe.

§ 4. — LES VOLCANS ÉTEINTS. LES SOLFATARES. LES SUFFIONI. LES SALSES : TERRAINS ARDENTS ET SOURCES DE FEU. LES MOFETTES : LA GROTTE DU CHIEN ; LA VALLÉE DE LA MORT. LES VOLCANS D'AUVERGNE ; LES TROUS A GLACE.

Nous savons maintenant que si certains volcans, comme le Stromboli, sont toujours en activité, la plupart, au contraire, tel le Vésuve, ont une activité intermittente ; enfin nous allons voir qu'il en existe d'autres presque éteints ou même complètement éteints. Mais ces derniers, avant leur extinction complète, passent par différentes phases pendant lesquelles l'activité volcanique ne se manifeste que par des dégagements de vapeurs et de gaz. Les deux principales phases de cette évolution du volcan sont désignées sous les noms de *solfatares* et de *mofettes*, suivant que les cratères rejettent des gaz sulfureux ou du gaz carbonique.

LES SOLFATARES, mot italien qui signifie *soufrières*, sont des volcans qui ne laissent plus dégager que de la vapeur d'eau, de l'hydrogène sulfuré, et de l'acide sulfureux dont l'odeur se révèle de loin. Au contact de l'air humide l'hydrogène sulfuré se décompose en donnant sur les bords du cratère d'importants dépôts de soufre. Les produits sulfureux peuvent aussi s'oxyder à l'air et donner de l'acide sulfurique qui attaque les roches voisines en donnant des sulfates tels que le gypse et l'alun. Parmi les solfatares d'Europe, les plus importantes sont celles de Pouzzoles, près de Naples, et de Vulcano, dans les îles Lipari. Ce dernier volcan semble être rentré en activité depuis 1873 : mais jusque-là son cratère semblable à une immense chaudière de 2 kilomètres de tour, laissait dégager des tourbillons de vapeurs, et sur ses parois se déposaient du cinabre rouge, du soufre jaune et divers produits aux couleurs variées. « C'est là, comme le dit Élisée Reclus, que les ouvriers accoutumés à vivre dans le feu comme les salamandres légendaires vont recueillir les stalactites de soufre doré, et les fines aiguilles de l'acide borique, aussi blanches que le duvet du cygne. »

Entre les solfatares et les mofettes, il existe parfois une phase transitoire, celle des souffards ou suffioni. Ce sont des jets de vapeur d'eau et de gaz dont la température peut atteindre 120 degrés. Ils sont abondants en Toscane, où l'eau qui résulte de la condensation de la vapeur se rassemble dans des bassins appelés lagoni. Cette eau laisse déposer de l'acide borique que l'on extrait industriellement, et parfois aussi du gypse : telle est l'origine du célèbre albâtre de Volterra.

Lorsque le volcan est éteint, il peut encore fournir pendant longtemps des émanations gazeuses, mais qui sont froides, au lieu d'être chaudes. Tels sont les dégagements de carbures d'hydrogène ou salses et ceux de gaz carbonique ou mofettes.

Les SALSES sont des volcans d'où s'échappe une boue argileuse légèrement salée. Cette boue laisse dégager des carbures d'hydrogène gazeux et contient des carbures liquides comme le pétrole et le bitume. Les plus remarquables de ces volcans de boue se trouvent aux deux extrémités du Caucase, à Taman et à Bakou. Ces derniers surtout produisent une grande quantité de gaz combustibles, utilisés pour le chauffage et l'éclairage. Dans les Apennins, sur la route de Bologne à Florence, les dégagements de gaz se font à la surface d'un sol sec et pierreux et donnent naissance, quand on y met le feu, aux terrains ardents étudiés par Volta et Spallanzani.

Le gaz naturel et les sources de pétrole peuvent être rattachés aux salses, de même que les sources de feu des Chinois, abondantes dans le Yunnan et le Sétchouen. Enfin, c'est encore parmi les salses qu'il faut ranger la mer Morte ou lac Asphaltite. Cette mer intérieure, dont la surface est située à 400 mètres au-dessous du niveau de la Méditéranée, est très salée, et elle porte à sa surface de larges flaques de bitume venues du fond.

Les dégagements de gaz carbonique qui caractérisent les MOFETTES peuvent persister longtemps après l'extinction des volcans. C'est ainsi qu'en Auvergne des volcans éteints dans la période préhistorique, c'est-à-dire depuis des milliers d'années, continuent à exhaler du gaz carbonique. Tout le sol de ce pays est imprégné de ce gaz, qui reste confiné dans la profondeur, par suite de sa densité. A Chatelguyon, il est en telle abondance que l'on ne peut séjourner dans les caves sans danger. A Royat, la source Eugénie dégage 4000 litres de gaz carbonique à la minute, soit 240000 litres à l'heure. Ce gaz est du reste employé dans cette localité en bains gazeux qui produisent d'excellents effets thérapeutiques. Le fameux lac Averne, situé aux environs de Naples et regardé par les Anciens comme l'entrée de l'enfer, émettait une quantité de gaz carbonique telle que les oiseaux qui s'en approchaient trop tombaient comme foudroyés : d'où ce nom d'Averne qui signifie « sans oiseaux ».

D'autre part, tout le monde connaît la célèbre *Grotte du Chien*, situé à Pouzzoles, près de Naples, dans laquelle vient se rassembler le gaz carbonique qui s'échappe à travers les fissures du terrain. Ce gaz, étant plus lourd que l'air, forme sur le sol une couche assez épaisse pour qu'un animal de petite taille, comme le chien, y soit asphyxié, tandis que l'homme ayant la tête au-dessus ne court aucun danger. C'est pour satisfaire la curiosité des touristes que les guides traînent de force dans le gaz carbonique de malheureux chiens que l'on voit haleter, puis s'évanouir. On ne les laisse cependant pas mourir, car on les retire à temps pour les exposer au grand air, où la respiration se rétablit. Ce n'est pas par humanité que les guides agissent ainsi, mais simplement dans un esprit d'économie, afin que les chiens puissent servir derechef, car chaque jour ces animaux sont asphyxiés et désasphyxiés plusieurs fois. Souvent le chien qui a servi plusieurs années acquiert de curieuses habitudes : du plus loin qu'il aperçoit un étranger, il devient triste, hargneux, il aboie et se dispose à mordre. Il est nécessaire que son maître le tienne en laisse pour le conduire à la grotte, et la pauvre bête n'y entre que la queue et les oreilles basses. Mais, une fois l'expérience terminée, le chien accompagne le visiteur qui se retire, en manifestant la joie la plus vive et la plus expansive.

Cette grotte de Naples n'est du reste pas seule de son espèce. Il en existe une en France, à Royat, près de Clermont-Ferrand. Nous nous rappelons même qu'au cours de notre visite, le gardien de cette caverne fit quelques expériences, moins barbares que celles faites à Naples, mais plus instructives : une bougie, allumée dans l'air, puis descendue lentement, s'éteignait au moment où elle atteignait la couche de gaz carbonique ; une autre expérience consistait à faire des bulles de savon qui, plus légères que le gaz carbonique, venaient flotter à la surface de la couche gazeuse et s'enfonçaient ensuite à mesure que le gaz carbonique pénétrait dans la bulle en traversant la fine pellicule.

Le gaz carbonique peut se dégager à découvert. C'est ainsi que près du lac Laacher, sur les bords du Rhin, le gaz s'accumule dans un petit fossé qui a 70 centimètres de profondeur. Les fourmis ou autres insectes du voisinage qui s'aventurent dans ce fossé délétère y succombent pour la plupart. D'ailleurs ils ne meurent pas seuls, car leurs cadavres attirent les oiseaux, qui périssent à leur tour. Les bûcherons du pays connaissent bien ce fait ; aussi, ne manquent-ils pas de visiter souvent le fossé pour retirer de ce piège que la nature leur procure à bon marché.

Enfin, dans certains cas, le gaz carbonique peut s'accumuler dans un espace plus considérable, dans une vallée par exemple, donnant lieu à ce qu'on appelle les « *Vallées de la Mort* ». L'une des mieux connues de ces vallées est celle de Guevo-Upas, à Java. C'est une dépression ayant la forme d'un entonnoir de 30 mètres de diamètre et où se déversent de nombreuses sources de gaz carbonique. Ce gaz forme une

couche d'environ o^m,75 d'épaisseur, ce qui suffit pour protéger contre la décomposition les corps des animaux qui sont venus y trouver la mort par asphyxie. Il en
résulte que les animaux du voisinage, attirés par la vue de ces cadavres conservés
qu'ils estiment excellents pour leur consommation, pénètrent dans cette vallée pour
n'en plus sortir. Nul être vivant ne peut s'y aventurer sans périr. On raconte même
qu'on y envoyait autrefois les condamnés à mort.

Récemment, en 1888, M. Weed a découvert, dans la région de Yellowstone, une
vallée de ce genre qu'il a décrite sous le nom de *Death-Gulch* ou ravin de mort. Cette
vallée se trouve à l'Est du fameux parc des États-Unis, dans une région où coulent des
rivières encaissées entre des falaises hautes de 1 000 mètres. L'histoire de la découverte de ce ravin est curieuse. M. Weed et plusieurs de ses amis étaient arrivés près
d'un ravin de 15 mètres de profondeur, formé d'une roche friable de nature crayeuse,
et au fond duquel coulait une petite rivière. Ils voulurent approcher du fond, mais
ils durent s'arrêter bientôt, les poumons et la gorge irrités par les vapeurs sulfureuses. Un peu de vent chassant ces vapeurs et dissipant leur malaise, ils continuèrent leur route, se courbant pour mieux observer un singulier dépôt minéral, blanc
comme de la crème, qui tapissait le fond du ruisseau, lorsque tout à coup, levant la tête,
l'un d'eux aperçut à quelques mètres devant lui un superbe ours gris. Nos explorateurs, armés pour la géologie, ne l'étaient guère pour la chasse ; aussi déguerpirent-ils
vite et grimpèrent le long du talus, non toutefois sans regarder ce que l'animal allait
faire. Celui-ci n'avait pas bougé, et à distance il leur parut moins terrible. Après tout
il n'avait peut-être rien de redoutable ; pour s'en assurer ils poussèrent quelques cris,
mais la bête ne se réveilla pas : l'ours était mort. Nos voyageurs redescendirent alors
le talus pour contempler de près cet animal. C'était un superbe *grizzly,* aux griffes
puissantes et aux dents acérées, « gras comme du beurre et vêtu d'une épaisse
fourrure qui se fût vendue à un prix très élevé chez un fourreur de New-York ; il
semblait prêt à entrer dans son long sommeil d'hiver ». Le cadavre fut retourné :
aucune blessure apparente, seules quelques gouttes de sang sortaient de son nez noir
et luisant. Sans aucun doute sa mort était récente. Mais comment était-il mort ?
Comme les regards exploraient les environs, cherchant une réponse, un second ours
se laissa voir, puis un troisième, un quatrième, un cinquième, moins frais cependant que le premier et achevant de se décomposer. Devant ce spectacle, les explorateurs éprouvèrent bientôt autre chose que de la surprise : ils se sentirent oppressés ;
leur tête tournait ; ils comprirent... et aussi vite que leurs jambes le leur permirent,
ils gagnèrent le sommet du talus, où l'air pur les ranima. Ils purent constater alors
qu'un papier enflammé s'éteignait rapidement dans le fond du ravin. C'était donc
bien le gaz carbonique qui avait tué les ours et les autres animaux dont les squelettes
gisaient çà et là, comme il eût tué des voyageurs moins avisés que M. Weed et ses
compagnons.

En Allemagne, dans la région volcanique de l'Eifel, on utilise les sources naturelles
de gaz carbonique pour la liquéfaction de ce corps employé aujourd'hui dans l'industrie alimentaire. Parmi les sources exploitées, les plus importantes sont celles de
Herste en Westphalie, d'Egada, de Gerolstein, etc. Pour recueillir ce gaz, à Herste

on a fait un forage de 200 mètres qui donne lieu à un jet de 30 atmosphères de pression.

Il nous reste à parler des volcans qui paraissent définitivement éteints. Ils sont nombreux en Europe, mais ceux qui sont les mieux conservés se trouvent en Auvergne et dans la région de l'Eifel, en Allemagne. Les cratères y ont conservé leur forme et les cônes aussi ; ils donnent au paysage auvergnat un aspect bien particulier, ainsi qu'on peut s'en assurer par une courte promenade aux environs de Clermont-Ferrand. C'est du reste à propos de l'Auvergne que George Sand disait : « Ce n'est pas la Suisse, c'est moins terrible ; ce n'est pas l'Italie, c'est plus beau ; c'est la France centrale avec tous ses Vésuves éteints et revêtus d'une splendide végétation ; ... tout est cime et ravin, et cependant la culture se glisse partout, jetant ses frais tapis de verdure, de céréales et de légumineuses avides de la cendre fertilisante des volcans jusque dans les interstices des coulées de lave qui la rayent dans tous les sens. Il n'est pas un point du sol qui n'ait été soulevé, tordu ou crevassé par les convulsions géologiques. »

Il n'est personne aujourd'hui qui n'ait entendu parler des volcans d'Auvergne, et cependant leur découverte ne remonte guère à plus d'un siècle. C'est, en effet, en 1751 qu'un membre illustre de l'Académie des sciences, Guettard, annonça, à la grande surprise du monde savant, qu'il existait au centre de la France des volcans éteints semblables à ceux qui sont en activité en Italie. Jusque-là ces montagnes régulièrement coniques, qui constituent la chaîne des Puys, aux environs de Clermont, et qui se dressent sur le plateau comme de gigantesques taupinières, avaient été considérées comme des amas de scories abandonnées par les métallurgistes de l'antiquité. Guettard, qui était contemporain de Buffon et qui le premier dressa des cartes géologiques, avait parcouru l'Europe en tous sens. Et c'est au retour d'un voyage en Italie que, passant par Clermont-Ferrand et Volvic, il fut frappé des ressemblances de ces monts d'Auvergne avec le Vésuve. C'est alors qu'il s'écrie : *Volvic volcani vicus !* Au surplus ce savant ne se contente pas d'observer, il essaie d'expliquer. L'influence de Guettard sur l'évolution de la géologie et de la géographie fut telle que Condorcet, dans ses *Éloges,* disait de lui « que par ses minutieuses et laborieuses recherches, il avait fait avancer la véritable théorie de la terre bien plus que les philosophes qui torturent leur cerveau à deviser sur de brillantes hypothèses, fantômes d'un moment, que la lumière de la vérité rejette bientôt dans un éternel oubli. »

La chaîne des Puys comprend une soixantaine de montagnes volcaniques alignées sur une longueur d'environ 30 kilomètres. Les unes ont une forme arrondie à la façon d'un *dôme* (fig. 69) ; les autres sont des cônes réguliers, à pentes très raides, au sommet desquels s'ouvrent des cratères dont la forme en entonnoir est si bien conservée qu'on les croirait éteints de la veille, et d'où s'échappèrent des coulées de lave qui semblent à peine refroidies. Ces flots de lave ou *cheires* s'étalèrent sur les plateaux environnants, ou, se moulant sur le relief du sol, roulèrent dans le fond des vallées. Par leur aspect hirsute, par leurs blocs anguleux et leur surface mouvementée, ces cheires, éteintes depuis des milliers d'années, ne diffèrent pas des coulées qu'on voit aujourd'hui sur les flancs du Vésuve ou de l'Etna. Sans vouloir énumérer tous

ces volcans, il nous faut cependant parler de deux d'entre eux qui résument bien les
deux types de Puys: l'un, le *Puy de Dôme*, est le type du volcan trachytique à forme
arrondie ; l'autre, le *Puy de Pariou*, est le type parfait du volcan à cratère. D'ailleurs,
la visite de ces Puys constitue une des excursions les plus intéressantes de l'Auvergne,
nous dirons même une des plus faciles, car nous nous souvenons l'avoir faite souvent,
sans fatigue, avec nos élèves du lycée de Clermont lorsque nous y étions professeur.

Le Puy de Dôme est le sommet le plus élevé de la chaîne (1 465 mètres), dont il
occupe à peu près le centre. Par suite de sa situation sur le bord du plateau, il domine
Clermont et la Limagne, produisant ainsi un grand effet et, s'il n'est pas le plus beau

Fig. 69. — Le Puy Chopine et le Puy Sarcouy (*Cliché de M. Gréaa*).

du massif central, il en est certainement le plus populaire. La roche qui le constitue
est la *domite* : c'est un trachyte poreux et blanc exploité pour la fabrication du verre ;
au Moyen âge, on en faisait des cercueils. Au sommet se trouvent les ruines du
Temple de Mercure, qui fut découvert en 1874, alors que l'on faisait des fouilles pour
l'établissement d'un observatoire météorologique. L'observatoire, situé sur le point
le plus élevé, est le premier observatoire de montagne qu'on ait établi, non seulement
en France, mais dans le monde entier. Du reste le Puy de Dôme était déjà célèbre
par l'expérience qui y fut exécutée, le 19 septembre 1648, à la demande de Pascal, et
qui démontra l'existence de la pression atmosphérique. De cet observatoire, on
découvre une des vues les plus curieuses et les plus grandioses : d'abord ce paysage
si étrange, si particulier, des volcans éteints avec leurs cratères béants et leurs coulées
de lave que l'on suit facilement ; plus loin, la riche plaine de la Limagne ; à l'Est, le
Forez, qui par l'une de ses échancrures laisse apercevoir, lorsque les conditions

atmosphériques sont très favorables, le massif du Mont Blanc ; au Sud, l'intéressant

Fig. 70. — Les Puys de la Vache et de Lassollas (*Cliché de M. Gréan*).

profil des monts Dore ; enfin à l'Ouest, les masses granitiques arrondies du Limousin.

Fig. 71. — Intérieur du Puy de la Vache et la coulée de lave qui s'en échappe (*Cliché de M. Gréan*).

Du sommet du Puy de Dôme, on aperçoit le Puy de Pariou, qui avec son cratère régulier, profond de 100 mètres, rappelle assez exactement certains cirques lunaires. Ce cratère, un des mieux conservés de la chaîne, est à 1 210 mètres d'altitude ; il est situé au milieu d'un autre cratère plus grand qui l'enveloppe, un peu comme la Somma entoure le Vésuve. C'est du grand cratère que s'est échappée la coulée de lave dont une branche s'est précipitée dans le pittoresque ravin de Villars que l'on peut suivre pour revenir à Clermont.

D'autres cratères ont été bien conservés, mais ils ont été ébréchés par la pression formidable de la lave qui les remplissait, car ils sont formés de matériaux meubles ne présentant guère de résistance. Tels sont les deux volcans si curieux de *la Vache* et

FIG. 72. — Lac Chambon.

de *Lassolas* (fig. 70). Les scories qui forment ces cônes sont d'une telle fraîcheur qu'on les croirait volontiers nées d'hier, et leurs couleurs si variées et si vives offrent aux amateurs de coloris, surtout à l'heure où le soleil va disparaître, un aspect merveilleux. Par la brèche de ces volcans (fig. 71), la lave s'est écoulée et a formé la magnifique *cheire d'Aydat,* longue de 6 kilomètres et large de plus d'un kilomètre. Les scories panachées de sa surface, les bombes volcaniques de toutes dimensions que l'on y trouve, son aspect écumeux et hirsute lui donne un caractère bien typique. Certains cratères se sont remplis d'eau et ont formé des lacs circulaires, comme ceux de Servières et de la Godivelle-d'en-Haut. D'autres volcans ont contribué à la formation de lacs d'une autre façon : c'est ainsi que le Tartaret a rejeté des laves qui ont barré la pittoresque vallée de Chaudefour, au Sud du massif du Mont-Dore, et ont formé le fameux lac Chambon (fig. 72), profond d'environ 6 mètres et d'une superficie de 60 hectares. De même le lac d'Aydat (fig. 73), bien connu des touristes

de la région clermontoise, résulte du barrage de la vallée de la Veyre par la coulée
de lave issue des Puys de la Vache et de Lassolas ; sa profondeur est d'environ
15 mètres et sa surface de 60 hectares. Le lac de Guéry, sur la route du Mont-Dore,
est aussi un lac de barrage.

Enfin, les plus intéressants peut-être parmi les lacs d'origine volcanique sont ceux
qui remplissent des cavités dues à de formidables explosions, suivant les uns, ou à
des effondrements en masse, suivant les autres. Tels sont le gour de Tazenat, le lac
Pavin et probablement le lac Chauvet. Ces lacs sont de beaucoup les plus profonds

Fig. 73. — Lac d'Aydat.

et leurs parois sont abruptes. Le lac Pavin, situé près de Besse, est, de tous les lacs
d'Auvergne, celui qui retient le plus l'attention des observateurs. Sa forme circulaire
a 800 mètres de diamètre et sa profondeur est d'environ 100 mètres. L'aspect triste
et imposant de ce lac a donné lieu dans la région à de terribles légendes. Ces lacs sont
également fort intéressants au point de vue de leur faune et de leur flore, encore peu
connues jusqu'ici ; aussi comprend-on que l'on ait installé à Besse, au centre de
cette région des lacs, un laboratoire de biologie dont les travaux ne manqueront pas
d'apporter de sérieux documents à la science des êtres vivants.

La région des Puys n'est pas la seule contrée volcanique d'Auvergne. De violentes
éruptions se produisirent aussi à différentes époques dans le Cantal, le Mont-Dore et
le Velay. La première période volcanique est contemporaine du plissement des Alpes,
par conséquent d'âge miocène. Les *trachytes* et les *andésites* rejetés forment alors des

amas volumineux qu'on aperçoit au fond des ravins en parcourant les vallées de

Fig. 74. — Coulée d'andésite du Roc de Cuzeau (vallée du Mont-Dore).

l'Alagnon et de la Cère, entre Murat et Aurillac, en passant par le col du Lioran.

Fig. 75. — Pitons de phonolithe des roches Tuilière et Sanadoire (route de Clermont au Mont-Dore).

Des coulées d'andésite sillonnent les flancs du Puy Mary ; elles forment en grande partie le massif du Mont-Dore (fig. 74), qui « représente les ruines d'un grand volcan analogue à l'Etna actuel » et dont l'érosion a isolé de nombreux pics, parmi lesquels le Puy de Sancy (1 886 mètres), la montagne la plus élevée de la France centrale. Au pied de ce massif se voient des sortes de murs ou *dykes* : ce sont les anciennes cheminées des volcans qui ont amené la matière en fusion et dans lesquelles celle-ci s'est solidifiée. Les volcans de cette époque ont aussi rejeté

abondamment une roche décrite sous le nom de *phonolithe,* qui forme : le Puy Griou dans le Cantal, les pitons des roches Tuilière et Sanadoire (fig. 75) près du Mont-Dore, les orgues de Bort dans la Corrèze, et dans le Velay les masses coniques du Mézenc et du Gerbier-des-Joncs.

Après une courte période de repos, les volcans d'Auvergne se réveillent et cette nouvelle période, qui a commencé vers la fin du Miocène, se poursuit jusqu'à l'époque actuelle. Entre le Plomb du Cantal et le Puy Mary de nouveaux foyers

FIG. 76. — Rochers Corneille et Saint-Michel (Le Puy). (*Cliché de M. A. Boyer.*)

éruptifs rejettent d'épaisses couches de cendres qui vont enfouir des arbres dont les troncs sont restés debout au milieu de la tourmente. L'un d'eux, ayant 1^m,50 de diamètre, est encore en place dans la vallée du Falgoux et, silicifié, il a conservé admirablement sa couleur et les détails de son organisation. Des éruptions semblables se produisirent aussi dans les autres régions du Plateau Central, mais les plus formidables assurément sont celles qui ont rejeté les *cinérites* du Cantal. Les fameux rochers Corneille et Saint-Michel (fig. 76), qui donnent au panorama de la ville du Puy un aspect peut-être unique au monde, sont les débris démantelés d'un amas de blocs qui ont été projetés dans le cours d'une gigantesque éruption. Ces pyramides colossales, couronnées l'une d'une statue, l'autre d'une vieille église, dominent la ville étagée en amphithéâtre à leur pied. On a beaucoup discuté sur l'origine de ces aiguilles isolées, véritables sphinx géologiques. Aujourd'hui on semble d'accord pour attribuer à ces roches une origine volcanique. Si l'on fait l'ascension de l'un de ces rochers et que l'on casse un fragment de la roche, on constate qu'elle n'est pas homogène, et qu'elle est formée de petits morceaux de basalte noirs et anguleux, reliés par une sorte de pâte brunâtre. En un mot, cette roche, qu'on appelle *brèche volcanique*, a formé jadis dans le bassin du Puy une masse puissante et continue. Si cette couche n'est plus représentée que par des rochers isolés, c'est que le reste a été enlevé par érosion, tandis que plus résistants ils ont été conservés. Ainsi les aiguilles Saint-Michel et Corneille ont été consolidées par un filon de basalte qui s'est ramifié dans leur épaisseur. Ces obélisques naturels rappellent donc par leur formation les pyramides des fées de Saint-Gervais ou du Tyrol.

En résumé, ces volcans d'Auvergne sont éteints depuis longtemps, et il ne reste comme vestiges des cataclysmes d'autrefois que des dégagements de gaz carbonique et des sources thermales. L'histoire ne dit rien sur ces imposantes manifestations, et cependant la géologie permet d'affirmer que l'homme a été témoin des plus récentes. En effet, la coulée du Tartaret, dont nous parlons plus haut, passe à Nescher sur des alluvions contenant des os de mammouth et des silex taillés par l'homme;

Fig. 77. — Prismes de basalte constituant les falaises dans le golfe du Forth (Écosse).

enfin, on a recueilli à la Denise, près du Puy, des débris de squelette humain.

Il ne faudrait pas croire que l'Auvergne a le monopole des volcans éteints. Quelques années après la découverte de Guettard, on signalait, en effet, l'existence de volcans semblables sur les bords du Rhin, dans la région de l'Eifel. Enfin, un demi-siècle plus tard, on démontre qu'il existe en Angleterre et surtout en Écosse des volcans éteints dont quelques-uns remontent aux âges géologiques les plus reculés. Parfois ces volcans ont conservé leur forme conique ; et sur les laves solidifiées qui remplissent les cheminées ont été construits des châteaux qui dominent ce pays relativement plat. On trouve même de véritables basaltes datant de la fin des temps primaires et qui se présentent en belles colonnes prismatiques comme ceux des volcans tertiaires d'Auvergne. C'est ainsi que dans le golfe du Forth, en Écosse, ces colonnes (fig. 77) atteignent jusqu'à 50 mètres de hauteur et sont comparables à celles d'Espaly dans le Velay.

A propos des volcans éteints nous voudrions, pour terminer, parler d'un fait curieux et connu depuis longtemps de quelques habitants des environs de Pontgibaud (Puy-de-Dôme). Il s'agit de certaines cavernes profondes creusées dans la lave et tapissées de stalactites de glace. La lave et la glace ! Deux extrêmes qui se touchent. Tyndall a raison quand il dit que pour produire du froid, il faut souvent beaucoup de chaleur. « Je voudrais démontrer, dit M. Glangeaud, qui a observé ce phénomène de la production de la glace dans les laves d'Auvergne, que par des températures que l'on peut qualifier de torrides pour notre pays, alors que le thermomètre marque 56° au soleil et 34° à l'ombre, ainsi que je l'ai constaté plusieurs fois pendant le mois de juin dernier, il se forme de la glace en assez grande quantité dans certaines régions géologiques déterminées, telles que les coulées de lave des volcans de la chaîne des Puys d'Auvergne. » Ce phénomène d'ordre physique et géologique n'a lieu que lorsqu'il fait très chaud. Pour comprendre ce fait, en apparence paradoxal, il faut savoir que dans cette région les coulées de lave se sont épanchées dans les dépressions, dans les vallées où coulaient des rivières qui ont été comblées en partie ou totalement. Dès lors, l'eau a suivi sous la lave un trajet souterrain pour reparaître à l'extrémité des coulées en donnant naissance à des sources limpides et remarquablement fraîches en été. Les laves, notamment les andésites, sont poreuses et s'imbibent facilement d'eau, qui sous l'influence de la chaleur, s'évapore rapidement. Cette évaporation produit un refroidissement qui peut être suffisant pour congeler l'eau. La réalité de ce phénomène a pu être constatée, aux environs de Pontgibaud, dans la grande coulée du volcan de Côme. Cette coulée, véritable désert de pierres, la plus sauvage peut-être des cheires auvergnates, présente des sortes d'entonnoirs qui sont comme des cratères en miniature, et au fond desquels on trouve de la glace en abondance pendant l'été. Déjà Lecoq, qui a si bien étudié les volcans d'Auvergne, avait signalé ce fait sans l'expliquer. Ces *trous à glace* ont été vus en d'autres régions des Puys, notamment dans la magnifique cheire d'Aydat, sortie des volcans de la Vache et de Lassolas. Voilà des glacières économiques à l'usage des touristes qui visiteraient l'Auvergne en été, et que d'ingénieux industriels ont utilisées pour fabriquer les fromages dits de Laqueuille.

Puisque nous parlons de contrastes, de froid et de chaleur, c'est le moment de décrire les phénomènes volcaniques connus sous le nom de *geysers*. Après la glace géologique, l'eau bouillante géologique !

B. LES GEYSERS

Les volcans d'eau chaude du Yellowstone park. La terre des merveilles. Un chemin de verre. Cascades pétrifiées. Les grandes eaux du parc. Une marmite naturelle. Moyen de faire jouer les geysers récalcitrants.

Les *geysers* sont des sources qui lancent par intermittence des colonnes d'eau bouillante pouvant s'élever jusqu'à 50 et même 100 mètres de hauteur (fig. 78). On peut donc dire que le geyser est une sorte de volcan d'eau chaude. Et, comme le volcan, il présente une cheminée qui amène l'eau et qui vient déboucher au milieu d'un bassin circulaire rappelant par la forme le cratère ordinaire. L'eau chaude ainsi rejetée contient en dissolution beaucoup de silice qu'elle laisse déposer sur les bords de l'ouverture sous forme d'une roche d'un blanc pur : c'est la *geysérite*.

C'est en Islande que les premiers geysers ont été connus, et c'est de ce pays qu'ils ont reçu leur nom. Bien que nombreux — on en connaît une cinquantaine — les geysers islandais n'ont pas l'ampleur de certaines manifestations du même genre observées depuis peu en d'autres régions du monde. Les geysers qui existent aux États-Unis, dans le Parc national de Yellowstone, surpassent en effet en nombre et en grandeur tout ce que l'on connaît. Le Parc national est situé dans les Montagnes Rocheuses, dans ces contrées de l'Ouest américain où Fenimore Cooper a placé ses récits. Partout ce ne sont que richesses et merveilles naturelles : ici, c'est le pays du pétrole qu'illuminent la nuit de gigantesques flammes ; là, ce sont les mines d'argent du Colorado ; plus loin, c'est ce fameux Parc national ou Terre des merveilles.

Le Yellowstone Park occupe une superficie de 10 000 kilomètres carrés, plus grande par conséquent que celle d'un département français. C'est un énorme pla-

Fig. 78. — Le Vieux-Fidèle (*Old Faithful*), geyser du Parc national de Yellowstone.

teau d'origine volcanique semé d'une foule de merveilles : à côté de lacs aux eaux glacées se trouvent des sources bouillantes ; plus de 3 000 sources d'eau chaude laissent déposer une roche siliceuse d'une blancheur éclatante qui fait penser à la neige ; une centaine de geysers lancent dans les airs des gerbes d'eau bouillante ; et c'est par milliers que des fumerolles et des solfatares dégagent des vapeurs acides et sulfureuses. Tout cela forme un ensemble unique au monde. Aussi l'on comprend que le gouvernement américain, sur la proposition du géologue Hayden, ait fait de cette extraordinaire région un « Parc national ou lieu de plaisir pour l'instruction et l'agrément des citoyens ». Ce parc est donc classé à la façon de nos monuments his-

toriques ; il est gardé par des postes de cavalerie chargés d'écarter tous les chasseurs
et de fournir ainsi aux animaux sauvages un asile sûr où ils puissent vivre et se multiplier. C'est une sorte de « chasse réservée », avec cette seule différence que nul n'a
le droit d'y chasser sans s'exposer à des pénalités rigoureuses. Par contre, de nombreuses hôtelleries y ont été installées, permettant aux touristes de contempler à loisir cette terre des merveilles.

Jusqu'en 1863, cette contrée n'était connue que par les récits fantastiques de
quelques aventuriers. Cependant, dès le commencement du xixᵉ siècle, un trappeur,
nommé Colter, parle de lacs bouillants et de terres enflammées ; mais tout cela n'est

Fig. 79. — Sources thermales et terrasses du *Mammouth*.

considéré que comme un produit de l'imagination. En 1860, le colonel Raynolds,
chargé de l'exploitation des Montagnes Rocheuses, raconte qu'il a vu des arbres et
des herbes changés en pierres, des animaux pétrifiés dans des attitudes naturelles,
et, au lieu de fruits, les arbres portaient des diamants, des saphirs et des émeraudes.
Mais ce n'est qu'en 1871 que le géologue américain Hayden fait une description exacte
de cette région.

Sur les grands plateaux du Parc, dont les parties les plus basses ont encore 2 000
mètres d'altitude, on rencontre fréquemment une roche volcanique des plus curieuses.
l'*obsidienne* ou *verre des volcans*. C'est une roche qui s'est produite par suite du refroidissement brusque de la lave et dont certaines coulées ont tout à fait l'aspect du verre
de bouteille. Cette matière présentant des arêtes coupantes, les Indiens s'en servaient
autrefois pour fabriquer des armes et des outils. Sur une de ces coulées vitreuses se

trouve une route, « le seul chemin de verre qui soit au monde », comme disent les Américains. Pour faire ce chemin extraordinaire, on a allumé autour des blocs d'obsidienne de grands feux, puis on refroidissait ensuite brusquement au moyen de jets d'eau froide qui faisaient éclater les blocs de rocher.

C'est sur l'un de ces grands plateaux que la rivière Yellowstone a creusé la gorge célèbre du Grand Cañon, longue de 25 kilomètres et profonde de 300 mètres, dimensions qui n'ont rien d'extraordinaire, car elles n'atteignent même pas celles des gorges du Tarn. En réalité, ce qui fait la beauté de ce site tant vanté, c'est la coloration de la roche, la rhyolite, qui offre les tons les plus chauds et les plus variés, où dominent l'orangé, le rouge pourpre et le jaune de soufre. Non loin du Cañon se

Fig. 80. — Le Geyser *Excelsior*.

trouvent des falaises où l'on voit des arbres fossiles dressés verticalement, et parfois isolés comme les colonnes d'un temple en ruines. Certains de ces arbres, entièrement silicifiés, présentent des cavités ou géodes tapissées de superbes cristaux de calcite ou d'améthyste : de là sans doute le récit du colonel Raynolds, qui disait avoir vu des arbres chargés de gemmes précieuses.

D'autre part les sources d'eau chaude, dont le nombre dépasse 3 500, laissent déposer depuis des siècles des roches siliceuses et calcaires qui ont formé des sortes de terrasses disposées en gradins. C'est ainsi que de l'hôtel *Mammoth Hot Springs* on aperçoit (fig. 79) huit grandes terrasses d'une superficie de 8 kilomètres carrés et de plusieurs centaines de mètres d'épaisseur. Tandis que les plus anciennes de ces terrasses sont recouvertes par une riche végétation forestière, les plus récentes sont d'une blancheur de neige éclatante. On dirait d'un glacier descendant sur les flancs de la montagne, et c'est sur ces gradins que viennent s'écouler en cascades les sources bouillantes, formant ainsi des stalactites, des vasques sculptées et des broderies sans pareilles.

Enfin plus de 75 sources jaillissantes s'échappent encore des entrailles de la terre, lançant dans les airs une colonne d'eau bouillante qui se rassemble dans de superbes vasques en donnant une eau merveilleuse de transparence et de coloration. Les teintes d'émeraude ou d'azur de ces eaux sont admirables ; aussi les noms de sources rappellent-ils souvent la beauté de leur coloration ; le bassin d'Émeraude, le bassin de Saphir, la source Turquoise, etc. On pense que ces colorations, où les tons rouges dominent, sont dues à diverses espèces d'algues qui contribuent, en fixant le calcaire, à la formation de dépôts solides connus sous le nom de *travertins*.

Parmi les plus grands geysers on peut citer l'*Excelsior* (fig. 80), le *Géant* (fig. 81), le *Splendide* et le *Vieux-Fidèle* (fig. 78). L'*Excelsior* a un cratère de 100 mètres de diamètre, et des éruptions irrégulières et violentes en font une véritable pièce de grandes eaux, projetant dans toutes les directions des jets de dimensions et d'inclinaisons diverses. La force de projection de cette colonne d'eau est telle que parfois des blocs de rochers sont projetés dans les airs à 80 mètres de hauteur. La colonne d'eau du *Géant* (fig. 81) est moins volumineuse, mais elle s'élève plus haut, jusqu'à 250 mètres au début de l'éruption, laquelle a lieu régulièrement tous les six jours et dure environ deux heures. Le *Splendide* lance ses eaux à 80 mètres pendant que ses vapeurs montent jusqu'aux nues, colorées à l'heure du coucher du soleil par des arcs-en-ciel qui donnent à cet ensemble un aspect merveilleux. De tous les geysers du Parc, le plus populaire est le *Vieux-Fidèle (Old Faithful)* (fig. 78), qui, fort exact dans ses habitudes, joue régulièrement toutes les heures pendant 4 minutes.

D'autres geysers plus petits ont reçu des noms pittoresques qui les caractérisent : le *Spasm*, qui se soulève de temps en temps ; l'*Economic*, qui joue toutes les deux minutes ; la *Surprise*, qui jaillit très irrégulièrement ; enfin le geyser des *Pêcheurs*, situé au bord du lac de Yellowstone et dont le cratère est rempli d'eau bouillante : de sorte que le pêcheur installé sur ses bords (fig. 82) et pêchant dans le lac peut faire cuire immédiatement le produit de sa pêche en le plongeant dans la source chaude. Et certes ce n'est pas la moindre curiosité de ce lac déjà si beau par sa coloration et par son étendue que d'offrir ce fait bizarre qu'une truite pêchée dans ses eaux puisse être bouillie à l'instant dans cette marmite naturelle.

Après avoir parlé de cette région américaine si riche en manifestations geysériennes, nous devons revenir sur l'Islande. Les geysers islandais, connus depuis le

Fig. 81. — Le geyser du *Géant*.

xiiiᵉ siècle, ont été visités par le savant français des Cloizeaux, en 1845 ; mais la description qu'il nous en fait n'est plus guère exacte aujourd'hui. Tous, en effet, sont
entrés dans une période de décadence. Ainsi le Grand Geyser lançait autrefois, à des
intervalles variant de 24 à 30 heures, une puissante colonne d'eau qui s'élevait verticalement jusqu'à 30 et même 50 mètres. Aujourd'hui, les visiteurs attendent souvent le jaillissement de cette grande gerbe pendant plusieurs journées, et même pendant plus d'une semaine ; de plus, la hauteur du jet ne dépasse pas 18 mètres.
Ajoutons que les fontaines jaillissantes d'eau chaude sont au nombre d'une centaine
autour du Grand Geyser. Toute la contrée semble reposer sur un lac d'eau chaude.
Dans les empreintes que laissent les pas des chevaux, nous disait récemment une
Islandaise, on voit souvent bouillonner de l'eau chaude.

Fig. 82. — Le geyser des *Pêcheurs*.

Il y a quelques années seulement, les phénomènes geysériens étaient encore plus
intenses dans la Nouvelle-Zélande qu'en Islande. Sur une ligne de fracture, longue
de 225 kilomètres, les geysers, les solfatares et les fontaines d'eau chaude jaillissaient
en mille endroits. Comme aux États-Unis, il s'était formé de véritables cascades
pétrifiées d'un aspect merveilleux, lorsqu'une formidable éruption, en 1886, vint
détruire ces beautés naturelles en bouleversant tout le district.

L'explication que l'on donne des geysers est la suivante : Tyndall avait remarqué
que si l'on descend un thermomètre dans la cheminée du geyser, la température varie
avec la profondeur. Plus le point considéré est bas, plus la température est élevée.
D'après la figure 83, partout la température de la colonne est inférieure au point
d'ébullition de l'eau, celui-ci s'élevant nécessairement avec la pression que l'eau
supporte. Donc, à l'état de repos, aucun point de la cheminée n'atteint une température suffisante pour que l'eau se réduise en vapeur. Mais il existe des points,
à 13 mètres de profondeur, où la différence entre la température de l'eau et

celle de l'ébullition n'est plus que de deux degrés. Or, si la colonne est un peu soulevée par les bulles de vapeurs chaudes qui arrivent par les fentes du sol, la couche chaude de 121° à 13 mètres de profondeur peut parvenir en un point, à 11 mètres, où la température d'ébullition n'est que 120°,8. Immédiatement cette eau

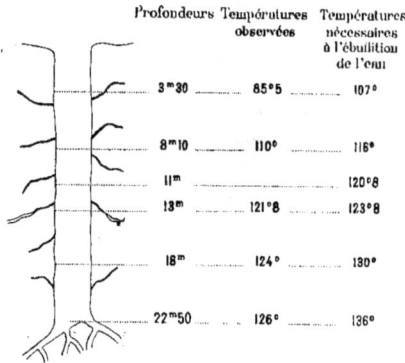

Profondeurs	Températures observées	Températures nécessaires à l'ébullition de l'eau
3ᵐ30	85°5	107°
8ᵐ10	110°	116°
11ᵐ		120°8
13ᵐ	121°8	123°8
18ᵐ	124°	130°
22ᵐ50	126°	136°

Fig. 83. — Coupe théorique du grand geyser d'Islande, d'après Tyndall.

se réduit en vapeur, projetant dans l'air un nuage de vapeur et la masse liquide située au-dessus. L'intermittence du geyser s'explique facilement : chaque fois, il faut un certain temps à l'eau d'infiltration qui est venue remplacer la gerbe expulsée pour atteindre une température convenable, et, d'autre part, il faut que la tension des vapeurs dans la partie inférieure de la cheminée soit devenue suffisante pour provoquer des soubresauts. La surchauffe en certains points de la cheminée est évidemment due aux vapeurs chaudes qui circulent dans les fissures du sol.

Il est curieux de remarquer qu'un corps étranger introduit dans la colonne d'eau peut rompre l'équilibre de température et provoquer l'éruption. Un morceau de savon est particulièrement efficace. C'est un Chinois employé comme blanchisseur dans un hôtel du Parc de Yellowstone qui découvrit ce fait intéressant, en 1885 : il lavait son linge dans une source chaude, lorsque celle-ci fit brusquement explosion à la façon d'un geyser et endommagea même assez fortement le malheureux Chinois. Depuis cet accident, les touristes emploient ce moyen pour forcer les geysers récalcitrants à jouer devant eux. C'est, du reste, une pratique aujourd'hui défendue, car le savon produit un liquide visqueux qui ralentit le dégagement de vapeur d'eau et tend à produire une surchauffe du liquide au-dessus du point d'ébullition et, par suite, une explosion trop violente.

Ajoutons enfin qu'aux États-Unis, comme en Islande, les phénomènes geysériens vont en diminuant d'intensité. Certaines sources chaudes, aujourd'hui fort tranquilles, ont pu être autrefois des geysers. Nous pourrions donc trouver toutes les transitions entre les geysers que nous venons de décrire et les sources thermales dont nous allons maintenant nous occuper.

C. SOURCES THERMALES

Sources minérales et médicaments naturels. Les eaux sulfureuses, ferrugineuses, alcalines, salines, acidulées. Filons d'eau. Les failles jalonnées par les sources minérales. Les eaux thermales dans l'antiquité.

Les sources thermales sont aujourd'hui connues du plus grand nombre. Chaque année, en effet, elles sont fréquentées par des milliers de baigneurs et de buveurs : la seule région du Puy-de-Dôme attire tous les ans plus de 100 000 personnes, et le massif volcanique du Plateau Central compte environ 1 500 sources, dont le débit total est d'environ 120 000 hectolitres par jour. Chacun connaît les noms de ces sources, leur situation géographique, souvent même leurs effets thérapeutiques, surtout depuis que l'on sait que nos eaux de source ne sont pas impeccables, tandis que les eaux minérales passent pour pures et dénuées de tout microbe.

Les sources thermales sont des sources dont la température est supérieure à celle de la région où elles jaillissent. Ainsi la source de Chaudesaigues, en Auvergne, marque 81°, celle de Plombières, 74°; à Vichy, la température varie de 44° (source de la Grande-Grille) et même 61° (Dôme central) à 17° (source des Célestins) ; viennent ensuite les eaux de Barèges (60°), de la Bourboule (56°), de Saint-Nectaire (46°), du Mont-Dore (44°), etc.

Grâce à leur haute température et aussi à leur situation dans les régions volcaniques, les sources thermales ont pu dissoudre certaines matières provenant soit des roches traversées, soit des émanations volcaniques ; aussi les appelle-t-on encore *sources minérales*. La composition chimique des eaux minérales dépend donc d'un certain nombre de facteurs ; mais c'est presque une banalité de faire remarquer que les sources du même genre sont ordinairement groupées dans une même région. C'est ainsi que les eaux minérales du Puy-de-Dôme et des environs de Vichy ont un certain nombre de caractères communs : contenant beaucoup de gaz carbonique, elles sont d'abord *carbonatées*, et comme elles dissolvent mieux la soude que la potasse, elles deviennent *bicarbonatées sodiques*. Certaines sources de Vichy contiennent jusqu'à 5 grammes par litre de bicarbonate de sodium (*sel de Vichy*). On a calculé que la quantité de sel de Vichy rejeté par toutes les sources du bassin de Vichy est d'environ 2 500 kilogrammes par jour, soit près d'un million de kilogrammes par an ! D'autres carbonates se trouvent dans les eaux de cette région : le *bicarbonate de calcium*, que les sources laissent déposer en donnant ce qu'on appelle les *fontaines pétrifiantes*, utilisées pour incruster des objets que l'on y plonge et qui se recouvrent d'une couche de calcaire ; le *bicarbonate de magnésie*, et le *bicarbonate de fer*, qui peut se décomposer à l'air en laissant déposer le long des conduites d'eau un précipité de couleur de rouille. Le *chlorure de sodium* ou sel marin existe dans toutes ces eaux minérales. Au contraire, les *sels de potasse* sont à peine représentés, sauf à Châtelguyon, où les chlorures de potassium et de magnésium se trouvent à une dose assez forte.

Sans sortir du Plateau Central, que nous prenons comme exemple de région hydro-thermale, on peut cependant trouver des sources qui contiennent des principes rares appelés à jouer un grand rôle en thérapeutique. Tels sont : le *chlorure de lithium*, que l'on trouve dans trois stations seulement (Sainte-Marguerite, Royat et Châteauneuf) ; l'*arsenic*, que l'on trouve à l'état d'arséniate de sodium en proportion énorme (8 milligrammes d'arsenic par litre) dans les eaux de la Bourboule, qui sont les plus arsenicales d'Europe, et, à dose plus modérée, dans les eaux du Mont-Dore et de Saint-Nectaire ; le *soufre*, qui n'existe, sous forme d'hydrogène sulfuré, qu'au Puy de la Poix. Enfin de nombreuses sources de la région renferment presque uniquement du gaz carbonique, fournissant ainsi de véritables eaux de Seltz naturelles.

Les eaux minérales sont d'excellents médicaments préparés par la nature ; et chacune d'elles possède des propriétés particulières qui commandent ses applications en médecine. Nous ne voudrions pas nier l'action de certaines eaux minérales ; la clinique aidée de la chimie biologique nous montre suffisamment l'utilité de ces eaux employées comme boisson ou sous forme de bains ou de douches. Mais il faut bien reconnaître que les plus fameuses parmi ces sources ne sont pas toujours celles qui produisent l'effet thérapeutique le moins discutable. Le succès d'une source dépend souvent plus de la façon dont elle a été *lancée* que de sa composition chimique. Ici, comme presque partout ailleurs, la mode est toute-puissante. En somme, il en est des eaux minérales comme de certains médicaments, il faut se hâter d'en boire pendant qu'elles guérissent.

Suivant la statistique de l'administration des mines, laquelle est chargée de la surveillance des eaux minérales, le nombre des sources exploitées en France est de 1 027, se répartissant entre 391 établissements, dont 226 sont aménagés pour les bains et comprennent 5 346 baignoires et 328 piscines, sans parler des douches. D'après les jaugeages effectués, le débit de toutes ces sources est d'environ 45 000 litres par minute, c'est-à-dire 65 000 mètres cubes par jour. Ces sources sont réparties dans 63 départements, dont les mieux partagés, au point de vue du nombre des sources, sont : le Puy-de-Dôme, avec 94 ; l'Ardèche, avec 77 ; les Vosges, avec 76 ; puis viennent l'Ariège et les Pyrénées-Orientales, avec 69 ; les Hautes-Pyrénées, avec 54 ; enfin, avec un total bien inférieur, la Loire et le Cantal.

Sans énumérer ces eaux minérales, nous pouvons au moins dire de quelle manière on les classe suivant les matières qu'elles contiennent. Voici les groupes les plus importants :

Les *eaux sulfureuses*, riches en hydrogène sulfuré et dégageant une odeur d'œufs pourris bien caractéristique. Ce sont, par exemple, les eaux de Barèges, Cauterets, Bagnères-de-Luchon, Amélie-les-Bains, le Mont-Dore, Enghien. On les recommande pour les maladies de la peau, de la gorge et des bronches, et aussi contre les rhumatismes.

Les *eaux ferrugineuses*, contenant des sels de fer qui, à l'air, produisent des dépôts couleur de rouille. Ce sont les eaux de Bussang, de Forges, de Spa, et de beaucoup de sources d'Auvergne. Elles sont surtout employées pour combattre l'anémie.

Les *eaux alcalines*, chargées surtout de bicarbonate de sodium. Elles sont très abondantes en France, à Vichy, Vals, Pougues, Royat, et sont utilisées contre les maladies des voies digestives et du foie.

Les *eaux salines*, contenant du chlorure de sodium (sel marin) comme celles de Bourbon-l'Archambault, du sulfate de sodium comme celles de Carlsbad, ou du sulfate de magnésium comme celles de Sedlitz et d'Epsom. Ces eaux ont des propriétés purgatives énergiques.

Les *eaux acidulées*, contenant presque exclusivement du gaz carbonique : elles sont très abondantes au voisinage des volcans, en particulier en Auvergne. Elles excitent l'appétit et facilitent les digestions.

La répartition des sources thermales nous renseigne sur leur origine. Chacun sait que si certaines régions sont riches en sources thermales, d'autres, au contraire, en sont dépourvues : c'est ainsi que les eaux chaudes se rencontrent partout dans la région méditerranéenne, tandis qu'elles font défaut en Angleterre, en Scandinavie et dans la Russie septentrionale. On a donné de cette distribution des sources chaudes de nombreuses raisons. Suivant les uns, les régions hydrothermales sont des régions montagneuses. On pourrait leur faire remarquer que la Forêt-Noire ou le Bourbonnais, pays remarquables par leur richesse en sources thermales, ont une altitude bien éloignée de celle des Monts Ourals ou Scandinaves, où elles font défaut ; que dans la baie de Naples, ces sources sont innombrables au bord même de la mer. D'autres font intervenir le voisinage des volcans en oubliant que ceux-ci font défaut dans les Alpes, où se présentent les sources célèbres d'Aix-les-Bains, Ragatz, Gastein, etc. Enfin, dit M. de Launay, les dévots de ces divinités thermales, auxquelles les Romains jetaient déjà, par un hommage symbolique, des pièces de monnaie, diront : « Tout est mystère dans les eaux ; elles sont ici plutôt que là, parce qu'il a plu aux forces profondes et inexplicables qui les produisent de leur donner cette situation. » Les sceptiques de leur côté diront que : « Tout est réclame en elles ; elles nous semblent plus fameuses dans certains pays comme les beautés pittoresques passent pour plus abondantes en Suisse qu'en France, parce qu'on a eu plus de talent pour les faire connaître et les achalander. »

En somme, il est possible de montrer que la répartition géographique des sources thermales est réglée par certaines lois géologiques. Rien de miraculeux dans leur formation, ni dans leurs propriétés, tout s'explique par la circulation des eaux souterraines et par les accidents géologiques avec lesquels ces eaux sont en rapport. Comme l'a montré M. de Launay dans son bel ouvrage sur *Les Sources thermominérales,* « ces sources sont en relation avec les phénomènes de dislocation les plus récents de l'écorce terrestre (plissements ou effondrements) et localisées dans les zones assez étroites de la terre où ces derniers phénomènes se font sentir ». Ainsi ces sources se trouvent volontiers le long des fractures de l'écorce terrestre, sur les lignes de craquement produites, dans un massif antérieurement consolidé et jouant le rôle de butoir, par le choc d'un pli postérieur venant s'abattre sur lui comme une vague.

Dans le Plateau Central, par exemple, les dislocations, généralement alignées N.-S., sont jalonnées par des centaines de sources minérales. C'est aussi sur des lignes de fractures semblables que sont placés les volcans d'Auvergne. Il semble donc bien exister une communauté d'origine entre un volcan et une source minérale, du moins pour cette région. Au surplus, les eaux minérales circulent dans les cassures, ou *diaclases,* comme les laves passent par les fractures de l'écorce terrestre. Il y a donc des *filons d'eau* comme il y a des filons métallifères.

Il est facile de comprendre que les eaux thermales suivent les failles, qui sont des chemins tout tracés. Mais d'où viennent-elles ? Elles doivent être considérées comme un reste d'activité volcanique, et non comme provenant d'eaux superficielles descendues par infiltration à de grandes profondeurs où elles auraient pris une température élevée et se seraient chargées de matières minérales. En réalité, elles proviennent des couches profondes de l'écorce terrestre. Beaucoup de sources thermales sont d'ailleurs remarquables par les courtes variations de leur débit, qui constituent comme une sorte de pulsation, rappelant la régularité d'éruption des geysers et les variations périodiques de certains volcans comme le Stromboli. Qu'une faille se présente et ces eaux vont s'y engager pour plusieurs raisons : d'abord parce qu'elles sont chaudes, donc plus légères ; puis parce que les gaz dissous diminuent aussi leur densité ; enfin parce qu'en suivant cette faille ces eaux n'éprouveront pas de grande résistance, elles n'auront qu'à vaincre un léger frottement.

La répartition des sources thermales vient à l'appui de cette théorie. Ainsi sur le bord Est de la Limagne, le long de la faille qui sépare cette vallée des contreforts du Forez, se trouvent les sources de Courpière, Chateldon, Saint-Yorre, Hauterive, Vichy, Cusset, et plus loin celles de Bourbon-Lancy et Saint-Honoré. A l'Ouest de la Limagne se trouvent Royat et Châtelguyon, Pougues et Fourchambault. A l'intérieur du bassin les sources sont également situées sur des failles parallèles aux précédentes : telles sont celles de Clermont, au nombre de vingt-deux, et aussi celles de Saint-Nectaire et Châteauneuf.

De même autour du bassin de Montbrison : Saint-Galmier, Montrond, Sail-sous-Couzan ; dans celui de Roanne : Saint-Alban et Sail-les-Bains.

Dans le Sud-Est du Plateau Central on a le groupe des eaux carbonatées de Vals. Les Vosges et la Forêt-Noire ont donné les eaux chaudes de Luxeuil, Plombières, Bains, Baden-Baden, etc. Plus au Nord, les régions volcaniques du Taunus et de l'Eifel dégagent des torrents de gaz carbonique qui se retrouvent dans de nombreuses sources thermales dont Ems est la plus fameuse. Sur les bords des effondrements permiens se sont établies les sources salines chaudes de Wiesbaden, Schlangenbad, Weilbach, etc. Enfin la Bohême et bien d'autres régions riches en sources thermales présentent une disposition aussi significative que celle du Plateau Central ; elle est aussi nette dans le Plateau Central d'Espagne ou de la Meseta, qui présente d'abondantes sources chaudes dont les principales sont sur les bords de l'effondrement atlantique, le long de la faille du Guadalquivir.

Il ne faudrait pas croire que les réservoirs souterrains des eaux thermales soient inépuisables : ce sont de véritables mines qu'une exploitation irraisonnée peut faire disparaître. Mais ce qui est encore plus grave, c'est que de nombreux forages exécutés sans méthode peuvent mettre en communication l'eau minérale de la profondeur avec les eaux superficielles qui viennent alors changer sa composition chimique, quand elles n'apportent pas des impuretés microbiennes, ce qui devient dangereux. Le captage des eaux thermales ainsi que l'embouteillage nécessitent donc de très grands soins, si l'on veut que l'eau minérale soit conforme à l'étiquette que porte la bouteille.

Les eaux minérales ont été connues et appréciées dès l'antiquité. Avant même que l'homme ait pris la peine de construire des voies de communication, il éprouva le besoin de capter l'eau des sources et de la transporter, souvent à de grandes distances. Parmi les travaux accomplis par les Anciens dans ce but on peut citer : l'aqueduc de Siloé à Jérusalem ; à Samos, une galerie de 1 200 mètres de long sous l'Acropole ; à Mycènes, un aqueduc souterrain découvert par Schliemann dans ses fouilles célèbres. Mais ce sont surtout les Romains qui, ayant un goût particulier pour l'hydrothérapie, ont essayé par d'importants travaux de capter toutes les sources thermales d'une certaine importance. D'après M. de Launay ces travaux furent exécutés suivant plusieurs procédés : parfois comme à Bourbon-l'Archambault et à Néris, c'étaient de simples excavations, avec un revêtement en béton ; d'autres fois, comme à Pouzzoles, c'étaient de véritables galeries de mine qui drainaient les veines hydrothermales dans le rocher. Ce système, qui date d'une vingtaine de siècles, est encore appliqué aujourd'hui. Enfin, les Romains usèrent d'un troisième procédé, qui consiste à appliquer du béton sur une grande surface autour de la source afin de la forcer à sortir en un point déterminé. On peut citer comme exemple Plombières, dont le nom vient probablement de l'abondance des tuyaux de plomb qui s'y trouvent ; cette localité était pour les Romains une sorte de Pompéi hydrothermale. Une région encore plus appréciée des Romains fut la Tunisie où venaient résider en hiver les seigneurs de la métropole et tous ceux qui ambitionnaient d'avoir une habitation sous ce ciel clément, dans le doux climat de la Byzacène, la perle des colonies romaines, où, disait-on, on ne mourait que de vieillesse.

Les travaux accomplis dans l'antiquité sont différents des travaux modernes pour plusieurs raisons : d'abord parce que les Anciens ne pouvaient descendre profondément à cause de la difficulté que présentait l'épuisement des eaux souterraines ; ensuite, parce qu'ils ignoraient nos procédés de sondage ; et enfin, parce qu'ils ne connaissaient pas ce principe « que de l'eau froide peut refouler de l'eau chaude sans se mélanger avec elle ». On peut donc refouler une source hydrothermale vers un point déterminé, en lui opposant sur tous les points où elle tente de s'échapper la pression contraire d'une nappe d'eau froide. L'application ingénieuse de ce procédé a certainement contribué à développer la prospérité des stations thermales françaises. La science de l'ingénieur a donc permis d'utiliser au mieux de nos intérêts des richesses naturelles qui eussent été perdues ou tout au moins gaspillées.

D. **TREMBLEMENTS DE TERRE**

Le sol est élastique. Les tremblements de terre et les animaux avertisseurs. Les sismographes et la météorologie souterraine. Les secousses verticales, ondulatoires et rotatoires. Vitesse de 3 000 mètres a la seconde. Les maisons japonaises. Le tremblement de terre n'est qu'un frisson de l'épiderme du globe. Mouvements lents : lutte entre la terre et la mer. Failles et filons.

Il s'en faut de beaucoup que le « plancher des vaches » soit d'une immobilité absolue, comme on se le figure volontiers. Il n'y a, en effet, dans l'écorce terrestre ni repos, ni immobilité. Partout le sol est mobile, partout le sol tremble, partout il transmet par son élasticité les chocs violents qu'il reçoit. Le passage d'un train ou d'une voiture, une charge de cavalerie, communiquent à la croûte terrestre des vibrations qui se transmettent dans un certain rayon. De même un éboulement dans

une mine, ou mieux encore une explosion volcanique, impriment au sol des ébranlements qui peuvent être sentis à une grande distance. Pour comprendre l'importance
des mouvements qui agitent le sol, il suffit de considérer la structure de l'écorce
terrestre, qui est plissée, fracturée, fendillée. Semblable à un immense parquet dont
les pièces sont mal jointes, la surface de la terre ne nous offre donc aucune garantie
de stabilité absolue.

Les mouvements du sol peuvent être brusques et causer des *tremblements de terre* ;
mais ils peuvent aussi être *lents* et ne sont alors observés qu'à l'aide d'appareils
perfectionnés capables d'ausculter en quelque sorte les tressaillements du sol.

Les tremblements de terre sont des secousses brusques de courte durée, à peine de
quelques secondes. Mais si courts qu'ils soient, ils sont cependant à ranger parmi
les phénomènes les plus terrifiants de la nature, car rien ne trouble et n'épouvante
comme ces manifestations des forces souterraines. Y a-t-il, en effet, rien de plus
inquiétant que de sentir la terre trembler ou se dérober sous nos pas ? Y a-t-il rien
de plus effrayant que de voir les meubles se renverser, les murs se crevasser, les édifices s'écrouler, et parfois même le sol s'ouvrir en gouffres béants devant nous ? Aussi
comprend-on la sensation qui s'empare de l'âme humaine et que Humboldt, en
son *Cosmos*, explique en ces termes : « Nous perdons tout à coup une confiance in-
née. Dès l'enfance nous étions habitués au contraste de l'immobilité de la terre avec
la mobilité de l'eau. Tous les témoignages des sens avaient fortifié notre sécurité...
Un moment détruit l'expérience de toute la vie... Nous nous sentons violemment
rejetés dans un chaos de forces destructives... On peut s'éloigner d'un volcan, on
peut éviter un torrent de lave, mais quand la terre tremble, où fuir ?... » Aucun refuge ; le toit lui-même, qui est l'abri de tout homme qui souffre ou qui est menacé,
est devenu redoutable.

Les animaux aussi, à l'approche d'un tremblement de terre, sont plongés dans la
stupeur et l'épouvante. C'est même là un phénomène avertisseur des plus précieux.
Les chiens, les porcs et les oies annoncent de la façon la plus nette, par des mouvements inusités, l'approche du phénomène souterrain. M. de Lesseps raconte que dans
la journée qui précéda le tremblement de terre de Panama, en 1882, « les perroquets,
ici très nombreux et toujours très loquaces, devinrent tristes, anxieux et muets. Dès
la nuit, les chiens poussaient de longs et plaintifs hurlements ; dans leurs boxes, les
chevaux s'agitaient avec inquiétude, comme à l'approche d'un danger ». Lors du
tremblement de terre d'Andalousie, en 1884, un quart d'heure avant la secousse,
tout le bétail des fermes brisait ses chaînes et cherchait à s'enfuir en poussant des
mugissements d'angoisse. Au Japon, M. le Pr Milnes observa que les faisans annonçaient par des cris de frayeur les tremblements de terre, tandis que les grenouilles, au
contraire, cessaient leurs coassements.

D'autres signes précurseurs sont à signaler : le dessèchement des puits, des détonations souterraines, et surtout de faibles oscillations du sol que seuls des appareils
sensibles peuvent mettre en évidence. Ces instruments, connus sous le nom de *sismographes*, consistent essentiellement en un pendule dont le poids est terminé par une
pointe très fine qui vient s'appuyer sur une bande de papier. Dès qu'une oscillation du

sol fait mouvoir la bande, la pointe trace une courbe sinueuse indiquant les oscillations subies. Ces appareils, installés dans plus de 200 observatoires, ont permis de faire de précieuses observations qui servent de base à une science nouvelle décrite sous le nom de *sismologie*. Or, si cette science eût existé plus tôt, on eût peut-être évité de grandes catastrophes comme celle de Lisbonne, car les habitants prévenus auraient eu le temps de fuir. « Il paraît, dit M. Faye, que la catastrophe d'Ischia aurait pu être évitée si on avait tenu compte de ces phénomènes précurseurs. »

A défaut d'instruments comme les sismographes, l'observation directe peut renseigner sur la direction du choc. Lors du tremblement de terre d'Andalousie, en 1884, les boutiques des pharmaciens ont donné d'excellents renseignements : du côté faisant face à la direction de l'ébranlement et du côté opposé les flacons ont été jetés par terre, tandis que contre les deux autres murs ils sont simplement dérangés et culbutés sur place. L'examen des édifices en ruines (fig. 84) peut aussi procurer des données utiles. Par exemple, les maisons dont la façade est perpendiculaire à la direction des secousses sont ordinairement maltraitées et leurs façades sont renversées du côté d'où vient le choc. Le dommage est au contraire moins considérable quand l'alignement des murs coïncide avec la direction des secousses.

Fig. 84. — Église de Calabre écroulée à la suite du tremblement de terre de 1905.

Comment commence un tremblement de terre ? C'est d'abord une agitation du sol à peine perceptible, comme un frisson de la terre, mais un frisson profond qui, bientôt, va devenir un tremblement, une convulsion. Mais auparavant, cet insaisissable grelottement pourra cesser pendant plusieurs heures, puis se réveiller soudain pour disparaître de nouveau. La terre est comme en ébullition ; on dirait le frémissement d'une locomotive au repos. C'est alors que la catastrophe se produit, et nous ne saurions mieux faire pour dire ce qui se passe en ce moment que de répéter ce que dit Maupassant du tremblement de terre de Nice, en 1887. « Pendant la première seconde d'effarement, je crus tout simplement que la maison s'écroulait. Mais comme les soubresauts de mon lit s'accentuaient, comme les murs craquaient, comme tous les meubles se heurtaient avec un bruit effrayant, je sautai debout dans ma chambre et j'allais atteindre la porte, quand une oscillation violente me jeta contre la muraille.

Ayant repris mon aplomb, je parvins enfin sur l'escalier, où j'entendis le sinistre et bizarre carillon des sonnettes tintant toutes seules, comme si un affolement les eût saisies, ou comme si, servantes fidèles, elles appelaient désespérément les dormeurs pour les prévenir du danger. Mon domestique descendait en courant l'autre étage, ne comprenant pas ce qui arrivait et me croyant écrasé sous le plafond de ma chambre tant les craquements avaient été forts. Cependant, la convulsion cessait quand tout le monde enfin gagna le vestibule et sortit dans le jardin. Il était six heures, le jour naissait rose et doux, sans un souffle d'air, si calme! Cette absolue tranquillité du ciel, pendant ce bouleversement épouvantable, était tellement saisissante, tellement imprévue, qu'elle me surprit et m'émut davantage que la catastrophe elle-même. »

Fig. 85. — Pyramide contournée.
(Extrait des *Transactions of the seismological Society of Japan*.)

Les grandes catastrophes telles que l'incendie d'un théâtre, le naufrage d'un navire, les tremblements de terre produisent chez l'homme des phénomènes psychiques intenses. Dans le récent sisme de Messine, en 1908, les conditions du désastre favorisèrent les émotions violentes : la catastrophe survenant la nuit, la pluie et le froid enveloppant les survivants à peine vêtus, l'étendue du désastre, le spectacle des cadavres contorsionnés, le mysticisme de ces populations, etc. Au premier moment tous les sinistrés furent frappés de stupeur, c'était la forme paralytique de la peur ; puis ce fut la forme ambulatoire : affolés, les individus se mirent à courir, droit devant eux, sans direction et sans but ; des bandes d'hommes et de femmes, presque nus, traversaient les campagnes en gémissant. La douleur physique était comme abolie : on cite le cas de personnes portant d'affreuses blessures et qui coururent pendant des heures sans s'en apercevoir. Une femme, dont l'œil était crevé, déclare n'avoir rien senti. L'instinct de conservation donna lieu à des scènes d'une répugnante sauvagerie ; mais aussi les ruines de cette cité furent témoins d'admirables scènes de dévouement.

Les effets mécaniques des tremblements de terre peuvent être de plusieurs sortes. Il y a d'abord les secousses *verticales* quand le choc se produit de bas en haut. En Calabre, en 1783, on vit des maisons sauter en l'air comme si elles avaient été projetées par l'explosion d'une mine; le pavé des rues fut soulevé. A Rio-Bamba, en 1797, la secousse fut tellement violente que les cadavres de plusieurs habitants furent lancés de l'autre côté de la rivière, sur une colline haute de plus de 100 mètres. Les secousses peuvent être *ondulatoires,* c'est-à-dire que le sol oscille comme une mer houleuse ; dans ces mouvements, qui sont les plus fréquents, on a pu voir des arbres s'incliner jusqu'à toucher le sol avec leurs branches, puis se redresser, et parfois rester enchevêtrés les uns dans les autres. Enfin l'on cite des exemples de mouvements *rotatoires :* ainsi, en 1883, dans l'île d'Ischia, une statue de la Madone se retourna ; de même, à Tokio, en 1880, une pyramide tourna sur elle-même (fig. 85).

Le centre d'ébranlement est situé dans la profondeur du sol. Puis cet ébranlement

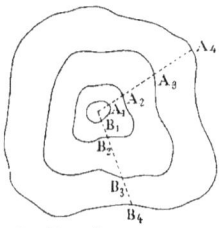

Fig. 86. — Épicentre et courbes de transmission des secousses.

se propage jusqu'à la surface, et la région limitée qu'il rencontre est appelée *épicentre*. C'est en ce point que les secousses sont les plus violentes, et c'est de là que cet ébranlement, sous forme d'ondulations, va se propager à la surface de la terre comme se propagent à la surface de l'eau les ondes produites par la chute d'une pierre. On peut constater, en effet, que les points frappés au même moment par l'ébranlement sont distribués autour de l'épicentre sur des lignes courbes à peu près concentriques. La vitesse de propagation a pu être calculée en notant le temps qui s'écoule entre les apparitions de l'ébranlement en deux points dont la distance est connue. Il suffit de diviser cette distance par le temps compté en secondes. On obtient ainsi la vitesse, qui est variable avec la nature du sol : faible dans une roche meuble, dans le sable par exemple, elle est plus grande dans une roche dure, compacte, comme le granite, et peut aller jusqu'à 3 000 mètres par seconde.

Pour étudier l'étendue d'un tremblement de terre on joint, sur une carte, par un trait continu tous les points où les secousses sont arrivées en même temps. On obtient ainsi des courbes sinueuses irrégulièrement concentriques (fig. 86). On peut de cette façon dresser une carte des différentes zones atteintes par l'ébranlement et classées suivant l'intensité des secousses. C'est ainsi que la carte du tremblement de terre de Laibach (14 avril 1895) indique (fig. 87) sept régions distinctes : 1° zone épicentrale, où les secousses sont les plus violentes ; 2° régions de très forts dommages, avec les toits écroulés ; 3° régions de forts dommages, avec chutes de cheminées ; 4° édifices fissurés ; 5° secousses ressenties par tout le monde et causant de l'effroi ; 6° secousses encore perçues par le plus grand nombre de personnes ; 7° mouvements perçus seulement par des appareils enregistreurs.

Parmi les principaux tremblements de terre citons : celui de Lisbonne, en 1755, qui fit périr plus de 30 000 personnes ; celui de la Calabre, qui se prolongea de 1783 à 1787, faisant de nombreuses victimes et sillonnant la région de crevasses ; celui d'Ischia, en 1883, qui détruisit par une seule secousse 1 200 maisons ; ceux d'Andalousie, en 1884, de Nice et de Menton, en 1887, enfin celui de Sicile, qui, le 28 décembre 1908, n'a duré que quelques secondes, ébranlant la Calabre et le détroit de Messine, faisant près de 200 000 victimes et détruisant la presque totalité des maisons de Messine et de Reggio.

Les régions les plus exposées aux tremblements de terre sont celles qui ont été disloquées par des plissements et des mouvements de toutes sortes, celles par suite dont le sol présente des fractures : c'est ainsi qu'on peut citer l'Italie, l'Espagne, l'Archipel grec, l'Amérique centrale, les côtes du Pacifique, et surtout le Japon. On

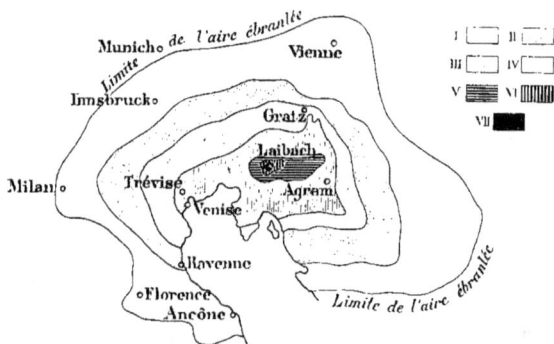

Fig. 87. — Tremblement de terre de Laibach (d'après M. Suess).

compte, en effet, dans ce dernier pays une moyenne de 500 secousses par an. Ces mouvements ne sont pas toujours sentis si l'on est en dehors des habitations, mais dans une maison japonaise on entend des craquements rythmés dus au choc des pièces de bois qui constituent la carcasse de la maison et auxquelles on laisse un certain jeu pour éviter un ébranlement d'ensemble. Aussi l'architecture nationale n'admettait-elle guère qu'un type de maisons uniquement faites de bois et de papier ; de sorte qu'elles pouvaient suivre sans s'écrouler les oscillations du sol. On a renoncé à ce système pour préconiser celui du ciment armé. C'est que les oscillations ne sont pas toujours insignifiantes ; des cataclysmes effrayants se produisent souvent, causant des fissures du sol, des éboulements de montagnes, des envahissements de la mer, etc. C'est ainsi qu'en octobre 1891 un tremblement de terre prolongé secouait les habitants de Yokohama, ébranlait les maisons, détruisait les cheminées d'usine, et cependant ce n'était que l'ondulation atténuée d'un tremblement plus intense qui ruinait plusieurs villes de l'intérieur, tuait 7 000 habitants, en blessait 10 000 et endommageait 150 000 habitations. Les Japonais, habitués à ces cataclysmes, ne semblent pas éprouver les mêmes sentiments que nous devant ces calamités : le désastre passé, ils l'oublient ou du moins n'y songent plus qu'avec indifférence. Autrefois, les Japonais croyaient que leur pays était le centre de la surface de la terre et que le Japon reposait sur le dos d'un immense poisson appelé *Namadzou* ; si ce poisson remuait la queue ou une autre partie de son corps. la province située au-dessus était fortement secouée : sur la tête de cet animal était placée une pierre qu'une divinité bienfaisante tenait à la main pour maintenir le Namadzou au repos. Évidemment le Japonais moderne, qui lit beaucoup et qui est instruit, ne croit plus à ces légendes.

Si maintenant nous cherchons à connaître les causes des tremblements de terre, une question se pose : où se trouve le centre de l'ébranlement ? De quelle profondeur partent les secousses qui arrivent jusqu'à la surface du sol ? Pour déterminer cette profondeur, on étudie la direction et l'inclinaison des crevasses du sol. ou des fentes des murs. Chaque crevasse étant perpendiculaire à la direction des ébranlements,

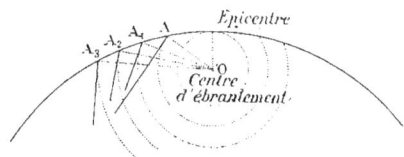

Fig. 88 — Centre d'ébranlement : les crevasses sont indiquées par des traits forts. qui sont perpendiculaires aux lignes AO, A₁O, A₂O. etc.

c'est-à-dire à la droite qui joint l'ouverture de chaque crevasse au centre, il en résulte que le foyer sera déterminé par la rencontre de deux de ces droites (fig. 88). On a pu établir de cette façon que le centre de l'ébranlement est au-dessous de l'épicentre, à une profondeur variant de 5 à 20 kilomètres, par conséquent dans l'épaisseur même de l'écorce terrestre, et à une distance assez faible de la surface. A ce point de vue on pourrait dire avec raison.que le tremblement de terre, même le plus violent, n'est qu'un frisson limité à l'épiderme du globe.

Les causes des tremblements de terre sont diverses. On en peut juger par les nombreuses explications qui ont été données. Nous ne nous arrêterons pas aux explications fantaisistes dont le seul mérite est d'être amusantes. C'est ainsi par exemple que les Malgaches pensent que les secousses qui agitent leur pays proviennent de ce qu'une baleine se retourne brusquement sur le dos, dans la mer ; d'autres attribuent ces secousses aux frétillements puissants et joyeux d'une bête gigantesque, vivant sous terre et qui, privée d'eau pendant les sept mois de la saison sèche. témoigne, en se trémoussant, de sa vive satisfaction à la chute des premières pluies qui lui permettent enfin de boire et de se laver !

Revenons aux hypothèses sérieuses. On a d'abord voulu voir une relation entre les tremblements de terre et les mouvements de la lune. On croyait à des sortes de marées internes que subirait la matière fluide du noyau central, comme la mer subit l'attraction de la lune et du soleil. Mais les statistiques des tremblements de terre montrent qu'il n'y a guère de relations entre leur fréquence et les phases de la lune.

Une autre hypothèse est basée sur le refroidissement du noyau central qui se contracte pendant que l'écorce se plisse pour suivre le mouvement de retrait du noyau. Ce plissement ne se fait pas sans choc, ni par suite sans secousses. Les tremblements de terre seraient donc en quelque sorte les signes précurseurs de la formation des chaînes de montagnes. C'est, en effet, le long des plissements et des dislocations de l'écorce terrestre que s'observent les tremblements de terre.

Les tremblements de terre ne sont pas les seuls mouvements du sol ; il en est de moins terribles, de moins propres à frapper l'esprit, mais de plus efficaces peut-être à causer des modifications au sol. Ces *mouvements lents* échappent souvent à l'observation ; cependant ils ont fait successivement émerger ou immerger une partie des terres fermes. Ordinairement ils ne peuvent être reconnus qu'à la suite d'un grand nombre d'années et grâce à des mesures exactes et d'une grande délicatesse. Ce n'est guère que sur les côtes, où le niveau de la mer fournit un point de repère à peu près fixe, que ces mouvements sont appréciables. Là, en effet, on observe un déplacement des lignes de rivages : tantôt la terre gagne sur la mer, tantôt elle recule.

Fig. 89. — Ruines du temple de Jupiter Sérapis.

Ce fut le savant botaniste Linné qui, le premier, en 1730, montra que le Nord de la Suède se soulevait d'un mouvement lent, mais continu ; un trait marqué par lui au niveau de la mer sur un rocher se trouva, treize ans plus tard, à 18 centimètres au-dessus du niveau de la mer. On en concluait donc à l'exhaussement lent du Nord de la Suède. Inversement on constata que le Sud s'enfonçait graduellement, à tel point que des rues entières de certaines villes du littoral, comme Malmö, par exemple, sont actuellement sous les eaux.

De même en France, il y a un exhaussement sur les côtes du Poitou et de la Saintonge : La Rochelle, jadis bâtie sur un rocher isolé dans la mer, est aujourd'hui rattachée à la terre ; l'île de Noirmoutier est, à marée basse, en relations avec la côte. Au contraire, un affaissement lent s'observe en d'autres points : les rochers du Calvados qui ne découvrent qu'à mer basse, au large de la côte normande, sont les restes d'un ancien rivage ; le Mont Saint-Michel, construit en 709 à dix lieues dans les terres, est aujourd'hui battu par la mer ; de même, d'après les légendes bretonnes, la baie de Douarnenez marque l'emplacement de la ville d'Ys, détruite par la mer au vᵉ siècle. On peut même trouver des exemples d'affaissement et d'exhaussement successifs : c'est ainsi qu'aux environs de Naples, dans les ruines d'un temple dédié par Marc-Aurèle à Jupiter Sérapis (fig. 89), existent trois colonnes de marbre, reposant sur un dallage également en marbre et plus

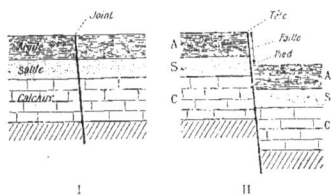

Fig. 90. — Fractures du sol.

ancien, et dont la partie inférieure est lisse, tandis qu'une autre partie, sur une longueur d'environ trois mètres, porte de nombreux trous creusés par des mollusques marins, les pholades, dont les coquilles se trouvent encore dans les trous. Ces ruines s'élèvent près de la mer, qui parfois encore vient couvrir le dallage. On en conclut que le sol s'est d'abord affaissé de façon à immerger les colonnes, puis, plus récemment, s'est soulevé, si bien que le pied seul des colonnes est aujourd'hui baigné par la mer.

Tous ces mouvements du sol paraissent dus aux ondulations de l'écorce terrestre,

Fig. 91. — La faille de Midori, au Japon (28 octobre 1891).

qui cherche à rester appliquée étroitement sur le noyau en fusion. On comprend que ces mouvements ne peuvent s'effectuer sans produire des cassures de l'écorce terrestre. Si les couches de cette écorce sont simplement fendues, si elles n'ont pas glissé, on a un *joint* (fig. 90, I) ; si au contraire l'un des bords de la crevasse s'affaisse et que l'autre se relève, on a ce qu'on appelle une *faille* (fig. 90, II).

Deux failles parallèles peuvent détacher des bandes de terrain qui en s'affaissant donneront naissance à des dépressions. C'est ainsi que la vallée du Rhin résulte d'un effondrement qui a laissé un massif de chaque côté, les Vosges et la Forêt-Noire.

Un exemple des plus remarquables de ces mouvements orogéniques a été fourni en 1891 par un tremblement de terre du Japon qui avait produit une crevasse de 112 kilomètres de long, dont les deux bords offraient une dénivellation allant par places jusqu'à 6 mètres. A Midori (fig. 91), une route fut partagée en deux tronçons qui n'étaient plus ni à la même hauteur, ni dans le prolongement l'un de l'autre : la faille avait 6 mètres de rejet vertical et le décrochement horizontal près de 4 mètres.

De même à San-Francisco, en 1906, on constata que la dislocation avait coupé les conduites d'eau et de gaz et les circuits électriques, établissant des courts-circuits qui enflammaient le gaz s'échappant des tuyaux, allumant ainsi des incendies que l'on ne pouvait combattre.

C'est aussi dans les failles produites par ces dislocations du sol que les eaux minérales en circulant ont pu laisser déposer des matières minérales ou *minerais* qui, souvent, finissent par remplir complètement les fentes. Ainsi se sont formés les filons métallifères. L'activité interne du globe nous permet donc d'expliquer la formation des richesses naturelles que l'industrie humaine va extraire des profondeurs et dont nous allons étudier l'origine et l'exploitation.

DEUXIÈME PARTIE

LES MINES ET LES CARRIÈRES

Nous allons maintenant explorer le vaste domaine souterrain pour y étudier les principales ressources qui s'offrent à l'industrie humaine. C'est dire que nous allons parcourir les *mines et les carrières* qui, pour l'homme, sont des sources de richesse non moins essentielles et non moins productives que les sillons de nos champs. Seulement les services rendus à l'homme par ces minéraux sont si anciens, si communs, que l'on y fait à peine attention. C'est que les bienfaits que nous recherchons sont bien plus sentis et nous semblent bien plus précieux que ceux qui s'offrent à nous d'eux-mêmes, modestement et sans bruit. C'est de ces derniers que nous voudrions vous parler. Mais comment en parler sans commettre d'oublis? La liste de tous ces biens que la terre nous fournit avec tant d'abondance et de constance est démesurément longue. Aussi, laissant de côté la nomenclature scientifique qui vous condamnerait à lire les 4 000 noms de minéraux qui figurent dans tout traité de minéralogie et dont la liste ne manquerait pas d'épouvanter même les meilleures volontés, avons-nous résolu de nous en tenir à une sorte de *classification populaire*. C'est ainsi que nous répartirons tous les minéraux dont nous avons à parler dans les catégories suivantes : les combustibles, les métaux, les pierres précieuses, les pierres et le sel. Assurément cette classification, cet arrangement, pour parler plus modestement, est tout utilitaire ; mais en l'employant nous permettrons au lecteur d'acquérir sans trop de peine ni d'ennui des notions précises et des idées intéressantes sur les minéraux dont nous faisons communément usage. Aux savants minéralogistes, nous laisserons le soin de décrire ces 4 000 minéraux, d'étudier leur composition, leurs formes cristallines, leurs gisements, leurs familles naturelles et leurs associations géologiques. Notre but est moins haut, mais nous l'estimons, sans fausse modestie, tout aussi utile.

LES COMBUSTIBLES

Les combustibles minéraux sont nombreux. On pourrait cependant les ranger en trois groupes suivant leur composition : les roches *charbonneuses*, comme la tourbe, le lignite, la houille, l'anthracite et le graphite ; les roches *bitumineuses*, comme le pétrole, le bitume et l'asphalte ; les roches *résineuses*, comme l'ambre ou succin. On doit ajouter pour que cette énumération soit complète le *soufre*, qui ne rentre dans aucune des catégories précédentes.

Nous allons étudier ces différentes matières, en commençant par celle qui est la plus importante de toutes, par la *houille*, réservant pour un autre chapitre les roches charbonneuses de moindre importance, telles que la tourbe, le lignite et le graphite.

CHAPITRE Ier

LA HOUILLE

§ I. — La houille est le pain de l'industrie. Le vieux roi charbon : « Old king coal ! » Sa composition. Houille maigre et houille grasse ; anthracite. Gisement : la couche, le toit et le mur. D'où vient le carbone ? Une couche de charbon de 60 mètres d'épaisseur.

La houille est le combustible minéral par excellence. On la désigne souvent sous le nom de *charbon de terre*, à cause de sa richesse en charbon ou carbone. Elle fait partie de la série des roches charbonneuses qui vont depuis la tourbe, qui contient de 5o à 65 pour 100 de charbon, jusqu'au graphite, qui est du charbon pur, en passant par les lignites (55 à 75 pour 100), la houille (75 à 90 pour 100) et l'anthracite (plus de 90 pour 100).

Il serait superflu de s'arrêter à faire valoir l'importance de ces combustibles et surtout celle de la houille. Le charbon de terre, en effet, est devenu depuis le commencement du XIXe siècle l'aliment indispensable, le pain de l'industrie. Aussi peut-on dire que le pic du mineur est devenu un instrument aussi nécessaire à la vie des sociétés modernes que la charrue de l'agriculteur. Le charbon est, pour l'homme, presque aussi bienfaisant que le soleil, et comme ce dernier il lui donne la chaleur, la lumière et la force. Par lui, le monde a changé d'aspect, si profondément qu'aujourd'hui nos ancêtres en demeureraient confondus d'étonnement. Grâce à lui, les bateaux remontent les fleuves les plus rapides et sillonnent les mers les plus agitées ; les machines courent sur les rails à travers les continents ; les moteurs font marcher les usines les plus délicates aussi bien que les plus formidables ; l'outil mû mécaniquement remplace peu à peu le bras humain, laissant à l'esprit plus de dignité et plus de liberté. Le charbon ! n'est-ce pas lui qui fournit le goudron d'où l'on retire de magnifiques couleurs pour teindre les étoffes, et de précieux antiseptiques pour la médecine ? N'est-ce pas lui qui permet d'éclairer les villes et de chauffer tous les foyers, ceux du pauvre comme ceux du riche ? Bien plus, aujourd'hui que la marine militaire s'est transformée par la vapeur et par l'électricité, le charbon n'intervient pas seulement dans la prospérité, mais encore dans la défense des États, et cela est si vrai qu'il a été déclaré contrebande de guerre. Pour ces raisons, on conçoit que l'on ait donné à ce tout-puissant charbon de terre le nom de *diamant noir* ; sans doute sa beauté est faible, mais combien est plus grande sa valeur que celle de l'étincelant diamant blanc, dont il est d'ailleurs le frère en chimie, car tous deux ne sont que deux manières d'être du même corps, le carbone.

Mais, il faut bien le dire, le vieux roi charbon — « Old king coal ! » comme disent les Anglais — est un personnage capricieux et tyrannique. « Old king coal ! » est un vieux despote, parfois bienveillant, mais aussi souvent terrible que bienveillant. Sans sa permission, aucun peuple, dans notre monde moderne, ne saurait rester longtemps puissant, car c'est lui qui est l'élément essentiel de la production mécanique. Le charbon à bon marché donne le fer et l'acier à bon marché, les outils et les machines à bon marché, le mouvement à bon marché, et par suite le transport à bon marché de ce qui a été fabriqué à bon marché. Il assure donc la suprématie commerciale d'un pays. Mais le vieux roi charbon a des caprices : longtemps l'Angleterre fut son pays favori ; aujourd'hui, tout est changé, car il a transporté son trône aux États-Unis, et avec lui s'est enfuie la suprématie manufacturière du Vieux-Monde, qui est allée s'installer dans le Nouveau-Monde, peut-être pour toujours.

Qu'est-ce donc que la houille, si puissante ? Examinons un morceau de cette substance : son aspect est feuilleté, schisteux ; et si nous essayons de briser ce bloc, nous verrons qu'il se divise beaucoup plus facilement dans une direction que dans l'autre. Cette direction est celle des couches mêmes qui constituent la houille, et si nous voulons que de gros morceaux de charbon brûlent rapidement et fassent un bon feu, il nous faut les placer de façon que ces couches soient dirigées verticalement, car la chaleur les sépare alors plus facilement. L'aspect schisteux de la houille est dû à ce qu'elle est formée de lits alternatifs de charbon brillant et dur et de charbon terne et plus tendre. Souvent aussi on aperçoit sur des fragments de houille de belles couleurs irisées qui rappellent celles des bulles de savon. C'est d'ailleurs un phénomène du même ordre : il est dû à la décomposition de la lumière à la surface d'une mince pellicule qui, dans la houille, provient d'une légère altération de la partie superficielle.

On peut reconnaître parfois dans la houille des troncs d'arbres, des écorces et des feuilles ; mais le plus souvent elle ne présente aucune trace d'organisation. Observée au microscope, après avoir été réduite en plaques minces et transparentes, la houille montre de nombreux vaisseaux, des spores, en un mot tous les éléments qui caractérisent la structure des plantes. Le charbon a donc bien une origine organique.

Quant à sa composition, il s'en faut de beaucoup que la houille soit du charbon pur, du carbone, comme disent les chimistes. Elle est essentiellement formée de carbone, d'hydrogène et d'oxygène, comme le bois des plantes dont elle provient. Si ce bois se décompose au contact de l'air, le carbone et l'hydrogène brûlent grâce à l'oxygène, en donnant du gaz carbonique et de la vapeur d'eau. Si, au contraire, la décomposition se fait sous terre, à l'abri de l'air par conséquent, la combustion est incomplète, car l'oxygène manque. Il reste alors du carbone, de l'hydrogène et des carbures d'hydrogène : ces résidus forment la houille. Donc la houille, comme aussi l'anthracite, le lignite et la tourbe, proviennent de végétaux ayant vécu à la surface de la terre, enfouis dans le sol et minéralisés par les actions combinées du temps, de la pression et de la chaleur.

La houille tenant son carbone des plantes, on peut dire que c'est là un emprunt fait par le règne minéral au monde végétal. Mais le carbone des plantes, lui-même, d'où vient-il ? Il existe partout dans la matière organique, dans le bois des plantes comme dans la chair des animaux, dans le pain comme dans les légumes. Or, ce carbone, qui est à la base de tout ce qui vit, va se combiner avec l'oxygène de l'air et donner du gaz carbonique qui se répandra dans l'air et viendra rejoindre celui qui y a été déversé par les combustions du bois ou des divers combustibles dont nous faisons usage. Respiration et combustion, deux phénomènes identiques, s'unissent donc pour répandre dans l'atmosphère des torrents de gaz carbonique. Celui-ci, cependant, ne s'y accumule pas, et c'est heureux, car la vie deviendrait vite impossible. C'est que les plantes produisent un travail aussi discret que merveilleux : elles décomposent le gaz carbonique, prennent le carbone qu'elles fixent dans leurs tissus, et rejettent l'oxygène dans l'atmosphère, rétablissant ainsi l'harmonie à la surface du globe. Voilà donc le carbone fixé dans le végétal. Il pourra dès lors collaborer au développement de la plante en s'unissant à d'autres éléments. Puis, plus tard, cette plante, subissant une combustion incomplète, à l'abri de l'air, pourra donner de la tourbe, du lignite ou de la houille. C'est ainsi que la splendide végétation de l'époque carbonifère est venue s'enfouir dans les entrailles de la terre, préparant ainsi pour l'homme, longtemps avant qu'il fût né, d'inépuisables richesses.

La houille n'est pas qu'une réserve de charbon, elle donne aussi par distillation des carbures d'hydrogène gazeux et liquides, tels que le gaz d'éclairage, le goudron et les couleurs d'aniline ; comme résidu, il reste un charbon brillant, caverneux, qui s'enflamme difficilement, mais qui fournit beaucoup de chaleur en brûlant : c'est le *coke*.

La houille présente un certain nombre de variétés selon la quantité de matières volatiles qu'elle fournit quand on la soumet à la distillation. Celle qui contient le plus de produits volatils est celle qui s'allume le plus facilement et qui donne le plus de flamme ; mais elle est aussi celle qui dure le moins longtemps dans le feu, et qui produit le moins de chaleur : c'est la *houille grasse*. En brûlant, elle se gonfle, se ramollit, et s'agglutine plus ou moins. Cette propriété est favorable au travail du forgeron, car la houille à moitié fondue et incandescente forme devant la tuyère une petite voûte dans laquelle on place le fer à forger sans déranger le feu et sans craindre l'oxydation par l'air. C'est la houille grasse qui a les emplois industriels les plus étendus.

La *houille maigre,* au contraire, renferme beaucoup moins de matières volatiles ; elle brûle avec une flamme courte, sans se gonfler, en gardant exactement sa forme, de sorte que les morceaux restent isolés, permettant ainsi la circulation de l'air à travers le foyer. Ces qualités, ajoutées à celle qu'elle a de durer longtemps, font que la houille maigre est recherchée pour les usages domestiques.

Une troisième variété est la *houille sèche à longue flamme,* qui brûle comme la houille maigre, sans se déformer ni se coller, mais qui s'en distingue parce que sa combustion se fait avec une longue flamme : d'où son emploi dans le chauffage des chaudières à vapeur.

Enfin, nous pouvons citer l'*anthracite,* qui est une houille sèche, brillante, s'allumant difficilement, mais produisant beaucoup de chaleur et peu de fumée.

Toutes ces variétés de houille peuvent se trouver dans la même mine, ce qui est un avantage, car cela permet de satisfaire aux exigences variées des consommateurs. Le tableau suivant montre les proportions de carbone et des autres éléments contenus dans les diverses houilles.

COMBUSTIBLES	DENSITÉ	CARBONE	HYDROGÈNE	OXYGÈNE et AZOTE
Houille maigre..	1,25	78	5,30	16,7
Houille à gaz (1/2 grasse). .	1,30	82	5,70	12,5
Houille grasse.	1,28	85	5,30	9,6
Houille anthraciteuse.. . .	1,34	92	4,28	3,72
Anthracite.	1,46	95	2,5	2,4

La combustion de ces charbons se fait en deux temps : ce sont d'abord les produits volatils qui brûlent en produisant de la flamme et de la fumée et en laissant pour résidu le coke : puis c'est le coke qui brûle sans fumée, ni odeur et ni flamme.

La houille se trouve dans le sol sous forme de *couches* d'épaisseur variable, mais qui suivent toujours les mouvements des roches entre lesquelles elles sont comprises. Aussi sont-elles souvent repliées sur elles-mêmes, de telle sorte qu'un puits vertical peut traverser plusieurs fois le même banc de combustible. Chaque couche est ordinairement comprise entre des schistes et des grès formant ce que les mineurs appellent le *mur* et le *toit* (fig. 92). Le mur sur lequel la houille repose, et le toit qui la recouvre sont des matières différentes du charbon. Cette disposition montre que la houille, comprise entre deux roches sédimentaires communes, doit avoir, elle aussi, une origine sédimentaire.

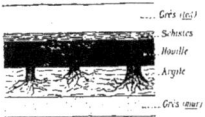

Fig. 92. — Coupe d'une couche de houille avec le mur et le toit.

L'épaisseur des couches peut aller de 0m,40 et même moins jusqu'à 10 mètres et même davantage. Ordinairement cette épaisseur varie de 1 à 2 mètres. Le nombre des couches est variable dans les divers bassins houillers. Tandis que les couches minces et régulières sont continues et multipliées, les couches puissantes sont limitées et irrégulières. Ainsi à Cardiff, dans le pays de Galles, on connaît 60 couches ayant ensemble 25 mètres d'épaisseur et s'étendant avec une grande régularité sur une surface de 2 400 kilomètres carrés. De même on a pu compter dans un bassin houiller belge, sur une épaisseur de 300 mètres, 156 couches de houille ayant chacune en moyenne 0m,60 d'épaisseur. Dans les bassins du Nord de la France, les couches sont minces et multipliées, une puissance d'un mètre y est assez rare, mais la continuité des couches en fait le prix. C'est ainsi que dans le gisement de Lens, un des mieux et des plus complètement explorés, on trouve 28 couches exploitables dont les épaisseurs réunies forment un massif de 28m,42 de houille. Ces couches, réparties sur une profondeur d'environ 650 mètres, ont donc une épaisseur moyenne qui dépasse 1 mètre. Le tableau ci-contre, que nous empruntons à l'ouvrage de M. Vuillemin (1), nous donne une idée exacte de cette disposition. Il est bon d'ajouter que c'est là une richesse exceptionnelle dans le bassin du Pas-de-Calais et inconnue dans le bassin du Nord. Il est difficile de se rendre compte de l'étendue de ces couches, à cause des nombreuses failles qui les coupent et qui leur font subir des rejets et des changements de direction. C'est ainsi que la veine Dusouich, une des mieux connues, s'étend sur une longueur de 15 kilomètres, mais avec de nombreuses interruptions (fig. 93). Enfin, il est à remarquer que la nature de la houille varie avec l'ordre de superposition des couches : à la base, la houille maigre ; au-dessus, la houille grasse.

Dans les bassins du Centre et du Midi de la France, au contraire, les couches sont moins nombreuses, mais plus puissantes : une épaisseur de 2 mètres est ordinaire, et celle de 5 mètres est fréquente. De plus, elles sont peu développées en surface, car elles remplissent des bassins toujours restreints. C'est ainsi que dans le bassin du Creusot on a exploité une couche dont la puissance moyenne était de 12 mètres, atteignant dans les renflements jusqu'à 40 mètres, mais qui ne se continuait que sur 1 800 mètres. De même la *grande couche* de Commentry mesure de 12 à 15 mètres de puissance, et la formation de Bourran, à Decazeville, atteint par endroits 60 mètres, puissance telle qu'il n'en existe pas de semblable en France, ni même en Europe.

(1) E. VUILLEMIN, *Le bassin houiller du Pas-de-Calais*, tome 1er, 1880.

NOMS DES COUCHES DE HOUILLE	ÉPAISSEUR des COUCHES DE HOUILLE	ÉPAISSEUR des TERRAINS QUI les séparent
Augustin	1^m,00	
		40^m,00
Girard	1^m,30	
		32^m,30
Papin	0^m,60	19^m,00
François	1^m,30	
		54^m,12
Édouard	1^m,40	12^m,85
Valentin	0^m,80	22^m,00
Théodore	1^m,00	22^m,00
Dusouich	1^m,30	20^m,00
Alfred	1^m,80	13^m,45
Beaumont	0^m,70	11^m,00
Léonard	1^m,60	10^m,00
Amé	1^m,00	13^m,85
Louis	0^m,60	21^m,50
Désiré	1^m,10	13^m,55
Auguste	0^m,62	
		32^m,17
Arago	2^m,10	13^m,55
Pauline	0^m,50	19^m,90
Juliette	0^m,80	21^m,90
Céline	1^m,00	8^m,00
Ernestine	1^m,30	6^m,00
Nella	0^m,60	7^m,25
Marie	0^m,80	9^m,75
Clémence	0^m,75	
		23^m,74
Deux-Jumelles	0^m,75	5^m,00
Léonie	0^m,75	14^m,00
Omerine	0^m,90	16^m,50
Marie-Joseph	0^m,85	
		67^m,75
Émilie	1^m,00	
		94^m,46
ENSEMBLE	28^m,42	654^m,89

Cette différence de puissance et d'allure dans les couches de houille est expliquée par l'étude géologique de ces différents bassins, étude que nous allons aborder, non toutefois sans avoir parlé des animaux et des plantes qui vivaient à l'époque de la houille.

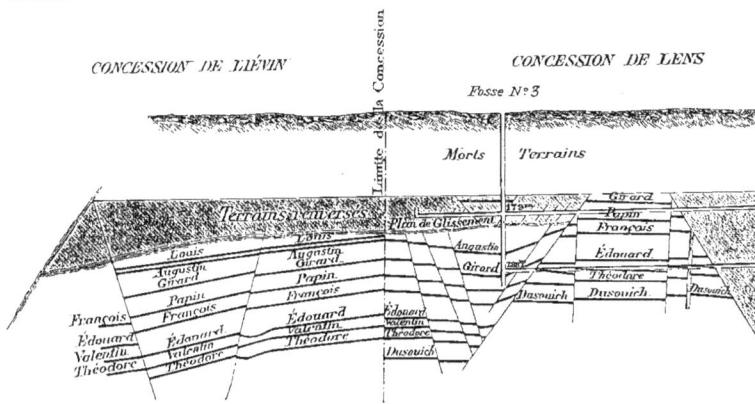

CONCESSION DE LIÉVIN   CONCESSION DE LENS

Fig. 93. — Coupe faite à la limite des concessions de Lens et de Liévin.

§ 2. — Origine de la houille. Les animaux et les plantes de la houille : paysage carbonifère. Formation de la houille : théorie des tourbières et théorie des deltas. Une excursion a Commentry. Microbes fabricants de charbon et de grisou.

C'est vers la fin des temps primaires, par conséquent aux époques géologiques les plus reculées, que la houille s'est formée. Pour cette raison, cette période a reçu le nom de *carbonifère*. Jusque-là les continents étaient trop peu étendus et l'air était trop chargé de principes irrespirables, pour que la vie animale pût se développer ailleurs que dans les océans. Aussi les animaux terrestres, et encore plus la végétation terrestre, hésitent-ils à prendre possession de la terre ferme et n'apparaissent-ils que timidement. Mais avec la période carbonifère s'ouvre un nouvel état de choses. Sur les terres définitivement émergées, grâce à l'influence d'un climat favorable, s'établit une riche végétation dont les débris vont s'accumuler pour former le charbon. D'autre part, l'atmosphère permet le développement des animaux à respiration aérienne : les amphibies commencent à se montrer et les insectes apparaissent. En un mot, la période carbonifère présente deux signes caractéristiques : apparition des vertébrés terrestres et exubérance de la végétation.

Laissons de côté les animaux marins, tels que les fusulines, les polypiers, les productus cependant si caractéristiques de cette période, et les poissons (fig. 94) déjà très abondants et très variés, car on en connaît plus de 300 espèces ; occupons-nous surtout des insectes et des batraciens, qui marquent bien la prise de possession des continents par le règne animal.

Il y a une soixantaine d'années, on croyait que les insectes n'étaient apparus sur la terre qu'à une date géologique relativement récente. Mais depuis 1878, grâce aux fructueuses recherches de M. H. Fayol, le savant directeur de la Société de Com-

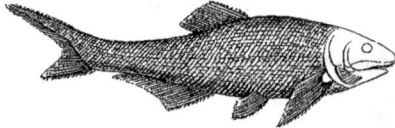

FIG. 94. — Palæoniscus.

mentry, nous possédons tout un monde d'insectes de la période carbonifère et que l'on peut voir dans la galerie de paléontologie du Muséum. Plus de 1 500 échantillons furent examinés par le regretté naturaliste Ch. Brongniart, qui mit seize ans à conduire à bien ce travail (1), pour lequel l'Académie des sciences lui décernait, en 1896, le grand prix des sciences physiques. C'est que les difficultés de ces recherches étaient grandes, car, le plus souvent, les ailes seules sont conservées à l'état fossile. Aussi Brongniart a-t-il dû d'abord se livrer à une étude approfondie de la nervation des ailes chez les insectes actuels. Il arriva à cette conclusion que les insectes carbonifères ne peuvent rentrer dans aucune famille actuelle, bien qu'ayant avec la plupart de ces familles des rapports étroits, ainsi que le montrent les ailes d'*Homoioptera* et de Névroptère (fig. 95 et 96). Ce qui étonne surtout chez ces insectes, c'est leur dimension : le *Titanophasma* a 25 centimètres de longueur ; le *Meganeura* (fig. 97), avec ses ailes dé-

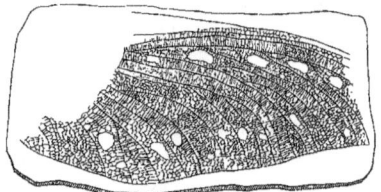

FIG. 95. — Aile antérieure d'*Homoioptera Woodwardi*.
(d'après BRONGNIART).

ployées, mesure 0^m,70 d'envergure ! C'est le plus grand de tous les insectes connus, et certes il devait être bien curieux à observer cet insecte, de la taille d'un grand oiseau, lorsqu'il volait au-dessus des lacs à la poursuite d'espèces plus petites.

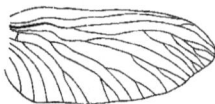

FIG. 96. — Aile de Névroptère.

Bien que supérieurs par la taille, les insectes anciens ne sont pas arrivés à un perfectionnement comparable à celui des espèces actuelles. C'est un exemple frappant de ce fait que, dans le monde animé, la grandeur n'est pas nécessairement une marque du progrès. De sorte que les insectes actuels semblent être les descendants réduits, mais plus perfectionnés, de ces géants des temps primaires. C'est au bord des lacs et des fleuves qui parcouraient les larges vallées de cette époque que vivaient tous ces insectes. Ceux qui tombaient dans l'eau, après avoir flotté, s'enfonçaient, et le limon qui les recouvrait nous les a conservés avec une admirable exactitude.

(1) CH. BRONGNIART, *Recherches sur les insectes fossiles des temps primaires*, 1895.

Pour donner une idée de la richesse de la faune de Commentry, disons que sur 45 genres de névroptères fossiles, 33 viennent de cette exploitation, et que sur 99 espèces qui les composent, 72 ont été trouvées dans cette localité. Parmi ces espèces

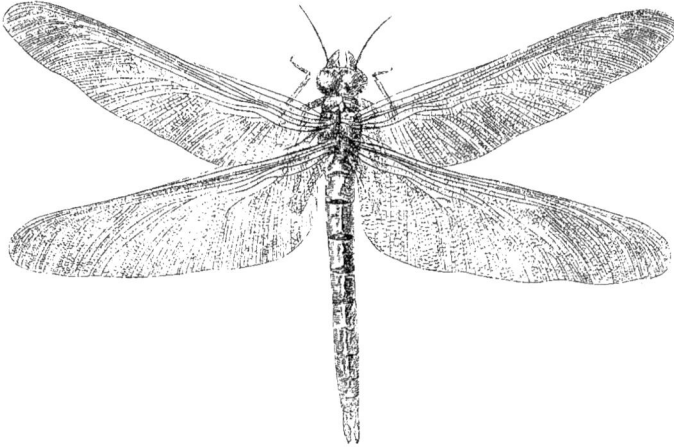

Fig. 97. — Restauration du *Meganeura Monyi* (d'après Brongniart).

disparues, certaines se rapprochent des éphémères actuelles, ces délicats insectes aux ailes transparentes que l'on voit en été voltiger au-dessus de l'eau, mais elles sont bien plus grandes. En voici d'autres qui peuvent être considérées comme les ancêtres de nos libellules et qui étaient vraiment gigantesques, tel le *Meganeura Monyi* (fig. 97). Certaines, comme l'*Eugéréon* (fig. 98), ont des ailes avec des nervures rappelant celles

Fig. 98. — *Eugéréon.*

des libellules, mais leur trompe est assez semblable à celle d'une punaise. De même, le *Proto-phasma* (fig. 99) est intermédiaire entre les deux groupes des orthoptères et des névroptères. Ces insectes permettent donc d'établir des transitions entre les différents ordres d'insectes actuels et sont, au point de vue de la philosophie biolo-

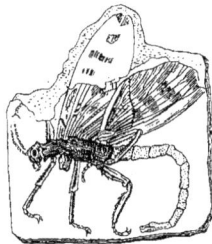

Fig. 99. — *Protophasma Dumasii.*

gique, d'un grand intérêt. Aussi bien l'on peut considérer comme une bonne fortune pour les naturalistes ce fait que le bassin de Commentry ait été exploité scientifiquement par un ingénieur de la valeur de M. Fayol. Les recherches poursuivies sous sa direction non seulement ont fourni des matériaux de la plus haute importance à Brongniart, à M. Fayol, lui-même, et à des collaborateurs comme MM. Zeiller et

Grand'Eury, mais elles continuent à apporter chaque jour de nouveaux documents qui n'attendent que la bonne volonté des naturalistes pour être utilisés. La richesse de cette faune de Commentry est très enviée de l'étranger, car nous nous rappelons à ce propos ce qui survint à un naturaliste français qui visitait la collection paléontologique du musée de Munich. Comme notre compatriote s'extasiait devant la beauté, justement réputée, des fossiles de Solenhofen, il reçut du savant étranger qui le conduisait cette réponse : « Vous avez aussi bien en France, à Commentry ! »

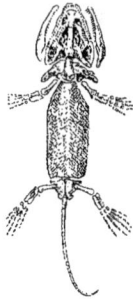

Quant aux batraciens, ils apparaissent dès le début de la période carbonifère. Le premier en date est le *Sauropsus*, connu par les traces de ses pas sur des schistes à anthracite d'Amérique. Puis viennent ensuite les *Labyrinthodontes* (fig. 100), ainsi nommés à cause de la structure compliquée de leurs dents, dont les collines d'émail sinueuses dessinent une sorte de labyrinthe (fig. 101).

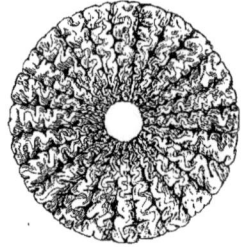

Fig. 100. — Un Labyrinthodonte (Actinodon) vu par sa face ventrale.

Fig. 101. — Section transversale d'une dent de Labyrinthodonte.

Par leur structure, ces animaux sont intermédiaires entre les crapauds et les lézards, entre les batraciens et les reptiles. Certains avaient les pattes postérieures plus développées que les pattes antérieures, car les empreintes postérieures qu'ils ont laissées sur la vase argileuse sont plus grandes que les traces antérieures. Il est probable que ces animaux devaient se tenir et se mouvoir à la façon des grenouilles actuelles.

Au point de vue géologique, c'est surtout la flore carbonifère qu'il est utile de connaître, car c'est avec son aide plutôt qu'avec celle des fossiles animaux qu'on est arrivé à établir des divisions bien nettes dans les dépôts carbonifères. Les végétaux qui composent cette flore diffèrent complètement des végétaux actuels. Ils appartiennent tous à l'embranchement des cryptogames, c'est-à-dire qu'ils sont dépourvus de fleurs. Vers la fin de cette période apparaissent seulement les gymnospermes, c'est-à-dire des plantes voisines des pins et des sapins. Toutes les plantes cryptogames des forêts houillères peuvent se rattacher aux trois groupes actuels des fougères, des prêles et des lycopodes.

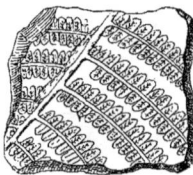

A. Pecopteris.   B. Sphenopteris.   C. Nevropteris.

Fig. 102. — Empreintes de fougères de la houille.

Les fougères de cette époque étaient arborescentes, ce qui n'existe plus aujourd'hui que dans les forêts tropicales ; leurs troncs pouvaient avoir de 15 à 20 mètres de hauteur. Celles qui étaient herbacées avaient souvent des feuilles atteignant 10 mètres de longueur. Parmi les fougères les plus communes, citons les *Pecopteris*, les *Sphenopteris* et les *Nevropteris* (fig. 102).

Les prêles, que beaucoup connaissent sous le nom de *queue de cheval*, et dont la taille actuelle dépasse rarement un mètre, atteignaient souvent 5 mètres de haut ; telles sont les *Calamites* (fig. 103), que l'on reconnaît à leur tige cannelée et creuse. On range aussi parmi ces plantes, les *Annularia* (fig. 104), qui poussaient dans les mêmes marécages et qui étalaient sur les eaux leurs élégants verticilles de feuilles.

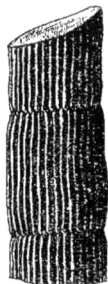

Fig. 103. — Tige de Calamite.

Les lycopodes, qui aujourd'hui ont une taille bien humble se rapprochant de celle des mousses, étaient à l'époque carbonifère de gigantesques arbres pouvant atteindre 30 et même 40 mètres de hauteur. Le caractère de ces plantes est de se ramifier dichotomiquement, c'est-à-dire en fourches successives. Parmi ces arbres fossiles, l'un des plus curieux est le *Lépidodendron* (fig. 105, A), dont les feuilles en tombant ont laissé sur la tige une cicatrice en forme de losange. Citons aussi les *Sigillaires* (fig. 105, B), dont la tige présente des cannelures verticales et des cicatrices arrondies ayant l'aspect d'un cachet ; leurs rameaux étaient peu écartés, aussi semblaient-elles terminées par un panache ; leurs racines très développées ont été longtemps décrites comme des plantes distinctes sous le nom de *Stigmaria*.

Enfin, il a existé vers la fin de la période carbonifère des plantes appartenant aux Gymnospermes. Telles étaient les *Cordaïtes* qui pouvaient avoir 40 mètres de hauteur, qui ne se ramifiaient que vers le haut, et dont les feuilles rubanées et à nervures parallèles avaient un mètre de long.

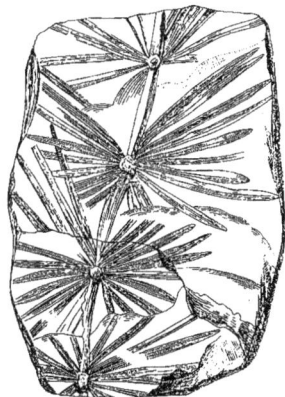

Fig. 104. — Annularia.

Cherchons maintenant à connaître les conditions de développement de cette puissante végétation. Et d'abord l'uniformité de la flore houillère trouvée au Spitzberg ou au Cap, en Angleterre ou en Chine, montre qu'il devait exister sur toute la surface du globe un climat uniforme. D'autre part, on sait que les tiges des arbres actuels présentent des zones alternatives et concentriques de bois de printemps et de bois d'automne, montrant ainsi le jeu des saisons ; or, le bois des arbres carbonifères est homogène, donc les saisons n'étaient pas encore indiquées. Le climat était, par suite, uniforme dans le temps et dans l'espace. Aussi, comme l'a bien fait ressortir M. de Saporta (1), le caractère de la végétation houillère

(1) De Saporta, *Le monde des plantes avant l'apparition de l'homme.*

était-il la profusion plutôt que la richesse, la vigueur plutôt que la variété. Des arbres à tronc nu, dont la cime était couronnée d'un feuillage menu et raide, et autour desquels croissaient de grandes et élégantes fougères, composaient presque exclusivement les forêts houillères. Laissons la parole à M. de Saporta, qui décrit ce paysage étrange en ces termes :

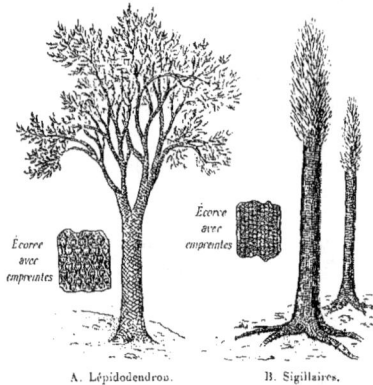

Écorce avec empreintes

Écorce avec empreintes

Écorce avec empreintes

A. Lépidodendron.   B. Sigillaires.

Fig. 105. — Les Lycopodes carbonifères.

La pensée, dit-il, n'a qu'à se laisser emporter à travers un lointain aussi reculé ; elle contemplera des plages basses au sol mouvant à peine assez élevées pour fermer aux flots de la mer l'accès des lagunes intérieures dominées par des hauteurs peu hardies et souvent voilées par une épaisse brume se prolongeant à perte de vue et ceignant d'une verdure épaisse une nappe dormante aux contours indécis. Ce fut là le berceau des houillères : des myriades de ruisseaux limpides, alimentés par des pluies intarissables, se déversaient des pentes voisines et des vallées supérieures comme autant d'affluents de chacun de ces bassins. Si l'on avait vécu longtemps sur leurs bords, on aurait vu par une sorte de roulement, non exempt de monotonie, les fougères et les calamariées, les lépidodendrées et les sigillariées se succéder ou s'associer dans des proportions très diverses. On aurait remarqué dans le port raide et nu des calamites, dans la tenue en colonne des sigillaires, dans l'inextricable lacis des fougères entremêlées, bien des sujets d'étonnement ; mais la grâce infinie des fougères arborescentes avec leur couronne de feuilles géantes ; la beauté régulière des lépidodendrons, la souplesse et la légèreté des astérophyllites ; le jeu d'une lumière caressante, tamisée à travers des ombrages si pleins d'opposition, auraient amené une surprise dont aucun spectacle terrestre ne saurait de nos jours donner une idée. Pourtant, un contraste, qu'il faut bien signaler serait de nature à détourner l'esprit de son enchantement, et l'admiration excitée par la vue de tant de merveilles ne serait pas exempte de tristesse. Adolphe Brongniart, un de ceux qui ont le plus contribué à dévoiler cette surprenante époque de la houille, n'a pas manqué de faire ressortir ce que l'aspect des paysages d'alors avait de morne et de dur. Parmi ces tiges de calamites, de lépidodendrons, de sigillaires, érigées avec tant de raideur, divisées suivant des lois presque mathématiques, dont les feuilles pointues ou coriaces se dressent de toute part, aucune fleur ne se montrait encore.

Les fleurs, en effet, aux teintes vives et brillantes n'étaient pas là pour égayer la sombre verdure de cette végétation. Les oiseaux non plus ne faisaient pas encore entendre leurs chants ; seuls, des insectes géants venaient se nourrir de ce riche feuillage, et quelques rares batraciens, nouveaux venus sur le globe, se hasardaient timidement hors des marécages et glissaient au milieu des débris de feuilles et de branches tombées sur le sol. Un morne silence enveloppait toute la terre, et rien aujourd'hui ne peut nous donner une idée de ce que devaient être la tristesse et la monotonie des continents carbonifères.

Ajoutons cependant que cette flore, si peu variée qu'elle soit, a permis d'établir trois divisions bien nettes dans le terrain carbonifère. A la base, l'*anthracifère*, qui contient beaucoup de lépidodendrons ; au-dessus, la zone dite *westphalienne*, à laquelle appartient le bassin franco-belge, et où les lépidodendrons sont en décroissance, tandis que les sigillaires et les annularias sont en abondance ; enfin, la zone supérieure ou *stéphanienne*, dont font partie la plupart des bassins du Centre de la France, et qui est caractérisée par les fougères arborescentes et les cordaïtes.

Il nous faut aborder maintenant une question qui pendant longtemps sépara les géologues en deux camps. Nous allons essayer de les départager en exposant les diverses théories et en montrant quelles sont celles qui répondent le mieux aux connaissances scientifiques actuelles. Il y a peu de temps que nous possédons une idée exacte sur la formation de la houille. Nous savons maintenant, et c'est un point sur lequel tout le monde est d'accord, que la houille provient de débris de végétaux plus ou moins altérés et réunis par une sorte de ciment d'origine végétale. La décomposition lente des végétaux se serait faite, à l'abri de l'air, dans des conditions analogues à celles qui permettent actuellement la formation de la tourbe. C'est ici que deux opinions s'établissent pour répondre aux deux questions suivantes : la houille s'est-elle formée sur place, là où vivaient les plantes ? ou bien est-elle un produit de transport des débris végétaux venus se carboniser dans l'eau ?

Suivant la première opinion, la plus ancienne, la houille résulterait de la transformation de vastes forêts, poussées dans les vallées marécageuses et enfouies sur place à la suite d'un cataclysme. Ce qui vient à l'appui de cette opinion, c'est qu'on a trouvé, en Belgique et dans d'autres régions, des racines dans les schistes inférieurs qui constituent ce qu'on appelle le mur, des tiges dressées verticalement dans la couche de houille, et, enfin, des empreintes de feuilles dans les schistes supérieurs. Les schistes inférieurs représenteraient donc le sol de la forêt submergée et carbonisée sur place. Puis, une fois cette forêt engloutie sous les eaux charriant des sables et des argiles, le calme renaissait, et pendant que cette première forêt se transformait en houille, une seconde forêt se réédifiait sur l'emplacement de la précédente, un nouveau cataclysme se produisait, et ainsi de suite. De cette façon s'expliquent facilement les lits successifs de houille, de grès et d'argile que l'on observe dans les bassins houillers. Cette théorie a résisté difficilement à certaines objections, dont voici quelques-unes prises parmi les plus importantes. Il faudrait, si l'on admet cette explication, une durée considérable, des milliers de siècles peut-être, pour la formation d'une couche de houille, puisqu'un hectare de haute futaie ne donnerait pas, suivant les calculs d'Élie de Beaumont, plus d'un centimètre d'épaisseur de charbon uniformément réparti sur cette surface. D'après M. Heer (1), la formation d'une couche de houille de 13 mètres avait dû employer de 5 000 à 20 000 ans, de telle sorte que l'ensemble des dépôts du pays de Galles (2) n'eût pas exigé moins de 640 000 ans ! D'autre part, on a trouvé dans les couches de houille plus d'arbres couchés que d'arbres dressés, on en a même observé quelques-uns ayant les racines en l'air.

On a donc cherché une autre explication, et il a fallu les beaux travaux de

(1) HEER, *Die Urwelt der Schweiz*, 1865.
(2) HULL in WOODWARD, *Geology of England and Wales*, 1876.

MM. Grand'Eury, Fayol et Renault, pour montrer que ce ne devait pas être ainsi que la houille avait pris naissance. M. Grand'Eury démontra d'abord que la houille des bassins du Plateau Central était formée de résidus végétaux posés à plat, et dans une situation tellement uniforme qu'on y devait reconnaître l'action d'un liquide ayant servi de véhicule. Ces résidus sont parfois homogènes, c'est ainsi que la grande couche de Decazeville est entièrement formée d'écorces de *calamodendrons*, tandis que certaines couches de Saint-Étienne sont presque exclusivement composées d'écorces de *cordaïtes*. De plus, on s'est assuré par des études au microscope que les plantes qui ont formé le charbon étaient, pour la plupart, aériennes et non aquatiques. Enfin, s'il est vrai qu'il existe des végétaux *en place* dans les terrains houillers, cela n'a lieu que dans les grès et schistes qui encaissent les couches de houille, jamais dans ces couches elles-mêmes. Ainsi les souches en place dans le toit s'étalent sur le charbon sans y pénétrer; de même les troncs qui se trouvent dans les schistes du mur sont nettement tranchés par le plan de la sole. D'autre part, M. Fayol avait remarqué que, dans le bassin de Commentry, certains galets trouvés dans des poudingues carbonifères provenaient souvent de roches dont le gisement était assez éloigné. Il fallait donc admettre qu'eux aussi, comme les résidus végétaux, avaient dû être transportés par un liquide. La houille ne s'était donc pas formée sur place, et c'était bien un *produit de transport*. C'est alors que M. Fayol émit une nouvelle théorie basée sur l'observation et sur l'expérience. Cette théorie, admise aujourd'hui par tous les savants, au moins pour le bassin de Commentry, est bien connue sous le nom de théorie des *deltas*. Depuis longtemps l'attention de M. Fayol avait été attirée sur les accidents géologiques que l'on observe dans l'exploitation de Commentry. Il fallut, du reste, l'observation méticuleuse et pénétrante de cet ingénieur pour débrouiller et expliquer ces faits. C'est d'ailleurs une belle page de géologie que celle qui est inscrite dans ces tranchées de Commentry, mais la lecture n'en était pas facile. Cependant, M. Fayol parvint à déchiffrer l'histoire de ce bassin. Aussi bien nous pouvons aujourd'hui suivre et comprendre, dans ces tranchées parfois profondes de 50 mètres et longues de 500 mètres, toute la série des phénomènes géologiques : sédimentation convergente, dépôts remaniés, couches ramifiées, plissements, glissements, etc. : tout y est exposé avec une merveilleuse netteté. « Vraie coupelle de laboratoire, offrant aux regards, dans ses conditions natives, la succession des dépôts qui s'y sont effectués ; vraie pièce anatomique, œuvre du scalpel patient et délié du temps et des agents extérieurs qui en ont comme disséqué et mis à jour les parties (1) », le bassin de Commentry est pour le géologue d'un attrait tout particulier.

Malheureusement ces belles pages qui ont conservé l'histoire de ce bassin désormais célèbre dans la science sont destinées à disparaître. Encore quelques années, et il ne restera plus rien de ce gisement, ni de ces coupes si éloquentes à raconter leur histoire. Que ceux qui veulent y lire se hâtent, car bientôt la photographie, seule, en conservera le souvenir. Aussi n'était-ce pas sans mélancolie que nous quittions

(1) P. DE ROUVILLE, *La Société géologique de France à Commentry*, 1888.

cet endroit si captivant, après y avoir passé de trop courts instants en compagnie d'un ami, géologue sagace de la région, qui lui au moins, l'heureux mortel, pourra y revenir souvent.

Rappelons qu'en étudiant le *Banc des Roseaux*, où les tiges de calamodendrons abondent au point de simuler une forêt fossile, M. Fayol avait montré que la verticalité des troncs n'impliquait pas leur développement sur place. Les troncs couchés sont cent fois plus nombreux que les arbres debout. Enfin, il vit que les strates de grès sont relevées autour des tiges qu'elles entourent. Or, un dépôt lentement opéré autour d'une tige verticale ne saurait rendre compte de cette disposition qui concorde, au contraire, avec l'idée d'un transport. M. Fayol a montré qu'une fougère verte, jetée dans l'eau, prend d'abord une position verticale, puis s'enfonce, et ne commence à se coucher que quelques jours après avoir touché le fond. On voit la même chose se produire si l'on place la fougère au milieu d'un courant d'eau emportant les détritus qui proviennent du lavage des charbons ; dans ce cas les sédiments se courbent autour de la tige dressée, comme par un effet de remous. C'est ainsi que les arbres carbonifères avec leur ombelle de feuilles au sommet devaient être transportés. C'est ce qui arrive actuellement dans des fleuves, comme le Mississipi, où des sapins entiers, charriés avec leurs branches, s'enfoncent verticalement dans les alluvions du delta.

Pour tous ces motifs, il faut voir dans la houille un produit de flottage. Les pluies abondantes de l'époque houillère ont formé des cours d'eau qui ont arraché des arbres, des forêts entières, pour les entraîner ensuite dans des dépressions lacustres. Des trains de bois flotté analogues à ceux de certains fleuves d'Amérique ont dû se former et venir s'accumuler à l'embouchure des fleuves. De quelle façon ces alluvions végétales vont-elles se déposer ? Seront-elles recouvertes de sédiments quand le sol s'affaissera ? Ou bien vont-elles, avec la vase et le gravier, se stratifier à la façon des dépôts de delta ? C'est ici que l'observation et l'expérience de M. Fayol deviennent décisives. Le plus grand mérite, à notre avis, de sa théorie, c'est de présenter à l'esprit un tableau clair et simple du mécanisme de cette formation (1). Et dans le tableau que nous trace ce savant, tableau qui est un modèle de clarté et de précision, tout s'enchaîne. Là où se trouve aujourd'hui le bassin houiller, existait autrefois un lac dont la cuvette avait été formée par des plissements anciens. A Commentry, les bords de cette cuvette sont constitués par des roches éruptives ou des gneiss et des micaschistes. Les torrents qui descendent des montagnes vont rouler vers la vallée et le lac les débris de roches érodées et vont combler petit à petit cette cuvette. En arrivant au lac, le torrent laissera d'abord déposer les gros éléments, puis il s'étalera dans le lac en perdant progressivement de sa vitesse. Il dépose les sédiments suivant un certain ordre : d'abord les matériaux les plus lourds, tels que les galets et les graviers qui se disposent en couches très inclinées, près de l'embouchure ; puis la vase va plus loin, avec une pente plus adoucie ; enfin, les végétaux, plus légers, sont entraînés encore plus loin, se déposant dans une position presque horizontale. Ceci explique pourquoi les couches de grès et de houille ne sont pas parallèles, et pourquoi toutes ces

---

(1) H. FAYOL, *Bulletin de la Société de l'Industrie minérale*, 1887.

Fig. 106. — Une tranchée de l'exploitation de Commentry (carrière de l'Espérance), montrant la *Grande Couche* et la sédimentation convergente du delta.

Fig. 107. — Tranchée de l'*Espérance* dans les mines de Commentry. À l'arrière plan se voient les terrains de glissement redressés et cabrés sur les schistes.

couches, ainsi qu'on l'observe dans les deltas, s'inclinent dans le même sens, mais sous un angle différent. Si l'on examine l'une des tranchées de l'exploitation de Commentry, on est frappé du défaut de parallélisme de la couche de houille avec les couches de schistes et de grès (fig. 106). Chacune de ces dernières vient toucher la surface de la houille sous un certain angle et il se produit en ce point une pénétration mutuelle des sédiments et de la couche de houille. L'alternance des lits de houille avec les schistes s'explique avec la plus grande facilité par l'intermittence des crues qui transportent les débris de végétaux arrachés au sol ; entre ces crues, des sédiments, seuls, se déposent.

La théorie des deltas permet aussi d'expliquer certains phénomènes géologiques que l'on peut observer à Commentry et qui ne manquent pas d'intriguer les géologues. C'est ainsi que le relèvement de certaines couches que montre la figure 107 se comprend fort bien. Les couches du delta ont pu glisser sur les couches précédentes d'origine végétale ou minérale, tout en poussant devant elles d'autres roches déposées préalablement. Mais à un moment donné ces dernières ont opposé aux couches qui glissaient une résistance suffisante pour les arrêter, faisant en quelque sorte office de *butoir*, et les forçant par suite à se redresser. C'est un fait analogue à ce qui se produit dans les talus de chemin de fer lorsqu'une couche vient à *foirer*.

Enfin M. Fayol a voulu contrôler son hypothèse par des expériences. Il se servit pour cela des bassins destinés au lavage des charbons. Il réussit ainsi, à l'aide de petits torrents qui déversaient leurs eaux chargées de matériaux divers dans ces bassins, à produire artificiellement tous les faits constatés dans les bassins houillers du Plateau Central, et à reproduire dans ses plus petits détails la stratigraphie des deltas. Après cette vérification expérimentale, M. Fayol, qui avait étudié la formation des deltas sur les bords du lac Léman, fut amené à conclure que les dépôts houillers n'ont pas d'autres origines.

Il y a plus. L'ancienne théorie exigeait des milliers de siècles pour la durée de la formation de la houille. La théorie du flottage, au contraire, permet de comprendre qu'il a fallu un temps relativement court pour combler ces dépressions dans lesquelles s'est développée la houille. M. Fayol a calculé qu'en évaluant à 200 hectares la surface et à 7 milliards de mètres cubes le volume du bassin de Commentry, il suffirait, pour produire cette accumulation de matériaux, de faire agir pendant 7 000 ans des cours d'eau apportant dans un lac un million de mètres cubes de troubles par an, soit onze fois moins que n'en charrie aujourd'hui la Durance. Enfin la transformation des végétaux en houille a dû être assez rapide, car on trouve dans la plupart des bassins houillers du Plateau Central des galets de houille qui permettent même de dire que la houille pouvait être formée avant son enfouissement.

La théorie des deltas, qui s'impose, au moins pour Commentry, doit s'appliquer aussi au bassin de Decazeville, où tous les phénomènes signalés plus haut se retrouvent, avec plus d'ampleur encore. Le lac de Decazeville, encaissé dans ses berges de micaschistes et de gneiss, était alimenté par de nombreux cours d'eau. Peu à peu ce lac s'est comblé : ce sont d'abord les deltas sur les bords du lac, puis ces deltas sont ensuite réunis et même recouverts par les couches dites de Champagnac, et enfin viennent les couches de Bourran, qui ne laissent plus au centre qu'une faible partie du lac non comblée. Tous ces faits ont été étudiés par M. Bergeron, dans la grande exploitation à ciel ouvert dont nous reproduisons plus loin (fig. 113) la curieuse photographie. Dans cette carrière qui a plus de 100 mètres de front, et dans laquelle une couche de houille a 60 mètres d'épaisseur, on a pu voir, de même qu'à Commentry, la transformation graduelle des bancs de grès en schistes d'abord, puis en houille, à mesure qu'on s'éloigne de l'origine du delta.

Depuis les travaux de M. Fayol, les bassins houillers du Plateau Central sont considérés comme des bassins lacustres, par opposition avec ceux du Nord et de la Belgique, dont les dépôts, contenant à la base des fossiles marins, se sont faits dans des lagunes en communication avec la mer. Dans un travail plus récent, M. G. Mouret (1), sans nier l'existence de ces lacs carbonifères, ne croit pas qu'ils aient été isolés les uns des autres, comme ceux des pays de montagnes. Selon lui, ces lacs n'étaient que des élargissements de dépressions étroites et profondes, qui traversaient le Plateau Central d'un bord à l'autre. La traînée des petits bassins de Champagnac à Mauriac et à Decazeville en fournirait un bon exemple. Selon M. Mouret, ces vallées seraient venues déboucher sur les bords du Plateau Central dans des parties élargies où se sont formés les bassins les plus importants, tels que ceux de Blanzy, Saint-Étienne, Alais, Decazeville, etc. Il est juste de remarquer que le travail de M. Mouret ne touche en aucune façon aux conclusions de M. Fayol relatives à Commentry, mais il est certain qu'on ne serait pas en droit d'étendre celles-ci à tous les bassins houillers.

D'ailleurs, on sait aujourd'hui, grâce aux recherches d'un naturaliste français, M. Renault, que tous les charbons ne se forment pas par flottage et aux dépens de grands végétaux. Ainsi les charbons connus sous le nom de *bog-heads* ont une autre origine. Ce sont des houilles homogènes très recherchées, car à la distillation elles fournissent jusqu'à 400 mètres cubes à la tonne de gaz très éclairant, alors que la houille ordinaire n'en donne que 250. Au microscope, on voit que ce bog-head est formé d'un grand nombre de boules jaunes (250 000 à 1 million par centimètre cube) qui sont des algues gélatineuses d'eau douce. A ces algues s'associent des grains de pollen (25 000 par centimètre cube). Il est probable que ces algues devaient couvrir les lacs d'Autun, pendant que les fleurs des forêts voisines épandaient leur pollen. Puis, algues et pollen se sont enfoncés dans le lac, en même temps que les acides ulmiques se précipitaient et venaient englober ces menus débris. De plus ces dépôts sont souvent imprégnés d'infiltrations bitumineuses qui les transforment en un charbon brillant.

Nous ne voudrions pas quitter ce sujet si intéressant de la formation de la houille sans parler des travaux récents de M. Renault sur le rôle des microbes. D'après les observations de ce savant, la houille serait antérieure à son enfouissement, ce que montraient déjà les galets de houille trouvés à Commentry et ailleurs, et elle n'aurait ensuite subi qu'une transformation physique due surtout à la compression. Voici, selon lui, comment s'opère la transformation des végétaux en houille. Elle se fait en deux temps : dans le premier, les tissus végétaux subissent des modifications chi-

(1) G. MOURET, *Bassin houiller et permien de Brive*, 1892.

miques qui les amènent à la composition de la houille ; dans le second, une pression lente, déterminée par le poids des couches superposées, a fait apparaître les propriétés physiques du combustible. C'est évidemment dans la première phase que les microbes ont joué un rôle. La cellulose du bois a pu, comme cela se passe dans la vase des marécages actuels, donner de l'hydrogène, du gaz des marais et du gaz carbonique. Il est donc vraisemblable que les détritus des forêts houillères aient subi une macération semblable, une sorte de fermentation qui aurait été favorisée du reste par la température élevée des marais de cette époque. On sait, en effet, que les végé-

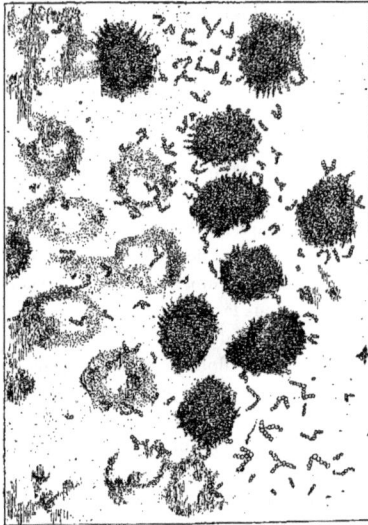

FIG. 108. — Coupe faite dans un sporange de fougère (*Pecopteris*), montrant des spores et des bâtonnets de *Bacillus Gramma* (d'après M. RENAULT).

taux, après leur mort, sont envahis par des légions innombrables de microbes qui vont accomplir leur œuvre de destruction de la matière organique. Mais alors, si cela est vrai pour les plantes de la houille, celle-ci doit contenir des microbes. C'est en effet ce qu'ont montré les belles préparations de M. Renault, dans lesquelles on peut voir (fig. 108) les bactéries à la place même qu'elles occupaient dans les cellules végétales qu'elles étaient en train de détruire. On les surprend pour ainsi dire dans leur travail d'agents destructeurs. Si les gaz qui se produisent dans cette fermentation ne se dégagent pas et restent emprisonnés dans la masse, le travail des microbes est ralenti. Il peut même se faire que le grisou, ce terrible gaz qui se développe dans certaines houilles, provienne du gaz qui ne s'est pas dégagé et qui est resté enfermé dans le charbon. Fabricants de grisou ! Fabricants de charbon !

voilà le double rôle, tantôt malfaisant, tantôt bienfaisant, que nous sommes habitués à voir jouer aux microbes.

Les faits que nous venons d'exposer sur la formation de la houille sont des conquêtes récentes de la science française. Nos savants et nos ingénieurs nous ont donné là une excellente leçon en montrant que la science et l'industrie ne pouvaient que gagner à se prêter un mutuel appui.

§ 3. — LA DÉCOUVERTE DE LA HOUILLE. L'HISTOIRE ET LA LÉGENDE : CHEZ LES GRECS ET LES ROMAINS ; LE FORGERON DE PLÉNEVAUX. LA POMPE A FEU.

Depuis quelle époque connaît-on la houille ? Les uns prétendent qu'elle a été découverte au xii⁰ siècle par un forgeron des environs de Liège, nommé Houillos, d'où son nom. C'est assez problématique. En réalité, le charbon est connu depuis plus longtemps : les auteur grecs et romains le désignaient sous le nom de *lithantrax* (charbon de pierre), nom qui s'est conservé de nos jours en italien, *litantrace*. Le naturaliste Théophraste, disciple d'Aristote, n'oublie pas de parler dans son *Traité des pierres* du charbon de terre dont se servaient les forgerons grecs.

La vérité, c'est que les Anciens, s'ils connaissaient la houille, l'utilisaient fort peu. Quelques fondeurs qui produisaient des métaux, quelques forgerons qui fabriquaient des armes, étaient les seuls industriels qui fissent usage de combustibles. Quant aux foyers domestiques, le bois répondait largement à leurs besoins. A cette époque, la force mécanique était surtout fournie par les moteurs animés, les hommes et les bêtes. Quand la rivière ne permettait pas l'installation d'une roue hydraulique, les bêtes, souvent même les hommes, tournaient la meule, et Plaute esclave avait accompli cette pénible besogne. Donc chez les Anciens, aucun besoin de houille. Aussi bien c'est avec une indifférence profonde qu'ils passent près du charbon de terre. Dans la Provence, ils traversent, avec l'aqueduc de Fréjus, des couches de houille ; ils ne s'y arrêtent pas. De même dans la Lyonnaise, l'aqueduc qui charrie les eaux du Gier recoupe le terrain carbonifère : on ne s'en préoccupe pas.

Les Chinois, paraît-il, non seulement connaissaient la houille, mais ils savaient l'exploiter, et même l'appliquer à certains usages industriels, comme, par exemple, la cuisson de la porcelaine. Et tout cela, dès l'antiquité, même avant notre ère ! Remarquons seulement que leur mode d'exploitation n'a guère fait de progrès, car ils en sont toujours à l'état tout primitif, presque barbare, du début.

Quoi qu'il en soit, de nombreux textes du Moyen âge mentionnent la houille, et une charte de 853, relative aux redevances dues à leur suzerain par les vassaux de l'abbaye de Peterborough, montre qu'elle était employée alors en Angleterre pour les usages domestiques. D'autre part, Guillaume le Conquérant partage avec ses compagnons d'armes les fameuses mines de Newcastle. En 1239, le roi d'Angleterre, Henri III, accorde aux habitants de Newcastle un privilège pour l'exploitation des mines, en désignant la houille du nom de charbon marin, *carbo maris*, sans doute à cause de la situation sous-marine des couches. Au xvi⁰ siècle, les houillères britanniques sont en exploitation et leur charbon se répand jusque sur les côtes de France, où l'on charge du blé, en retour. Tout cela n'empêche pas les Belges de réclamer pour leur pays l'honneur d'avoir découvert, les premiers, l'utilité de la houille. Cette découverte aurait été faite, en 1197, par le forgeron de Plénevaux, près Liège. Ici, du reste, la légende se mêle à l'histoire d'une ingénieuse façon. Voici, dit Simonin dans la *Vie souterraine*, le fait tel que le racontent les chroniqueurs :

Houillos, maréchal ferrant à Plénevaux, était si pauvre qu'il ne pouvait suffire à ses besoins ; souvent, il n'avait pas de pain à donner à sa femme et à ses enfants. Un jour que, sans travail, il était décidé d'en finir avec la vie, un vieillard à barbe blanche se présenta dans sa boutique. Ils entrèrent en conversation. Houillos lui confia ses chagrins : disciple de Saint-Éloi, il travaillait le fer, soufflant lui-même la forge pour économiser un aide. Il réaliserait bien quelques bénéfices si le charbon de bois n'était pas si cher ; mais c'était là ce qui le minait.

Le bon vieillard était ému jusqu'aux larmes.

« Mon ami, dit-il au forgeron, allez à la montagne voisine, vous y fouillerez le sol et découvrirez des veines d'une terre noire excellente pour la forge. »

Ainsi dit, ainsi fait. Houillos alla au lieu indiqué, y trouva la terre indiquée, et l'ayant jetée au feu, parvint à forger un fer à cheval d'une seule chaude. Rempli de joie, il ne voulut pas garder pour lui seul sa découverte ; il en fit part à ses voisins et même aux maréchaux ses concurrents. La postérité a donné son nom à la houille (on a vu qu'il s'appelait Houillos), et sous ce rapport il a été plus heureux que beaucoup d'autres inventeurs. Son souvenir est encore conservé par tous les mineurs de Liège qui, le soir, racontent dans les veillées l'histoire du *Prud'homme houiller* ou du *Vieillard charbonnier*, comme on se plaît à surnommer le forgeron de Plénevaux.

Des documents authentiques établissent d'ailleurs l'existence de mines de houille en pleine exploitation dans la principauté de Liège, en 1228, et dans le Hainaut, en 1224. Quoi qu'il en soit de la légende du forgeron Houillos, il est incontestable que la Belgique fut le premier pays réellement industriel.

L'emploi du charbon de terre ne fut introduit en Angleterre qu'au début du xive siècle. C'était fort bien assurément d'avoir découvert la houille, mais il fallait aussi en répandre l'usage, et ce ne fut pas chose facile. Aussi bien ce n'est qu'en 1340 que quelques fabricants privilégiés, les brasseurs et les forgerons, obtinrent l'autorisation, à cause du prix élevé du bois, de brûler du charbon de terre. C'est qu'à cette époque on regardait, dans cette région, ce combustible comme dangereux pour la santé publique. Aussi ne fut-ce qu'un cri poussé contre ces industriels par les personnes du voisinage. Une pétition fut adressée au roi, et une loi fut édictée interdisant la combustion du charbon dans la cité. Mais ceux qui avaient essayé le nouveau combustible le trouvèrent tellement supérieur au bois qu'ils continuèrent à l'employer. Le gouvernement eut alors à sévir et la peine capitale fut même prononcée contre certains individus, dont un fut exécuté ! L'opinion publique accusait ce pauvre charbon de vicier l'air, ce qui était un peu vrai, mais on allait beaucoup plus loin : il ternissait le linge, il provoquait des maladies de poitrine, il allait même, quelle horreur ! jusqu'à altérer la fraîcheur du visage féminin. Aussi, les dames refusaient-elles toute invitation dans les maisons où l'on brûlait du charbon de terre. Pour toutes ces raisons, plus d'un siècle devait s'écouler avant qu'on employât couramment la houille pour le chauffage domestique.

En France, des pièces existant aux archives de Saint-Étienne il appert qu'on employait le charbon dans cette ville au milieu du xiiie siècle. Les houillères de Roche-la-Molière (Forez) furent ouvertes en 1320 : dans cette exploitation chaque propriétaire foncier a le droit d'extraire la houille sous le sol qui lui appartient ; toutefois, il est entendu qu'il paiera la dîme au seigneur. Enfin, le premier édit réglementant les mines françaises date de juin 1601. Mais la mise en valeur des houillères les plus riches remonte au xviiie siècle ou au commencement du xixe. La célèbre mine d'Anzin fut découverte le 24 juin 1734, par un villageois de Lodeluisant, Pierre Mathieu, ainsi que l'atteste une pierre tombale en l'église de ce bourg. L'exploitation de Carmaux date de 1759 ; celle d'Alais, de 1809.

Quant aux autres pays d'Europe, sauf l'Allemagne qui utilisa la houille dès le xiiie siècle, ils méconnurent jusqu'au xviiie siècle leurs richesses carbonifères.

Ce ne fut qu'en 1769 que la houille fit son apparition à Paris. Le bois coûtait alors très cher. On trouve même dans les cahiers présentés aux États-Généraux de 1789 des plaintes sur sa cherté excessive. « La cherté du bois est telle en Lorraine, dit le cahier de Bouzonville, que si Sa Majesté ne défend pas l'exportation des bois de chauffage et n'ordonne pas la réduction des usines, l'habitant de la campagne sera dans peu réduit à l'impossibilité physique de pourvoir à son chauffage ainsi qu'à la cuisson tant de ses aliments que de ceux de ses bestiaux. » Ces doléances sont intéressantes, car elles permettent de prévoir le prochain développement des mines de charbon pour suppléer à l'insuffisance des forêts, dont la puissance de végétation est dépassée par la puissance de consommation de l'industrie. On pressent qu'à la vieille forêt féodale va succéder la mine moderne. Quelques marchands eurent alors l'idée de faire venir de la houille d'Angleterre. Des bateaux partis de Newcastle remontèrent la Seine jusqu'à Paris. Mais le charbon fut reçu à Paris comme à Londres, c'est-à-dire très mal. Les médecins lui étaient hostiles et l'accusaient de toutes sortes de méfaits. « La malignité de ses vapeurs, dit un contemporain, et son odeur de soufre, en dégoûtèrent bientôt. » La Sorbonne elle-même n'avait pas attendu cette époque pour partir en guerre contre lui, car ses docteurs, sous Henri II, l'avaient excommunié. Un édit royal, de cette date, avait défendu aux maréchaux ferrants d'employer, sous peine de prison et d'amende, le charbon de terre. Ce fut Henri IV qui leva cet interdit et exempta même la houille de la dîme. Pourtant cette opinion que la phtisie, si commune dans notre pays et en Angleterre, tenait bien à l'usage de la houille, était tellement répandue qu'elle est mentionnée dans l'*Encyclopédie*. Il est vrai que l'auteur semble atténuer cette affirmation en constatant que des médecins prétendent que l'odeur de la fumée guérit des affections du foie. Quoi qu'il en soit, à la fin du XVIII⁰ siècle, la plupart des personnes se refusaient encore à l'emploi de la houille.

Que les temps sont changés ! Aujourd'hui Londres consomme environ 3 millions de tonnes de ce combustible par an, et Paris un million et demi. Le charbon jadis proscrit est maintenant admis partout, et si la douane ou l'octroi l'arrêtent, c'est pour lui faire payer l'impôt. C'est ainsi que la houille et le coke rapportent à l'octroi de Paris la jolie somme de onze millions par an.

La véritable histoire de la houille commence avec le XVIII⁰ siècle. Et comme tout s'enchaîne ! C'est dans les mines de houille que la machine à vapeur est inventée : Watt, pour retirer les eaux qui envahissent les houillères de Newcastle, invente la *pompe à feu*, la machine à vapeur, engin plus puissant que la pompe ordinaire restée la même depuis Archimède. Aujourd'hui cette machine à vapeur, qui ne devait servir qu'à extraire l'eau et le charbon des mines, s'est introduite partout. De même la locomotive fut inventée pour transporter le charbon dans les mines ; on sait si le rôle qu'elle joue aujourd'hui est immense. Aussi comprend-on que, dédaignée jusqu'au XVIII⁰ siècle, la houille ait été ensuite recherchée et qu'elle soit devenue une source de richesses pour les pays qui la renferment. Il est donc intéressant de chercher quels sont les pays houillers et comment la houille est répartie dans les terrains géologiques.

§ 4. — LES PAYS NOIRS; RÉPARTITION DES GISEMENTS DE CHARBON A LA SURFACE DU GLOBE. LES BASSINS HOUILLERS FRANÇAIS, BELGES, ANGLAIS, ALLEMANDS ET AMÉRICAINS. LA HOUILLE DANS LES ÉTAGES GÉOLOGIQUES. UNE MINE DE CHARBON SOUS PARIS.

Toute contrée où la houille existe, mérite de fixer l'attention. N'est-ce pas à la présence de cette précieuse matière dans son sol que telle nation doit sa puissance industrielle? Voyez plutôt ce petit royaume de Belgique dont on a augmenté, en 1830, la carte de l'Europe déjà si bariolée ; s'il occupe parmi les nations un rang honorable, c'est presque uniquement à la houille qu'il le doit.

En *France* le terrain carbonifère a été reconnu sur une superficie de 3 500 kilomètres carrés, soit environ $\frac{1}{150}$ de la surface totale du pays. Mais il est très morcelé ; il se subdivise en plus d'une soixantaine de bassins distincts, qu'on peut ranger en trois groupes, celui du *Nord,* celui du *Centre* et celui du *Midi*. Notons que récemment des dépôts houillers importants ont été découverts aux environs de Nancy.

Le groupe du NORD s'étend depuis Béthune et Boulogne dans le Pas-de-Calais, vers Valenciennes, jusqu'en Belgique, et se prolonge ensuite dans la direction d'Aix-la-Chapelle. Cette longue bande de terrain houiller est souvent désignée sous le nom de *bassin franco-belge*. Dans ce bassin les couches de houilles sont régulières et étalées sur de larges espaces : de plus elles sont séparées par des dépôts marins. On en a conclu que la houille de ce bassin a été formée par des végétaux et des débris de végétaux charriés par de grands fleuves et déposés dans de profonds estuaires, dans la mer qui s'étendait de l'Angleterre vers la Westphalie. D'Aix-la-Chapelle à Mons les couches affleurent à la surface du sol ; mais en entrant en France elles plongent sous des terrains plus récents. La puissance du bassin houiller de Mons est grande : on y compte 156 couches ou veines de houille d'une épaisseur variant de 0ᵐ,10 à 1ᵐ,60. A Liège, il y a 85 couches ; à Charleroi, 82. En France, on divise souvent cette bande carbonifère en deux bassins, le bassin du Nord et celui du Pas-de-Calais. Le bassin du Nord, large de 13 kilomètres et ayant une superficie de 61 000 hectares, renferme un nombre considérable de couches minces. On y a établi vingt-quatre concessions, dont les principales sont indiquées sur la carte ci-contre (fig. 109). Son importance réside surtout dans le bassin de Valenciennes ou d'Anzin. Quant au bassin du Pas-de-Calais, il est localisé presque tout entier dans l'arrondissement de Béthune ; il a 56 kilomètres de longueur et 13 de largeur. Ses concessions sont au nombre de 19. Un peu plus à l'Ouest se trouve le bassin du Boulonnais, qui ne renferme que trois concessions. Nous pourrions placer dans le groupe du Nord certains bassins isolés en Bretagne et en Normandie : tels sont ceux de Littry (Calvados), du Plessis (Manche), de Saint-Pierre-la-Cour (Mayenne).

Dans le groupe du CENTRE, les bassins, très nombreux, sont disposés dans les vallées qui sillonnent le Plateau Central, ou dans celles qui rayonnent autour. Dans ces bassins, les lits de houille sont plus épais, moins étendus, et souvent disposés en chapelets ; les alluvions qui contiennent ces couches de houille portent nettement la trace d'actions torrentielles. Aussi pense-t-on que la houille de cette région a été formée de débris arrachés à la puissante végétation qui couvrait le Plateau Central et transportés par les cours d'eau dans les lagunes qui bordaient ce massif ou dans de larges vallées de l'intérieur. La plupart des bassins houillers de cette région sont, en effet, situés sur le bord : tels sont ceux du Creusot, de Blanzy, de Saint-Étienne,

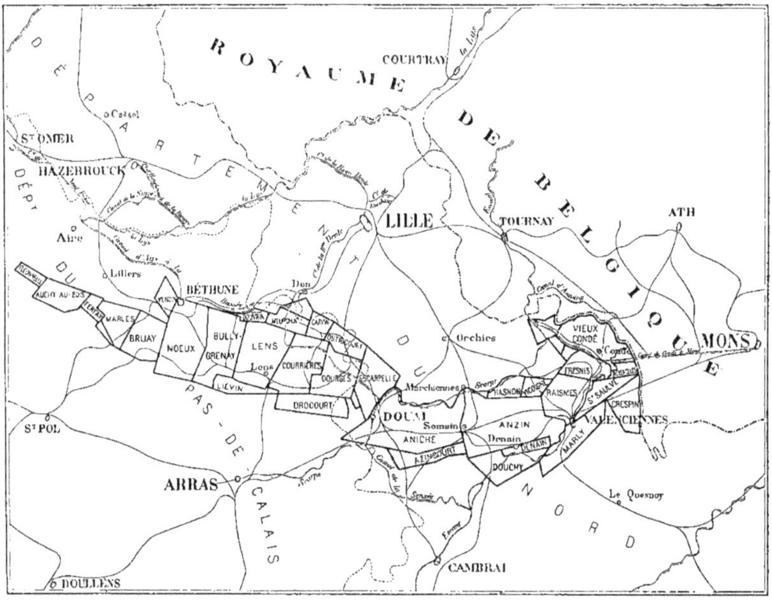

Fig. 109. — Carte indiquant les limites des concessions des bassins houillers du Nord et du Pas-de-Calais.

d'Alais, de Carmaux, de Brive. D'autres, au contraire, sont situés à l'intérieur le long d'une faille : tels sont les bassins de Commentry, de Champagnac et de Decazeville. Citons quelques bassins appartenant à ce groupe du Centre. Le *bassin de la Loire,* qui s'étend depuis Firminy jusqu'à Saint-Étienne, Saint-Chamond et Rive-de-Gier, a une surface de 25 000 hectares et une longueur de 40 kilomètres ; sa largeur est faible, elle est de 12 kilomètres à Saint-Étienne où elle atteint son maximum ; il renferme 28 à 30 couches de plus d'un mètre de puissance, présentant un ensemble de 60 à 70 mètres de charbon. Ce bassin se prolonge-t-il sous les plaines du Forez, de Roanne et du Dauphiné ? Les sondages peuvent seuls répondre à cette question. Or, jusqu'ici, ces derniers n'ont guère fait découvrir que des sources thermales. Le bassin du Creuzot et de Blanzy est le plus vaste et ses couches ont parfois 20 et même 30 mètres d'épaisseur ; il est situé avec le bassin d'Autun dans le département de Saône-et-Loire. Dans l'Allier sont les dépôts de Commentry, de Doyet et de Bézenet. Dans le Puy-de-Dôme se trouvent les bassins de Brassac, de Saint-Éloi. Enfin, vers l'Est le bassin de Ronchamp (Haute-Saône) et les dépôts encore peu connus du Dauphiné et de la Savoie. Ce dernier est souvent désigné sous le nom de bassin de la *Maurienne et de la Tarentaise* ; c'est un dépôt anthracifère fort riche, comprenant plus de cent couches dont l'épaisseur varie de 1ᵐ,50 à 12 mètres, mais dont l'exploitation est peu développée.

Le groupe du Midi comprend les bassins d'Alais, d'Aubin et de Decazeville, de Graissessac et de Carmaux. Le bassin d'Alais, encore appelé bassin du Gard, est en tête de la production dans la zone méridionale ; il présente sur une surface de 28 000

Fig. 110. — Bassins houillers du Plateau Central.

hectares une épaisseur de 46 mètres de charbon, mais dont la moitié seulement peut être extraite. Le bassin d'Aubin et de Decazeville renferme des gisements très accidentés et très puissants, qui constituent plutôt des amas que des couches. Enfin, citons le bassin de Graissessac (Hérault), qui forme une longue bande de 20 kilomètres de longueur sur 2 de largeur, et celui de Carmaux (Tarn), dont l'étendue est insuffisamment déterminée.

Malgré leur nombre et leur richesse, toutes nos houillères françaises sont impuissantes à satisfaire à tous les besoins de notre industrie et nous sommes forcés de nous approvisionner en Belgique, en Angleterre, et même en Amérique.

Quand on sort de France pour étudier nos colonies, on ne trouve guère de houillères véritablement dignes de ce nom que dans nos possessions d'Indo-Chine. Depuis longtemps déjà des mines de charbon sont exploitées au Tonkin : à Hongay et à Kébao. Mais grâce à l'énergique impulsion de son ancien gouverneur M. Doumer, de nouveaux gisements furent découverts. On comprend que le charbon soit d'une importance capitale pour l'avenir industriel de notre colonie, et d'une importance non moins grande pour l'approvisionnement de notre marine en Extrême-Orient. Nous ne doutons pas que l'on arrive à d'excellents résultats, surtout si nos capitaux français se décident à accorder un peu plus de confiance aux entreprises coloniales.

Si nous passons maintenant aux gisements des pays étrangers, nous verrons que l'Angleterre est le pays d'Europe le plus favorisé de la nature sous le rapport de la richesse houillère. La surface occupée par le terrain carbonifère représente à peu près le $\frac{1}{18}$ de celle du pays ; et, avantage considérable, la plupart des bassins sont situés sur le bord de la mer. Les deux plus célèbres sont : celui du *pays de Galles*, qui donne un charbon, le Cardiff, dont la réputation est universelle : c'est le combustible préféré des chauffeurs ; et celui de *Newcastle*, qui a répandu aux quatre coins du monde le charbon rival du Cardiff. Les Anglais sont très fiers de la richesse de ces gisements, et c'est justice, car c'est à cette richesse que leur pays a dû longtemps sa suprématie industrielle et commerciale. Aussi les Anglais désignent souvent leurs houillères sous le nom d'Indes noires, *black Indies*, pour montrer toute l'importance qu'ils attachent à leur exploitation.

En Allemagne, les bassins les plus riches sont ceux de la Rühr, en Westphalie et de Sarrebrück ou de la Sarre. Le terrain houiller est aussi très développé en Silésie.

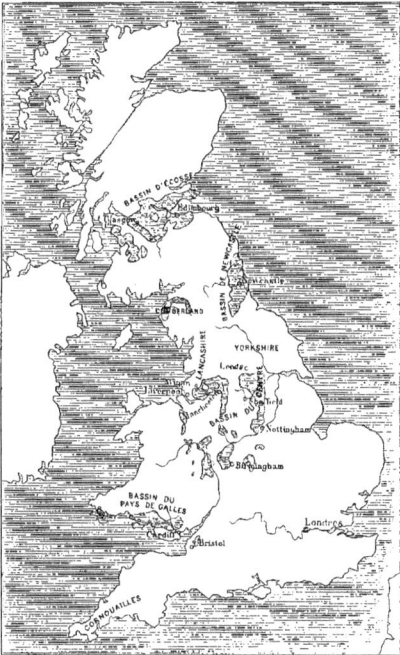

Fig. 111. — Carte des gisements de houille en Angleterre.

En Russie, signalons l'existence du charbon dans le Donetz ; il y a là de riches dépôts de houille, dont l'exploitation est à peine commencée.

L'Espagne et le Portugal possèdent aussi de riches gisements, mais qui sont peu exploités, par suite de l'imperfection ou même de l'absence complète de moyens de transports.

Si nous passons maintenant en Amérique, c'est aux États-Unis que nous trouverons les plus puissantes houillères du globe. Elles s'étendent jusqu'au Groenland, occupent le quart du sol et sont huit fois plus étendues que celles du reste du monde. Nous verrons d'ailleurs plus loin que certains gisements, en particulier ceux de la côte du Pacifique, sont dans une position exceptionnellement avantageuse, car le wagon qui sort de la mine vient se vider directement dans la soute des navires. Aussi, est-ce cette nation qui depuis quelques années est à la tête des pays producteurs de houille.

Enfin, pour terminer cette énumération, ajoutons que la Chine possède aussi de nombreux gisements de charbon. La province de Shanghaï et aussi celle du Yunnan, voisine du Tonkin, sont particulièrement riches. Jusqu'ici ces mines ne sont guère exploitées, car le possesseur du terrain houiller se contente d'en tirer, par des moyens primitifs, ce qu'il lui faut pour sa consommation. Depuis quelques années cependant quelques mines sont exploitées à l'européenne ; mais elles ne produisent pas encore suffisamment pour ralentir le développement des houillères du Japon.

La houille n'est pas localisée dans le terrain carbonifère ; elle peut se trouver dans

les étages géologiques les plus divers, depuis le Dévonien jusqu'au Quaternaire.
C'est ainsi qu'on exploite du charbon dans le Permien de l'Inde et du Transvaal ; dans
le Lias de Nossi-Bé (Madagascar) et du Nord de la Perse ; dans le Jurassique du Sud
de la Sibérie et du Tonkin ; dans l'Infracrétacé de l'Ouest américain ; dans le Crétacé
supérieur de Nouméa ; et, enfin, dans le Tertiaire du Chili et du Venezuela. Cependant il importe de remarquer que dans nos pays, la plupart des charbons s'exploitent
dans le terrain carbonifère. Donc ceux qui seraient tentés de rechercher de la houille
en France doivent, en pratique, négliger les exceptions que nous venons de signaler, et s'attaquer de préférence au terrain carbonifère. On courrait grand risque de
perdre son temps et son argent en prenant pour du charbon des dépôts plus ou moins
noirs, graphiteux ou chargés de quelques rares lignites. Si nous insistons sur ce fait,
c'est qu'en 1900, on trouvait dans les journaux parisiens une singulière nouvelle.
Ils annonçaient qu'une Compagnie de sondage américaine qui avait installé son matériel à l'Exposition de Vincennes, et qui s'était mise à foncer un puits dont nous
avons parlé plus haut, avait rencontré à une profondeur insignifiante, quelques
dizaines de mètres, une couche d'excellent charbon de deux mètres de puissance. La
houille à Paris ! Voilà, au moins, une nouvelle, une vraie nouvelle ! Elle fut, du
reste, confirmée ; la sonde, en effet, avait rencontré une couche combustible. Les
sceptiques ont souri ironiquement. Une couche de charbon sous nos pieds, si près
du sol parisien, quand il faut aller le chercher d'habitude dans le lointain terrain carbonifère ! C'est une amusante plaisanterie. Eh ! bien, non. Le fait était vrai. La sonde
avait rencontré une couche de combustible..., mais ce combustible n'était que du
lignite, c'est-à-dire du charbon fibreux, moins riche en carbone que la houille, mais
parfois cependant exploitable. Il est d'ailleurs fréquent dans les argiles de la base du
Tertiaire ; malheureusement ce lignite est sans valeur pratique, au moins dans le
bassin de Paris.

Pour trouver le vrai charbon, c'est-à-dire le terrain carbonifère, c'est à une profondeur considérable qu'il faudrait descendre sous Paris, probablement à plus de
1500 mètres. Et si la houille existe, à ce niveau, ce qui est problématique, elle serait
inexploitable. Il est donc prudent de laisser à nos descendants le soin de fouiller ce
sous-sol.

CHAPITRE II

LA MINE ET LES MINEURS

N'étaient les grèves qu'elles causent et les revenus qu'elles procurent, les mines sont peu connues du public. Cependant, il existe là, sous nos pieds, des richesses amassées et tout un peuple de travailleurs (ils sont plus de 4 millions) qui s'efforcent d'arracher aux entrailles de la terre ces réserves de chaleur et de force nécessaires à la vie moderne. En France, ils sont environ 160 000 accomplissant ce dur labeur, jadis réservé aux esclaves et aux condamnés. Ce qui n'empêche que parmi tous les travailleurs, le mineur est peut-être celui dont on parle le plus et que l'on connaît le moins. C'est que cet ouvrier n'attire l'attention du public que lorsqu'un lamentable accident vient épouvanter toute une population et jeter de nombreuses familles dans le deuil. C'est qu'aussi le travail souterrain est resté pour le plus grand nombre un travail quelque peu mystérieux. Pour ces raisons nous voulons décrire ici, guidé par le seul souci de la vérité, la lutte du mineur avec la nature dans sa simple et grandiose réalité. Nous le suivrons ce « soldat de l'abîme » sur son champ de bataille, dans la mine ; nous montrerons son habileté à vaincre les difficultés, et son courage au travail ; nous dirons ses mœurs et l'amour qu'il a de son pénible métier ; enfin, nous montrerons que les progrès de la science et les améliorations sociales tendent à faire du mineur un ouvrier de plus en plus semblable aux autres.

Que de pages il faudrait si l'on voulait décrire une mine dans tous ses détails, avec tous ses organes ! Véritable ville souterraine s'enfonçant parfois à plusieurs centaines de mètres de profondeur, elle a ses rues et ses carrefours, ses chantiers et ses ateliers, sa cavalerie et son artillerie, ses chemins de fer et ses gares, ses télégraphes et ses téléphones. Elle a même quelque chose de mieux que tout cela ; c'est le courage qu'ont ses habitants devant le danger, c'est aussi et surtout la discipline qu'ils montrent dans le travail. Nous allons donc essayer de vous dire l'intérêt de cette vie souterraine et l'activité incessante de tout ce peuple qui vit sous terre, au milieu du bruit assourdissant des pics qui frappent, des wagons qui roulent et des mines qui éclatent.

A. LA MINE

§ I. — La recherche de la houille. Affleurement : un village bati sur la houille. Mirabeau et le bassin d'Anzin.

Et d'abord, comment découvre-t-on la houille ? La chose est facile quand elle vient affleurer à la surface du sol, ce qui est rare. Il est même probable que de longue date on a pris aux affleurements le charbon nécessaire aux usages locaux : les premières houilles brûlées doivent provenir d'une exploitation à ciel ouvert. D'autre part, il est certain que si le charbon a été amené au jour, il le doit au plissement et au relèvement des couches. Au surplus, la photographie que nous reproduisons ici (fig. 112) en dit certainement plus long que toutes les descriptions. Elle montre le charbon qui affleure sous une partie du village. Ordinairement, sur les affleurements, la houille a subi une altération qui lui fait perdre de sa valeur : elle blanchit et devient pulvérulente. Mais à une certaine profondeur cette altération cesse et la houille reprend les propriétés qui la font rechercher.

S'agit-il maintenant, ce qui est plus fréquent, de rechercher la houille quand elle est recouverte de terre et de roches, quand par conséquent rien ne la révèle aux yeux ? Le problème devient difficile, car on ne peut alors la découvrir que par le hasard ou par des recherches scientifiques minutieusement conduites. Dans ces dernières années, il a fallu faire appel, pour rechercher la houille, aux méthodes les plus délicates de la géologie : c'est ainsi que les lois des plissements et des renversements ont permis de prévoir la présence, à une grande profondeur, de dépôts houillers que surmontaient des terrains stériles plus récents. Ce n'est donc qu'à l'aide de la géologie et de longs et pénibles sondages qu'on arrive à découvrir l'existence d'un bassin houiller nouveau ; témoin ce qui s'est passé, en France, pour le bassin du Nord. Que de patience, surtout que d'argent et de perspicacité il a fallu pour doter notre pays de ce gisement qui semble inépuisable. Voici son histoire instructive. En 1716, un Belge, Jacques Désandrouin, qui exploitait la houille à Charleroi, avait remarqué que les couches du terrain houiller de Belgique suivaient une direction constante, de l'Est à l'Ouest, et qu'elles pénétraient en France en s'enfonçant sous la craie. Il eut alors l'idée de foncer des puits dans les terrains crayeux, afin de rechercher la houille au-dessous. Il réussit, après quelques années, à trouver le charbon ; malheureusement d'abondantes nappes d'eau inondèrent ses travaux, et pour maintenir cette eau il fallut inventer des sortes de digues en bois, des *cuvelages* comme on les a appelées. Les pièces du cuvelage appliquées contre les parois du puits formaient comme un gigantesque tonneau, avec cette différence que le liquide était au dehors. Pendant les premières années on ne rencontra que des houilles de mauvaise qualité, et ce n'est qu'en 1734, après dix-huit années d'efforts continus, que les recherches aboutirent. Les mines d'Anzin étaient trouvées. Il était temps, car Désandrouin et ses associés étaient ruinés par les travaux dont nous venons de parler. Rien n'est aussi déconcertant qu'une mine. Que d'espérances et que d'illusions ! Nous n'insisterons pas sur les péripéties par lesquelles passa cette exploitation d'Anzin avant de devenir la brillante affaire que l'on sait. Son histoire est celle de toutes les entreprises de ce genre qui, le plus souvent, ne récompensent que la deuxième ou même la troisième génération d'exploitants quand ils sont assez hardis et assez tenaces pour s'attacher à la poursuite de l'œuvre commencée par leurs ancêtres. Voici en quels termes Mirabeau parlait, à l'Assemblée constituante, le 21 mars 1791, des dépenses exigées par les entreprises minières :

Un exemple fera mieux connaître les dépenses énormes qu'exige la recherche des mines. Je citerai la Compagnie d'Anzin, près de Valenciennes. Elle obtint une concession, non pour exploiter une

Fig. 112. — Plissement des couches de charbon dans la carrière de Firmy (Mines de Decazeville). Le charbon affleure sous une partie du village.

mine, mais pour la découvrir, lorsqu'aucun indice ne l'annonçait. Ce fut après vingt-deux ans de travaux qu'elle toucha la mine. Le premier filon était à trois cents pieds et n'était susceptible d'aucun produit. Pour y arriver, il avait fallu franchir un torrent intérieur qui couvrait tout l'espace dans l'étendue de plusieurs lieues. On touchait la mine avec une sonde et il fallait, non pas épuiser cette masse d'eau, ce qui était impossible, mais la traverser. Une machine immense fut construite, c'était un puits, doublé de bois ; on s'en servit pour contenir les eaux et traverser l'étang.

Ce boisage fut prolongé jusqu'à neuf cents pieds de profondeur. Il fallut bientôt d'autres puits du même genre et une foule d'autres machines. Chaque puits en bois, dans les mines d'Anzin, de quatre cent soixante toises à plomb (car la mine a douze cents pieds de profondeur), coûte 400 000 livres. Il y en a vingt-cinq à Anzin et douze aux mines de Fresnes et de Vieux-Condé. Cet objet seul a coûté 15 millions. Il y a douze pompes à feu de 100 000 livres chacune. Les galeries et les autres machines ont coûté 8 millions ; on y emploie six cents chevaux, on y occupe quatre mille ouvriers. Les dépenses en indemnités accordées selon les règles que l'on suivait alors, en impositions et en pensions aux ouvriers malades, aux veuves, aux enfants des ouvriers vont à plus de 100 000 livres chaque année.

Et plus loin, Mirabeau constate que grâce à ce puissant outillage la mine d'Anzin fait une concurrence victorieuse aux mines de Mons. Donc le bassin du Nord était déjà florissant au xviiie siècle ; et c'est sa richesse qui engagea de nombreux ingénieurs à en rechercher le prolongement dans différentes directions, notamment dans le Pas-de-Calais. Ce fut en vain que pendant longtemps on chercha autour d'Arras ; pourtant c'est bien sur ce point que conduisait le prolongement des couches du bassin de Valenciennes. C'est qu'à cette époque la géologie ignorait l'existence en cet endroit d'un massif de terrains anciens qui faisait un retour brusque vers Douai, formant comme le rivage de la mer carbonifère, et forçant par suite les couches de houille qui s'y déposaient à s'infléchir au lieu de se prolonger en ligne droite. Aussi bien, après vingt ans d'efforts infructueux, les chercheurs de houille commençaient à désespérer quand un heureux hasard vint réveiller leur courage et les mettre sur la voie de la découverte du puissant gisement du Pas-de-Calais. C'était en 1847 ; on faisait une recherche d'eaux artésiennes près de Carvin, lorsque la sonde rencontra le terrain houiller. La nouvelle se répandit vite, et nos chercheurs se remirent à la besogne. Des trous de sonde furent exécutés partout, si bien que le sol était percé comme une écumoire. Un éclatant succès couronna ces efforts, et ce fut pour ce pays la source de fortunes inespérées et d'une prospérité industrielle dont on ne prévoit pas les limites. Aujourd'hui le bassin du Pas-de Calais fournit environ 15 millions de tonnes de charbon par an, c'est-à-dire près de la moitié de l'extraction totale de la France !

Il y a quelques années, une nouvelle retentissante annonçait la découverte à Douvres, en face de nous, d'un important bassin houiller. Immédiatement l'on fit le raisonnement suivant : la Manche n'est qu'une petite fracture ; ce qu'il y a sous Douvres doit se retrouver en face, entre Calais et Boulogne. Vite, à la besogne ! Il n'y avait pas assez de sondeurs pour fouiller le sol boulonnais. Mais, hélas ! toujours les sondages touchèrent le terrain silurien sans avoir rencontré le terrain houiller. Selon le géologue qui connaissait le mieux cette région, le centre du bassin devait se trouver entre Wissant et Calais. Au Blanc-Nez un sondage recoupa trois couches de houille avec toit et mur bien caractérisés. Était-on sur la bonne piste ? Malheureusement non, car en continuant on arriva sur le Dévonien sans trouver le charbon en plus grande abondance. De même à Wimereux, à Framezelle (cap Gris-Nez) des sondages rencontrèrent le Silurien vers 450 mètres sans avoir traversé le Carbonifère. Il faut donc abandonner l'espoir de trouver de la houille dans cette région. Si la houille existe, elle ne pourrait se trouver que sous les schistes du Silurien, par suite d'un renversement de terrains ; mais alors la profondeur du gisement serait telle que l'exploitation en serait sans doute impossible ou peu rémunératrice.

Maintenant que nous connaissons les difficultés que l'on rencontre dans la recherche de la houille, nous allons dire comment on procède à son exploitation. Deux cas sont à considérer : l'extraction se fait à *ciel ouvert* ou elle est *souterraine*.

§ 2. — Exploitation a ciel ouvert : Commentry et Decazeville. Une couche de houille de 50 mètres d'épaisseur. 700 ouvriers occupés a enlever une montagne de charbon. Coups de mine.

Lorsque les gisements de houille viennent affleurer à la surface du sol, ou lorsqu'ils ne sont recouverts que d'une faible épaisseur de terrains stériles, on emploie la méthode d'exploitation à ciel ouvert. C'est assurément la plus simple et la plus économique. Nous la verrons souvent appliquer pour les matériaux de construction, les pierres et les marbres, mais rarement pour la houille, du moins en France. Nous avons eu la bonne fortune de visiter deux de ces carrières de charbon, dont l'une est célèbre par son histoire scientifique, celle de Commentry, et dont l'autre est remarquable par la puissance du gisement, celle de Decazeville.

La découverte de la houille à Commentry paraît remonter à la fin du xvie siècle, mais la mise en exploitation de ce gisement date seulement de 1815. Ce bassin a fourni une démonstration, aujourd'hui devenue classique, de la théorie établie pour expliquer la formation des bassins houillers. Nous avons insisté suffisamment sur ce point et nous avons même fait pressentir l'épuisement prochain de ce gisement. A ce propos nous trouvons ici un exemple frappant de ce que peuvent les déductions scientifiques et les travaux de recherches, le géologue et l'ingénieur, lorsqu'ils se prêtent un mutuel appui : après avoir délimité les parties riches du bassin, un plan fut conçu pour l'exploitation de ces richesses jusqu'à leur complet épuisement. Grâce à ce programme, combiné avec méthode et suivi avec ponctualité, la mine de Commentry fournit un exemple rare d'une exploitation marchant à son déclin sans à-coup ni surprise. Les résultats resteront fructueux jusqu'au dernier jour, et les conséquences toujours redoutables de l'arrêt d'une entreprise de cette importance se trouveront atténuées dans la mesure du possible. Parmi les couches qui constituent ce bassin, une seule, la *Grande Couche*, mesurant 12 à 15 mètres de puissance, a fourni presque toute la houille extraite. Des tranchées ouvertes sur les affleurements de cette couche fournissent les remblais nécessaires aux chantiers souterrains, et permettent d'exploiter à ciel ouvert une fraction notable de la houille. Cette exploitation se fait à l'aide de gradins sur lesquels travaillent les équipes d'ouvriers qui abattent le

charbon, pendant que de nombreux wagonnets circulant sur les plates-formes de ces
gradins viennent chercher le charbon abattu pour le conduire aux ateliers de triage
et de lavage. Sur ces gradins on aperçoit des orifices de galeries qui descendent sous
terre en suivant la couche de façon à exploiter le gisement dans la plus grande étendue possible. Mais n'empiétons pas sur la description de l'exploitation souterraine.
Quittons plutôt Commentry pour visiter le superbe chantier de Decazeville.

Decazeville est bien la ville noire par excellence, noire par ses mines, encore plus
noire par ses usines métallurgiques, dont les fumées laissent déposer un voile mono-
chrome sur les constructions et les voies de la cité. Cette ville est située dans un
beau site, non loin des rives pittoresques du Lot, et c'est dans un joli cadre que se
trouvent les mines et les usines. C'est lors de la création de l'industrie métallurgique
dans ce pays, vers 1825, que la production du charbon a pris quelque importance.

Les mines ainsi que les usines sont exploitées, depuis 1892, par la Société de Com-
mentry-Fourchambault. Cette Société a entrepris une étude complète du bassin
houiller de Decazeville, comme elle l'avait fait pour Commentry ; mais c'est là un
travail de longue haleine qui exige de nombreux matériaux empruntés tant à la
science pure qu'à l'exploitation.

Pour le géologue, comme pour le touriste de passage à Decazeville, la grande
attraction, c'est la formation dite de Bourran, qui offre une couche unique d'une
épaisseur considérable, atteignant et dépassant même par place 50 mètres. C'est la
plus épaisse qui existe non seulement en France, mais en Europe. Cette énorme accumulation de houille est recouverte d'une épaisseur relativement faible de terrains
stériles, ce qui permet d'en exploiter à ciel ouvert une fraction importante. Cette
exploitation est ordinairement désignée sous le nom de «découverte de Lassalle», du
nom du château qui s'élevait jadis sur la montagne. Le chantier (fig. 113) consiste
en une vaste tranchée, dont le front n'a pas moins de 200 mètres de hauteur ; et dans
cette tranchée, divisée en gradins, travaillent 700 ouvriers ; mais l'on pourrait en
occuper un nombre plus considérable. C'est un spectacle unique que nous offre ce
gigantesque amphithéâtre, taillé en plein charbon, et sur les gradins duquel se meuvent à l'aise 700 ouvriers, des trains, des chevaux et même des locomotives. Nous
sommes d'ailleurs favorisé dans notre visite non seulement par un soleil ardent, mais
par ce fait que le charbon a revêtu sa plus belle teinte : une pluie d'orage tombée la
nuit précédente a lavé le combustible et l'a débarrassé des efflorescences qui le recouvrent habituellement. Mais il en est de cette montagne de charbon comme des tranchées
de Commentry, il n'en restera bientôt plus que le souvenir. Et si nous en doutions,
il nous suffirait d'écouter notre guide, le chef des travaux de la découverte, qui nous
dit placidement : « Nous avons déjà enlevé une montagne, nous enlèverons encore
celle-ci. » Longtemps nous restons en contemplation devant ce tableau vivant de
l'effort humain, devant tous ces hommes qui peinent et souffrent pour arracher aux
entrailles de la terre le précieux combustible. Pourquoi faut-il que là-bas, sur le bord
de la carrière, un point noir obscurcisse l'horizon. « C'est là, nous dit notre obligeant
compagnon, que ce pauvre Watrin fut tué par les grévistes de 1884 ! » Nous nous
rappelons alors ces grévistes qui, au nombre de 1500, envahirent la maison où se

Fig. 113. — Decazeville : la découverte de Lassalle avec sa couche de charbon de 50 mètres d'épaisseur.

trouvait le malheureux ingénieur, et l'assommèrent à coups de barre de fer après lui avoir fait subir de terribles mutilations. Le supplice de cette victime, dont le seul crime était d'être au service de la Compagnie, dura cinq heures… Tristes souvenirs évoqués et qui ne laissent pas sans inquiétude notre vision de l'avenir.

Nous allions nous éloigner de la « découverte » lorsqu'un coup de clairon retentit, annonçant que la journée est terminée : il est quatre heures. En quelques minutes tous les gradins se vident. Puis un second coup de clairon donne le signal des coups de mine. Quelques ouvriers chargés d'allumer les mèches s'esquivent rapidement ou

Fig. 114. — Explosion d'un coup de mine dans la carrière de l'Ouest, à Commentry.

s'abritent dans un angle de la tranchée : la parole est aux explosifs qui vont entamer la masse compacte du charbon. Des blocs énormes sont détachés et roulent de gradin en gradin, d'autres moins gros sont lancés à une grande hauteur (fig. 114) et viennent s'éparpiller dans la mine. Pour demain les ouvriers ont leur besogne taillée : ils devront ramasser ce charbon et le charger dans les wagonnets.

§ 3. — EXPLOITATION SOUTERRAINE. FONÇAGE DES PUITS ; PROCÉDÉ PAR CONGÉLATION. BAPTÊME DES PUITS. PERCEMENT DES GALERIES. LE BOISAGE. LE LEVÉ DU PLAN ; BOUSSOLE ET THÉODOLITE. UNE VILLE SOUS TERRE. LA PLUS GRANDE HOUILLÈRE ET LA PLUS PETITE MINE DE CHARBON. HOUILLÈRES SOUS-MARINES.

Quand les gisements de houille sont recouverts d'une trop grande épaisseur de terrains stériles l'exploitation à ciel ouvert n'est plus possible, les travaux souterrains s'imposent. Mais avant que de pouvoir exploiter les couches de charbon enfoncées profondément sous le sol, il faut les atteindre. Pour cela il faut exécuter ce qu'on appelle des travaux préparatoires, c'est-à-dire foncer des *puits* verticaux et creuser des *galeries* horizontales, ou plus ou moins inclinées.

Il faut donc commencer par creuser un puits qui permettra de descendre les travailleurs et d'extraire le charbon. En Belgique et dans le Nord de la France le puits est désigné sous le nom de *fosse*, en Angleterre on l'appelle *shaft* ou *pit*. Les obstacles que l'on rencontre pour creuser ces puits varient avec la nature des terrains traversés. Si le sol est dur, formé de grès, par exemple, on avance avec lenteur, mais les parois se soutiennent d'elles-mêmes et n'ont pas besoin de revêtement de maçonnerie ou de fonte. Il peut arriver aussi que l'on se trouve en présence d'une roche très dure que le pic du mineur ne puisse entamer : il faut alors employer la dynamite. Au contraire, si la roche est tendre, friable, de continuels éboulements sont à craindre ; il faut alors boiser ou maçonner le pourtour du puits si l'on veut qu'il résiste à la poussée des terrains. Ce ne sont pas, du reste, les seules difficultés à vaincre ; souvent on tombe sur une nappe d'eau qui peut noyer la mine. Ainsi dans les bassins du Nord et du Pas-de-Calais les nappes d'eau situées entre la surface du sol et la houille sont si abondantes qu'on les a comparées à des mers souterraines. Or, faire un trou dans l'eau n'est pas chose facile. On a réussi cependant à triompher de cette difficulté. Quand les eaux ne sont pas trop abondantes, on se contente de les épuiser au fur et à mesure de leur venue ; puis, on établit des planches épaisses contre les parois du puits de façon à former comme une vaste cuve. Ces planches sont si bien jointes que pas une goutte d'eau ne passe : c'est ce qu'on appelle un *cuvelage*.

On peut encore se servir de l'air comprimé pour refouler l'eau. Mais le procédé le plus pratique, le plus répandu aujourd'hui, est le procédé par *congélation,* indiqué par l'ingénieur Pœtsch vers 1883. Cette méthode consiste à solidifier le terrain en le congelant. Il est intéressant de se souvenir aujourd'hui du profond scepticisme avec lequel les techniciens accueillirent cette idée de geler le terrain afin de pouvoir passer au travers. Cependant les conceptions du savant ingénieur triomphèrent et le fonçage par congélation est devenu pratique. On peut même dire qu'il n'y a pas d'autre moyen de vaincre la difficulté. Voici en quoi consiste le dispositif. On enfonce dans le sol, autour du puits, une série de tubes verticaux traversant la couche aquifère et disposés de manière à constituer une sorte de polygone enveloppant le puits, avec des côtés de 0^m,50 à 1 mètre de longueur. On ferme ensuite ces tubes à la base au moyen d'un bouchon de plomb, et l'on introduit dans chacun d'eux un tube central plus petit pour amener le liquide réfrigérant qui, poussé par une pompe foulante, remonte dans l'espace annulaire compris entre les deux tubes (fig. 115). Le liquide froid s'échauffe dans son trajet aux dépens du terrain dont il soutire en quelque sorte le calorique. De retour à la partie supérieure, il est refroidi sous l'action d'une machine frigorifique à ammoniaque. Au bout d'un certain temps le terrain se congèle autour de chacun des tubes dans une zone qui va aller en grandissant jusqu'à la zone également congelée qui entoure le tube voisin. Le terrain aquifère finit par se prendre en bloc et la mer souterraine devient ainsi une mer de glace qu'on peut attaquer avec le pic. Il n'est pas nécessaire, pour continuer le forage du puits, d'attendre que toute la masse comprise à l'intérieur du polygone des tubes soit prise ; il

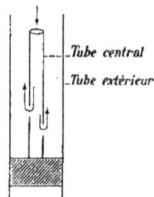

suffit que la zone de glace autour de chaque tube ait rejoint la zone de glace du tube voisin de façon à former une barrière de glace qui interrompt toute communication avec les eaux extérieures. A mesure que le fonçage avance, on place le cuvelage, afin d'éviter la fatigue de la barrière de glace. Pour produire le froid, on se sert d'une dissolution de chlorure de calcium qui ne se solidifie qu'à une très basse température et qu'on refroidit jusqu'à — 25° au moyen de puissantes machines (fig. 116). Ces machines peuvent produire 120 000 frigories à l'heure et permettent d'injecter dans 25 tubes de 60 mètres de longueur des dissolutions réfrigérantes qui congèleront la masse du puits en moins de deux mois.

Pour donner une idée de la puissance de ce procédé nous citerons l'application qu'on vient d'en faire dans les mines de fer d'Auboué (Meurthe-et-Moselle), où un puits de 125 mètres de profondeur et de 5 mètres de diamètre a été exécuté en une année sans accident. Les ingénieurs calculent à l'avance le nombre de frigories que leurs appareils doivent éparpiller dans le sol. Ils dépensèrent ainsi, en cent jours de congélation, 362 519 215 frigories. C'est un véritable hiver artificiel lancé dans les entrailles de la terre.

La profondeur des puits peut atteindre 1 000 mètres et même les dépasser. En France, le puits le plus profond a été creusé par les houillères de Ronchamp (Haute-Saône). Il a 1 010 mètres de profondeur et son diamètre est de 4 mètres. Il est muraillé de haut en bas, et il a reçu, à la traversée de la couche aquifère, un cuvelage en fonte de 90 mètres de hauteur. Il a fallu cinq ans pour le creusement, le muraillement, la pose du cuvelage et du guidage qui doit servir à la descente de la cage.

Voilà donc notre puits creusé, non sans frais énormes, car le fonçage d'un puits de mine coûte toujours plusieurs centaines de mille francs ; si nous ajoutons le coût des machines et des appareils dont le puits est muni, son prix de revient peut s'élever à un et même deux millions !

Cette première étape dans l'installation d'une mine est marquée par une fête : le baptême du puits. C'est un usage répandu dans les houillères de donner un nom de saint au puits qui vient d'être creusé. On choisit ordinairement le nom du saint inscrit au calendrier le jour où commence le fonçage, de telle façon que ce nom sert à rappeler la date de sa naissance. D'autres fois on choisit le nom d'un membre éminent du Conseil d'administration de la mine, ou bien encore celui d'une dame intéressée à l'exploitation. Souvent aussi on se contente d'un numéro d'ordre tout sec, à la façon américaine, et l'on dit les puits nᵒˢ 1, 2, 3, etc. Enfin, il est certains noms qui consacrent les illusions parfois réalisées des exploitants : le puits de l'*Espérance*, de la *Réussite*, de la *Fortune*, etc.

Pour attaquer la masse de charbon que le puits a rencontrée il faut creuser des *galeries*, c'est-à-dire des voies de communication horizontales ou légèrement inclinées. Ces galeries doivent servir à la circulation des mineurs, au transport de la

Fig. 116. — Installation frigorifique pour fonçage de puits de mine par congélation (Machine FIXARY).

houille et à l'aérage de la mine. Comme les puits, elles font partie des travaux préparatoires, que les Anglais et les Américains nomment des travaux morts, *dead works*, parce qu'ils ne rapportent rien. Si les galeries sont creusées dans la couche de houille et descendent avec elle, on les appelle *descenderies*. Si elles sont horizontales on leur donne le nom de *galeries de niveau*, et plus spécialement de *direction* quand elles sont creusées dans le plan même des couches. Si la galerie coupe transversalement les couches, on dit que c'est une galerie à *travers-bancs*. Enfin, c'est une galerie de *roulage* si elle sert au transport de la houille ; d'*écoulement* si elle sert à la sortie des eaux ; d'*aérage* si elle permet l'entrée ou la sortie de l'air. On désigne sous le nom de *fendue* la galerie inclinée qui servait à l'entrée et à la sortie des ouvriers lorsqu'il était interdit de faire circuler ceux-ci dans les puits.

Les difficultés que nous avons signalées dans le creusement des puits se retrouvent dans le percement des galeries, souvent même plus menaçantes. C'est que dans les galeries les roches du toit pèsent de tout leur poids, et quand on traverse des schistes feuilletés qui se renflent par le contact de l'air humide, le toit tend à se réunir au sol. On cite des galeries dans lesquelles un ouvrier pouvait se tenir debout, et où, huit jours après, on ne passait plus qu'en rampant. Il est donc nécessaire de maintenir les roches, d'employer comme on dit un *soutènement* qui empêche les éboulements.

Quand une galerie doit avoir une longue durée, on la revêt ordinairement d'une maçonnerie et non d'un boisage. C'est ainsi qu'est construite la large galerie appelée *bouveau* qui part de la base du puits, et sur laquelle s'embranchent des galeries qui s'éloignent dans des directions différentes, à la façon des rues qui partent d'un boulevard. Certaines mines ont employé des métaux pour les revêtements souterrains ; c'est une méthode qui a des avantages, car la matière première employée est inusable, mais elle a aussi des inconvénients à cause de la complète raideur du fer.

Lorsqu'on perce une galerie, même dans un terrain peu solide, on peut avancer de plus d'un mètre sans aucun soutènement, et boiser ensuite à mesure qu'on avance.

Si les quatre faces de la galerie ont besoin de soutènement, il faut y établir ce qu'on appelle un boisage complet, composé de *cadres* et de *garnissages*. Chaque cadre complet a la forme d'un trapèze et comprend quatre pièces : le *chapeau*, placé au faîte de la galerie ; deux *montants* un peu inclinés pour diminuer la portée du chapeau ; enfin une *sole* ou *semelle*, placée sur le sol et servant de base aux montants. L'espacement des cadres dépend de la poussée des terrains ; il varie, en moyenne, de $0^m,65$ à $1^m,30$. On soutient alors les parties de la roche laissées à découvert entre les cadres à l'aide de fortes planches ou mieux de bois ronds refendus (fig. 118). Il reste ensuite à chasser des coins entre ces garnissages et les cadres afin de donner à l'ensemble du boisage une certaine tension contre les parois et d'empêcher, par suite, les mouvements partiels, causes ordinaires des ruptures. Souvent, en effet, la pression du terrain ne tarde pas à rompre les bois, qui plient d'abord, puis se cassent vers le milieu. Il devient alors nécessaire de les remplacer au plus tôt, pour prévenir les dangers d'éboulement. Du reste, dans l'intérêt des mineurs on les oblige à boiser solidement chaque jour les galeries où ils travaillent. C'est une besogne nécessaire pour assurer la sécurité de l'ouvrier, car l'éboulement des galeries mal étayées est une des causes les plus fréquentes de catastrophe. Dans ces accidents, si la victime n'est pas horriblement écrasée, elle court le risque d'être enfermée, loin de tout secours, dans une cavité où elle périra de la mort la plus affreuse.

Pour exprimer que la pression des terrains peut produire des éboulements, les mineurs emploient une expression pittoresque, ils disent que « le charbon est lourd » !

Comme il est impossible, en général, de calculer l'effort que les bois auront à supporter, il est prudent de les multiplier afin de prévenir tout accident qui pourrait résulter de leur altération. Les bois dont on se sert sont rarement équarris. On se borne à les écorcer et à les couper aux longueurs voulues : on les débite, suivant l'emploi auquel on les destine, en rondins ou demi-rondins. L'outil de l'ouvrier boiseur est plutôt la hache que la scie, car les entailles de scie semblent favoriser la pourriture. Pour conserver les bois on les imprègne de matières antiseptiques qui

Fig. 117. — Ouvriers occupés au boisage et au pelletage de la houille.

varient avec les essences de bois : ainsi le sulfate de cuivre conserve bien le chêne et le hêtre, tandis que le pin est mieux conservé par la créosote. Cette précaution est utile, car l'air chaud et humide des galeries favorise le développement des champignons et active la fermentation du bois. Les bois de sapin et de châtaignier sont particulièrement employés en France.

Les dimensions des galeries de mine ne dépassent pas deux mètres pour la hauteur et deux mètres et demi pour la largeur ; encore cette dernière dimension n'est-elle usitée que pour des galeries de roulage où s'opère un mouvement important. Il existe dans certaines mines, en Angleterre par exemple, des galeries de grandes dimensions pour l'écoulement des eaux ; en plusieurs endroits on a même utilisé ces cours d'eau souterrains pour le transport de la houille.

Quand les puits ont été foncés, les galeries percées et boisées, les machines d'extraction installées à la surface, la mine est ouverte, prête à entrer en exploitation. Mais c'est déjà au prix de plusieurs millions de francs que ce résultat a été obtenu. Sans parler des sondages toujours très coûteux, un puits dont la profondeur varie de 4 à 600 mètres, comme dans le Pas-de-Calais, a déjà coûté deux millions ; il faut ensuite établir les galeries, qui peuvent avoir plusieurs kilomètres de longueur et dont le prix peut s'élever à 200 francs par mètre. Voilà donc des millions immobilisés et à tout jamais engagés.

En résumé, une houillère comprend habituellement, à la base du puits, un réseau compliqué de galeries horizontales. Cet étage inférieur sert au roulage du charbon et à l'entrée de l'air qui vient par le puits. Ordinairement il se trouve au-dessus un étage supérieur composé également de nombreuses galeries qui drainent l'air venant des chantiers placés au-dessous. Des plans inclinés montent de l'étage inférieur à l'étage supérieur, et le long de ces plans on ouvre des voies horizontales de distance en distance. D'innombrables galeries découpent donc la veine en un grand nombre de massifs. Enfin il existe parfois entre deux galeries horizontales des galeries qui suivent la pente de la couche de houille et qui portent le nom de *cheminées* ou *remontées*. Il en résulte que la masse du terrain où l'on établit une mine est percée en tous sens.

Toutes ces galeries ont reçu des noms ou des numéros ; on a procédé pour elles comme pour les puits, on les a baptisées ou numérotées. Les unes sont longues, larges, bien aérées et solidement boisées ou muraillées : c'est le beau quartier de cette cité souterraine. Les autres sont étroites, tortueuses, basses, mal aérées et boisées légèrement : c'est comme le vieux quartier de cette ville noire. Et dans cette cité du charbon, qui est comme un labyrinthe, comment retrouver son chemin, comment reconnaître la position exacte des divers chantiers, comment tracer nettement dans la bonne direction une galerie nouvelle, comment en un mot dresser un plan de la mine ? C'est l'ingénieur qui est chargé d'établir la carte détaillée des travaux, de telle sorte qu'il peut dire à chaque instant quel est l'état exact de son exploitation.

On conçoit que c'est là une besogne délicate si l'on pense qu'une opération topographique faite à la surface du sol est déjà difficile. Pour triompher des obstacles que l'on rencontre dans la mine, on a recours à deux instruments, à la boussole ou au théodolite. De même que la boussole permet au marin de se diriger en pleine mer, elle donne au mineur le moyen de s'orienter sous terre. On sait, en effet, que l'aiguille aimantée de cet instrument a la précieuse faculté de regarder partout le pôle, sauf une variation angulaire connue pour chaque localité ; la direction de l'aiguille offre donc une ligne mathématique à laquelle on peut rapporter toutes les directions observées. Malheureusement l'usage si facile de la boussole présente un inconvénient : c'est que l'aiguille est troublée dans sa direction par les objets en fer situés dans le voisinage, par les rails, par les conduites d'air ou d'eau. Il est donc nécessaire d'enlever ces objets, sinon la lecture de l'angle donné par l'aiguille sera entachée d'erreur et pourra être cause de graves mécomptes dans l'exploitation. Simonin, dans son beau livre sur *La vie souterraine*, raconte avoir connu un vieil ingénieur qui, pour éviter ces inconvénients, faisait couvrir les rails d'un paillasson ou d'un tas de menu charbon, croyant ainsi mettre la boussole à l'abri de l'action du fer. Et cependant, ce brave homme qui avait oublié les leçons de magnétisme qu'il avait jadis reçues à l'école, n'oubliait jamais de demander à ses aides s'ils s'étaient munis de lampes en cuivre, et s'ils n'avaient pas gardé sur eux un couteau ou une clef.

Pour parer à ces inconvénients, les ingénieurs se servent des mêmes instruments qu'à la surface, par exemple du théodolite (fig. 118). L'appareil donne à la fois des angles de direction et d'inclinaison ; d'autre part, on mesure avec la chaîne d'arpenteur la distance entre deux stations. En somme, sous terre comme à la surface, tout le levé des plans est là : mesurer des angles et des longueurs pour construire des triangles, dont les côtés et les angles inconnus répondent aux longueurs et aux directions que l'on cherche ; de là le nom de triangulation donné à cette opération.

En procédant ainsi pour chaque galerie, on obtient le plan de la mine ou projection horizontale de tous les travaux, et la coupe ou projection verticale, avec les différences de niveau de tous les points de l'exploitation.

Quel que soit le procédé employé, c'est toujours une opération délicate que le levé d'un plan souterrain. Quand on se sert de la boussole, on travaille de nuit et on enlève les rails des galeries. Dans les travaux délicats, on emploie le théodolite. On effectue souvent le percement d'une galerie de plusieurs points à la fois, comme pour les tunnels ; ou bien encore on trace une galerie qui doit rencontrer un puits ou une autre galerie ; ou bien enfin on peut prolonger un puits dont on n'arrête pas le service en creusant un puits intérieur au-dessous du premier, de telle façon que les deux ouvrages se raccordent exactement. Dans tous ces travaux, il suffit d'une légère déviation dans la direction pour empêcher deux galeries de se rencontrer, ou un puits et une galerie de se joindre.

Fig. 118. — Levé de plan au théodolite dans une galerie de mine.

Les ingénieurs mettent un point d'honneur à ce qu'une pareille mésaventure ne se produise pas.

Tous ceux qui ont visité l'Exposition des mines, en 1900, ont pu voir quel soin méticuleux les ingénieurs apportent dans l'établissement des plans des exploitations. C'est sur un tel plan que l'ingénieur trace sa base d'opération et médite, comme un capitaine sur sa carte. C'est le plan qui indique le cube de charbon extrait et celui qui reste à extraire : c'est lui qui est le révélateur du passé et de l'avenir de la mine ; c'est sur lui aussi que les tribunaux basent leur décision dans les procès entre mines voisines. Pour toutes ces raisons, on comprend l'importance du levé des plans souterrains. Aussi, dans la plupart des mines, un ingénieur spécial est-il chargé du service géométrique avec toute une brigade d'opérateurs pour le seconder.

Assurément, toutes les mines n'ont pas la même importance. Voici deux exemples extrêmes : la plus grande houillère et la plus petite mine de charbon. En France, les exploitations d'Anzin et de Lens sont parmi les plus grandes ; mais c'est aux États-Unis, dans le comté de Somerset, que se trouvent les houillères les plus considérables. En cet endroit où, il y a quelques années, existait une ferme, s'élève maintenant la ville de Windber, qui compte plus de 15 000 habitants. Une compagnie s'assura le droit d'exploitation sur 180 kilomètres carrés ; elle y installa des machines, se relia par un chemin de fer à une grande ligne, organisa dans ses mines l'éclairage et la traction électriques, se servit de machines-outils pour l'abatage du charbon, et fournit environ 20 000 tonnes de houille par jour.

Quant à la plus petite mine de charbon de France, elle est située à Hardinghen (Pas-de-Calais) ; c'est une mine lilliputienne dont le charbon est extrait par le propriétaire lui-même, qui est le frère d'un peintre célèbre. Fait curieux : l'extraction de la houille y fut commencée par Jacques Desandrouin, le même qui devait découvrir une des plus grandes houillères du monde, celle d'Anzin.

Nous avons parlé de mines de charbon exploitées à ciel ouvert et de mines souterraines ; mais il existe aussi des houillères sous-marines. L'Angleterre possède, en effet, un certain nombre de mines dont l'exploitation se fait sous la mer. Une bonne partie des mines de Cumberland et de Cornouailles sont dans ce cas ; de même dans le Durham et le Northumberland. Dans ces exploitations situées à quelques centaines de pieds au-dessous de l'océan, le travail se fait avec une sécurité presque parfaite. Pourtant des désastres se sont parfois produits comme en 1827, près de Wokington, où la mer effondra le plafond de la mine et noya un nombre considérable d'ouvriers.

Sans vouloir exposer ici les lois qui régissent la recherche, l'exploitation et la concession d'une mine, ce qui sortirait de notre compétence, nous croyons cependant bon de dire que la loi française établit une distinction quelque peu subtile entre les mines, les minières et les carrières. Les mines sont *res nullius*, c'est-à-dire n'appartiennent à personne jusqu'au moment où l'État les concède. Au contraire, les minières et les carrières appartiennent au propriétaire du sol. On sent combien il est difficile d'établir une démarcation nette entre ces catégories : aussi dans la pratique, est-ce l'arbitraire qui décide que l'État peut concéder la houille, l'asphalte, le bitume, le soufre, le sel gemme, tandis que les phosphates, la baryte ou la strontiane sulfatée, les borates, les nitrates, les ardoises, les kaolins, les marbres, les pierres à plâtre ne peuvent être concédés. Les minières, qui sont intermédiaires entre les mines et les carrières, comprennent exclusivement « les minerais de fer dits d'alluvion, les terres pyriteuses, propres à être converties en sulfate de fer, les terres alumineuses et les tourbes ». L'intervention de l'administration ne prend réellement de l'importance que pour les mines. Dans ce cas, les recherches qui doivent précéder la demande en concession sont faites avec ou sans l'autorisation du propriétaire, en vertu d'une autorisation du gouvernement. C'est seulement après que le résultat de ces recherches est connu que le Conseil d'État délibère sur la demande en concession.

B. LES MINEURS

Nous avons dit que la mine était une sorte de ville souterraine enfoncée à plusieurs centaines de mètres de profondeur. Mais elle est aussi une sorte de grand organisme dont les intestins sont les galeries creusées dans tous les sens, dont la respiration est assurée par les puits et les ventilateurs, dont la circulation est marquée par les bruits rythmiques des machines. C'est le fonctionnement de cet organisme que nous allons décrire, en insistant sur les organes les plus actifs, sur les mineurs. Les mineurs de charbon, les houilleurs, comme on les appelle encore, constituent dans les nations civilisées un corps considérable de l'armée industrielle. On en compte plus de 700 000 en Angleterre, autant aux États-Unis, et chez nous environ 160 000. Ce sont ces ouvriers des ténèbres que nous voudrions voir dans leur travail, dans le combat journalier qu'ils livrent à la nature. C'est dans ce milieu que se sont développées les qualités de ces hommes condamnés à un implacable labeur, et qui, toute leur vie, peineront pour achever leur tâche, sans jamais y parvenir. Eux disparus, d'autres arriveront qui les remplaceront et continueront cette besogne de Danaïdes. La fosse, c'est souvent le nom sous lequel on désigne le puits, réclame son tribut de labeur humain ; et, il y a quelques années à peine, elle ne se contentait pas d'exiger des hommes adultes aux muscles solides, il lui fallait encore à cette ogresse les membres grêles des enfants et la douceur de la mère qui, forcée d'abandonner ses petits, venait s'atteler aux berlines comme une bête de trait ! Le gouffre était gourmand, il voulait tout ; il lui fallait « cette sève humaine de laquelle son glouton appétit fait le chyle de ses activités ; ni l'âge, ni le sexe n'ont raison de ses exigences inapitoyées ; et femmes, hommes, enfants vont se fondre à son gésier, comme le charbon aux gueules de ses fours ». Heureusement la mine est aujourd'hui moins vorace ; elle n'est pas le milieu infernal que l'on pense ; et si nous avons tous une tendance à la voir encore ainsi, c'est que nous la regardons à travers nos souvenirs littéraires ou nos opinions politiques. Notre but sera donc, dans la description que nous allons faire du travail des mineurs, de détruire les légendes et les superstitions qui ont cours sur ce sujet et que des touristes exaltés ou des écrivains fantaisistes ont contribué à propager. Sans doute le côté dramatique y perdra, mais la vérité nous est encore plus chère.

Donc, nous allons suivre le mineur sur son champ de bataille, descendre avec lui dans la mine, le voir à l'abatage du charbon et assister à la lutte qu'il va soutenir contre le feu, l'eau, le grisou, etc. Puis, enfin, nous dirons les différentes manipulations que subit le charbon depuis qu'il a été arraché à la veine par le pic du mineur,

Fig. 119. — Le groupe des *Mineurs*, de la façade du Palais des Mines et de la Métallurgie, à l'Exposition universelle de 1900 (M. Misery, sculpteur).

jusqu'au moment où il arrive sur le carreau de la mine prêt à être vendu aux consommateurs.

§ 1. — UNE VISITE CHEZ LES CYCLOPES MODERNES. UNE DESCENTE DANS LE PUITS : LES ANCIENNES ÉCHELLES ; LES ÉCHELLES MÉCANIQUES ET LES CAGES GUIDÉES. L'INVENTEUR DU PARACHUTE. L'ÉVITE-MOLETTES. ÉBOULEMENT D'UN PUITS.

Rien de plus impressionnant ni de plus instructif qu'une descente dans la mine. Il est, en effet, peu de voyages capables de laisser dans l'esprit des souvenirs aussi

durables. On a souvent dit que c'était toujours avec un vif plaisir que le mineur
« amateur » remontait au jour, heureux d'être sorti de cette situation angoissante.
En tout cas, si cet amateur demande rarement à retourner dans la mine, il est un
fait certain, c'est que l'incessante activité qui règne dans ce milieu laisse une impres-
sion profonde. Le va-et-vient des cages montantes et descendantes, la rauque symphonie des machines, les sonneries qui signalent le départ et l'arrivée des cages, le tonnerre des wagons qui descendent les plans inclinés, le roulement des bennes sur les
rails, tout cela lance dans l'espace une prodigieuse clameur qu'on ne saurait oublier.

Fig. 120. — Ensemble de la fosse n° 9 des Mines de Lens.

Visitons donc une de ces exploitations modernes dans lesquelles les ingénieurs,
toujours à l'affût des découvertes scientifiques les plus récentes, s'efforcent de faire
progresser leur industrie et d'améliorer la situation de l'ouvrier en rendant sa tâche
moins pénible. Si nous choisissons les mines de Lens, que nous avons eu l'occasion
d'observer de près, nous trouverons autour de la ville 12 fosses comprenant un ensemble de 17 puits, dont 15 d'extraction et 2 d'aération. Chaque fosse (fig. 120)
comprend une vaste construction qui abrite l'orifice du puits et qui est surmontée
d'une sorte de campanile. Autour de ce bâtiment se groupent des maisons aux toits
rouges : ce sont les habitations des mineurs. En approchant de la fosse, nous apercevons au-dessus du chevalement qui domine le bâtiment deux gigantesques poulies
de 4 à 6 mètres de diamètre, et qu'on appelle les *molettes*. Sur ces poulies s'enroule

un câble de plusieurs centaines de mètres de longueur et prêt à se dérouler dans les profondeurs de la fosse. Ce câble, qui est d'acier ou, plus souvent, d'aloès, a une épaisseur moyenne de 24 millimètres et une largeur de 20 centimètres ; son poids, qui varie avec sa longueur, peut atteindre 10 000 kilogrammes. A son extrémité est accrochée au bout de quatre chaînes une énorme cage en acier, haute de plusieurs mètres et lourde de plusieurs milliers de kilogrammes. C'est dans cette cage que descendent les mineurs et que monte la houille ; c'est dans cet appareil que nous allons prendre place. Toutefois, avant de plonger dans les ténèbres, il nous faut subir une opération : nous devons revêtir le costume du mineur, qui se compose d'un vêtement de toile bleue serré autour de la taille avec une corde,

Fig. 121. — Mineur coiffé du « béguin » et de la « barrette ».

d'un béguin de toile pour protéger les cheveux contre la poussière, enfin de la *barette* (fig. 121), chapeau rond à larges bords et en cuir épais, destiné à préserver la tête des

Fig. 122. — Lampisterie d'une fosse (Mines de Lens).

chocs. Une fois ce costume endossé, nous nous dirigeons vers la lampisterie (fig. 122), pièce vitrée où sont alignées des centaines de lampes préparées pour la descente. Au guichet, on nous remet une lampe variant avec la mine dans laquelle nous allons des-

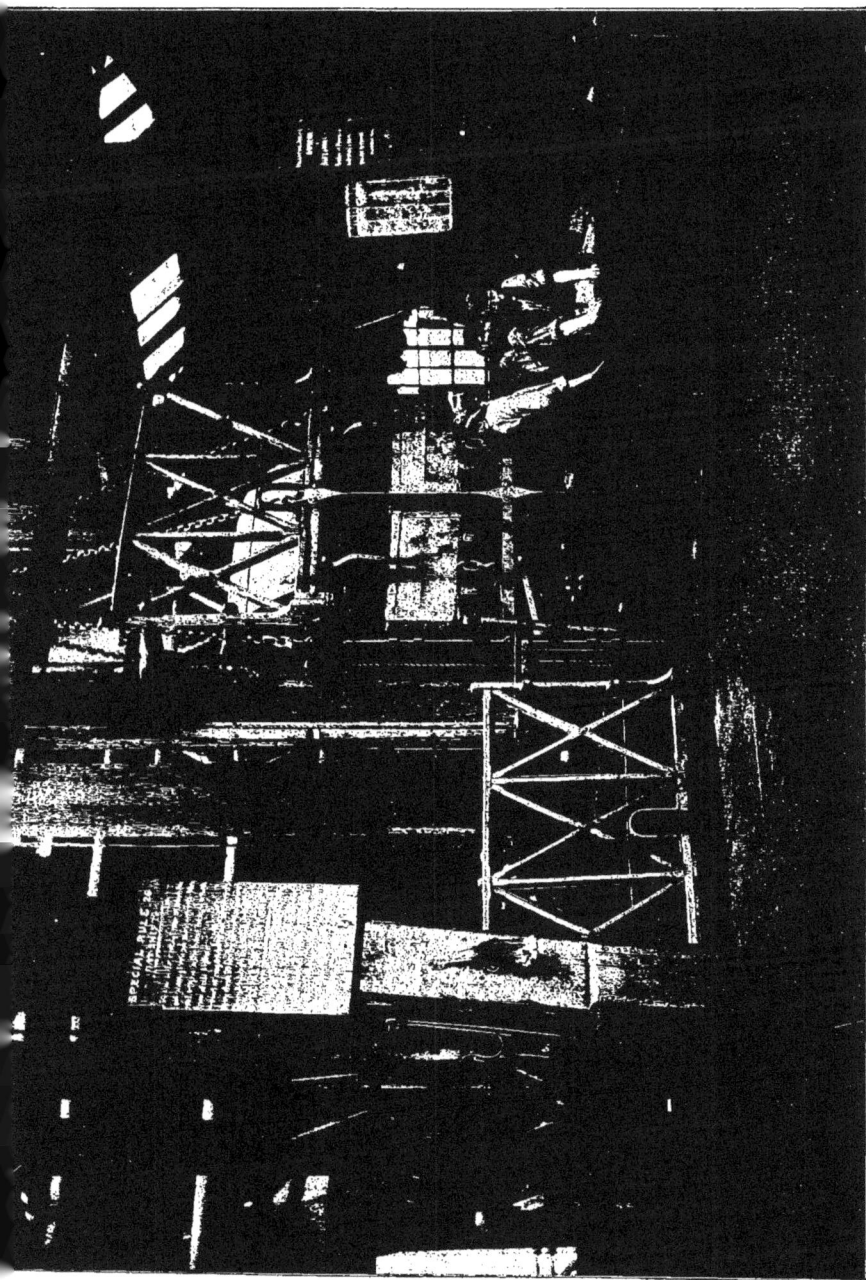

Fig. 123. — Accrochage dans les mines de Wigan (Angleterre). On voit la cage, ses deux étages, son toit et les quatre chaînes qui la suspendent.

cendre : si la mine est grisouteuse, on nous donne une lampe de sûreté ; si la mine ne contient pas de grisou, nous prenons une petite lampe à feu nu que nous fixons à l'aide d'un clou à la barrette. Ainsi équipé, et guidé par un ingénieur, nous montons au premier étage du bâtiment ; là, nous trouvons, à côté de l'orifice du puits, une puissante machine qui peut atteindre la force de 3 000 chevaux. Sur cette machine, le mécanicien, debout à la barre de mise en train, écoute les sonneries des signaux, et ne quitte pas des yeux le tableau indicateur où le puits est figuré avec ses étages par un sillon vertical que parcourent des plombs pendus à des ficelles et représentant les cages. En face de nous se trouve la cage, qui a parfois trois étages, plus souvent deux, recevant chacun deux berlines placées bout à bout. Ces berlines sont des sortes de petits wagonnets en tôle d'acier avec roues en acier et pesant environ 200 kilogrammes. Une telle cage pourra monter, de 500 mètres de profondeur, environ 6 000 kilogrammes de charbon en une minute. La partie supérieure de la cage est protégée par un toit qui garantit de la chute des corps solides ; ses faces latérales sont garnies de tôles et de grillages. La cage est guidée par des tiges de fer appelées *longrines* et établies suivant la verticale ; ce *guidage* constitue un véritable chemin de fer vertical. Nous prenons place dans une des berlines que des ouvriers ont poussées dans les divers compartiments de la cage. Un coup de cloche et la machine se met en marche. Le câble nous soulève un peu comme pour prendre possession de nous, puis les accrocheurs enlèvent les taquets qui soutenaient la cage et le mécanicien attaque en grande vitesse. Brusquement nous plongeons dans l'abîme avec une rapidité vertigineuse. Nous avons alors cette sensation pénible du vide, du « sol qui manque », tandis que la descente s'effectue au milieu de sensations confuses et d'involontaires appréhensions. Nous continuons de descendre avec une vitesse de 500 mètres environ par minute, soit de 30 kilomètres à l'heure : et cependant nous ne savons plus si la cage monte ou descend. C'est alors que le souvenir des anciens puits, si dangereux, nous revient à l'esprit ; nous nous rappelons l'accident du puits Couchoud, à Saint-Étienne, où le câble se rompit et précipita la cage contenant 16 hommes à 800 mètres de profondeur ! Enfin, nous sommes arrivés, la cage s'arrête sans secousse. Deux coups de sonnette pour avertir le mécanicien ; les « taqueurs » du fond saisissent la berline, la tirent hors de la cage, tandis que nous nous levons et mettons pied à terre dans la salle de l'*accrochage*. De là, les berlines vides sont dirigées vers les chantiers d'abatage du charbon, d'où elles reviendront ensuite chargées de houille pour être remontées au jour.

L'activité est grande aux abords du puits. Au milieu du vacarme causé par le choc et le roulage des berlines, par le clichage de la cage et par les sonneries, quelques minutes ne sont pas de trop pour retrouver ses sens et en particulier celui de la vue. On éprouve, en effet, une pénible sensation d'obscurité, et quelques instants sont nécessaires pour accoutumer l'œil à ce noir, piqué seulement çà et là de quelques points lumineux. Peu à peu la vision s'améliore, surtout si, comme à Lens, la salle d'accrochage est éclairée à l'électricité ; on y voit alors suffisamment pour pénétrer dans les galeries plus profondes. Pendant ce temps un certain malaise est disparu qui était causé sans doute par la buée et l'air chaud qui nous oppresse. Nous devons à la vérité de dire que nous n'avons pas toujours éprouvé cette sensation, car dans les mines bien aérées aucun malaise de ce genre ne se fait sentir. Avant de nous engager plus loin, voyons les progrès faits depuis quelques années dans l'installation des puits.

Le temps n'est pas bien éloigné, — il y a cinquante ans à peine, — où le mode d'extraction du charbon et de transport des mineurs était des plus primitifs. La cage n'existait pas, et le poste d'ouvriers gagnait le fond par des échelles placées dans un puits spécial. Ces échelles, établies le long de la paroi du puits dans une sorte de cheminée, étaient hautes de 7 à 8 mètres et reposaient sur des paliers établis de place en place et percés d'un trou pour le passage d'un homme. Dans la montée, on se hissait à la force des poignets ; aussi l'on juge ce qu'il fallait d'énergie à ces ouvriers qui devaient, après une rude journée de fatigue, remonter aux échelles, dont la longueur atteignait parfois 600 mètres. Non seulement, par ce procédé des échelles, l'ouvrier se fatiguait et s'exténuait, sans produire de travail utile, mais il perdait beaucoup de temps. Sans compter qu'il pouvait lâcher prise, et d'échelle en échelle aller se broyer au fond, heureux s'il ne renversait pas d'autres mineurs sur son passage.

Dans les mines métallifères on a recours à des *échelles mécaniques* mises en mouvement par des machines. C'est dans les mines métallifères du Harz, en Allemagne, que ces échelles ont commencé à être utilisées il y a plus de cinquante ans ; mais aujourd'hui on les emploie en Angleterre, en Belgique et en France dans nombre de mines dont la profondeur dépasse 600 mètres. En Allemagne, on les appelle *fahrkunst* (chemins mécaniques) ; en Angleterre, *men engines* (machines à hommes) ; en Belgique. *warocquières*, du nom de l'ingénieur belge Warocquié qui les a perfectionnées et leur a donné leur forme définitive. Les ouvriers français assez rebelles aux appellations exotiques les désignent volontiers sous le nom de *machines à monter*. Voici en quoi consistent ces appareils : deux tiges de bois (fig. 124) courent verticalement sur toute la hauteur du puits et reçoivent des mouvements inverses de la part d'une machine placée à la surface, c'est-à-dire que l'une des tiges s'abaisse pendant que l'autre s'élève. De distance en distance ces tiges sont munies de marchepieds et de poignées pour les mains. Après les mouvements des deux tiges, survient un temps d'arrêt pendant lequel le mineur passe du marchepied d'une tige sur le marchepied de l'autre. Nouveau mouvement en sens contraire, transport par suite du mineur dans le même sens que pendant le premier parcours. Puis il passe de nouveau sur l'autre tringle, et ainsi de suite. Le mouvement est réglé de telle façon que l'ouvrier s'élève ou s'abaisse de deux mètres à chaque oscillation, et cela sans fatigue. Des paliers lui permettent de s'arrêter de temps en temps. De cette manière

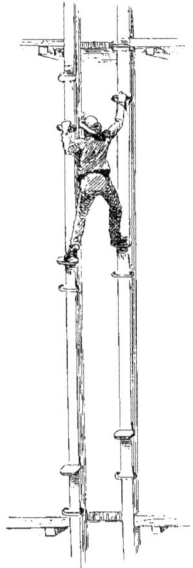

Fig. 124. — La machine à monter.

l'ouvrier, pour atteindre le fond ou le jour, met un peu plus de temps que par la cage, mais beaucoup moins que par les échelles fixes.

On a construit sur le principe de ces échelles mécaniques des appareils pour extraire le charbon ; dans ce cas la benne passe automatiquement d'un palier sur un autre. Il est probable que c'est à des appareils de ce genre que l'on devra avoir recours si l'on essaye un jour d'exploiter les houillères à de très grandes profondeurs, car pour une aussi grande longueur les câbles ne pourront plus résister à leur propre poids.

Fig. 125. — Ancien procédé de circulation dans une tonne munie d'un toit.

Le danger de circuler par les échelles est moindre à coup sûr que le danger auquel les mineurs étaient exposés quand ils descendaient par le puits à l'aide de bennes ou de tonnes simplement accrochées à un câble et non guidées. Les uns se tenaient dans la benne les autres debout sur la tonne (fig. 125) ; mais tous étaient exposés aux plus terribles accidents, soit par les chocs contre les parois du puits, soit par la rencontre des tonnes qui pouvaient s'accrocher et se renverser. Pour garantir contre la chute des pierres la tonne était surmontée d'un toit qui avait été baptisé du nom de *parapluie*, alors qu'il méritait mieux celui de *parapierre*.

Encore aujourd'hui, dans certaines mines, le mineur pénètre dans le puits assis sur un bâton ou sur une boucle de câble. On a aussi employé, en Angleterre, des étriers sur lesquels l'ouvrier se tient debout en serrant le câble de ses mains. Mais tous ces procédés sont dangereux. Aussi que d'accidents, que de drames sont survenus dans les puits ! Et l'on comprend que pendant longtemps l'administration ait presque partout défendu le passage des hommes par les puits.

Mais peu à peu des perfectionnements ont été apportés. Les puits furent munis de guides, c'est-à-dire d'un double chemin vertical, le long duquel montent et descendent les cages. Tombe-t-il une pierre, un outil, une pièce de bois ? Le toit de la cage est là qui préserve les hommes et le matériel. Restent la rupture du câble et par suite la chute de la cage. C'est alors qu'apparaît l'inventeur du parachute. Les progrès accomplis dans l'industrie des mines ne sont pas l'œuvre exclusive des ingénieurs ; sans doute ces hommes de science ont apporté la plus large contribution à ces perfectionnements, car c'est à eux que nous devons la plupart des puissantes et ingénieuses machines qui ont permis de rendre moins pénible le travail tout en lui donnant plus de sécurité. Toutefois, nous sommes heureux de le dire, il sort parfois du rang des humbles, des hommes qui, par leurs qualités naturelles, savent aussi être les bienfaiteurs de leurs semblables. Tel fut le mineur Fontaine, né à Bruay vers 1820. Fils de mineur et sans la moindre instruction, il montra dès son jeune âge un caractère fortement trempé. A onze ans, avec une intelligence et un courage peu ordinaires, il aide à retirer son père d'un éboulement. A vingt ans, grièvement blessé dans un accident de mine, il doit rester trois ans couché ; mais il profite de ce repos forcé pour apprendre à lire et à écrire. Guéri, mais demeuré infirme, il est obligé de renoncer à son métier. On lui confie alors un emploi de surveillant dans un magasin de bois de la compagnie. Poste modeste, mais qui lui laissait des loisirs pour l'étude. Il étudia si bien qu'il réussit à construire l'appareil dont l'idée germait en lui depuis longtemps. Ce ne fut pas chose facile que cette construction faite en cachette ; il risquait même parfois d'être pris pour un voleur, car il emportait précieusement chaque soir, sous sa veste, les pièces de son modèle, taillées au couteau. Bref, il apporta un jour à ses chefs un petit appareil de son invention : c'était un parachute qui devait quelques années après transformer les charbonnages. Il a pour but, en cas de rupture du câble, de retenir la cage suspendue aux parois du puits, au lieu de la laisser précipiter au fond. Les deux figures 126 en feront bien comprendre le mécanisme. Le câble vient-il à se briser ? Immédiatement un ressort placé au-dessus de la cage et comprimé par la tension du câble, se détend. Ce ressort commande une traverse qui porte à chaque extrémité une griffe d'acier. Ces griffes pénètrent alors profondément dans le bois des guides

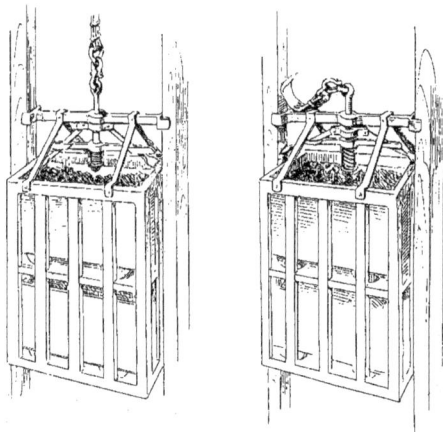

Fig. 126. — Cage d'extraction et parachute Fontaine.

et la cage reste suspendue, permettant alors de procéder au sauvetage. Ces parachutes ou d'autres fondés sur le même principe se sont rapidement étendus à toutes les exploitations.

Évidemment, Fontaine en construisant son parachute n'avait en vue que de protéger la vie de ses camarades, mais sa découverte devait avoir un bien autre effet. Les tonnes furent remplacées par les cages guidées qui descendent et montent avec la vitesse d'un train express. Une minute suffit pour parcourir 600 mètres verticalement, et si la corde casse, la cage reste fixe. Aussi, que d'accidents évités, que d'ouvriers sauvés ! Il est donc bien naturel que Fontaine ait aujourd'hui sa statue (fig. 127) sur une des places d'Anzin.

Un autre accident qui peut survenir est le suivant : par suite de l'inattention du mécanicien, la cage, au lieu d'être arrêtée à l'orifice du puits, continue son chemin et grimpe jusqu'aux molettes en produisant un choc capable de détruire à la fois le câble, la cage et les molettes. Pour éviter cet accident on emploie ce qu'on appelle l'*évite-molettes*, qui, automatiquement. agit sur la machine motrice. On dispose pour cela, à la hauteur que la cage ne doit pas franchir, un taquet qui actionne les organes de la machine à vapeur, en fermant le régulateur d'admission et en faisant fonctionner le frein à vapeur. M. Reumaux, directeur des mines de Lens, a imaginé un intéressant dispositif de sûreté : grâce à un obturateur qui fonctionne à chaque ascension, si le mécanicien oublie de fermer son modérateur, la vapeur est coupée et la machine s'arrête.

Nous n'en finirions pas s'il fallait décrire tous les accidents qui survenaient dans les puits de mine et tous les efforts qui ont été faits pour empêcher leur retour. Disons cependant que ces accidents ne sont pas toujours mortels. C'est ainsi qu'en 1890, dans la mine de Montrambert, à Saint-Étienne, un ouvrier était précipité, avec une berline qu'il poussait devant lui, dans un puits profond de 100 mètres, sans s'être fait la moindre contusion. Il y avait au fond du puits 0^m,80 d'eau et un peu de boue, mais il y avait la berline qu'il poussait devant lui et qui l'avait précédé. Ses vêtements ont-ils fait parachute par l'air qui s'est engouffré dans la veste de toile qu'il portait ? C'est possible. En tout cas, sa chute a été assez rapide et cependant il est arrivé au fond sans aucun étourdissement. Dans d'autres cas, ce sont des hommes qui se sont sauvés soit en se retenant aux boisages, soit en tombant directement dans le réservoir des eaux, où ils nageaient en attendant qu'on vînt à leur secours.

Fig. 127. — Monument élevé à la mémoire de Fontaine, à Anzin.

De toutes les catastrophes dont les puits sont la cause, la plus à redouter est celle qui amène l'obstruction du puits lorsque la mine n'a que cette issue. En voici un exemple : en 1862, à Hartley (bassin de Newcastle), un balancier de pompe se brise, tombe au fond du puits, entraînant huit hommes qui remontaient par la cage. Sous le choc de cette masse qui pesait 20 000 kilogrammes, le puits s'était éboulé en plusieurs points, les boisages rompus s'étaient accumulés, et le tout avait fermé la seule issue par où les mineurs auraient pu s'échapper. Deux cent quatre ouvriers et quarante chevaux périrent dans cet accident. Il est probable que le manque d'air asphyxia rapidement toutes ces victimes qui n'eurent pas à subir les horreurs de la faim.

Nous ne pouvons pas clore cette énumération sans parler de l'éboulement du puits de Marles (Pas-de-Calais), survenu en 1866. L'ingénieur de la mine s'aperçut un jour que les cages ne pouvaient plus circuler dans les guides parce que le cuvelage avait subi, à la profondeur de 56 mètres, une sorte de torsion : les joints du cuvelage s'ouvraient, et des fuites se produisaient. Rapidement tout le personnel fut remonté ; on ne laissa dans la mine que les chevaux, au nombre de vingt-sept. Des hommes courageux essayèrent vainement de masquer les fuites ; il s'en produisit de nouvelles et pendant deux jours on n'entendit que les craquements du cuvelage, les éboulements des terres et la précipitation des eaux dans la mine. Malgré les efforts des ingénieurs et des ouvriers, bientôt se produisit l'éboulement final creusant à la surface du sol une ouverture immense ayant 35 mètres de diamètre sur 10 mètres de profondeur. Charpentes, machines, bâtiments, chaudières, tout était descendu dans ce trou. Ce fut un grand sinistre pour la compagnie, mais, heureusement, il n'y eut aucune victime parmi les mineurs.

Continuons notre visite et pénétrons dans les galeries. L'activité qui régnait aux abords du puits disparaît à mesure que nous nous éloignons. Silence presque absolu, Nous ne rencontrons plus personne. Attention ! regardons bien les traverses du chemin de fer sur lesquelles nous marchons, mais n'oublions pas le boisage de la voûte contre lequel notre tête pourrait se heurter. Décidément le chapeau de cuir a du bon. « Garez-vous ! » me crie mon guide. C'est un train de berlines qui passe, tiré par un cheval que conduit un ouvrier assis sur le premier wagonnet. Je quitte mon refuge ; mon compagnon est déjà loin, car il est habitué à ces voyages souterrains. Des coups sourds et répétés nous annoncent que nous approchons d'un chantier. Nous y voici.

§ 2. — LE TRAVAIL DU MINEUR : ABATAGE DU CHARBON ; TRAVAIL « A COL TORDU ». EXPLOITATION PAR REMBLAIS OU PAR FOUDROYAGE, PAR GRADINS DROITS OU RENVERSÉS. LE « PIQUEUR ». LE PLUS GROS « DIAMANT NOIR ». LES EXPLOSIFS : LE TIRAGE A LA POUDRE : LA DYNAMITE ET SON INVENTEUR ; LA « CHARRUE DU MINEUR » ; LES EXPLOSEURS ÉLECTRIQUES. LES MACHINES-OUTILS : LES PERFORATRICES A AIR COMPRIMÉ ET ÉLECTRIQUES ; LES HAVEUSES MÉCANIQUES ; L'ARTILLERIE DES MINES AMÉRICAINES.

Quand les couches de houille sont épaisses, les parties exploitées ou *tailles* sont assez grandes pour que le mineur puisse y travailler debout. Mais dans les veines minces, comme c'est le cas dans les bassins du Nord et du Pas-de-Calais, le mineur, à mesure qu'il abat le charbon, se déplace entre les deux parois, le mur et le toit, où il est comme encaissé. Il est alors obligé de se coucher sur le flanc, la tête penchée pour opérer son pénible travail « *à col tordu* », afin de pratiquer avec son outil une entaille horizontale au pied de la couche. Pour se garantir du contact immédiat de la roche, le mineur qui travaille dans cette position, s'attache des planchettes sous la cuisse et l'épaule gauches. Pour arriver jusqu'au chantier d'abatage, le chemin est plutôt difficile : les galeries se rétrécissent au point qu'on n'y peut plus passer qu'en rampant. Je rampe de mon mieux à la suite de l'ingénieur qui me conduit, je devrais dire à la poursuite, car mon aimable compagnon se faufile avec une souplesse remarquable. Je n'ai jamais tant regretté de ne pas être quadrupède. Et puis, il ne faut pas que ramper, il faut onduler afin de contourner les pièces de bois, les étais verticaux qui sont plantés drus pour le soutènement. Le boisage des tailles est fort simple : il consiste, le plus souvent, en étais appelés encore piquets ou chandelles, placés per-

Fig. 128. — Ouvriers occupés à l'abatage et au pelletage de la houille.

pendiculairement du toit au mur (fig. 128) et serrés au moyen d'une planche en forme de coin, qui sert à caler la base ou le sommet.

Enfin, nous voici arrivés auprès des mineurs. Nous causons quelques instants avec l'un de ces ouvriers, qui nous accueille avec cordialité. Le travail n'est pas facile, car la couche est mince ; la « passée », comme on l'appelle, n'a pas 60 centimètres d'épaisseur. Et cependant il faut en extraire tout le charbon, en ayant bien soin de ne pas y mélanger les pierres et les schistes du toit ou du mur. Or, dans la taille que nous visitons, le mur est peu résistant et les parties terreuses qui le constituent se mêleraient facilement à la houille si l'on ne prenait soin de le recouvrir de planches ; c'est ce que le mineur, dans son pittoresque langage, appelle « trousser le mur ».

La nécessité de produire de la houille à bon marché, le besoin de ne pas laisser dans les tailles un atome de charbon, la conscience qu'ont les exploitants de leur devoir d'assurer la sécurité des ouvriers, ont fait adopter une méthode d'exploitation dite *par remblais*. Cette méthode consiste à remblayer soigneusement les vides qu'occupait la houille, à prendre tout le combustible, en remplaçant l'utile matière soit par les débris du triage, soit par des matériaux descendus de l'extérieur.

Voici un procédé d'exploitation qui fut longtemps employé, qui l'est encore dans certains charbonnages et qui donne une idée du gaspillage barbare que subirent nos

Fig. 129. — Un « piqueur » et un « boiseur » au travail.

houillères. Cette méthode portait le nom expressif de *foudroyage*. Les mineurs, armés de longs pics, provoquaient la chute du charbon en grandes masses au-dessus de leur tête, au risque d'être écrasés. Afin de soutenir les vides gigantesques qui se produisaient, des massifs étaient abandonnés pour servir de piliers. Les deux tiers de la houillère restaient ainsi improductifs.

Aujourd'hui, on apporte dans l'exploitation des mines un perfectionnement qui n'a d'égal que celui introduit en agriculture. Il semble d'ailleurs que le travail des mines est comme une culture du sous-sol. Aussi les Italiens ne disent pas l'exploitation, mais la *cultivation* des mines. De même que pour tirer le meilleur parti d'un champ ou d'un bois il est nécessaire d'aménager les cultures, les coupes, d'entretenir les chemins, d'effectuer des drainages ou des irrigations ; de même, une houillère exige pour être productive une division méthodique des tailles, un système régulier d'abatage et un mode de transport rapide.

Les méthodes employées actuellement varient suivant que les couches de houille sont minces ou puissantes. Si le gisement est mince et incliné on applique la *méthode de gradins droits* ou *renversés*. La première est plus souvent employée dans les gîtes métallifères ; elle l'est difficilement dans les houillères, car les ouvriers placés sur le minerai altéreraient sa qualité en l'écrasant. On commence dans cette méthode par diviser le gîte en massifs réguliers. Puis chacun de ces massifs est divisé en parallélépipèdes qui sont successivement abattus en commençant par le haut, de façon à donner à l'ensemble du chantier la disposition d'un escalier. Dans l'exploitation par *gradins renversés,* le chantier prend au contraire l'aspect d'un dessous d'escalier. Enfin quand la couche est épaisse, on l'attaque par de grandes tailles que l'on remblaye derrière soi. Les ouvriers placés devant le massif isolent des prismes de char-

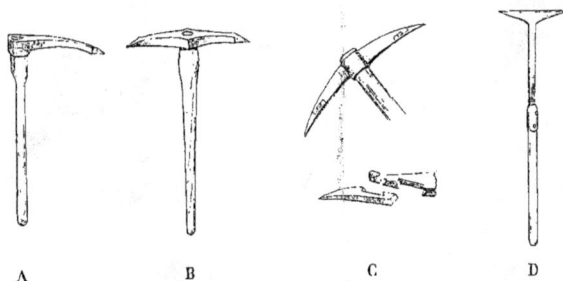

A   B   C   D

Fig. 130. — Pics et rivelaine.

bon en creusant une entaille dans le sens de la couche et deux entailles verticales du mur au toit, puis ils abattent.

Inutile de nous appesantir sur les divers systèmes d'exploitation. Au surplus, chaque mine offre un cas particulier et c'est le rôle de l'ingénieur de juger des méthodes à employer. Arrivons aux moyens dont dispose le mineur pour attaquer la roche : le travail à la main, l'eau, le feu, les explosifs et les machines-outils.

Le TRAVAIL A LA MAIN consiste dans l'unique intervention de la force musculaire de l'homme. Le mineur doit entailler les roches, les abattre et les recueillir ; ses instruments doivent donc s'adapter à ces diverses circonstances. L'outil le plus employé par le houilleur est le pic, d'où le nom de *piqueur* que l'on donne parfois au mineur. La forme du pic varie suivant que l'on attaque le roc dur ou le charbon tendre. Le pic au rocher (fig. 130, A) est plus lourd, sa tête est plate et peut servir de masse. Le pic à deux pointes (fig. 130, B) permet de faire double besogne avant de renvoyer l'outil à la forge. Enfin le pic à pointes mobiles (fig. 130, C), souvent employé en Amérique, n'a pas besoin d'être transporté hors du chantier, car le mineur possède un approvisionnement de pointes qui seules vont à la forge. Dans le Nord de la France et en Belgique, on emploie une sorte de pic à deux pointes très plates : c'est la *rive-*

laine (fig. 130. D), qui sert à pratiquer dans le bas de la couche de houille une entaille horizontale.

Le travail du houilleur doit avoir pour objectif la production de gros blocs, car le *gros* se vend mieux que le *menu*. Ce fait est si vrai que les compagnies minières des États-Unis ont coutume de donner de fortes primes à leurs mineurs suivant la grosseur des blocs de houille qu'ils arrivent à extraire. C'est même une cause d'émulation entre les différents bassins d'un même État. Aussi les ouvriers

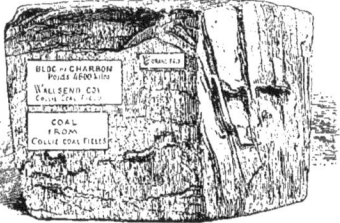

Fig. 131. — Un bloc de charbon pesant 4 600 kilogrammes,

rivalisent-ils de travail et d'intelligence pour obtenir ce qu'ils appellent le plus gros *diamant noir*. En 1894, les mines de Roslyn, dans l'État de Washington, ont extrait un bloc ayant des dimensions exceptionnelles : 7^m,20 de longueur, 1^m,70 de large et 1^m.40 d'épaisseur. Il pesait 18 450 kilogrammes ! C'est le plus gros bloc de charbon connu. Tous les visiteurs de l'Exposition universelle de Paris, en 1900, ont certainement remarqué à l'entrée du pavillon de l'Australie un bloc énorme de charbon (fig. 131) qui pesait 4 600 kilogrammes.

Voici comment opère ordinairement le mineur pour détacher du front de taille un bloc de charbon : le massif étant libre en avant, il exécute trois coupures, une horizontale par-dessous appelée *havage*, et deux verticales. A l'aide de la rivelaine on peut pousser

1. *L'appareil est introduit dans le trou de mine.*

2. *Le coin est presque à bout de course : le bloc se détache.*

3. *Le bloc est détaché.*

Fig. 132. — Coin mécanique (système Lewis).

profondément le havage, car la faible épaisseur de l'outil permet de gratter dans le fond de la coupure. On introduit ensuite, à l'aide d'une masse, quelques coins dans la partie supérieure pour aider le poids du bloc à le détacher, à la fois suivant le plan horizontal du plafond et suivant une face postérieure qui formera après la tombée le nouveau front de taille. Les coins ordinaires peuvent être remplacés par un système de *coin mécanique* qui se compose d'un coin en acier, engagé, le gros bout en avant, au fond d'un trou de mine, entre deux aiguilles (fig. 132). Ce coin est tiré vers l'extérieur, du dedans au dehors, par l'intermédiaire d'un étrier sur lequel manœuvre un mouton, ou marteau, actionné à distance au moyen de tringles que tirent deux hommes. De cette façon les chocs du marteau font glisser le coin sur les aiguilles et forcent le bloc à se disjoindre.

Voyons maintenant l'ABATAGE PAR L'EAU. Dans les pays froids on peut utiliser la force d'expansion de la glace. Pour cela on limite le contour du bloc à détacher au moyen de trous de mine que l'on remplit d'eau et que l'on bouche avec des tampons de bois. Le froid de la nuit produit la congélation de l'eau et amène par suite l'éclatement de la roche.

Le TRAVAIL AU FEU fut longtemps pratiqué ; on dit même qu'il existait encore il y a quelques années dans les mines du Harz et de Saxe. Dans ces pays, on dressait des bûchers le long de la roche à attaquer, on les allumait le samedi soir et on les laissait brûler jusqu'au lundi matin. La chaleur faisait fendre la roche, que les ouvriers pouvaient alors entamer facilement avec le pic.

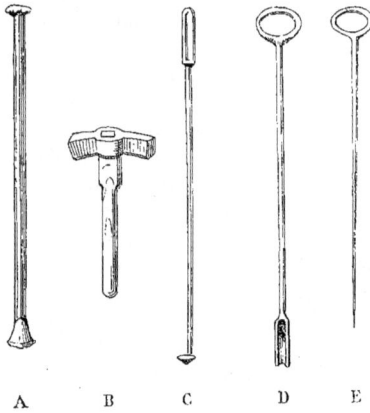

Fig. 133. — Outils pour percer un trou de mine.

L'art des mines fait usage des EXPLOSIFS. La poudre et la dynamite sont devenues de précieux auxiliaires du mineur.

Donc, lorsque le charbon est trop dur, lorsqu'il est « méchant », comme nous disait un mineur de Decazeville, on emploie le *tirage à la poudre* ou à la *dynamite*. Le premier consiste à forer un trou étroit et profond, à y placer une charge de poudre que l'on recouvre d'une matière inerte. A travers cette matière on dispose une mèche que l'on allume et qui brûle avec une lenteur suffisante pour que le mineur ait le temps de se mettre à l'abri. Percer un trou de mine est une besogne simple ; c'est par là que commence l'éducation du mineur. L'ouvrier tient de la main gauche la *barre à mine* ou *fleuret* (fig. 133, A), appuyée sur le rocher, et de l'autre main le marteau appelé *massette* (fig. 133, B). Le mineur frappe sur son fleuret en ayant soin de tourner celui-ci, après chaque coup : c'est ce qu'on appelle *battre une mine*. Quand le trou doit être profond, un ouvrier ne suffit plus. Alors un mineur accroupi tient la barre entre les deux mains pendant que deux autres ouvriers frappent alternativement sur la tête de l'outil, comme les forgerons sur l'enclume. Peu à peu le trou se creuse ; on le nettoie avec la *curette* (fig. 133, C), petite tringle en fer élargie à son extrémité. Quand le trou a la profondeur voulue, on le sèche avec de vieux chiffons fixés dans la boutonnière de la curette. On procède alors au *chargement* et au *bourrage*. Pour cela on descend une cartouche au fond du trou. Cette cartouche est préparée à l'avance, et la qualité et la quantité de poudre qu'elle contient dépend de la nature de la roche et de l'effet à produire. On bourre avec de la glaise, de la brique pilée ou de la terre. Une barre ronde en fer, le *bourroir* (fig. 133, D), joue le rôle de la baguette dans les anciens fusils. Avec l'*épinglette* (fig. 133, E) on pique la cartouche de manière que la pointe pénètre bien dans la poudre ; on l'appuie alors sur la paroi du trou pendant le bourrage, de façon à ménager un canal qui permettra de porter le feu au sein de la charge, ce que l'on fait avec l'*étoupille de sûreté,* qui consiste en une cordelette goudronnée dont le milieu est rempli de poudre.

Le coup de mine une fois préparé peut être tiré de suite ; mais plus souvent on attend des heures déterminées pour ne pas troubler les services. C'est toujours un spectacle impressionnant que celui d'un chantier où l'on allume les mines. A un signal donné par le chef de poste on met le feu, puis chacun se retire au plus vite. Les détonations se produisent alors à des intervalles rapprochés ; les éclats de roche sont projetés çà et là et tous les échos de la mine répercutent le bruit de l'explosion. Après cette salve d'artillerie, les ouvriers retournent à leur chantier, interrogeant le rocher avec leur marteau pour juger des effets produits. Si le coup de mine ne part pas, ce n'est qu'avec une extrême précaution et après un délai suffisant que le mineur doit se rapprocher du chantier. On a vu des mines éclater dix minutes après qu'on y avait mis le feu. Que d'accidents sont survenus ainsi à la suite d'une trop grande hâte de l'ouvrier à retourner à son poste et à débourrer le trou ! C'est pour cela qu'ordinairement le règlement interdit tout débourrage d'un « raté » ; on doit pratiquer un second trou près du premier, et l'explosion, en détruisant la paroi intermédiaire, fait sauter l'ancienne charge.

L'emploi de la poudre a marqué certainement un progrès énorme, mais le rendement de cette matière est loin d'être satisfaisant. Il n'en est pas de même d'un explosif découvert en 1867 par un savant suédois, Alfred Nobel. La *dynamite,* car c'est d'elle qu'il s'agit, est connue de tout le monde. C'est un des plus puissants explosifs et c'est certainement le plus commode, le plus facile à manipuler. Aussi, tandis que la mélinite et autres explosifs modernes sont d'un usage exclusivement militaire, la dynamite est-elle l'explosif industriel par excellence. Si les premiers détruisent et font voler en éclats les ouvrages de défense, la dynamite a un rôle plus pacifique mais aussi glorieux. C'est le plus puissant auxiliaire de l'homme dans les travaux souterrains, elle est la véritable « charrue du mineur ». La consommation énorme qu'en fait le monde entier montre bien sa supériorité.

L'inventeur de la dynamite, Alfred Nobel, né en 1833, était le plus jeune des trois frères Nobel. Son père exploitait, pour le compte du gouvernement russe, une fabrique de poudre. De bonne heure, il s'adonna aux études chimiques et, dès 1862, il tenta d'utiliser comme matière explosive la nitroglycérine, si difficile à manier que son emploi industriel comme explosif était impossible. De 1863 à 1870, ce liquide avait causé de si nombreux accidents que le public le considérait volontiers comme mystérieux et diabolique. La Suède, la Belgique et l'Angleterre prohibèrent totalement son emploi, et les efforts de Nobel semblaient devoir échouer lorsqu'un hasard, en 1867, vint mettre ce savant sur la trace de sa découverte. Une tonne de nitroglycérine s'était fissurée et le dangereux liquide s'était répandu dans le sable siliceux de l'emballage. Mélangé au sable, il avait formé une substance analogue à la cassonade : or, cette substance avait les propriétés de la nitroglycérine, mais elle pouvait être maniée sans danger. La dynamite était inventée. Ce n'est qu'en 1878 que Nobel réussit à transformer la dynamite en une sorte de gélatine, ne se décomposant pas spontanément et détonant avec une puissance considérable. La dynamite est donc un mélange de nitroglycérine et d'une matière poreuse inerte, telle que du sable, de la sciure de bois, de la paille hachée, de la pâte à papier, ou encore du sable siliceux. La dynamite est insensible au choc : on l'a projetée de plus de 50 mètres de hauteur sur des rochers, sans parvenir à la faire exploser. Elle résiste à la chaleur au moins dans certaines conditions. Bref, pour la faire exploser, il faut faire éclater une amorce spéciale au milieu de sa masse. Le détonateur qu'on emploie ordinairement est une

Fig. 134. — Alfred Nobel, inventeur de la dynamite.

capsule de fulminate de mercure dont l'explosion provoque celle de la dynamite. Les effets brisants de cet explosif sont de beaucoup supérieurs à ceux de la poudre de mine ordinaire. Pour faire sauter un rocher, par exemple, on devra employer trois à quatre fois moins de dynamite que de poudre, ce qui permet de forer un moins grand nombre de trous de mine et de réaliser une grande économie de temps et de main-d'œuvre. De plus, elle fragmente le rocher beaucoup plus que ne l'aurait fait la poudre, ce qui facilite le déblayage. M. Berthelot, qui consacra de nombreux travaux à l'étude de cet explosif dont les propriétés confirmaient si bien ses belles théories de thermochimie, estime à 60 pour 100 l'économie que l'usage de la dynamite peut apporter dans les travaux de la mine. On estime à 80 millions de francs l'économie annuelle que l'invention de Nobel fait faire à l'industrie universelle. Ainsi s'explique la fortune énorme que Nobel a réalisée ; il est juste d'ajouter qu'il s'était aussi intéressé à l'industrie du pétrole, ce qui n'avait pas été sans accroître sa richesse. Il mourut le 9 septembre 1897, à San Remo, où il possédait un laboratoire de recherches. Dans son testament, il manifesta le désir que de nombreux prix soient décernés chaque année aux auteurs des meilleurs travaux scientifiques. Le montant du legs fut évalué à environ 40 millions. Jamais pareilles récompenses n'avaient été mises à la disposition des savants. Mais ce qui honore encore plus ce bienfaiteur, c'est qu'il a réservé une somme de deux millions pour être distribuée en parts égales aux cinq personnes qui auront le mieux travaillé à l'œuvre de la paix universelle. Avec une élégance d'esprit fort rare, il marqua nettement son intention que l'argent gagné avec des explosifs et des engins de guerre servît à la cause de la paix. C'était en effet un pacifique que Nobel ; il ne rêvait qu'arbitrage et paix universelle. En somme, il ne fut pas qu'un artisan de la transformation du travail, il fut aussi un bienfaiteur de l'humanité.

La dynamite, au moment de son emploi, doit être tiède et molle. Aussi, pendant les temps froids, doit-on conserver la dynamite dans des endroits à température modérée, dans des dépôts souterrains, où l'on vient la prendre au moment de l'employer.

Fig. 135. — Ouvrier plaçant une cartouche dans le trou de mine.

Voici comment on l'utilise : les cartouches sont enfoncées dans le trou de mine (fig. 135), qu'elles doivent remplir aussi exactement que possible, en section ; on les tasse légèrement les unes sur les autres ; puis on amorce seulement la dernière avant de la mettre en place, en y rattachant la capsule de fulminate et une mèche (fig. 136). On introduit alors un léger bourrage de sable et de terre, et la mine est prête. Il ne reste plus qu'à allumer la mèche. La première cartouche par son explosion fait partir toutes les autres. C'est ce que les pyrotechniciens appellent l'explosion par influence ou « par sympathie ».

On pratique beaucoup aujourd'hui le tirage à l'électricité, qui a de grands avantages, car il permet de faire sauter simultanément plusieurs mines ; de plus, on évite les projections d'étincelles, toujours à craindre dans une mine grisouteuse. Aussi, dans toutes les mines grisouteuses ne doit-il être fait usage que de l'électricité pour le tirage des coups de mine. Les appareils appelés *exploseurs* dont on se sert habituellement

Fig. 136. — Pose de la cartouche qui porte le détonateur et la mèche.

sont des dynamos qui permettent d'envoyer dans les amorces un courant de grande intensité et de bas voltage. L'exploseur à poignée de la figure 137 peut faire sauter de 15 à 20 mines à une distance de 500 mètres. Sur le sommet de la boîte sont disposées deux bornes en cuivre auxquelles on fixe les extrémités des fils conducteurs qui doivent amener le courant aux amorces. La manœuvre de cet exploseur se fait de la manière suivante (fig. 138) : l'opérateur pose les pieds sur deux rebords en fer disposés à la base de la boîte, puis il saisit la poignée avec les deux mains et la tire brusquement de bas en haut.

Lorsqu'on veut faire exploser la dynamite à de grandes profondeurs, par exemple dans les sondages où un outil reste au fond du trou, ou bien encore dans un puits de mine inondé, on doit se servir d'un dispositif spécial, car l'eau pénètre dans les amorces et empêche l'explosion de se produire. On se sert alors d'un tube métallique très résistant, embouti à son extrémité et portant à l'autre extrémité une bride spéciale qui empêche toute pénétration d'eau. La charge de dynamite est placée dans le tube, et l'amorce électrique est noyée dans cette charge (fig. 139).

Sans doute la dynamite est un outil incomparable, mais c'est aussi un outil dangereux avec lequel on ne saurait prendre trop de précautions. Tout le monde a présente à l'esprit la terrible catastrophe qui survint dans les mines d'Aniche, en 1900. Théoriquement, rien n'est plus inoffensif qu'une cartouche de dynamite, puisqu'elle ne doit détoner que si l'on fait éclater une amorce spéciale dans sa masse. C'est pour cela que dans les mines, les capsules ne sont pas emmagasinées dans le même local que les cartouches, et qu'elles sont distribuées aux mineurs au fur et à mesure des besoins ; tandis que les cartouches, enfermées dans des boîtes en bois dont le poids, d'après les règlements français relatifs au transport de la dynamite, ne doit pas dépasser 35 kilogrammes, sont placées au fond, dans des magasins isolés et surveillés attentivement (fig. 140).

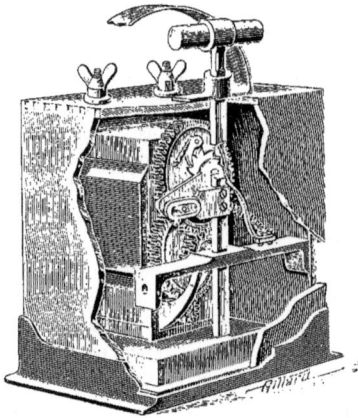

Fig. 137. — Exploseur à poignée (Société anonyme d'explosifs).

La vérité, c'est que la dynamite, comme une belle dame, est capricieuse. Elle ne résiste au choc et à la chaleur que lorsqu'elle est fraîchement préparée. Comme elle est très instable, elle a vite fait de s'altérer et de mettre en liberté de la nitroglycérine, toujours prête à sauter au moindre choc, à la moindre secousse. Il importe donc de visiter minutieusement et souvent la soute aux cartouches. D'autant plus qu'il suffit d'une seule cartouche suspecte pour faire détoner toute la provision. On voit par là combien la sûreté d'une dynamitière est fragile : une porte qu'on ferme, un outil qui tombe, ou une imprudence qu'explique l'habitude quotidienne du danger, tout cela est suffisant pour amener une catastrophe. Au surplus, il se peut qu'à Aniche il ne se soit rien produit de semblable. La matière est parfois incomplètement domptée par la science, et elle peut avoir de ces revanches terribles que nous ne pouvons prévoir. On a dit que la dynamite était de la « nitroglycérine apprivoisée ». Il peut donc en être de la nitroglycérine comme des tigres et des lions : méfions-nous du réveil inattendu de la sauvagerie latente.

Nous avons vu que les trous de mine étaient ordinairement percés à l'aide de

FIG. 138. — Tirage des mines par l'électricité : Ouvrier maniant l'exploseur.

machines connues sous le nom de *perforatrices*, ce qui présente sur le travail à la main l'avantage incontestable de la vitesse. Le principe de ces appareils consiste à donner au fleuret qui creuse le trou un mouvement de rotation ou de percussion, et cela à l'aide de l'air comprimé ou de l'électricité. Les perforatrices à bras (fig. 141) tendent à disparaître ; elles sont remplacées de plus en plus par des machines montées sur

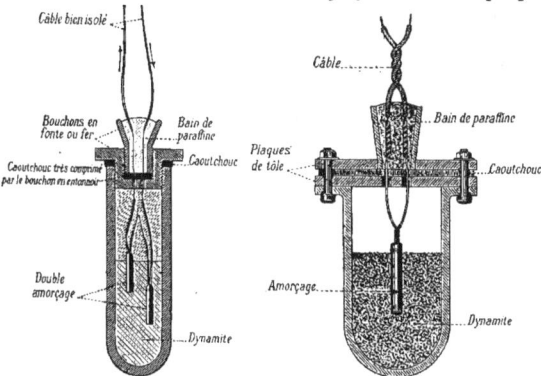

FIG. 139. — Dispositifs pour tirage sous l'eau à de grandes profondeurs.

des affûts qui peuvent rouler sur la voie ferrée de la galerie. Ordinairement le mouvement de percussion ou de va-et-vient est seul obtenu mécaniquement. L'avancement du fleuret est souvent laissé à la disposition du mécanicien, mais il peut aussi se faire automatiquement. Ainsi dans les perforatrices que représentent nos gravures (fig. 142 et 143) l'avancement de l'outil est automatique et de plus celui-ci, qui est creux, est parcouru par une injection d'eau. Cette disposition a le double avantage de supprimer les poussières, si nuisibles à la santé des ouvriers, et de permettre de forer facilement et rapidement les roches les plus dures, sans qu'il en résulte un échauffement anormal de l'outil. Un même affût peut porter plusieurs perforatrices

Fig. 140. — Une dynamitière souterraine : manipulation d'une caisse de dynamite.

qu'il est possible d'incliner dans toutes les directions, de façon à attaquer tous les points du front de taille. La perforatrice à air comprimé de la figure 142 exige 5 chevaux pour marcher convenablement ; elle bat alors 350 coups par minute. Elle peut ainsi avancer en une heure, dans des schistes, de 3^m,60 si elle est à sec, de 8^m,55 si elle est à injection d'eau. Des essais nombreux ont montré l'avantage de ces machines-outils.

De même qu'on a cherché à remplacer le fleuret du mineur par la perforatrice mécanique, on a voulu se servir de l'air comprimé au lieu de l'effort musculaire de l'homme dans le havage. Depuis longtemps l'usage des *haveuses mécaniques* est répandu en Amérique. On a bien essayé en France ces machines ; mais, construites pour travailler dans une masse de charbon homogène, elles n'ont pas donné de résultats satisfaisants dans nos bassins houillers, où l'outil rencontre souvent des nodules de dureté exceptionnelle qui le font dévier ou qui l'empêchent de fonctionner.

Nous voudrions montrer, ne serait-ce qu'en quelques lignes, les progrès faits en Amérique dans l'organisation mécanique de l'exploitation des mines. Nous n'allons pas disséquer les machines comme le mécanicien pourrait le faire à l'atelier, nous préférons les montrer « vivantes » dans les exploitations. Il s'agit de tout un matériel spécial, électrique ou à air comprimé, qui remplace l'ancien pic en décuplant la puissance du travail. Ces machines se nomment déhouilleuses, haveuses, rouil-

Fig. 141. — Perforatrices à bras au travail dans les mines de cuivre du Mansfeld.

leuses, chargeuses, perforatrices, etc. Si l'on observe les croquis que nous reproduisons ici et que nous empruntons au travail de M. de Gennes (1), on est frappé de la ressemblance qu'il y a entre ce matériel de mineur et celui de l'artillerie moderne : une preuve de plus de la perpétuelle lutte de l'homme et de la nature. Voici, par exemple, une haveuse à pic (fig. 144), armée pour le combat contre la houille et battant 300 coups par minute : n'est-elle pas cousine d'un canon du dernier modèle ? Voyez cette « rouilleuse » montée sur son affût (fig. 145). Elle fait dans le front de taille des raies verticales et horizontales qui facilitent l'effondrement. Elle bat 360 coups par minute et avance de 1ᵐ,50 par heure. Il semble qu'il ne manque auprès

(1) A. DE GENNES, Annales des mines, 1900.

d'elle que des artilleurs. Nous pourrions continuer cette énumération. Disons seulement que c'est surtout dans le bassin de la Pensylvanie de l'Ouest, bassin des charbons gras, que cet outillage est le plus perfectionné. Aussi dans cette région le chiffre
de la production est-il un peu plus du triple de celui que l'on a, par « homme du
fond », dans les bonnes exploitations du Nord de la France. Sans tenir compte de
l'économie apportée par le roulage électrique dont nous parlerons plus loin, les machines à déhouiller le charbon ont donné une économie de 15 à 17 pour 100 sur le

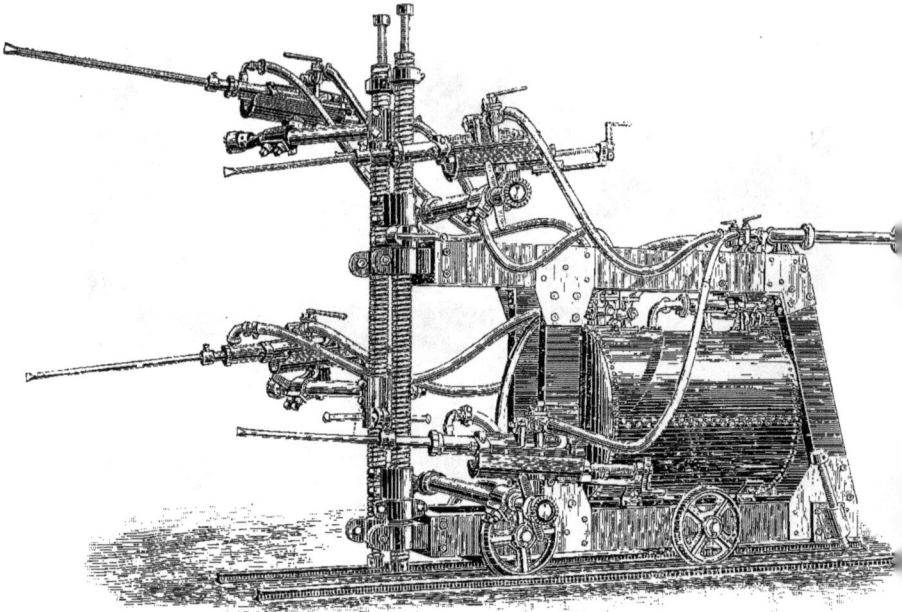

Fig. 142. — Affût portant quatre perforatrices mues par l'air comprimé (système Bonnet).

prix de revient. Si l'on considère la production comme restant fixe, on fait avec
64 ouvriers ce que l'on faisait autrefois avec 100. Si l'on considère, au contraire, le
personnel comme fixe, et c'est l'hypothèse la plus probable, la production augmente
de 60 pour 100.

Encore un fait qui montre le développement du machinisme en Amérique : le premier brevet pris aux États-Unis pour la construction de ces machines date de 1858 ;
actuellement le nombre de ces brevets s'y élève à plus de cinq cents ! L'usage des
machines-outils s'est tellement répandu qu'aujourd'hui nombre d'ouvriers travaillant
à la machine ne voudraient plus, sous aucun prétexte, toucher à un pic. On voit

que si les États-Unis possèdent des gisements houillers très riches, ils savent
aussi les mettre en exploitation par des procédés
mécaniques qui donnent
à leur production une
étonnante intensité.

Quant à l'emploi des
machines-outils, il faut
reconnaître qu'en Amé-
rique il est singulière-
ment facilité par la structure et la puissance des
couches. Il n'en est pas
de même en Europe. Ainsi
le *Comité central des houillères de France,* dans un
rapport adressé en 1901,
à la Commission consti-
tuée en vue de l'amélio-
ration du travail dans les
mines, faisait remarquer
que les machines-outils,
les haveuses surtout, n'ont
pas donné en France les
résultats qu'on en espé-
rait. Si, en Amérique, on
les utilise couramment,
c'est que, non seulement
la disposition des couches
s'y prête mieux, mais
aussi qu'on ne recule pas
devant l'abandon d'une
partie du charbon. Sou-
vent, la machine enlève
55 pour 100 du char-
bon, et en laisse au fond
45 pour 100. Un pareil
gaspillage ne saurait être
admis dans notre pays, où
l'exploitant doit viser au
déhouillement complet de

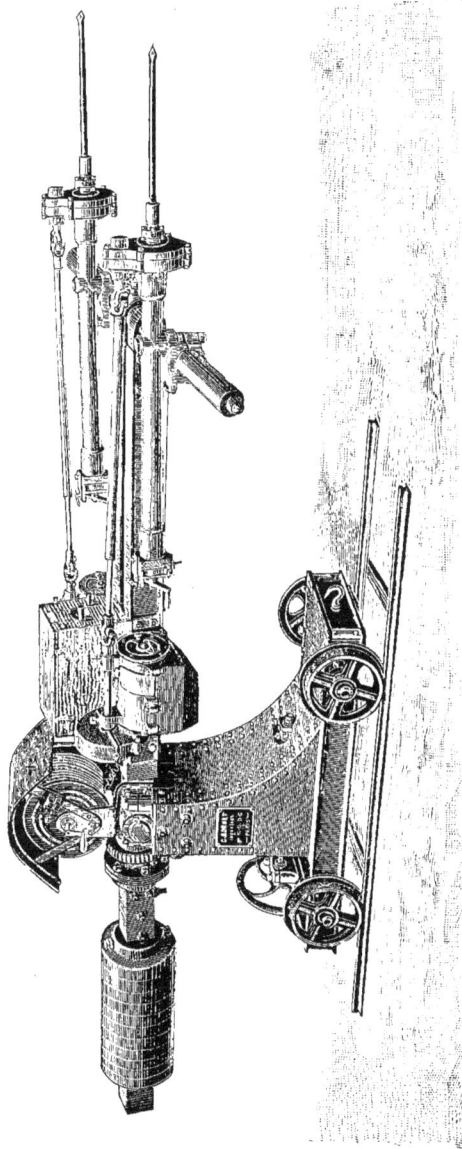

Fig. 163. — Affût portant deux perforatrices à injection d'eau et mues par l'électricité (système Bonny).

la couche. On n'arrive à enlever à la machine, dans les conditions les plus avantageuses, que 20 à 25 pour 100 du charbon ; tout le reste doit être enlevé à la main. Dans ces conditions les avantages économiques et techniques des haveuses

FIG. 144. — Haveuse à pic, à tir rapide, battant 300 coups par minute.

disparaissent en grande partie. Donc, les haveuses, au moins sous leurs formes actuelles, ne peuvent trouver en France qu'un emploi restreint, et elles ne sauraient parer à la rareté de la main-d'œuvre.

FIG. 145. — Rouilleuse montée sur son affût pour découper le terrain en raies verticales et horizontales. 360 coups par minute et 1m,50 d'avancement par heure.

Laissons ces questions économiques et revenons au charbon que le mineur vient d'abattre. Il nous faut le recueillir, puis le transporter à la base du puits et, enfin, l'amener au jour, sur le *carreau* de la mine.

§ 3. — ROULAGE ET EXTRACTION DU CHARBON. « PUTTERS » ET « TRAPPERS » DES MINES ANGLAISES ; LE « TRECKEN » DU MANSFELD. LE HERSCHEUR MODERNE. PLAN AUTOMOTEUR. LES CHEVAUX DES MINES. TRACTION A VAPEUR ET TRACTION ÉLECTRIQUE. LA RECETTE INTÉRIEURE ET LE CLICHAGE. LA REMONTE DES OUVRIERS. LES LAVABOS DES MINEURS.

A mesure que la houille est arrachée, les ouvriers *pelleteurs* (fig. 128) la rejettent un peu en arrière de façon à rendre libre le chantier du piqueur. Puis, elle est chargée dans les berlines que des ouvriers appelés *herscheurs* poussent jusqu'au plan incliné, d'où elles descendent à la galerie de roulage pour être traînées ensuite, soit par des chevaux, soit par des moyens mécaniques jusque dans la salle d'accrochage, à la base du puits. Ces différentes opérations constituent le *roulage*.

Avant de donner quelques détails sur ce travail, deux mots sur les procédés barbares que l'on employait jadis pour transporter la houille et qui, heureusement, sont à peu près disparus aujourd'hui ; pourtant nous les retrouvons avec toute leur cruauté et toute leur laideur dans les mines de soufre siciliennes. Autrefois la houille était sortie de la galerie basse et étroite par un *porteur*, soit dans des sacs qu'il chargeait à dos, soit sur un petit chariot dont la corde était fixée à sa ceinture. Demi-nu, appuyé sur un bâton, le porteur allait, suant et soufflant, et poursuivant ce travail d'esclave, il montait jusqu'au jour, le sac sur le dos, par la galerie inclinée ou par les échelles. Puis, nouveau Sisyphe, il redescendait à vide pour remonter à charge et ainsi de suite du matin au soir. Dans quelques mines d'Angleterre et d'Écosse, où les couches de houille ont une **faible épaisseur**, de jeunes garçons, appelés *putters* (fig. 146), traînaient des wagonnets dans des galeries très basses qui ont à peine un mètre de haut ; pour cela ils portaient une ceinture de cuir à laquelle ils attachaient une chaîne qui leur permettait de s'atteler au wagon. Ils le tiraient alors en rampant sur les pieds et les mains. D'autres enfants, appelés *trappers*, étaient chargés d'ouvrir les portes dans les galeries de roulage au passage des convois de charbon. Ils n'avaient qu'une petite chandelle pour leur journée et devaient rester à leur poste douze heures. Ils étaient donc le plus souvent sans lumière, dormant dans la mine et ne remontant que le dimanche. Ajoutons que souvent ces pauvres petits trappeurs n'avaient même pas sept ans. Heureusement, l'opinion publique s'émut et le gouvernement anglais, qui, cependant, n'aime guère à s'immiscer dans les affaires privées, jugea indispensable d'intervenir et de faire disparaître cet abus.

Un procédé presque aussi barbare s'observe encore dans certaines mines de cuivre du Mansfeld, où des jeunes gens, dans des galeries très basses, traînent, attaché à leur pied droit, un petit chariot chargé de minerai (fig. 147). Ils attachent sous leur cuisse gauche une planchette de bois armée de deux pieds en fer, puis, pour protéger leur avant-bras, ils saisissent de leur main gauche une planchette munie d'une poignée, et ils rampent sur leur côté gauche. Malgré ce qu'a de pénible ce travail, ils arrivent à acquérir une grande adresse et à se mouvoir rapidement sur le sol inégal de la galerie.

Aujourd'hui, le herscheur chargé du roulage pousse les berlines remplies de

Fig. 146. — Un *putter* ou traîneur de charbon en Angleterre.

charbon jusqu'au plan incliné. Une barrière de sûreté est à la tête de ce plan, et quand elle est ouverte, les berlines s'engagent d'elles-mêmes sur des rails prolon-

Fig. 147. — Un traîneur de minerai de cuivre (*treeken*) dans les mines du Mansfeld.

geant ceux de la galerie et leur descente s'opère par la force de la pesanteur. Le convoi descendant fait remonter les wagons vides au moyen d'un câble commun qui

Fig. 148. — Cheval traînant un train de berlines, et piqueurs au travail.

passe sur une énorme poulie. Ce plan incliné est souvent désigné sous le nom de *plan automoteur*. A la tête du plan se trouve un frein serré par un contrepoids qu'il faut soulever pour permettre le mouvement des berlines. Avant de lancer le train de berlines, l'ouvrier qui est en haut communique avec un ouvrier situé en bas au moyen d'une sonnette afin de lui demander s'il est prêt à recevoir le train de berlines pleines et si le train de berlines vides est prêt à monter. Ces manœuvres doivent se faire avec une grande régularité, sous peine de causer les plus graves accidents.

Fig. 149.— Descente d'un cheval par un puits de mine.

Une fois le train de berlines descendu, nous nous engageons à notre tour sur le plan incliné. De place en place des lumières marquent les points où aboutissent les galeries que dessert le plan incliné. Nous voilà au bas : un train de berlines pleines de charbon est prêt à partir ; des chevaux vont le conduire jusqu'à l'accrochage. Que de choses intéressantes à dire sur les chevaux des mines ! Il y a là tout un coin de psychologie comparée bien fait pour tenter un ami des bêtes. Mais pour traiter un tel sujet avec toute la pénétration qu'il mérite, il faudrait la puissance d'observation et la richesse d'expressions de l'auteur de *Germinal*. Il serait téméraire de s'y essayer après lui. Notons seulement quelques remarques faites au cours de nos visites dans les mines.

Et, d'abord, comment opère-t-on pour descendre un cheval dans une mine ? S'il existe un plan incliné, comme à Decazeville par exemple, c'est la voie qu'on lui fait suivre. Mais la descente par le puits est plus difficile, à moins que la cage ne soit

Fig. 150. — Une écurie souterraine.

suffisamment grande ; sinon on emploie un fort filet de sangles ou des courroies dont on enveloppe le cheval en le faisant manquer des quatre pieds sur un lit de paille. On suspend ensuite l'animal au câble et on le descend dans une situation verticale, assis sur sa croupe et les jambes repliées (fig. 149). Ordi-

CAUSTIER. — Les entrailles de la terre.   13

nairement cette manœuvre s'opère facilement, car, paralysé par la peur, l'animal ne fait aucun mouvement. Dès qu'il sent le sol manquer sous lui, il reste stupéfié, l'œil agrandi et fixe; son effroi est même si grand qu'on le croirait mort lorsqu'il arrive en bas. Dans la galerie le cheval reprend peu à peu ses sens, se remet de ses émotions et rapidement il s'adapte à ce milieu exceptionnel. C'est ainsi qu'à Lens nous en avons vu un descendu de la veille et qui travaillait déjà. Cependant il arrive parfois qu'un cheval se refuse à cette adaptation ; il ne reste plus alors qu'à le remonter. Un ingénieur nous disait qu'il avait cru remarquer que le cas se présentait à peu près toujours pour les chevaux d'une certaine couleur. En tous cas ceux qui sont dressés se meuvent parfaitement dans cette éternelle obscurité. Habituées vite à leur nouveau métier, ces intelligentes bêtes savent reconnaître leur parcours, évitant les points dangereux, baissant la tête devant les bois qui menacent de tomber, s'arrêtant aux portes d'aérage, à une certaine distance, afin de laisser au conducteur ou au gamin qui veille l'espace nécessaire pour l'ouverture de la porte, ou bien, quand c'est un vieux serviteur qui a de nombreuses années de service, il passe en poussant la porte de lui-même. Il faut voir avec quel soin les chevaux évitent, dans les garages, les rencontres des trains. Nous nous souvenons avoir vu ces excellentes bêtes aider leur conducteur à déplacer un train de berlines vides en poussant la dernière avec leur poitrail et leurs genoux. En Amérique, les courants électriques d'une grande puissance, parfois de 500 volts, qui circulent dans les galeries sont extrêmement dangereux pour les ouvriers et aussi pour les animaux. Aussi les mules, qu'on emploie fréquemment dans les mines américaines, semblent-elles connaître ce danger : gravement elles baissent une oreille, puis l'autre, quand elles passent sous une ligne électrique.

En général, ces auxiliaires de l'homme, ces *mineurs à quatre pattes,* sont soignés comme ils le méritent. Leur écurie est vaste et bien aérée, parfois même éclairée à l'électricité, et la litière y est souvent renouvelée. Leur nourriture est d'excellente qualité, et si nous visitons cette écurie souterraine à l'heure où les chevaux mangent l'avoine, nous verrons qu'ils sont là paisibles et heureux, dans une température toujours constante. Qui sait, après tout, s'ils ne préfèrent pas le séjour dans cette atmosphère peu variable à celui des rues de nos villes ou des routes de nos campagnes, par le soleil ou le vent, la pluie ou la neige. Aussi, dans ce milieu, deviennent-ils gras et dodus, et leur poil s'allonge et reluit. Parfois même ils n'ont rien à envier aux chevaux de luxe ; comme eux ils possèdent leur carte d'identité. Ainsi, nous nous souvenons d'une écurie des mines de Lens, peuplée de superbes boulonnais, et dans laquelle chaque cheval avait, en face de son boxe, une pancarte indiquant son nom, son âge et la date de sa descente. Il y a cependant un point noir dans cette existence de cheval souterrain : c'est qu'une fois entré dans la mine, il n'en sort plus que mort, ce qui rappelle la vie des esclaves de l'antiquité qui ne sortaient de la mine que lorsqu'elle était épuisée ou lorsqu'ils devaient recevoir la sépulture.

Sans doute l'introduction du cheval dans la mine, comme moyen de traction, marquait déjà un progrès ; mais après le cheval c'est la locomotive, qui est descendue dans la mine, et même la locomotive électrique, comme cela existe dans plusieurs grandes exploitations. Il semble que peu à peu les progrès accomplis à la surface de la terre doivent refluer vers ses entrailles. Un grave inconvénient des locomotives à vapeur, c'est l'oxyde de carbone et la fumée qu'elles produisent. Aussi dans les travaux souterrains, par exemple dans le percement du tunnel du Saint-Gothard, a-t-on employé de préférence des locomotives à air comprimé. Mais le plus grand progrès apporté à la traction mécanique dans ces derniers temps est certainement dû à l'électricité. Les locomotives électriques (fig. 151) sont en usage aujourd'hui dans de nombreuses mines de Belgique et de France. A Nœux, à Marles, à Lens, ces machines fonctionnent. On a pu voir à l'Exposition minière du Trocadéro, en 1900, un train de berlines remorqué par une locomotive électrique que la mine de Marles exposait.

Fig. 151. — Un train remorqué par une locomotive électrique dans une mine.

Ce que l'on cherche surtout dans la construction des locomotives électriques de mines, c'est de réunir tous les appareils sous le plus petit volume possible, et de mettre dans la main du mécanicien tous les appareils indispensables de manœuvre et de contrôle. Ainsi la machine de la figure 152 ne dépasse pas 0m,80 de hauteur.

Le plus grand avantage de l'électricité, qui fait qu'elle sera de plus en plus employée dans les mines, c'est qu'elle permet de transporter l'énergie à de grandes distances. On peut en utilisant des chutes d'eau parfois très éloignées envoyer l'électricité dans les quartiers les plus excentriques d'une exploitation. C'est là un avantage considérable pour les mines métallifères qui ne disposent pas facilement de combustible. Un exemple typique est celui de la mine Virgilius, au Colorado, située à 3 900 mètres d'altitude, dans la région des neiges éternelles. Le charbon, qui ne pouvait y arriver que l'été par une petite voie de roulage, coûtait 100 francs la tonne et faisait revenir la force motrice à 200 000 francs par an. Actuellement cette force est empruntée à une rivière coulant à 7 500 mètres de la mine, et elle est transportée électriquement jusqu'à la mine dans des conditions très économiques. Un autre avantage, c'est que les conducteurs électriques, moins coûteux que les canalisations d'air comprimé, peuvent fournir le fluide aussi bien à l'éclairage qu'aux services mécaniques, et donner la lumière sans échauffer ni vicier l'air.

L'électricité a cependant des inconvénients. Le plus grave est de pouvoir enflammer le grisou, qu'on trouve dans beaucoup de mines et qu'on rencontrera probablement dans toutes, à mesure qu'on exploitera des couches plus profondes. Il faut donc empêcher les étincelles des collecteurs et des interrupteurs en les entourant de tissus métalliques semblables à ceux qu'on emploie pour les lampes de sûreté. L'invention des courants polyphasés a déjà supprimé le danger pour les collecteurs. Enfin, il y a aussi le danger provenant du contact d'un conducteur; mais, en général, avec le voltage modéré employé dans les mines, cet inconvénient n'existe guère. Cependant en Amérique, où le courant peut être de 500 volts, parfois 1 000, il devient dangereux,

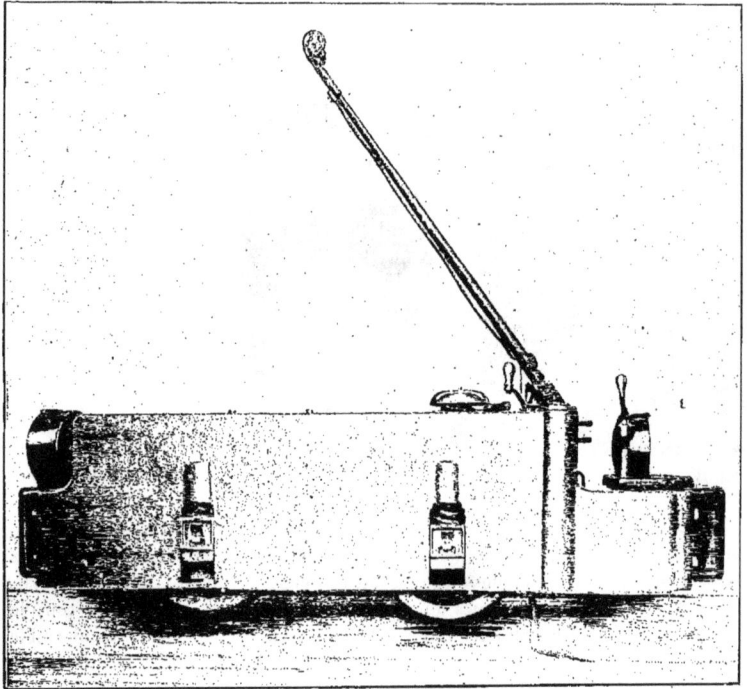

FIG. 152. — Locomotive électrique de mines (système Thomson-Houston).

d'autant plus qu'il est conduit ordinairement par des lignes non isolées. Les compagnies minières ne se croient pas obligées pour cela de faire porter des semelles de caoutchouc à leurs employés, ce qui les mettrait à l'abri du courant : c'est qu'en Amérique, le principe de « chacun pour soi » est la règle ; on ne prend donc aucune précaution et chacun doit veiller à sa propre sécurité.

En France, nous n'avons pas ces mœurs, il s'en faut. Des moyens de protection s'imposent donc. C'est ainsi qu'à Anzin, les câbles, isolés en caoutchouc et recouverts d'une gaine de toile, sont supportés par des poulies de porcelaine.

Mais il est temps de revenir à notre charbon, que nous avons suivi jusqu'à son arrivée au bas du puits, dans la salle d'accrochage : il reste à l'élever jusqu'au jour, et c'est en cela que consiste l'*extraction*. Il s'agit donc de placer les berlines pleines dans la cage, mais non toutefois sans en avoir retiré au préalable les berlines vides venues du jour. Puis cette manœuvre effectuée, un signal est donné au mécanicien qui enlève un peu la cage et attaque en grande vitesse. Lorsque la cage doit remonter des ouvriers, le chef de poste prévient le mécanicien par une sonnerie spéciale. Le

Fig. 153. — L'accrochage : la remonte des ouvriers.

chargement est au complet et nous ne voyons plus qu'un ensemble de figures noires qu'éclairent des yeux blancs (fig. 153). Une cloche sonne, la cage se met en mouvement et nous plonge de nouveau dans le noir. Une minute à peine et nous arrivons en haut. Nous respirons alors avec un réel plaisir, et nous comprenons mieux le prix de ces biens si précieux : l'air libre et la lumière du soleil ! Nous comprenons mieux aussi l'utilité du costume de mineur que nous avons revêtu. La vapeur d'eau, la sueur et la poussière fine de charbon se sont collées sur notre visage et ont pénétré dans notre bouche et nos voies respiratoires. Aussi est-ce avec un véritable empressement que nous nous dirigeons vers la cabine que l'administration des mines a gracieusement mise à notre disposition. Elle est confortablement installée, cette cabine : baignoire, appareil à douche, rien n'y manque. Certes, jamais baignoire ne nous fut tant utile que celle-ci. Aussi bien les compagnies minières qui se montrent soucieuses de l'hygiène de leurs ouvriers ont tenu à mettre à leur disposition des lavabos où ils peuvent se nettoyer à leur sortie de la mine, et des vestiaires où ils peuvent changer de vêtements. Ces lavabos sont ordinairement de grandes salles ayant environ 200 mètres carrés de surface ; 3 à 400 ouvriers peuvent y prendre place ; de nombreux appareils à douches y sont installés. Des chaussures constituées par une semelle en bois et une bride de cuir permettent aux ouvriers lavés de traverser la salle sans se salir les pieds. Malgré la commodité de cette installation, malgré son but éminemment hygiénique, malgré toute la volupté que l'on éprouve à se sentir propre après avoir été sale, la proportion des ouvriers qui utilisent ces lavabos ne dépassent guère 5o pour 100. Il est juste de reconnaître qu'en certains pays, et notamment dans le Nord et le Pas-de-Calais, nombre de mineurs se livrent à ces soins de propreté chez eux.

Très pressé de nous plonger dans l'eau, nous avons abandonné la houille remplissant les berlines, en haut du puits. Il lui reste à subir divers traitements mécaniques, tels que le triage, le lavage, etc. Mais avant de décrire ces manipulations, nous voudrions en finir avec le travail souterrain du mineur, car nous n'avons assisté jusqu'ici qu'au commencement de la lutte qu'il soutient contre la nature ; il nous faut le montrer aux prises avec les ennemis qui le menacent à chaque instant.

§ 4. — LE CHAMP DE BATAILLE DU MINEUR. LA LUTTE CONTRE LES ÉLÉMENTS : ÉBOULEMENTS ; LE « RAPPEL DES MINEURS » ; INONDATIONS : INCENDIES. UNE MINE DE CONSERVES. LE GRISOU ; LE « CHANT DU GRISOU » ; CHARBON EXPLOSIF ; LAMPES ÉTERNELLES ; LE « PÉNITENT » OU « CANONNIER » ; LA LAMPE DE SURETÉ ET LA DÉCOUVERTE DE DAVY : LE GRISOU ET LES MOUVEMENTS DU SON. AÉRAGE ET VENTILATEURS.

C'est un perpétuel corps à corps de la nature et de l'homme qui transforme la mine en un émouvant champ de bataille. Partout c'est l'éternelle rencontre de la matière avec les escouades de mineurs armés de pics, de perforatrices, d'explosifs et de bien d'autres engins. Sans repos, ces régiments de travailleurs marchent à la conquête de nouvelles régions et s'enfoncent plus loin dans les entrailles de la terre. A chaque pas la lutte recommence, plus opiniâtre, plus acharnée que jamais ; et si, dans ces combats sans merci, la terre est souvent vaincue par la coalition de l'homme et de la science, il semble que parfois elle tienne à se venger par d'horribles hécatombes, semant la mort au milieu des tourbillons de flammes et de fumée qu'elle laisse échapper de ses blessures béantes. Et pourtant, cette armée humaine qui n'a d'autre préoccupation que d'obéir à la discipline et de remplir fidèlement son devoir, reculant un peu aujourd'hui, avançant davantage demain, conquiert, pour ainsi dire pied à pied, parcelle par parcelle, le domaine souterrain qu'elle pénètre chaque jour plus profondément. C'est que l'activité humaine n'est jamais défaillante ; parfois téméraire, toujours énergique, le mineur avance quand même, ne craignant ni le vertige des gouffres, ni l'horreur des ténèbres, ni les poisons de l'air, ni l'artillerie du grisou.

Nous allons envisager successivement les principaux accidents qui menacent le mineur : la terre, dans les éboulements ; l'eau, dans les inondations ; le feu, dans les incendies et les coups de grisou ; enfin, l'air raréfié et les gaz toxiques.

Les ÉBOULEMENTS menacent constamment le mineur ; aussi ces accidents sont-ils les plus fréquents. Le boisage peut être fait solidement ; cela n'empêche qu'il peut céder à l'énorme pression des terrains. Deux cas sont alors à considérer : si l'éboulement est local comme un toit de galerie qui s'effondre, ou un front de taille qui s'écroule, l'accident n'a généralement pas de conséquence grave ; mais si l'effondrement a lieu dans le puits, bouchant l'issue des galeries, les suites sont plus terribles. Nous avons cité, à propos des puits de mine, quelques célèbres catastrophes ; nous n'insisterons donc pas. Cependant il nous faut dire l'histoire du puisatier Giraud, qui fut racontée partout en France. C'était en 1854, aux environs de Lyon ; ce malheureux fut enseveli avec son camarade au fonds d'un puits. L'éboulement avait formé comme une voûte au-dessus de la tête des deux mineurs. Comment les sauver ? On creusa un puits dans le voisinage du premier, puis on chercha à rejoindre le point où l'accident s'était produit par une galerie horizontale. Malgré l'ardeur déployée, un mois fut nécessaire pour terminer l'entreprise, car des éboulements étaient survenus dans les travaux de sauvetage. Les deux prisonniers entendaient bien le bruit du pic sauveteur, car ils répondaient aux travailleurs. A chaque instant ils devaient croire que l'heure de la délivrance allait sonner. Mais c'était en vain. Le compagnon de Giraud succomba. Giraud, plus énergique, résista. Ni la faim, ni le voisinage de ce cadavre, ni l'air vicié qu'il respirait, n'abattirent cet homme : la volonté de vivre l'emporta sur la douleur. A chaque instant on croyait le rejoindre ; puis survenait un accident ; il fallait alors recommencer. Vous pensez avec quelle anxiété on suivait cette lutte. Enfin, le trentième jour, Giraud fut délivré ; mais hélas ! son corps n'était qu'une plaie et la gangrène avait attaqué ses membres ; aussi survécut-il peu à cet accident et s'éteignit-il bientôt à l'hôpital de Lyon.

Voici un autre exemple d'éboulement survenu le 15 août 1901, dans les mines d'Escarpelles, près de Douai. La voûte d'une galerie qui s'était effondrée sur une longueur de 70 mètres avait englouti quatre ouvriers. Les travaux de secours commencèrent immédiatement, car il existe une règle fidèlement observée par les mineurs, c'est que l'on suppose toujours vivants les hommes murés au fond d'une mine. On creusa donc sous la voie éboulée une galerie parallèle qui mesurait un mètre carré de section. Le travail fut long et difficile : les mineurs agenouillés, et placés en file, faisaient la chaîne, et se passaient de main en main de petits paniers que le chef de file remplissait de la roche provenant du déblai. Toutes les heures on remplaçait les ouvriers qui se livraient à ce travail fatigant. Enfin on entend battre le *rappel des mineurs*. On sait que ce rappel est un bruit d'un rythme particulier consistant en trois coups espacés, suivis de deux séries de quatre coups chacune. Les ouvriers emprisonnés sont donc vivants, mais ont-ils suffisamment d'air pour respirer ? Enfin, un mineur, au péril de sa vie, s'est engagé dans un chemin que les ingénieurs croyaient impraticable, et il est parvenu à sauver ses camarades, qui sortirent de leur caveau et furent accueillis avec des cris de joie par leurs familles et tous les mineurs accourus pour leur porter secours. C'est que la fraternité est grande chez les mineurs, si puissante même que dans une catastrophe qui menace la vie des leurs, aucun obstacle ne les arrête. Pour « sauver les camarades », ils risquent leur vie avec insouciance. Une seule pensée les préoccupe : arriveront-ils à temps ? On conçoit que des hommes qu'un même péril menace soient liés par un sentiment d'étroite solidarité.

Le danger des INONDATIONS est aussi redoutable que celui des éboulements. L'eau qui suinte des parois du puits et des voûtes des galeries vient sous forme de petits ruisseaux se réunir dans des puisards où les machines d'épuisement s'en emparent pour la rejeter au dehors. Simonin raconte qu'un vieux mineur anglais, qui croyait que la terre était animée, comparait les veines d'eau qu'on rencontre dans les mines aux veines et aux artères du corps. « Quand l'eau fait irruption dans nos chantiers, disait-il, c'est le terrain qui se venge parce qu'on lui a coupé une artère. »

A cause de l'altération des pyrites contenues dans la houille, les eaux des mines sont généralement acides et par suite nuisibles aux chemins de fer et aux pieds des chevaux. Pour cette raison également elles ne peuvent servir à l'alimentation des chaudières.

Dans les pays de montagnes l'écoulement des eaux peut se faire facilement ; il suffit, en effet, de tracer une galerie allant de la mine vers une vallée située à un niveau inférieur. Dans les mines métallifères, ces galeries sont parfois d'une longueur considérable : au Harz, la galerie Ernest Auguste est de 23 638 mètres de développement ; dans le Mansfeld, il en est une de 31 800 mètres ; enfin, à Freiberg, la galerie de Rothschonberger a 47 504 mètres de longueur et 3 mètres de hauteur.

Dans les contrées peu accidentées, il faut avoir recours à des moyens mécaniques, aux *pompes d'épuisement*, mues par des machines à vapeur. On utilise aussi aujourd'hui des pompes installées au fond et qui sont actionnées par l'électricité. Certaines de ces pompes arrivent à refouler 540 litres par minute, sous une charge de 180 mètres, à travers un tuyau de 1 550 mètres de longueur.

La mine peut être inondée lorsque ces machines cessent de fonctionner ; mais c'est là un cas peu dangereux, car les mineurs ont généralement le temps de remonter au jour. Ce qui est réellement dangereux, c'est l'inondation imprévue, provenant par exemple d'un cuvelage de puits qui a cédé et par lequel l'eau s'échappe comme un torrent, remplissant en un instant les galeries inférieures, faisant irruption dans les travaux et emportant, noyés, les hommes et les chevaux. D'autres fois ce sont des eaux provenant de l'extérieur qui pénètrent dans la mine, par exemple une trombe, une crue subite. C'est ainsi qu'en 1862, à la mine de Lalle, près de Bessèges (Gard), à la suite d'un violent orage, les eaux de la rivière de la Cèze montèrent à une hauteur extraordinaire et vinrent s'engouffrer dans les galeries. Vingt-neuf ouvriers purent remonter à temps ; cent dix restèrent engloutis. On commença par élever une digue qui détourna les eaux débordées, puis les recherches commencèrent aussitôt. Mais où commencer les travaux de sauvetage ? Dans quelle partie de la mine les ouvriers se sont-ils réfugiés ? Des ouvriers descendirent, entrèrent dans une galerie et frappèrent sur le charbon avec leurs outils. Chacun d'eux collait une oreille sur la houille, écoutant si des coups lointains ne répondaient pas à leur appel. L'un d'eux finit par percevoir un bruit léger, d'un rythme particulier : c'était le rappel des mineurs. Voici, du reste, ce qu'a écrit l'ingénieur qui dirigea les travaux de sauvetage : « L'oreille collée au charbon, dit-il, et retenant notre respiration, nous entendîmes aussitôt, avec une émotion profonde, des coups extrêmement faibles, mais précipités, rythmés, en un mot le rappel des mineurs, qui ne pouvait être la répercussion du nôtre, puisque nous avions frappé à intervalles égaux. » Des hommes vivaient donc encore : il fallait leur frayer une voie. Mais un massif de houille de plus de vingt mètres d'épaisseur faisait obstacle : en temps ordinaire il eût fallu trois mois pour le percer, il le fut en trois jours. Pour cela on ouvrit une galerie très étroite : un seul piqueur était occupé à l'avancement, qu'il attaquait avec toute la vigueur dont il était capable. Dès que ses forces faiblissaient, un autre mineur le relayait. Le charbon abattu était placé dans des corbeilles que se passaient de main en main une chaîne d'hommes disposés dans ce long boyau. Après trois jours de travail pénible, on put communiquer de la voix avec les captifs, mais hélas ! ils n'étaient plus que trois. Et quand on atteignit, quelques heures après, leur refuge, deux seulement étaient encore en vie, le troisième n'avait pu soutenir jusqu'au bout cette pénible épreuve.

Considérons maintenant le danger du FEU. Des incendies spontanés peuvent se produire dans les mines de charbon, soit par le combustible lui-même qui s'échauffe et brûle, soit par l'oxydation des pyrites qu'il contient, soit encore à la suite d'une explosion de grisou. L'incendie, trouvant dans le charbon un aliment naturel, peut s'étendre et continuer à brûler pendant des années et même des siècles. C'est ainsi qu'en 1861, à Planitz (Saxe), on voyait encore un feu que des chroniques signalaient déjà au XVIe siècle comme brûlant depuis un temps immémorial. En France, à Saint-Étienne, au *Brûlé*, une houillère est en feu depuis des siècles. Pour lutter contre ce fléau, on fait la part du feu : on bâtit des murs épais pour limiter l'incendie et l'étouffer. Peu à peu, le feu privé d'air s'éteint, mais lentement, puisqu'il dure encore parfois vingt et même trente ans. Certaines mines, comme celles de Decazeville, de la Ricamarie, de Commentry, sont continuellement embrasées. De place en place on voit s'élever au-dessus du sol des vapeurs blanchâtres qui sont comme des fumerolles volcaniques et qui laissent souvent déposer du soufre, de l'alun et des sels ammoniacaux. A Commentry, par exemple, il y a plus de soixante ans que l'incendie éclata dans la mine et il dure encore. Voici ce qu'en dit le naturaliste Lecoq, en 1840 :

Des éboulements successifs avaient donné à l'ensemble de l'exploitation l'aspect d'un vaste cratère dont les parois, formées de débris divers semblaient, au premier abord, limiter l'incendie. Dans le fond paraissait embrasée la magnifique couche de houille qui fait la richesse de la contrée. L'air pénétrant facilement dans les galeries alimentait la flamme, et celle-ci s'élevait de tous côtés sous forme de nombreux tourbillons, tantôt étincelante de clarté, tantôt enveloppée d'une fumée noire et vacillante, qui ne se cachait un instant que pour la laisser sortir avec plus d'éclat. Des flammes plus petites, légères et bleuâtres, semblaient voltiger sur l'incendie tout entier et s'échapper des cendres que formait un si vaste foyer. Deux larges bouches se distinguaient au milieu de cette multitude d'ouvertures ; des torrents de flammes et de fumée s'en échappaient à chaque instant, et l'œil pouvait suivre au loin l'incendie souterrain sous des portiques de feu et sous des colonnades incandescentes dont les formes et les proportions n'avaient rien de stable et de constant.

On peut voir à Commentry, comme en plusieurs endroits où les feux souterrains sont en pleine activité depuis de nombreuses années, le charbon changé en coke, les grès et les schistes calcinés et passés au rouge.

Dans certaines régions anglaises, les incendies des houillères produisent des altérations surprenantes : les grès sont vitrifiés, les bancs d'argile changés en porcelaine, les roches cuites découpées en prismes comme les orgues de basalte. Dans une houillère de cette région, dont l'incendie était séculaire, et que les habitants désignaient sous le nom de *Burning-hill* ou Colline brûlée, on avait remarqué que la neige fondait en arrivant sur le sol et que les prés étaient toujours couverts d'une herbe parfaitement verte. On y faisait plusieurs récoltes par an ; on y cultivait même des plantes tropicales. C'est que le sol était chauffé comme celui de nos *forceries* modernes où l'on obtient des primeurs en plein hiver en faisant circuler dans la terre des courants d'eau chaude. Des habitants de ce pays eurent donc l'idée d'installer en ce point une école d'horticulture. Des plantes coloniales poussèrent sur ces terrains. Mais un beau jour l'incendie se déplaça, le sol reprit sa température normale, les plantes des pays chauds s'étiolèrent et l'école d'horticulture dut rechercher ailleurs des terrains d'étude.

Lorsqu'un incendie existe dans un quartier de mine, la température dans le voisinage peut s'élever à 50 et même 60°. L'ouvrier ne résiste alors à cette chaleur qu'en travaillant tout nu. A Decazeville, nous avons été témoin d'un tel fait : les hommes construisant le barrage travaillaient, complètement nus, dans une atmosphère presque irrespirable, tellement l'air y était chaud et humide. Sans doute les postes étaient de courte durée, mais étant donnée l'oppression pénible que nous éprouvions dans ce milieu brûlant et suffocant, la résistance de ces ouvriers nous semblait bien longue.

Pour lutter contre les incendies on a proposé la vapeur d'eau ou mieux encore le gaz carbonique qui n'entretient pas la combustion. Un moyen radical est de noyer la mine ; c'est ainsi que dans le bassin houiller de Charleroi on détourna la Sambre pour faire entrer ses eaux dans la mine. En Angleterre, on préfère fermer hermétiquement les houillères en feu et attendre patiemment l'heure de reprendre l'exploitation.

Au dernier Congrès des ingénieurs des mines anglais, un cas fort curieux fut cité à propos d'une mine incendiée dont on avait fermé tous les orifices. Cette mine était dans cet état depuis quinze mois lorsqu'on résolut de reprendre l'exploitation. Mais auparavant il était prudent de s'assurer de l'état de l'atmosphère dans la mine. C'est ce que l'on fit avec de grandes précautions et voici ce que l'on trouva. L'atmosphère des galeries, complètement irrespirable, contenait 84 pour 100 d'azote, 12 de grisou et 4 de gaz carbonique, le tout sous une certaine pression. Lorsqu'on déboucha les ouvertures, il sortit en 24 heures un volume évalué à 40 000 mètres cubes de ce mélange. On aéra et on ventila énergiquement, puis on descendit. On constata alors avec une réelle surprise que les gaz que nous venons d'énumérer avaient conservé le matériel et même les aliments abandonnés dans la mine lors de son évacuation. Du pain retrouvé était sec comme du biscuit, mais il était mangeable ; de même le lard cuit qui devait sans doute être consommé avec le pain. L'eau contenue dans les auges des chevaux ne s'était pas évaporée ; les rails des voies n'étaient pas rouillés ; les cordages et les boisages étaient en bon état ; et les chevaux que l'on descendit au fond pour reprendre le service de la traction mangèrent avec une évidente satisfaction la paille demeurée dans les râteliers de leurs infortunés prédécesseurs. Il résulte de ces faits qu'il est toujours prudent, lorsqu'on reprend l'exploitation de galeries de mine restées fermées, de procéder auparavant à une ventilation suffisante.

Ajoutons que les mines métallifères elles-mêmes ne sont pas à l'abri de l'incendie. En Espagne, au xviiie siècle, les célèbres mines de mercure d'Almaden brûlèrent pendant plus de deux ans. Dans ce cas, ce n'est pas le minerai qui brûle, mais ce sont les boisages qui, formés souvent de pins résineux, s'enflamment facilement. Un des incendies les plus formidables est celui qui ruina les mines de plomb et d'argent de Broken-Hill, dans la Nouvelle-Galles du Sud, et qui eut lieu en 1895. Des torrents d'eau furent projetés inutilement dans ce foyer. Restait un dernier procédé : employer le gaz carbonique. On amena ce gaz dans un énorme tuyau de toile imperméable qui se déroula comme un monstrueux serpent vers les galeries, et ce n'est qu'au bout de quinze jours de lutte que le feu céda.

De tous les ennemis qui menacent le mineur, le plus redoutable assurément est le GRISOU. Ce gaz, qu'on désigne aussi sous le nom de *bisou, terrou, feu grisou* ou *sauvage*, est un frère du gaz d'éclairage ; il est connu en chimie sous les appellations de *gaz des marais* ou de *méthane*. Les mineurs anglais l'ont baptisé du nom bien caractéristique de *puff*. D'où vient-il ? Comment le combattre ? Peut-on prévenir son explosion ? Telles sont les questions auxquelles nous voudrions répondre. Nous avons vu que les végétaux, en fermentant pour donner la houille, donnent naissance à des hydrocarbures qui, ne pouvant se dégager pour des raisons diverses, restent enfermés dans le charbon. Ces carbures qui constituent le grisou peuvent s'échapper de la houille, soit lorsqu'un outil vient rencontrer ces nids à grisou, soit à la suite de dépressions atmosphériques : ils se dégagent alors en détachant une multitude de parcelles et en produisant un bruissement particulier. Tantôt le grisou se dégage lentement, enveloppant progressivement le mineur ; tantôt, au contraire, il fonce sur lui avec une impétuosité redoutable. Le pétillement qu'il produit en se dégageant rappelle celui des eaux gazeuses s'échappant des bouteilles : c'est un appel à la vigilance, bien connu des mineurs sous le nom de *chant du grisou*. Si le grisou est pur, il brûle paisiblement en donnant une flamme livide ; mais s'il est mélangé à l'air, il forme un mélange détonant d'une extrême puissance qui, sous l'influence d'une étincelle ou d'une flamme quelconque, produit une explosion formidable brisant et renversant tout, tuant des centaines d'hommes à la fois. L'une de ces plus formidables explosions est celle survenue le 17 avril 1879, au charbonnage de l'Agrappe, à Frameries, près de Mons. La poche à grisou éclata à la façon d'une larme batavique, émettant une énorme quantité de gaz et projetant du charbon pulvérulent. Si le grisou existe tout formé dans le charbon, on comprend que, dans les couches inférieures, il se trouve à une pression de plusieurs atmosphères, c'est-à-dire dans un état qui rend le charbon presque explosif. La comparaison avec une larme batavique est donc exacte. Dans l'exemple que nous citons, cette larme batavique, en se brisant, fournit 4 000 hectolitres de charbon pulvérulent, c'est-à-dire 40 wagons ; de plus, il se dégagea par le puits un volume de 500 000 mètres cubes de gaz, dont l'inflammation s'est produite dans la salle des machines et a fourni pendant plus de deux heures une flamme gigantesque de 40 mètres de hauteur. Puis l'air rentra dans la mine, formant avec le grisou des mélanges détonants qui produisirent sept explosions consécutives, dont la dernière eut lieu quatre heures après le commencement du dégagement du gaz. 121 mineurs trouvèrent la mort dans cette terrible explosion.

Malgré les progrès de la science, malgré les efforts des ingénieurs pour combattre ce terrible fléau, de telles catastrophes sont encore fréquentes. Nous n'allons pas les énumérer, mais voici quelques chiffres qui sont douloureusement éloquents. Le bassin de la Loire semble être, en France, le grand pourvoyeur du martyrologe du travail dans les mines ; on se rappelle, en effet, l'explosion du puits Jabin, en 1876, qui fit 189 victimes, nombre qui fut dépassé dans la catastrophe de 1877, à Blantyre, en Écosse, où 207 mineurs périrent, et dans celle de 1866, à Oaks Colliery (Yorkshire), où 361 ouvriers furent tués. Mais ces chiffres sont encore loin de ceux fournis par la terrible catastrophe de Courrières (Pas-de-Calais), en 1906. Le nombre des morts fut de 1 100 et l'on remonta plus de 100 cadavres de chevaux. Les autopsies et les renseignements donnés par les survivants, les *rescapés*, comme on les appelle, ont montré que tous ces malheureux étaient morts asphyxiés et non de faim, comme on s'était plu à le dire.

Les effets du grisou sont terribles : les hommes sont brûlés, projetés contre les parois des galeries ou ensevelis sous celles-ci. Et si par hasard les mineurs échappent à cette trombe de flammes, ils succombent asphyxiés par les gaz provenant de la combustion du grisou, ou calcinés par la chaleur qui est parfois si grande que le charbon se transforme en coke. Quelquefois les mineurs meurent sans aucune lésion apparente ; c'est qu'ils ont *avalé le feu*, comme disent les survivants en leur argot professionnel. Dans ce cas, la mort semble être produite soit par la pression exercée brusquement dans les poumons, soit par des gaz toxiques comme l'oxyde de carbone. On comprend que les mineurs échappés par miracle à ces accidents aient éprouvé de terribles angoisses : rien d'étonnant à ce que la mémoire, parfois même la raison, soient disparues pour toujours de leur cerveau.

A la suite d'une explosion de grisou, l'atmosphère de la mine est irrespirable ; aussi les mineurs, qui se précipitent pour porter secours à leurs camarades tombent-ils souvent victimes de leur dévouement. Cependant, aucun ne recule ; chacun d'eux s'avance, appelant, sondant les parois des galeries restées debout, déblayant les voies. Mais quand ils arrivent à l'endroit de la catastrophe, ce n'est ordinairement que pour y trouver des cadavres affreusement mutilés, et si quelques malheureux ont survécu, ce n'est que pour succomber un peu plus tard, car leur corps est couvert de blessures ou d'atroces brûlures. La tâche des sauveteurs est souvent fort dangereuse. C'est ainsi que dans une catastrophe survenue dans les mines du Montana, aux États-Unis, deux équipes de sauveteurs furent successivement asphyxiées ; une troisième équipe parvint à accomplir son œuvre, mais ceux qui la composaient avaient pris le temps de revêtir un équipement de sauvetage, sorte de scaphandre qui communique avec un réservoir d'oxygène. Le sauveteur renouvelle de temps en temps sa provision respiratoire en tournant un robinet, et il se débarrasse des produits de sa respiration en frappant sur une soupape que porte son casque.

Le moyen le plus efficace d'éviter les explosions du grisou, c'est l'installation d'un bon aérage et l'usage de bonnes lampes de sûreté. Aussi pendant longtemps le grisou fut-il la plaie des houillères. Comme on ne pouvait se servir de lampes ordinaires, on avait imaginé d'éclairer les chantiers à l'aide d'une roue d'acier tournant contre une pierre à fusil ; un ou-

vrier qui manœuvrait cet appareil en faisait jaillir des étincelles qui éclairaient les mineurs ; mais il arriva que ces étincelles mirent le feu au grisou. Ou bien, si le grisou était abondant, on allumait le gaz lui-même. On obtenait ainsi de véritables fontaines de feu : c'étaient les *lampes éternelles*. On cite, dans le bassin de Newcastle, une de ces lampes qui a brûlé pendant dix-neuf ans !

Dans certaines mines, en France, on allumait chaque nuit le grisou. Un homme, courageux entre tous, venait chaque soir enflammer le gaz et provoquer l'explosion, afin que la mine fût de nouveau accessible le lendemain. Enveloppé dans une couverture de laine ou de cuir

Fig. 154. — Le *pénitent* enflammant le grisou.

(fig. 154), la figure protégée par un masque, la tête couverte d'un capuchon semblable à la cagoule des moines, cet homme, ce *pénitent* comme on l'appelait, s'avançait dans les galeries en rampant sur le sol, afin de se tenir dans la couche d'air respirable, car le grisou étant plus léger que l'air se trouve toujours au sommet des galeries. Il portait à la main un long bâton au bout duquel était une mèche allumée. Il allait ainsi provoquer l'explosion, s'exposant à être brûlé par les gaz ou assommé par les pierres. Aussi, trop souvent, était-ce en vain qu'on attendait le retour du pénitent, car, victime sacrifiée d'avance, il avait été emporté par l'explosion. Quand le grisou le tuait sur place, on disait qu'il était mort au champ d'honneur : telle était son oraison funèbre. Dans les mines anglaises, le pénitent portait le nom expressif de *fireman*, l' « homme du feu ».

On ne saurait se contenter aujourd'hui de ces procédés grossiers d'autrefois. Il faut que les galeries soient parcourues par un courant d'air que renouvellent d'une façon continue de puissantes machines soufflantes. Mais l'installation de la ventilation mécanique est toute récente. Auparavant, un progrès avait déjà été apporté par l'invention de la lampe de sûreté. Ce fut Humphry Davy, chimiste anglais, qui inventa cette lampe ; elle a sauvé bien des existences et a rendu le nom de Davy immortel. Ce savant avait remarqué qu'une toile métallique à fils serrés, placée dans la flamme d'une lampe, ne se laissait pas traverser par cette flamme (fig. 155). Toute la chaleur est employée à échauffer le métal, qui est bon conducteur ; il en résulte que les gaz qui produisent la flamme ne brûlent plus au delà de la toile métallique. Cette expérience fut pour Davy comme une révélation. « J'entourerai la chandelle des mineurs d'un treillis métallique, se dit Davy ; la flamme ne passera pas au travers. Prisonnière dans sa cage, elle ne communiquera pas avec le gaz, et les explosions n'auront pas lieu. S'il y en a, ce ne seront que de petites explosions partielles, au contact de la flamme, mais elles ne pourront pas se propager. » L'expérience confirma les prévisions du savant, et la lampe qu'il inventa permit au mineur de continuer

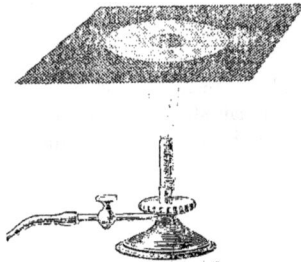

Fig. 155. — Refroidissement d'un gaz par une toile
métallique.

sans trop de danger sa tâche pénible, même au fond des galeries étroites où l'air se renouvelle difficilement. Cependant les mineurs furent d'abord les ennemis de cette lampe, qu'ils auraient dû accueillir avec une reconnaissance enthousiaste. Il fallut employer d'énergiques moyens de persuasion pour faire adopter cet instrument, qui aujourd'hui s'est pour ainsi dire identifié au mineur.

La priorité de cette invention fut disputée à Davy par Stephenson ; mais Davy n'eût-il pas ce titre au souvenir de la postérité qu'il n'en devrait pas moins être considéré comme l'un des plus grands ouvriers de l'œuvre scientifique. N'est-ce pas lui qui décomposa l'eau au moyen de la pile de Volta ? N'est-ce pas lui qui isola de leurs combinaisons le potassium et le sodium ? N'est-ce pas lui, enfin, qui, en poursuivant des recherches sur l'éclairage dans les mines, découvrit l'arc voltaïque et par suite l'éclairage électrique ? Aussi le grand prix de 3 000 francs, fondé par Napoléon *pour la meilleure expérience sur le fluide galvanique,* lui fut-il décerné, en 1808, bien que notre pays fût alors en guerre avec l'Angleterre.

La lampe de Davy (fig. 156), comme la plupart des inventions nouvelles, a son côté défectueux. Entourée par le treillis métallique, la flamme ne donnait évidemment qu'une faible lumière. Il en résultait que le mineur était tenté de l'ouvrir pour y voir plus clair, quand ce n'était pas pour le plaisir égoïste d'y allumer sa pipe. Des perfectionnements furent apportés : un des plus importants fut d'entourer la flamme par un tube de cristal, réservant le treillis pour la partie supérieure. D'autres modifications suivirent, et parmi les divers systèmes la lampe de Marsaut (fig. 157) est aujourd'hui la plus communément employée en France. Elle a l'avantage d'avertir de la présence du grisou en s'éteignant. De plus, elle est munie d'une fermeture automatique qui empêche celui qui s'en sert d'ouvrir sa lampe, ou bien qui éteint la lampe si le mineur veut l'ouvrir. Pour obtenir plus de sécurité, on y ajoute un rivet de plomb qu'on peut du reste adapter aux autres modèles de lampes ; les deux têtes de ce rivet portent chacune une lettre imprimée par une pince : c'est le cachet que l'on pose à la lampisterie lorsque l'ouvrier vient chercher sa lampe. Cette dernière lui est remise au guichet, poinçonnée à son chiffre, pendant que le « marqueur » inscrit sur le registre l'heure de la descente. Puis les ouvriers défilent devant un vérificateur qui s'assure si toutes les lampes sont bien fermées. Un simple coup d'œil sur le rivet de plomb permet cette vérification.

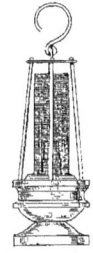

Fig. 156. — Lampe de Davy.

Depuis quelques années on a employé en France, sur l'initiative des mines de Lens, une lampe de sûreté à essence de pétrole spéciale. La benzine est en usage partout en Allemagne dans les fosses grisouteuses. Le pouvoir éclairant de cette lampe est plus constant que celui de la lampe à l'huile ; il lui est aussi supérieur, car il est de 0,60 bougie au lieu de 0,40. Enfin, la lampe se rallume, sans qu'on l'ouvre, au moyen de pastilles fulminantes placées sur un ruban de papier près de la mèche. Elle est aussi d'une grande sensibilité au grisou, car elle permet d'apprécier nettement 1 pour 100 de ce gaz.

L'action du grisou sur les flammes des lampes est un guide certain pour en apprécier la présence et la proportion. Voici comment on opère : dans le chantier à grisou, on élève lentement la lampe de sûreté en ayant soin de cacher à l'œil, à l'aide du doigt, la partie la plus brillante de la flamme ; on voit alors nettement ce qui se passe dans la lampe. A partir de 4 pour 100 de grisou, la flamme s'allonge et s'entoure d'une auréole bleuâtre, à 6 pour 100 elle est très longue ; à 12 ou 14 l'explosion se produit ; à 30 la lampe s'éteint.

Fig. 157. — Lampe de Marsaut.

Quant aux lampes électriques, elles ne sont pas encore entrées dans la pratique. Elles présentent du reste le grave inconvénient de ne donner aucune indication sur la présence du grisou. De plus la rupture de l'ampoule de verre pourrait provoquer l'explosion, si à ce moment l'air et le grisou formaient un mélange explosif.

Dans les mines que n'infeste pas le redoutable grisou, la question de l'éclairage est fort simple. L'emploi de la chandelle fixée dans un tampon d'argile s'était perpétué pendant des siècles ; mais il a fait place à l'usage des lampes à feu nu, dont les formes varient avec les régions. La lampe de Saint-Étienne (fig. 158, A) est ronde ou un peu ovale, et suspendue à une sorte d'étrier ; la petite lampe d'Anzin et de Lens est en fer-blanc (fig. 158, B et C) et se porte au chapeau, retenue par un gros clou. L'usage de ces lampes nécessite l'emploi d'une petite pince (fig. 158, D) destinée à tirer sur la mèche et à la moucher ; aussi les mineurs portent-ils tous cette pince accrochée à leur ceinture, ainsi qu'on peut le voir dans plusieurs de nos gravures.

Si des accidents se produisent encore fréquemment c'est que l'on emploie souvent des lampes à feu nu dans des mines où l'on ne soupçonnait pas la présence du grisou. Certains accidents sont dus aussi à des lampes de sûreté ouvertes par des ouvriers, ou

cassées pendant le travail. En somme toutes les catastrophes proviennent d'impru-
dences ou de négligences. Mieux que personne le mineur connaît les terribles conséquences d'une imprudence, d'un oubli d'une minute. Il sait qu'il sera la première
victime de l'accident, et cependant... Aussi pour éviter ces accidents, n'est-ce pas la
lampe de sûreté qu'il faut perfectionner, mais bien la nature humaine.

En résumé, il n'y a pas de panacée infaillible contre le grisou. « En fait, dit M. Le
Chatelier, la sécurité dans une mine dépend surtout de son aérage ; elle sera toujours,
quelque découverte que l'avenir nous réserve, à la merci de l'ingénieur qui dirige son
exploitation. » Dès aujourd'hui, on peut dire que, dans une mine bien tenue, la
sécurité est grande. Le seul procédé efficace consiste à diluer le grisou dans un excès
d'air suffisant pour le rendre inoffensif. La proportion de ce gaz doit toujours rester
au-dessous de 5 pour 100. La difficulté est d'amener l'air en tous les points des travaux et en quantité proportionnelle à la quantité de grisou qui se dégage. Or l'air tend

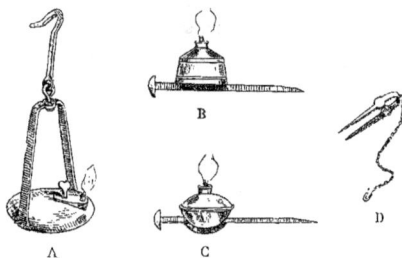

Fig. 158. — Lampes à feu nu.

à suivre la voie la plus directe du
puits d'entrée au puits de sortie. Les
portes et les remblais ne suffisent
pas pour diriger la marche de l'air,
de sorte qu'il ne parvient aux chantiers qu'une partie de l'air descendu
par le puits d'entrée. C'est pourquoi
il faut envoyer l'air dans la mine en
quantité bien supérieure à celle qui
est théoriquement nécessaire. La
ventilation mécanique est seule capable de donner un tel résultat.

A côté de ces précautions nécessaires, il en est d'autres secondaires, mais qui ne
sont pas négligeables. C'est ainsi qu'il est défendu de fumer et que souvent les chefs
de travaux dans leurs rondes forcent les ouvriers à leur souffler au visage pour s'assurer que le règlement est observé. Il est même interdit d'avoir sur soi des allumettes.
Malgré tout cela, il faut compter avec l'imprudence d'un ouvrier et surtout avec les
variations brusques de dégagement du grisou qui peuvent tromper les prévisions de
l'ingénieur. Quand la quantité de grisou atteint la proportion de 4 pour 100, quantité qui peut être reconnue avec la lampe par les personnes les moins expérimentées,
le travail doit cesser. On s'est aussi demandé si les étincelles produites par le pic
sur des roches dures ne pouvaient pas être la dangereuse étoupille de l'explosion. Des
expériences faites à l'École des mines de Paris et aux mines de Blanzy montrent que
le pic n'est pour rien dans ces explosions.

Une dernière question se pose : Est-il possible, dans l'état actuel de la science, de
prévoir les manifestation grisouteuses ? Oui, s'il existe, comme cela paraît probable,
des relations entre les dégagements du grisou et les mouvements du sol ; car il suffirait alors de posséder des données précises sur ces derniers. On a remarqué depuis
longtemps que si la pression barométrique augmente, les dégagements de grisou sont
faibles ; ils sont à craindre, au contraire, avec les dépressions. Déjà, en 1880, le pro-

fesseur italien de Rossi, dans une conférence qu'il donnait à Liège, s'exprimait ainsi : « J'ai eu l'occasion de montrer maintes fois la coïncidence des désastres arrivés dans les mines avec les époques où l'on a constaté que l'exercice de l'activité interne du globe s'accuse avec une énergie particulière. J'ai insisté sur la nécessité d'établir à proximité des mines des observatoires géodynamiques pour y surveiller, à l'aide du microphone, les moindres mouvements sismiques du sol. L'utilité de ces observations m'apparaît si grande et si évidente que je ne puis m'empêcher de les recommander chaque fois que l'occasion s'en présente. » Or, il y a plus de vingt ans que ces conseils ont été donnés et c'est au Japon qu'il faut aller pour les voir mis en pratique ! Il existe, en effet, dans ce pays, un service microsismique admirablement organisé. Il est juste de reconnaître que le Japon est le pays de prédilection des mouvements du sol. Cependant, en 1883, M. de Chancourtois installa un observatoire à Douai et un autre dans l'un des puits les plus grisouteux d'Anzin. Du 7 au 10 décembre 1886, une intense dépression atmosphérique coïncida avec des dégagements accentués de grisou. Les phénomènes sismiques qui affectèrent les régions les plus diverses à cette date devaient donc être reliés avec les accidents grisouteux qui survinrent dans des contrées éloignées. Ainsi la venue subite du grisou dans le puits d'Anzin est telle que, le 8 décembre, il faut évacuer la mine ; de même dans certaines mines du Nord et du Pas-de-Calais. Le même jour, à Liège, il y eut un dégagement grisouteux accompagné d'une projection brusque de 72 hectolitres de charbon menu. Le lendemain, 9 décembre, à Beaulieusart, dans le Centre, un dégagement brusque se produit qui ensevelit cinq ouvriers sous le charbon projeté. En Angleterre, dans plusieurs villes du Durham, le 8 décembre, il y eut un dégagement de grisou qui força à abandonner le travail, en même temps un appareil enregistreur indiquait de fortes perturbations microsismiques. Ces observations montrent que l'étude des mouvements sismiques pourrait être d'un grand secours dans la lutte rationnelle contre le grisou.

D'autre part, on a cherché à construire différents appareils capables de prévenir le mineur de la présence du grisou, de crier en quelque sorte à l'ouvrier absorbé dans sa besogne le salutaire « Garde à vous ! » Ces appareils, indicateurs de grisou, sont portatifs : les uns donnent une auréole dans l'atmosphère grisouteuse, d'autres font étinceler un fil de platine. Pour des recherches plus précises, on se sert d'appareils appelés *grisoumètres* qui donnent la teneur en grisou de l'atmosphère de la mine ; mais ce sont là des instruments de laboratoire.

Le grisou n'est pas la seule cause qui nécessite un aérage parfait de la mine : il y a aussi l'oxyde de carbone, qui se dégage parfois de la houille ; il y a encore le gaz carbonique provenant de la respiration des ouvriers et de la combustion des lampes ; enfin il y a les gaz provenant de l'usage des explosifs et les poussières. Ajoutons que la température de l'air est ordinairement très élevée, tant par la production de ces gaz que par la profondeur des travaux, et nous comprendrons que l'aérage des mines est de la plus haute importance.

On a d'abord utilisé l'*aérage naturel,* qui se fait dans la mine comme dans nos appartememts. Ordinairement, la mine a deux issues : l'air entre par l'une, se répand dans les chantiers et sort par l'autre. Le sens du mouvement de l'air dépend de la dif-

férence entre les températures extérieure et intérieure. Cet aérage est presque toujours
insuffisant. On a pensé alors à disposer, à la base d'un puits de retour d'air, une
corbeille métallique remplie de charbon incandescent : c'était ce qu'on appelait le
toque-feu. Le tirage ainsi activé aspirait l'air vicié de la mine. Mais ce procédé présente de graves dangers dans les mines grisouteuses.

Aujourd'hui, dans la plupart des mines, c'est l'aérage mécanique qui fonctionne. Il
est assuré par des ventilateurs puissants (fig. 159) installés à l'orifice de puits spéciaux, et dont les palettes ou les hélices, mises en mouvement par la vapeur, entraînent l'air de la mine. Ces machines aspirent une véritable trombe, enlevant de 35 à
40 mètres cubes d'air par seconde. Les ventilateurs peuvent être *soufflants* ou *aspi-
rants*. Les premiers s'installent sur les puits d'entrée, les seconds sur les puits de sortie. On peut les faire fonctionner dans les deux sens par un simple renversement

de la rotation. Ces puissants
appareils ont de 4 à 6 mètres
de diamètre et leur vitesse, de
100 à 150 tours à la minute,
fait qu'on entend un ronfle-
ment formidable qui ébranle
l'atmosphère à distance. Indépendamment de ces grands
ventilateurs qui donnent de
l'air frais à toute une mine, on
emploie aussi des ventilateurs
moins puissants, qu'on installe
à l'intérieur de la mine, **pour
aérer des chantiers en cul-de-**

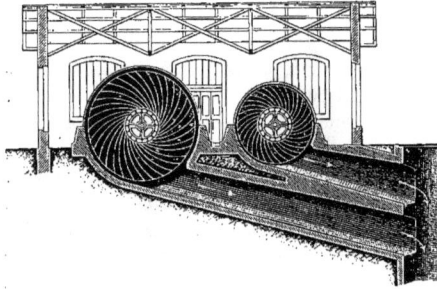

Fig. 159. — Ventilateurs (système Farcot) d'un diamètre de 4 à 6 mètres.

sac. Les puissantes machines à comprimer l'air qui sert de moteur pour les machines
du fond et en particulier pour la traction aident aussi à l'aérage des mines (fig. 160).

Il ne suffit pas d'envoyer d'énormes volumes d'air frais dans la mine, il faut le distribuer dans tous les points de la mine. Abandonné à lui-même, le courant d'air che-
minerait par la voie qui lui offrirait le moins de résistance et dans tout ce qui serait
en dehors de ce parcours l'air resterait stagnant. Pour diriger ce courant dans les
diverses directions, on dispose des portes et des barrages. Les portes d'aérage ont
pour effet d'interrompre le courant d'air ; elles sont gardées par des portiers ou ma-
nœuvrées simplement par les hommes qui passent. S'il s'agit de conduire l'air dans
le fond d'une galerie en cul-de-sac, on se sert de larges tuyaux en tôle. Là surtout la
ventilation est à surveiller. Souvent, en effet, dans ces endroits on voit la lampe pâlir
et la flamme se raccourcir ; c'est qu'il n'y a plus suffisamment d'oxygène et qu'il y a
trop de gaz carbonique. On éprouve comme une lourdeur des membres ; c'est l'asphyxie qui commence ; « l'air est mort », comme disent les mineurs. Il est alors
prudent de retourner sur ses pas pour y trouver un air plus vivifiant. Il faut dire
qu'aujourd'hui, dans les mines bien tenues, l'ouvrier du fond est bien aéré et ne
souffre pas d'une trop grande chaleur. C'est ainsi qu'à Lens, dans la fosse que nous

avons visitée, les courants d'air qui aèrent tous les fronts de taille maintiennent la température entre 16 et 18 degrés à une profondeur d'environ 400 mètres.

Grâce aux efforts incessants faits par les ingénieurs, le nombre des accidents et par suite des victimes va sans cesse en diminuant, surtout dans les mines munies des appareils de sécurité que commandent les progrès scientifiques. La mine de Lens, par exemple, pendant les dix dernières années, n'a eu des accidents mortels que dans la faible proportion de 0.79 pour 1 000. On estime que vers 1835 l'extraction d'un

Fig. 160. — Machines à comprimer l'air. Fosse n° 12 des mines de Lens.

million de tonnes de charbon coûtait plus de 30 existences humaines ; en 1899, il n'y avait plus que 6 tués pour ce million de tonnes. Le chiffre de victimes a donc diminué, mais il est encore trop élevé. D'autant que dans cette estimation il n'est pas tenu compte des maladies particulières au mineur ni des infirmités qu'il contracte dans la mine.

Il est certain que le travail du mineur, quelles que soient les précautions prises, ne s'accomplit pas dans de bonnes conditions d'hygiène. L'air toujours vicié, la grande humidité de cet air et surtout l'absence de lumière, voilà plus qu'il n'en faut pour débiliter ceux que la nature n'a point doués d'une grande vigueur. L'organisme du mineur s'anémie facilement et c'est un terrain tout préparé pour l'invasion morbide qui pourra se présenter. Il ne faut pas confondre cette anémie fréquente *chez* les mineurs, avec ce qu'on appelle l'*anémie des mineurs*, due à un ver parasite, l'*anky-*

lostome duodénal, qui se développe parfois dans l'intestin du mineur. Ce parasite se fixe par des dents chitineuses à la muqueuse intestinale en produisant une hémorragie négligeable s'il ne s'agit que d'un seul animal, mais qui peut devenir grave si l'intestin, comme c'est le cas ordinaire, renferme des centaines et même des milliers de vers. On sait que ces parasites se transmettent par l'eau stagnante des galeries humides et mal aérées.

Laissons de côté ces petites misères du mineur et arrivons à l'organisation du travail dans la mine.

§ 5. — ORGANISATION DU TRAVAIL DANS LES MINES : LA COUPE AU CHARBON ET LA COUPE A TERRE. LE MAITRE-PORION. LE « BRIQUET ». LA JOURNÉE DE 8 HEURES. LE TRAVAIL A L'ENTREPRISE.

Les ouvriers mineurs ont su de tout temps attirer sur eux la sympathie publique, sans doute à cause des conditions particulières dans lesquelles ils accomplissent leur dur labeur, sans doute aussi parce que chacun se rend compte du rôle énorme qu'ils jouent dans l'activité sociale. Il nous paraît donc utile de décrire le fonctionnement de cette industrie compliquée et d'un caractère particulier. Nous insisterons sur l'organisation du travail dans la mine, réservant pour un autre chapitre la question si intéressante de la *vie du mineur.*

On sait que les mines appartiennent rarement à un concessionnaire unique, mais le plus souvent à des sociétés constituées sur les diverses bases que comporte la législation. Chaque société est représentée par un Conseil d'administration en rapports constants avec le directeur ou l'administrateur délégué. Une entreprise minière comprend ordinairement trois grands services : le service technique, le service administratif et financier, et le service commercial, le tout placé sous les ordres du directeur. Le service technique, de beaucoup le plus important, est le seul dont nous nous occuperons ici. Il comprend : la surveillance et la direction des travaux souterrains, des opérations de triage, de lavage et de chargement du charbon à la sortie de la mine ; la surveillance et la direction de la fabrication du coke, des agglomérés et des divers sous-produits ; la surveillance et la direction des chemins de fer extérieurs, des ateliers de construction et de réparation, ainsi que l'étude et l'exécution des travaux neufs.

Le plus souvent, tout ce service est confié à un *ingénieur en chef* ou *ingénieur principal.* Chaque ingénieur en chef a, pour le seconder, un ou plusieurs *ingénieurs divisionnaires,* qui sont chargés chacun d'une division, c'est-à-dire de deux ou trois exploitations différentes, dont chacune est confiée à un *ingénieur de section* ou *sous-ingénieur.* Suivant la difficulté et la concentration des travaux, chaque division correspond à une extraction qui varie de 100 000 à 400 000 tonnes par an. L'ingénieur a la lourde responsabilité de la marche des chantiers et de la sécurité du personnel. Il doit donc veiller au fonctionnement régulier des machines et s'assurer de la stricte observation des règlements. Aussi dans la mine, comme sur un navire, l'obéissance est-elle de rigueur. Ne suffit-il pas, en effet, de la désobéissance ou même de l'imprudence d'un seul ouvrier pour compromettre l'existence des 4 ou 500 hommes qui travaillent dans la même fosse ? Enfin l'organisation équitable des salaires n'est pas le moindre souci de l'ingénieur, car il sait que de là dépend souvent le moral de la population ouvrière, toujours sensible au sentiment de justice.

L'ingénieur est aidé dans ces délicates fonctions par des collaborateurs expérimentés, vieillis dans le métier, et qui sont en quelque sorte les sous-officiers de cette armée du travail : on les appelle *maîtres-porions* dans le Nord de la France et la Belgique, *gouverneurs* dans le bassin de la Loire, *maîtres-mineurs* dans le Centre et le Midi, *overmen* en Angleterre, *caporaux* dans les mines allemandes et italiennes. Ils passent toute la durée de leur poste sur les travaux, et ont à leur tour sous leurs ordres des surveillants ou *chefs de poste,* qui ne quittent jamais leurs hommes. Ordinairement il y a un chef de poste pour 30 à 40 hommes ; un porion pour deux ou quatre chefs de poste, et enfin un maître-porion pour deux à quatre porions.

Le maître-porion est le collaborateur de tous les instants de l'ingénieur. C'est lui qui le tient au courant des événements du jour, des accidents qui ont pu se produire, de tel ou tel danger qui menace, etc. Gardien vigilant de la mine, rien ne doit lui échapper de ce qui peut contribuer à la marche régulière des chantiers. Aussi est-ce avec une certaine inquiétude que l'ingénieur lance son « Rien de nouveau ? » au maître-porion qu'il rencontre dans sa visite journalière à la mine. Le maître-porion est un ouvrier comme les autres, vivant avec eux et de leur vie. Dans la mine on ne le distingue guère des autres mineurs que parce qu'on le voit, appuyé sur son bâton, circulant d'un chantier à un autre pour y exercer sa surveillance. Il a sous ses ordres ses amis et les amis de ses amis. Aussi, comme sa tâche est délicate dès qu'il s'agit du règlement des salaires ou de questions personnelles ! L'impartialité, si

Fig. 161. — Un maître-porion des mines de Lens.

nécessaire en pareil cas, peut lui faire défaut, surtout quand sa femme tient un cabaret, ce qui est fréquent. N'y a-t-il pas à craindre, dans ce cas, qu'il ne se produise dans son esprit une division fort simple des ouvriers en deux classes : les clients, qui sont pour la plupart des débiteurs, et... les autres ?

Arrivons aux ouvriers. Prenons comme exemple les mineurs de Lens, dont nous avons eu l'occasion d'étudier l'organisation, qui, du reste, n'est pas spéciale aux ouvriers de cette région, car on peut la retrouver, au moins dans ses grandes lignes, dans les divers pays miniers de France et de Belgique. Les ouvriers sont divisés en deux groupes : les premiers descendent au fond de la mine à cinq heures du matin et remontent à une heure et demie de l'après-midi, ce qui leur laisse l'après-midi entièrement libre ; ils abattent et roulent le charbon ; ils comprennent les *piqueurs,* les *boiseurs* souvent assistés d'un jeune aide appellé *galibot,* les *rouleurs* ou *hers-*

cheurs, les *freinteurs* ou teneurs de frein, les *conducteurs* de chevaux, les *taqueurs* ou *accrocheurs* ; ils composent ce qu'on appelle la « *coupe au charbon* » ; et l'ouvrier de ce poste d'extraction est le *mineur du trait.* Les seconds descendent à quatre heures du soir et remontent vers minuit : ils sont chargés des travaux au rocher, c'est-à-dire de poursuivre dans le roc stérile les travaux de recherche, du remblayage des vides

Fig. 162. — Mineurs faisant « briquet ».

produits dans la matinée par l'enlèvement du charbon, de la réparation des voies, en un mot de la préparation du travail du lendemain. Ils forment ce que l'on appelle la « *coupe à terre* ».

Les ouvriers passent donc environ 8 heures au fond. Mais il faut remarquer que dans cette durée se trouvent compris le temps de la descente et de la remonte, le temps nécessaire à se rendre dans les tailles et à en revenir. Enfin, ajoutons que vers dix heures du matin les mineurs suspendent leur travail pendant une demi-heure pour prendre un léger repas : c'est ce qu'ils appellent « *faire briquet* ». Le briquet est une double tartine garnie de beurre ou de fromage qu'ils assaisonnent souvent d'ail ou de poireaux crus, suivant les saisons, et qu'ils arrosent de café, d'eau-de-vie ou d'eau. Assis sur les talons, les coudes au corps, les mineurs tirent d'un petit sac de toile ou *musette* les tranches de pain beurré, pendant que l'un d'eux boit à une gourde de fer-blanc.

Il est difficile d'établir la durée moyenne de la journée de travail dans toutes les houillères, car l'organisation du travail varie d'une exploitation à l'autre avec la nature des gisements, et dans la même exploitation la division du travail qu'impose l'outillage moderne a créé des groupes d'ouvriers distincts, aux aptitudes et aux capacités variées, qu'il est difficile de réglementer uniformément.

Au surplus, la journée de travail n'excède pas beaucoup les huit heures que regardent comme un maximum ceux qui sont hypnotisés par la formule magique des *trois huit* : huit heures de travail, huit heures de loisir, huit heures de sommeil. La moyenne oscillerait aujourd'hui autour de huit heures. Elle est, en général, plus élevée dans les pays étrangers. L'Angleterre cependant, dans ses mines du Nord, a fait aux mineurs un sort enviable : ainsi, dans le Northumberland, sept heures au maximum s'écoulent entre la montée et la descente. En revanche, les mines du Centre de l'Angleterre exigent parfois plus de neuf heures de présence. Quant aux Belges, s'ils ont réussi autour de Charleroi, à réduire la journée, ils sont moins favorisés dans le Borinage et dans le pays de Liège. Enfin tout le monde sait que les mineurs allemands, surtout ceux de Silésie, sont parmi les plus durement traités du monde entier.

En somme, le mineur français a obtenu des résultats qui font honneur à la fois à sa ténacité, à l'humanité des patrons et à l'intervention mesurée de l'administration. Depuis plus de vingt ans les associations de mineurs ont fait appel à la loi pour améliorer leur sort. Au début, il semblait impossible que l'État intervînt dans le contrat de travail pour interdire les trop grandes journées. Peu à peu l'idée a fait son chemin. L'État a d'abord protégé les femmes et les enfants ; la loi du 19 mai 1874 interdit l'emploi des femmes, des filles et des fillettes dans les travaux du fond ; d'autre part, les gamins peuvent être employés dès l'âge de 12 ans, mais pendant une durée de 8 heures, coupée par un repos d'une heure au moins. Après avoir protégé les femmes et les enfants, l'État a été amené à protéger les adultes, car la loi de 1900 limitant la journée de travail dans les ateliers mixtes, c'est-à-dire occupant à la fois des femmes, des enfants et des hommes, a constitué un premier pas dans cette voie.

L'Angleterre elle-même, le pays où le Parlement a le moins de tendances a intervenir dans le domaine économique, a étudié une loi relative aux 8 heures. La Chambre des communes a émis, en février 1901, un vote favorable.

En Allemagne, il n'y a aucune loi limitant le travail dans les mines ; mais là aussi le mouvement se dessine. Déjà le Parlement de Bavière a été saisi d'un projet dans ce sens. De plus, une loi de 1892 limite la journée de travail à 6 heures dans les chantiers où la température atteint ou dépasse 29 degrés.

Tous ces projets sont significatifs et montrent que la journée de 8 heures pour les mineurs n'est plus un rêve.

Voyons maintenant de quelle façon sont établis les salaires. Il existe trois régimes : le travail à la journée, le travail à la tâche et le travail à l'entreprise.

Dans le premier système, l'ouvrier vend au patron, moyennant un prix fixé à l'avance, une journée de travail, d'une durée déterminée. Avec ce procédé, l'ouvrier produit peu, car le zèle et l'habileté restent sans récompense. C'est dire qu'il ne s'applique, dans les mines, qu'à un nombre restreint d'ouvriers dont le travail irrégulier peut être difficilement taxé, comme l'entretien des galeries, par exemple, ou bien encore à ceux qui ne peuvent modifier l'importance de leur travail, par exemple les conducteurs de chevaux.

Dans le travail à la tâche, l'ouvrier est payé d'après le nombre de berlines de charbon qu'il abat. Dans ce système, il est juste de tenir compte des difficultés du travail ; aussi, n'est-il guère appliqué que dans les mines où les couches sont régulières et où le travail varie peu d'un chantier à l'autre.

Il y a enfin le troisième système, celui de l'entreprise fractionnée, qui est le plus usité. Il consiste à donner à un petit nombre d'ouvriers, quatre, six, huit au plus, associés entre eux, tous les travaux à exécuter dans un chantier déterminé, tels que l'abatage du charbon, le boisage, le remblayage, le roulage jusqu'au plan incliné. Les mineurs sont ainsi syndiqués en une petite société représentée par un chef ouvrier qui traite en leur nom. De cette façon, on réalise des espèces d'ateliers de famille, où les enfants font leur apprentissage et travaillent sous la direction et le contrôle de leurs parents. C'est un fait qui a son importance, car il faut beaucoup de temps pour faire un bon mineur. C'est un métier qu'il faut commencer jeune ; aussi les mineurs emmènent-ils leurs fils dans la mine dès l'âge de 13 ans environ ; ils débutent comme herscheurs ou freinteurs ; puis, dans leurs moments perdus, ils apprennent à manier le pic, à poser un bois, et vers l'âge de 18 ans, ils passent mineurs.

Le fonctionnement d'un organisme aussi compliqué que celui d'une mine ne peut se faire qu'à l'aide d'une réglementation précise et d'une discipline sévère. Certains règlements sont soumis à l'homologation préfectorale et assimilés par ce fait à des actes de l'autorité publique, susceptibles par suite de recevoir la sanction des tribunaux.

En somme, quels que soient les dangers qui menacent les ouvriers du fond, et si pénible que soit son labeur, le mineur aime son métier et en est extrêmement fier ; aussi conçoit-on qu'il professe un certain dédain pour l'ouvrier du jour, dont nous allons maintenant décrire le travail.

§ 6. — SUR LE CARREAU : TRIAGE, CRIBLAGE ET LAVAGE DU CHARBON. LES TRIEUSES. LES PRESSES A BRIQUETTES ET LES FOURS A COKE. EMBARQUEMENT DES CHARBONS : RIVAGES. FLOTTES CHARBONNIÈRES EN AMÉRIQUE.

Nous avons vu les chantiers souterrains et leur aspect sévère ; nous allons décrire maintenant l'aspect plus vivant, plus animé, des bords du puits, que l'on nomme souvent, dans le langage minier, le *carreau*. Ici l'on travaille à l'air et à la lumière ; aussi, y a-t-il plus d'entrain, plus de vie, surtout pendant le jour. Autour du puits sont groupés, dans de vastes halls, les ateliers de triage, de criblage, de lavage, de réparation, les magasins (fig. 163) et les appareils de transformation du charbon en briquettes que brûlent les locomotives et les machines des navires, ou en coke qu'utilise l'industrie métallurgique.

Tous les bâtiments qui environnent le puits forment un ensemble imposant. La

Fig. 163. — Magasin de fosse, aux mines de Lens.

construction qui recouvre les machines d'extraction est de grandes dimensions. A côté est le massif des chaudières, ordinairement surmonté d'une cheminée de grande hauteur que couronne un panache de fumée. Toutes les fosses n'offrent pas ce luxe d'installation, même dans les riches charbonnages. C'est ainsi que pendant longtemps en Angleterre, sur un des bassins houillers les plus productifs, on pouvait voir des puits ouverts dans la campagne, sans abri et sans édifice à l'entour. Il est vrai de dire qu'aujourd'hui des édifices souvent bâtis avec luxe entourent les fosses, ainsi que le montre la figure 165 qui représente l'ensemble d'une fosse d'un des centres miniers les plus importants du Lancashire.

Reprenons notre houille à l'endroit où nous l'avions laissée, c'est-à-dire en haut du puits d'extraction. Les berlines pleines de charbon sont tirées de la cage par des

hommes ; puis des femmes (fig. 164) les poussent vers des rails disposés de telle façon,
comme le montre la gauche de la figure, que le wagonnet, lancé adroitement, vient
s'engager exactement sur la voie. Sans relâche, ce roulement de berlines ébranle les
dalles de fonte en faisant entendre un bruit assourdissant. La berline arrive alors au
culbuteur mécanique, qui renverse directement la houille sur les appareils de *triage*.
Puis elle revient sur la voie des vides pour rentrer dans la cage et retourner au fond.
Pendant ce temps, au fond du puits, on fait la manœuvre inverse. Les câbles glis-

Fig. 164. — Recette extérieure ou accrochage du jour. Fosse n° 12 des mines de Lens.

sent sans cesse sur les poulies : l'un monte, extrayant les berlines remplies de charbon ; l'autre descend, portant les berlines vides. Cette promptitude et cette sûreté
de marche dans l'extraction font qu'on arrive à un chiffre énorme : la fosse n° 12 de
Lens, que nous avons visitée, arrive à extraire 1 500 tonnes en une journée, et environ 400 000 tonnes par an pour 300 jours de travail.

Les appareils de triage sur lesquels la houille a été chargée se composent de deux
tables : l'une fixe servant à la distribution du charbon, l'autre mobile et dont on fait
à volonté varier la vitesse. La table fixe est une sorte de glissière en tôle pleine ou
à grilles, et ayant une inclinaison telle que les morceaux de houille s'y tiennent
en équilibre, mais peuvent glisser avec facilité sous l'action de la pesanteur dès
qu'on les pousse à la main ou à l'aide de secousses. Des femmes appelées *trieuses*

Fig. 165. — Ensemble d'une fosse des mines de Wigan (Angleterre).

sont là de chaque côté de cette table, attentives aux matières qui descendent sous leurs yeux et que les culbuteurs renouvellent sans arrêt à la partie supérieure de la table. Ces femmes saisissent au passage les pierres qu'elles aperçoivent et en remplissent des corbeilles. Les morceaux de houille sont entraînés sur des tables mobiles et passent entre deux files parallèles de trieuses (fig. 166). A l'extrémité, la toile qui porte le charbon se dérobe et laisse tomber ce dernier dans un wagonnet. L'inconvénient des tables mobiles c'est qu'elles donnent une sensation de vertige aux trieuses obligées de porter leur attention sur des objets en mouvement. D'ailleurs ce travail

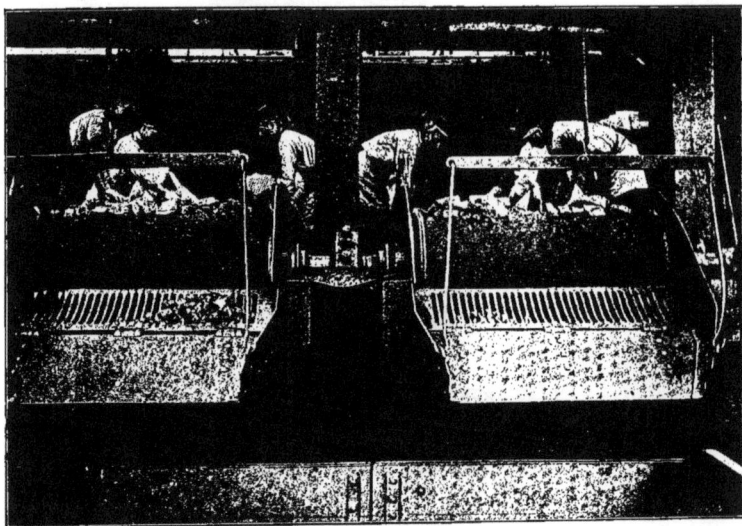

Fig. 166. — Jeunes filles des mines de Wigan, en Angleterre, triant et criblant le charbon.

exige de bons yeux et une certaine vivacité d'appréciation : c'est pourquoi on y affecte des jeunes filles plutôt que des ouvrières âgées.

C'est un coup d'œil pittoresque que celui que présentent ces ateliers avec les ouvrières revêtues de leur costume professionnel. Les trieuses tiennent beaucoup à ce costume, et nous le comprenons facilement, car il ne manque pas d'une certaine élégance. Il varie suivant les localités. A Lens (fig. 167), il est bleu, à pois blancs ; la jupe est courte, simple et recouverte d'un tablier ; le corsage est bouffant ; quant à la coiffe, qui est de même étoffe que le costume, elle est particulièrement gracieuse : aplatie sur la tête, elle se prolonge par deux ailes bleues qui tombent sur le cou, encadrant le visage qui a toujours la beauté de la jeunesse, car le bataillon des trieuses n'est composé que de jeunes filles. Ces trieuses, gentiment attifées, apportent dans ce milieu noir, malgré leurs joues poudrées de noir et leurs yeux noyés de charbon, un élément de gaieté et de vie qui, certes, n'est pas à dédaigner.

Visitons les importantes mines de Wigan, dans le Lancashire, en Angleterre ; nous y verrons les ouvrières occupées sur le carreau de la mine, comme en France. Les unes (fig. 168) reçoivent à l'entrée du puits les berlines pleines, qu'elles poussent ensuite vers le basculeur placé au-dessus des ateliers de triage. Les autres sont employées au triage du charbon ; elles forment toute une compagnie dont l'ensemble

Fig. 167. — Un groupe de trieuses des mines de Lens.

est bien curieux (fig. 169), curieux par le pittoresque du costume, curieux aussi par l'expression qui anime tous ces visages, dont quelques-uns sont plutôt de fillettes que de jeunes filles. Les membres grêles et la figure enfantine de nombre d'entre elles nous montrent qu'on ne peut humainement leur demander qu'un travail facile, où l'attention doit jouer un plus grand rôle que l'effort musculaire. Leur costume, fort simple, se compose d'une culotte qui ne dépasse guère le genou et qui est recouverte d'un jupon fort court que cache presque complètement un tablier dont la couleur claire, parfois blanche, fait un contraste singulier dans ce milieu noir ; elles portent sur leur corsage un fichu écossais aux nuances et aux dessins variés. Enfin leur coiffure forme comme un petit chapeau qui protège la tête contre les poussières de charbon. Ajoutons qu'elles sont chaussées de fortes galoches dont le dessus est en cuir, et dont la semelle de bois est toujours très épaisse. La vue de différents groupes de trieuses que nous reproduisons ici (fig. 169, 170, 171) nous montre que ces jeunes filles ont quand même le goût des coquetteries et l'amour des rubans. La plupart, en effet, portent autour du cou des cravates dont les plis plus ou moins harmonieux seront bientôt autant de petits nids à charbon.

Fig. 168. — Ouvrières des mines de Wigan, en Angleterre, à la recette extérieure.

En Allemagne, les femmes sont employées comme en France, en Belgique et en Angleterre, sur le carreau de la mine (fig. 172).

Disons, pour terminer ce qui a rapport au travail des femmes dans les mines, que déjà il existait au xviii⁰ siècle, mais les travaux extérieurs seuls leur étaient réservés. Sous la Révolution, les théoriciens de l'industrie signalèrent à la bourgeoisie industrielle l'intérêt qu'elle aurait à occuper le plus possible de femmes : plus de docilité et moins de salaire. Le conseil fut suivi, puisque pendant près de cent ans les femmes descendirent dans les mines pour y accomplir un labeur déjà pénible pour l'homme.

Quand le charbon a subi le triage, il est soumis à certaines opérations mécaniques comme le *criblage* et le *lavage*. Nous n'entrerons pas dans le détail de ces opérations.

Fig. 169. — Groupe de trieuses des mines de Wigan en Angleterre.

Nous dirons seulement que les cribles ont pour but de classer les différents morceaux de charbon suivant leur volume. On les désigne sous les noms suivants : les *gros*, ayant plus de 220 millimètres de côté ; les *gailletteries*, de 70 à 220 millimètres ; les *gailletins*, de 40 à 70 millimètres ; les *têtes de moineaux*, de 25 à 40 millimètres ; les *criblés*, 5 à 10 millimètres ; enfin les *fines*, qui ont traversé les cribles, de 5 à 70 millimètres. Le *tout-venant* est le charbon livré à la consommation sans avoir été ni

Fig. 170. — Groupe de trieuses revêtues de leur costume de travail (mines de Wigan, Angleterre).

Fig. 171. — Un type de trieuse avec sa pelle et son crible.

criblé, ni lavé. Le charbon est criblé sur une surface à claire-voie (fig. 173) ou bien percée de trous ronds dont le diamètre est un élément invariable, tandis qu'entre les barreaux de la grille de larges plaques minces peuvent passer verticalement. Les cribles sont animés de secousses qui facilitent le passage des morceaux de minerai.

Le lavage des houilles consiste à séparer, par l'action de la densité, dans une masse d'eau agitée mécaniquement, la houille (densité : 1,10) des schistes (densité : 1,60). Les schistes tombent au fond, tandis que les houilles sont recueillies par le seuil d'un déversoir. Le courant d'eau entraîne les parties fines et légères dans de grandes citernes où elles se déposent. Ces poussières ou *schlamms* sont ensuite reprises et utilisées pour la fabrication du coke ou pour la confection des briquettes ou agglomérés, Quant aux grains obtenus dans les divers lavages, ils sont transportés vers des broyeurs qui les écrasent et opèrent un mélange intime avec le poussier et les schlamms. Les briquettes sont aujourd'hui très demandées sur le marché par les compagnies de chemins de fer et de navigation. Aussi chaque exploitation importante a-t-elle installé une usine à briquettes, munie de presses dont chacune peut produire environ onze tonnes par heure.

La fabrication du coke qui doit servir aux usines métallurgiques pour l'alimentation des hauts fourneaux est une branche importante de l'industrie houillère. Pour en donner une idée, disons que les mines de Lens ont installé une magnifique série de 500 fours à coke fabriquant par jour 1 300 tonnes de cette substance qui est expédiée aux principales usines de l'Est de la France, autrefois tributaires des houilles belges et allemandes. Nous avons vu que pour fabriquer le coke il fallait d'abord réduire les divers charbons en poudre, à l'aide de broyeurs ; de cette façon le coke est plus homogène. Le mélange ainsi préparé est amené par des wagons qui circulent sur la plate-forme des fours (fig. 174) et viennent déverser leur contenu dans ces estomacs voraces. Un grand progrès industriel a été apporté récemment au fonctionnement de ces fours. Les gaz brûlés par ces fours sont utilisés pour chauffer des générateurs dont la vapeur actionne les machines de l'usine. D'autre part, les gaz provenant des fours sont refroidis dans des condenseurs où ils abandonnent leur goudron et leur ammoniaque. Enfin on peut obtenir par distillation des huiles lourdes et de la benzine.

Fig. 172. — Une ouvrière des mines allemandes.

Lorsque la distillation du charbon est terminée, il faut défourner le coke. Pour cela on ouvre la porte de fer qui clôt le four, et le coke rouge s'étale lentement sur le sol. C'est alors que des ouvriers dirigent sur cette masse en feu des lances d'où l'eau jaillit à grandes gerbes. Il se produit des torrents de vapeurs et de fumées, et peu à peu l'eau finit par avoir raison du feu et les couleurs pourpres de celui-ci se changent en un rouge lie de vin caractéristique. Cette opération exige de la part de l'ouvrier arroseur un certain coup d'œil, car il doit s'arrêter juste à temps. Les fours à coke

GAUSTIER. — Les entrailles de la terre.   15

Fig. 173. — Crible à secousses et toile sans fin.

Fig. 174. — Fours à coke et défourneuse (mines de Lens).

sont comme la cuisine infernale où se prépare la pâtée de l'ogre qui souvent gronde et souffle dans le voisinage, le haut fourneau, dont nous parlerons plus loin.

Maintenant que le charbon est prêt à être livré à la consommation, nous allons l'accompagner jusqu'au wagon ou jusqu'au bateau qui va l'enlever définitivement de la mine. Dans les mines éloignées des canaux ou de tout autre moyen de navigation, les wagons sont amenés jusqu'au voisinage des ateliers de triage, où ils reçoivent directement (fig. 175), au moyen de trémies, le charbon qui vient d'être préparé.

Depuis quelques années, on emploie pour l'embarquement des charbons des

Fig. 175. — Chargement d'un wagon aux mines de Wigan (Angleterre).

procédés mécaniques qui rendent cette opération rapide et économique. Ce travail se fait à l'aide d'installations ordinairement établies sur les rives d'un canal et désignées sous le nom de *rivages*. Les systèmes varient d'une exploitation à l'autre. Mais un des procédés les plus fréquents consiste dans l'emploi de wagons dont les caisses peuvent basculer. Cette disposition exige des appareils spéciaux de levage ; c'est ainsi qu'à Lens la locomotive qui a amené les wagons de la mine porte une grue qui bascule (fig. 176) et vide le wagon dans des glissières (fig. 177). Des glissières, la houille passe dans les trémies, que l'on fait manœuvrer à l'aide de vannes, de façon à diriger le bec de la trémie vers tous les points du bateau. Ce système permet de charger un bateau de 300 tonnes en moins d'une heure. L'ensemble des trémies

Fig. 176. — Rivage des mines de Lens : Bateau à quai sous les glissières ; locomotive basculant un wagon.

Fig. 177. — Rivage des mines de Lens : Vue générale des glissières ; manœuvre des vannes.

permet d'embarquer 6000 tonnes par jour. Tous ceux qui ont parcouru les charbonnages du Nord de la France connaissent l'aspect typique de ces canaux (fig. 178), de ces routes qui charrient la houille et le fer, et qui, bordés de grands arbres, semblent filer vers l'infini avec la perspective de leurs berges vertes et de leur eau pâle où glisse lourdement l'arrière vermillonné des péniches que remorquent ordinairement deux chevaux.

Les perfectionnements apportés dans les procédés d'embarquement de la houille en France sont peu de chose auprès des installations colossales faites en Amérique.

Fig. 178. — Le canal avec les péniches chargées de charbon et l'ensemble des fours à coke de Vendin-le-Vieil (mines de Lens).

Telle compagnie est organisée pour embarquer plus de 20 000 tonnes de charbon en 24 heures. Ce sont surtout les ports de New-York et de Philadelphie qui sont désignés pour l'embarquement des charbons que les Américains rêvent d'exporter en Europe. Il est donc intéressant d'étudier les moyens dont ils disposent pour soutenir cette lutte commerciale. Par des procédés rapides et économiques, ils transportent le charbon des mines vers les grands centres d'approvisionnement, au moyen de lignes de chemins de fer construites spécialement et sur lesquelles circulent d'immenses wagons en acier portant chacun 50 tonnes de houille. Malgré cet outillage perfectionné, le transport par eau est encore préférable. C'est dans ce but que toute une flotte a été créée pour transporter la houille de New-York à Boston. Des voiliers d'un genre nouveau ont été construits ; ce sont de grandes goélettes à 5 et 6 mâts

Fig. 179. — Ponts mobiles pour le transport des bennes portant le charbon (Amérique).

(fig. 180) portant jusqu'à 6 000 tonneaux. Enfin on a créé sur les quais des différentes villes des installations spéciales pour l'embarquement et le débarquement des charbons. Tantôt ce sont d'immenses charpentes qui dominent les quais et sur lesquelles arrivent les wagons ; ceux-ci, au moyen de soupapes inférieures, se vident automatiquement dans des gouttières qui conduisent le charbon dans les cales des navires. Tantôt, ce sont des bennes ouvrantes, suspendues sous de longues charpentes mobiles (fig. 179), qui vont prendre automatiquement le charbon au dépôt pour l'amener au navire. Ces bennes, dont la figure 181 montre la disposition, font leur voyage aller et retour du navire au dépôt de charbon, c'est-à-dire près de 200 mètres, en moins

Fig. 180. — Goélette à six mâts pour le transport du charbon, en Amérique.

d'une minute, y compris le temps nécessaire à la manœuvre. Un wagon de 50 tonnes est vidé en 3 minutes par 5 ouvriers, et le plus grand navire est chargé en une journée. Tout est donc préparé en Amérique pour transporter le charbon à la côte et pour l'embarquer rapidement et économiquement. Une chose manquait : c'était la flotte nécessaire au transport à travers l'Atlantique. On se mit donc à construire d'immenses *cargo-boats*. Mais cela n'allait pas assez vite ; aussi M. Pierpont-Morgan, un des rois de la finance américaine, acheta-il pour 44 millions les actions d'une compagnie anglaise de navigation. Du coup, il pouvait disposer de 65 vapeurs, jaugeant 320 000 tonneaux ! Les Anglais avaient fourni aux Américains les armes pour les combattre.

Pour terminer ce chapitre, nous voudrions donner une idée de l'énormité des capitaux engagés dans les exploitations minières. Prenons comme exemple l'exploitation importante de Lens ; les capitaux y sont d'environ 60 millions de francs, se décomposant ainsi : les 12 fosses représentent une valeur de 24 millions ; les voies ferrées reliant les 12 établissements entre eux, ainsi qu'aux gares et au rivage, représentant environ 112 kilomètres, ont coûté plus de 10 millions, en comptant le matériel formé de 30 locomotives et de 1 500 wagons ; les achats de terrains ont absorbé plus de 7 millions ; la construction de 4 200 maisons ouvrières, des écoles, des asiles, etc., représente une dépense de 13 millions. Enfin, il convient d'ajouter la valeur du matériel mécanique des divers services : extraction, aérage, triage, criblage, lavage, fabrication du coke et des agglomérés. La force motrice est fournie par 253 machines à vapeur, représentant un total de 17 602 chevaux. L'éclairage électrique est assuré par 34 dynamos et l'aération par 22 ventilateurs.

FIG. 181. — Une benne ouvrante,

Ces chiffres sont faibles auprès de ceux que nous fournirait la formidable exploitation d'Anzin, dont l'étendue de la concession dépasse 28 000 hectares et les capitaux engagés 130 millions ! Et pour l'ensemble des bassins du Nord et du Pas-de-Calais, dont l'étendue des concessions est d'environ 130 000 hectares, les capitaux immobilisés s'élèvent au chiffre approximatif de 700 millions.

Mais laissons ces chiffres pourtant bien suggestifs et revenons à un sujet plus vivant, car c'est de la vie du mineur, de ses mœurs, que nous allons maintenant vous entretenir.

CHAPITRE III

LA VIE OUVRIÈRE AUX PAYS NOIRS

§ I. — L'ARMÉE MINIÈRE : LE CHEF ET LE SOLDAT, L'INGÉNIEUR ET LE MINEUR. RÔLE SOCIAL DE L'INGÉNIEUR. ÉCOLES DES MINES. QUALITÉS MORALES DU MINEUR. LES DEUX CORTÈGES.

La lutte incessante que le mineur soutient contre les éléments en a fait un ouvrier discipliné et plein d'énergie. Il semble même que cet héroïsme inconscient devant le danger, que cette impassibilité devant le destin, aient développé en lui des qualités spéciales qui l'ont rendu capable de résister aux plus dures épreuves. On a souvent dit qu'il était le « soldat de l'abîme ». Oui, c'est un soldat par ses qualités de discipline et de courage, mais avec cette différence qu'il agit seulement avec la satisfaction, d'ailleurs très noble, d'accomplir son devoir et de gagner sa vie.

De même que les bons chefs font les bons soldats, les bons ingénieurs font les bons mineurs. On a défini le rôle de l'ingénieur : « L'art de diriger les grandes sources de forces de la nature au plus grand profit de l'homme. » De toutes les recherches poursuivies par l'homme au cours des siècles, il nous semble qu'il n'en existe pas de plus vaste, ni de plus utile. Cependant, certains esprits prétendent que les études scientifiques de l'ingénieur n'ont rien qui ennoblisse ni élève l'esprit, qu'elles sont terre à terre, etc. Certains vont même jusqu'à dire qu'elles dessèchent le cœur sans meubler l'esprit, et que le moindre *rat* de bibliothèque passant toute sa vie à bourrer son cerveau sans rien apprendre aux autres est plus dignement occupé que l'ingénieur. Un écrivain célèbre prétendait même qu'il était impossible de causer de choses intéressantes plus de quelques minutes avec un ingénieur même distingué. Boutade ! J'avoue que pour ma part j'ai toujours pris plaisir et trouvé profit à la conversation des ingénieurs. Non seulement je trouvais chez eux la précision scientifique dont nous avons tant besoin, mais aussi la simplicité qui est, à mon avis, un des plus grands charmes du langage. De plus, la plupart d'entre eux ont un esprit ouvert à toutes les idées nouvelles, même quand elles sont hardies. Instruits du mouvement social et tenant à y prendre part, ils ne sont pas des contemplatifs élégamment enfermés dans leur tour d'ivoire ; ils sont avant tout des hommes d'action, et c'est le plus bel éloge que nous puissions en faire.

Il existe chez l'ingénieur une double personnalité : le savant et l'homme. Or, la lutte qu'il doit soutenir avec la matière lui impose la nécessité de se tenir au courant des progrès scientifiques : voilà pour le savant ; d'autre part, la vision continue du dur labeur humain et le voisinage fréquent de la misère l'ont rendu bon : voilà pour l'homme. Aussi nombre de nos contemporains ne pourraient-ils que gagner à la fréquentation des ingénieurs ; ils verraient ce que peuvent l'activité et la bonté mises au service de l'intelligence, et ce serait peut-être pour eux d'un effet salutaire.

Quant au directeur d'une grande exploitation, s'il doit aux actionnaires de soigner le prix de revient, il doit aussi à ses ouvriers de veiller à leur sécurité, car il ne peut oublier que le plus respectable des capitaux, c'est la vie. Aussi, le directeur, qui consacre ses journées et ses veilles à l'administration et à la conduite d'une telle entreprise, qui avec calme et sang-froid dicte ses ordres à ses collaborateurs, est-il comme le général en chef qui combine et mène l'action et de qui dépend la victoire.

Assurément, nous n'irons pas jusqu'à dire que tout est pour le mieux dans la meilleure des mines, mais nous ne serons que sincère en disant que nous avons toujours trouvé chez ces chefs la constante préoccupation, sinon d'assurer le bien-être, du moins d'adoucir les misères de leurs ouvriers. Et nous avons même souvent senti chez eux comme une certaine tristesse quand ils nous exprimaient leur regret de voir que leurs efforts pour améliorer le sort des ouvriers n'étaient pas toujours bien appréciés de ceux-ci. Que de belles et bonnes choses nous ferions, semblaient-ils dire, si nos ouvriers comprenaient que le travail et l'intelligence ne devraient jamais se combattre, mais toujours s'unir ! L'ouvrier, en effet, semble oublier que le capital ne se compose pas uniquement d'argent ; il se compose aussi de la science, que nous pourrions appeler la « main-d'œuvre intellectuelle ». « Dans les sociétés modernes, dit M. Fouillée, c'est le capital intellectuel qui tend à devenir la principale richesse commune ; il est comme un sol nouveau mis par la société au service des intelligences, pour remplacer le sol de la terre déjà approprié et occupé. » Prenez une mine et mettez devant elle mille ouvriers avec leurs bras et leurs pics. Il n'y aura pas d'exploitation possible sans l'ingénieur qui sait diriger la machine, qui l'a inventée, et sans le capitaliste qui permet d'acheter cette machine. De même le capital est incapable de produire par lui seul sans le concours de l'ouvrier et de l'ingénieur. C'est du reste de l'union harmonieuse entre ces trois forces, la main-d'œuvre, l'intelligence et le capital, que dépend le véritable progrès.

En résumé, le rôle de l'ingénieur dans nos sociétés modernes est digne des plus hauts esprits, et ses travaux ne peuvent qu'élever et ennoblir celui qui s'y applique. Aussi le Corps des ingénieurs des mines est-il un des corps les plus savants et les plus honorés de notre pays. Ceux qui en font partie sont les premiers parmi une élite. En effet, chaque année, quatre places en moyenne sont vacantes dans le Corps des mines et elles sont offertes aux élèves sortant de l'École polytechnique, qui doivent, au préalable, avant de recevoir la haute investiture, aller passer trois ans à l'École nationale supérieure des mines. Or, le prestige de cette carrière est tel, que, à de très rares exceptions près, ce sont toujours les élèves classés les quatre premiers sur la liste de sortie de l'École polytechnique qui optent pour les mines. Ceux-ci seront les *ingénieurs de l'État* ; ils auront surtout un rôle de haute surveillance sur leur district minier. Mais ils sont en trop petit nombre pour pouvoir être considérés comme prenant une part importante à l'exploitation des mines. Elle est, en réalité,

FIG. 182. — École des mines visitant l'exploitation de Lens.

assurée par les *ingénieurs civils* des mines. Quelques-uns de ceux-ci sont formés, comme les ingénieurs de l'État, à l'École supérieure des mines ; mais la grande majorité, surtout dans les charbonnages, provient de l'École des mines de Saint-Étienne. C'est cette dernière École qui fournit l'état-major des exploitations houillères. Ainsi sur les 372 ingénieurs que l'on comptait récemment comme employés à l'extraction de la houille, 278 sortaient de l'École de Saint-Étienne, 68 de l'École centrale, 26 de l'École supérieure des mines(1). Il existe aussi en France deux écoles destinées à former des maîtres mineurs et des géomètres mineurs ; elles sont établies à Alais et à Douai. Alors que les deux premières écoles, Paris et Saint-Étienne, forment les officiers de l'industrie minière, ces deux dernières préparent des sous-officiers. Ajoutons que dans l'industrie minière on attache une importance de plus en

(1) H. VUIBERT, *Annuaire de la jeunesse.*

plus grande à l'éducation professionnelle des ingénieurs. Aussi, au Congrès des mines, en 1900, M. H. Fayol demandait-il que les futurs ingénieurs entrassent plus tôt qu'actuellement dans l'industrie, sans se livrer à des études mathématiques inutilement prolongées au point de vue pratique.

Dans les pays miniers, toutes les activités, toutes les intelligences collaborent à l'œuvre commune. Et de même qu'en Crète on élevait pour le sacrifice un peuple de jeunes filles, c'est pour la mine que l'on élève les enfants de ces régions. Aussi, le lendemain d'une explosion ou d'un désastre quelconque, est-ce souvent avec un sourire navré que la mère, contemplant l'enfant qu'elle allaite, jette ce cri : « C'est pour la mine ! » Il faut avoir entendu cette parole maternelle, dit Camille Lemonnier dans la belle description qu'il a faite des charbonnages de Belgique, pour comprendre tout ce qu'elle contient d'amertumes et de rancunes contre la destinée. Mais ce n'est là qu'un cri isolé, un cri de mère, au milieu de cette rude population.

Pour bien saisir toute la beauté du caractère des mineurs, il faut observer ce qui se passe lors de ces catastrophes qui font pleurer des villages entiers. L'aspect d'un pays minier n'est jamais gai, mais après un tel désastre il est profondément morne. Personne dans les rues ; personne au seuil des cabarets : c'est le silence absolu. Voici les cercueils qui, portés à bras, se dirigent vers l'église, cheminant comme les anneaux d'une monstrueuse larve. De cette foule recueillie s'élève le sanglot de tout un pays. Et sur le trajet du cortège qui suit ces cercueils trop grands pour les pauvres cadavres calcinés par le grisou, le silence ne peut être troublé que par une plainte comme celle-ci : « Ils sont encore heureux tous ceux-là, au moins ils les ont revus. » C'est que la mine garde souvent dans ses entrailles ses malheureuses victimes. Bientôt le calme renaît, le courage reparaît et avec lui le dédain de la mort, si bien que la dernière bière est à peine descendue en terre, dans cette fosse de laquelle on ne remonte plus, que déjà ces admirables ouvriers reviennent au chantier. Le lendemain, le travail a repris, les câbles se déroulent, jetant à nouveau au fond de la mine l'armée des travailleurs. La vie avec ses cruelles exigences a fait taire les plaintes de la veille. Aussi, n'y a-t-il pas d'exemple que, à la suite d'un de ces horribles drames souterrains, l'un de ceux qui ont échappé à la catastrophe ait déserté le poste où, face à face, il a vu la mort.

Nous aussi, nous oublions vite, trop vite, ces coups de grisou qui tuent sous terre des centaines d'individus. Après deux ou trois jours de plaintes banales et d'aumônes bruyantes nous sommes vite en règle avec ce lointain malheur. Nous nous éloignons même rapidement de cet attristant spectacle, presque irrités d'avoir failli nous laisser attendrir. Ah ! s'il s'agissait d'un malheur ayant un caractère mondain, nous nous découvririons vite des trésors de pitié, et tout le monde sait qu'il en existe d'inépuisables chez nos modernes snobs. Nous avons là sous les yeux une belle page écrite par un homme de cœur au lendemain de l'incendie du Théâtre-Français et d'une explosion dans les mines de Bessèges. Le premier avait coûté la vie à une jeune actrice ; la seconde avait tué seize mineurs. Et voici en quels termes cet écrivain parlait sur *Les deux cortèges* (1) :

(1) G. MONTORGUEIL, *Les deux cortèges*, 1900.

On a enterré hier les seize victimes de l'explosion de Bessèges. C'étaient des ouvriers mineurs ; au fond du puits, surpris par le grisou, ils avaient été asphyxiés.

On a enterré hier la victime de l'incendie du Théâtre-Français. C'était une jeune actrice ; dans sa loge, elle avait été surprise par l'oxyde de carbone qui l'avait asphyxiée.

Les journaux n'ont que peu parlé de la catastrophe de Bessèges ; le public en apprit la nouvelle distraitement, ne manifestant aucun désir d'en connaître les navrantes circonstances, de savoir combien ces prolétaires laissaient de mères en deuil et d'enfants orphelins ; mais il exigea qu'on l'entretînt abondamment de la morte du Théâtre-Français. Cet événement d'une poignante tristesse lui fut raconté des centaines de fois, en des récits contradictoires ou identiques, qu'il lut avec avidité et qu'il relut, ne pouvant détacher sa pensée de cette fin tragique. Ce fut le thème des conversations deux jours durant. Le nom de la disparue, inconnue ou presque, populaire en un instant fut sur toutes les lèvres, s'accompagnant de laudatifs et de regrets. Les lettrés s'ingéniaient à trouver de jolies et mélancoliques formules pour parler de cette gracieuse jeunesse que l'horreur avait cueillie, de ce frais sourire qu'avait aboli l'épouvante. On a conduit la morte au cimetière sous un drap blanc. Des hommes d'État, des ministres, des hauts fonctionnaires, des illustrations de tous les mondes lui ont fait cortège, confondus dans les rangs pressés des acteurs..... Au cimetière, l'éloquence officielle éclata en phrases noblement ordonnées qui, aux vingt ans de la jeune femme, avec l'or factice du théâtre, tressèrent une couronne que recueilleront les monographies et les histoires.....

Nous ne savons rien des funérailles des seize morts de Bessèges..... Au reste, nous n'exigeons pas de détails. Cette longue file de cercueils n'aura été suivie ni par les ministres, ni par les hommes d'État, ni par les hauts fonctionnaires, sauf peut-être quelque sous-préfet en service commandé. Nulle illustration de ce temps ne figura au cortège, qui n'en fut pas moins imposant dans sa simplicité et dans son pieux silence. Les passants se découvraient, étreints par une émotion forte et sincère, qui eussent estimé sacrilège de n'être là que pour voir ou pour être vus.

.....A ces victimes de Bessèges, qui y songeait, dans la journée d'hier ? encore que le rapprochement parût s'imposer, que les deux catastrophes eussent la même cause et que les seize morts de la mine fussent tombés frappés du même mal que la morte de la scène. Mais c'était là précisément par quoi cette morte l'emportait de tant d'intérêt sur eux : elle était de la scène, ils étaient de la mine.

La mine, c'est une industrie très loin de nos préoccupations et dont nous ne nous entretiendrions guère sans les grèves. Des hommes descendent dans ces enfers pour détacher le bloc qui prolongera nos jours et fera nos nuits féeriques. Paris veille, féru du théâtre ; Paris soupe ; il lui faut l'éclat des lumières..... Et c'est pourquoi, souillés et demi-nus, des êtres cheminent dans les éternelles ténèbres des souterraines galeries, disputant à la veine rebelle la flamme que les siècles y ont emprisonnée. C'est pour eux, ce dur labeur, la vie -- et aussi parfois la mort. Le grisou, sournois, s'évade, et son haleine ardente tue. On remonte à l'orifice du puits des cadavres défigurés horriblement, des membres convulsés qui abandonnent l'outil pour la première fois, des êtres beaux et jeunes, méconnaissables, hideux, et sur lesquels ne se penche que l'affection cruellement éprouvée des proches et des compagnons. Le monde ne saura rien de la détresse de leur pauvre visage. Quatre planches de sapin recueilleront ces débris, et la bière, sans fleurs ni pompe, ira rejoindre celles de tant d'autres, dont la fin fut aussi tragique et aussi méconnue..... Seize sont morts ainsi qu'hier on enterrait, mais on saura seulement qu'on enterrait la comédienne ; seule elle comptait.....

§ 2. — LA VIE DU MINEUR. LA MAISON ET LE JARDIN. LA CITÉ OUVRIÈRE ET LE CORON. LES JEUX : LA PERCHE A L'OISEAU, COMBATS DE COQS, ETC. LA MUSIQUE. LA SAINTE-BARBE. UN POÈTE MINEUR. LA « MUSE NOIRE » ET SON COURONNEMENT.

A leur sortie de la mine, les ouvriers, tout noirs de charbon, la marche alourdie par la fatigue, les vêtements mouillés et couverts de boue, se dirigent vers le « coron », cité ouvrière qui se compose d'une agglomération de maisonnettes que les compagnies louent aux mineurs pour un prix modique. Son aspect varie avec les régions.

Ici c'est le vrai *Pays noir* : dans les rues une boue noire ; sur la façade des maisons de la poussière noire, sur les feuilles des arbres, sur les visages, sur le linge, partout de la fumée, partout du noir ; et cette teinte sombre s'étend même parfois jusqu'au nom du pays : c'est le cas pour Terre-Noire, charbonnage situé entre Saint-Étienne et Saint-Chamond. Le ciel et la terre semblent être assombris comme d'un grand crêpe tendu dans l'espace. C'est comme un coin du Lancashire dans notre beau pays de France. Le soir seulement le noir est moins uniforme, car les feux puissants des forges mettent au ciel une large plaie rouge ; ou bien encore c'est la longue ligne de fours à coke dont les feux brillent en divers points.

Ailleurs, l'aspect change ; on reconnaît des installations modernes. C'est un gai panorama que nous offrent ces 5 000 petits toits rouges éparpillés dans les plaines de la Gohelle, aux environs de Lens. Ces villages coquets et propres, coupés de larges rues, parfois de boulevards ou de squares plantés d'arbres, sont composés d'habitations de types variés, mais satisfaisant toutes aux exigences de l'hygiène. Sans doute la Compagnie a consenti là des sacrifices au profit de son personnel ; c'est qu'elle a compris l'importance de la question du logement de la famille, au double point de vue hygiénique et moral. « C'est là, qu'après le travail les membres de la famille se retrouvent durant les heures qui leur sont données pour réparer leurs forces et pour remplir toutes les obligations de la vie en commun. » Il est certain que l'habitation est pour l'ouvrier un merveilleux instrument de moralisation. Si l'ouvrier harassé de fatigue, épuisé par les efforts physiques d'un labeur pénible, trouve chez lui un certain confort, de l'air, de la lumière et de la propreté, soyez persuadé qu'il oubliera volontiers le chemin du cabaret pour ne plus songer qu'à ses devoirs de famille et à ses intérêts professionnels. « Une cité ouvrière, a dit un ouvrier anglais, avec des logements salubres et agréables, vaut mieux pour lutter contre l'alcoolisme que dix mille allocutions dans des réunions de tempérance et qu'un million de témoignages sur les effets désastreux de l'alcool... » Comme il avait raison, le créateur du familistère de Guise, lorsqu'il écrivait : « L'habitation traduit le degré d'avancement social des peuples. Elle influe sur nos habitudes et notre jugement. Elle contribue à notre éducation et à notre instruction. Elle sert à nos relations, à nos réunions avec nos semblables. Elle nous facilite plus ou moins nos occupations. La bonne distribution de l'habitation nous donne les satisfactions de l'existence ; sa mauvaise conception engendre, au contraire, pour nous la gêne, la privation et la souffrance. » En un mot, l'ouvrier subissant la bienfaisante influence du « chez soi » devient plus laborieux et plus conscient de sa dignité.

Les maisons construites par les Compagnies sont de deux types : celui où les maisons sont agglomérées, c'est-à-dire juxtaposées en enfilade, et constituant une véritable cité (fig. 183) ; et celui, plus récent, des maisons isolées ou plutôt accouplées deux à deux au milieu d'un enclos (fig. 184). Les femmes préfèrent les maisons agglomérées, car elles peuvent s'y livrer plus facilement au doux plaisir du commérage. Les hommes, au contraire, préfèrent les maisons isolées, qui leur laissent un plus grand calme et une plus entière indépendance. Toutes sont bâties sur une cave, évitant ainsi l'humidité. Elles ont ordinairement six pièces : trois au rez-de-chaussée, trois au premier. Les trois pièces du rez-de-chaussée sont : le « salon », la cuisine et une chambre à coucher. Le salon est la pièce où l'on reçoit les voisins et les amis ; il est ordinairement coquettement paré : des fleurs aux fenêtres, sur la cheminée une pendule et des flambeaux, aux murs des tableaux, notamment celui des récompenses et des grades obtenus au régiment, des photographies de la famille, parfois des objets

Fig. 183. — Maisons agglomérées de la rue des Jardins, à Lens (cité ouvrière).

rapportés des colonies si les mineurs y ont fait leur service militaire, et, enfin, à la place d'honneur, l'instrument de musique dont ils jouent, car tous ou à peu près sont musiciens. La chambre à coucher du rez-de-chaussée est en prévision d'un malade. Enfin, au premier étage, trois chambres à coucher : une pour les parents, une pour les garçons et une pour les filles. C'est que la famille du mineur est ordinairement nombreuse ; elle est souvent de six ou huit enfants, et les familles de dix enfants ne sont pas rares. Toutes les maisons ont une cour avec bûcher, cabinets d'aisance, poulailler, et un jardin d'une contenance de 3 à 15 ares. Le prix de la location de chaque maison varie de 5 à 10 francs par mois.

Ces maisons sont dans un état de propreté irréprochable, surtout dans les régions du Nord. Toutes sont bien aérées et bien éclairées ; on s'est souvenu, en les con-

struisant, du vieil adage « où la lumière et l'air pénètrent le médecin n'entre pas ».
La propreté est une des plus grandes qualités dans la famille du mineur. Au sortir
de la fosse, si le mineur n'est pas passé par le lavabo, la première chose qu'il fait en
rentrant chez lui c'est de se laver à grande eau des pieds à la tête. D'autre part, il
faut voir le jour des nettoyages des maisons, les torrents d'eau que la ménagère verse
à tous les étages et le soin avec lequel elle répand du sable pour sécher planchers et
carrelages. La propreté est même poussée à un tel point que l'homme n'a pas le droit
de monter dans les chambres avec ses souliers : il doit se déchausser au bas de l'esca-

Fig. 184. — La cité ouvrière Saint-Laurent, a Lens ; maisons a mansardes, groupées par deux.

lier. C'est que la femme du mineur, qui ne fait rien autre chose que de laver la maison et de nettoyer la marmaille, met un point d'honneur à avoir la maison la plus
propre et la plus reluisante du coron.

Le mineur est chauffé gratuitement avec le charbon qu'il reçoit chaque mois et
dont la quantité varie avec les saisons et avec le nombre d'enfants.

Le mineur gagne largement sa vie, de 5 à 7 francs par jour ; les enfants et les aides
gagnent peu, car ils débutent avec un salaire de 1 fr. 60. Si l'on tient compte de ce
fait que les jeunes filles travaillent au triage, on peut dire qu'une famille composée
du père et de quelques enfants qui travaillent, peut gagner une quinzaine de francs
par jour. L'ouvrier mineur a donc un salaire plus élevé que l'ouvrier des champs.
Malheureusement, le mineur n'éprouve pas assez le besoin d'économiser. Vigoureux,

fortifié par ses travaux journaliers, il ne croit pas aux maux de la vieillesse ; aussi
vit-il au jour le jour. C'est ainsi qu'un vieux mineur qui disait avoir gagné beaucoup
d'argent répondait, en son patois artésien, à quelqu'un qui lui demandait pourquoi il n'avait pas économisé : « Ch'est q'tint plus que j'gaignos, tint plus que
j'dépinsos. »

Il est juste que le mineur dépense davantage que l'ouvrier des champs pour sa
nourriture, qui doit être plus substantielle. Le matin, avant d'aller au travail, il dé-
jeune ; puis il emporte de quoi « faire briquet » ; mais le fort repas de la journée n'a
lieu qu'au retour de la mine, vers deux heures. La ménagère ne fait pas toujours
aussi bonne cuisine qu'elle le pourrait. Est-ce hâte ou ignorance ? En tout cas, pour
faire disparaître ce défaut, on a créé des cours de cuisine où l'on montre à accommo-
der simplement mais agréablement les victuailles de la famille.

Après le repas de l'après-midi, le mineur cultive son jardin, s'habille et se pro-
mène ou va faire son « estaminet ». Ce qui fait la gaieté de la maisonnette du mineur,
c'est le petit jardin qui l'entoure, et que le mineur cultive avec goût, ratissant les
plates-bandes, échenillant les arbustes, et rapportant à cette placide besogne les
intimes satisfactions et peut-être les aspirations poétiques de son être. Aussi les compagnies cherchent-elles à développer chez l'ouvrier cet amour du jardinet : c'est ainsi
qu'à Lens, la Société fait planter dans le jardin quatre arbres fruitiers à haute tige,
contre la maison deux espaliers et deux vignes, et près du trou à fumier des arbustes
au feuillage varié. Le mineur peut retirer de ce coin de terre les légumes nécessaires à
l'alimentation de sa famille. Des notions de culture potagère et d'arboriculture sont
données aux enfants des écoles par un ancien élève de l'École nationale d'horticulture
de Versailles. Souvent le mineur construit des berceaux à l'aide de plantes grimpantes,
et cultive une assez grande variété de fleurs.

Le mineur est ordinairement sobre, ne fréquentant guère le cabaret que les jours
de paye, c'est-à-dire chaque quinzaine et quelquefois le dimanche. Malheureusement
tous les mineurs n'ont pas des habitudes aussi exemplaires ; les tentations sont si
nombreuses — il existe parfois, dans les pays du Nord, un estaminet pour deux
maisons. Souvent ces mineurs sont de pauvres diables qui viennent au cabaret pour
oublier leur situation, parfois même pour cacher leur misère. Ce sont ceux qui sentent que demain peut-être le ménage sera sans pain et les enfants sans abri ; ce sont
ceux qui sentent la sombre détresse de leur existence et pour lesquels le genièvre bu à
pleins verres sera la liqueur d'oubli en même temps que celle de la stupide ivresse.
Certes nous connaissons les dangers de l'alcool, et à tous ces braves ouvriers nous
voudrions dire, leur crier même, que si l'alcool éteint toujours le cerveau, il allume
bien souvent les haines. Mais nous ne saurions avoir d'admiration pour le phari-
saïsme de certaines personnes qui vont partout avec une assurance dogmatique répé-
tant que l'alcoolisme engendre la misère. Sans doute elles ont souvent raison, mais
souvent aussi n'est-ce pas la misère qui engendre l'alcoolisme ?

Malgré les dangers auxquels le mineur est exposé, la peur tient si peu de place
dans son existence qu'il est d'un naturel fort gai. Il sait conserver sous son masque
noir une gaieté goguenarde qui se manifeste bruyamment aux parties de cabaret et

dans les salles de danse. Cette jovialité un peu rude est même une des particularités des pays miniers. Sans doute, il passe de temps en temps dans le rire du mineur quelques éclats de colère et de révolte, mais vite la gaieté originelle reprend le dessus. Au fond, le mineur est bon vivant. Il saisit toutes les occasions de se distraire et a un goût prononcé pour les exercices d'agilité et d'adresse. Il se rend à tous les concours d'arbalétriers, d'archers et de joueurs de balle. Les sociétés voient d'un œil bienveillant ces exercices qui assouplissent et fortifient le corps ; aussi les favorisent-elles en aménageant sur des places, au centre des cités ouvrières, des perches à l'oiseau et des jeux de balle. La *perche à l'oiseau* (fig. 185) est un jeu bien populaire dans le Nord de la France et en Belgique. Voici en quoi il consiste : au sommet d'un mât, haut de 30 mètres, sont fixés des oiseaux de bois sur des barres ; le plus élevé est le coq, les autres sont les grandes et petites poules. Il s'agit de les faire sauter à coup de flèches, ce qui n'est pas chose facile, car ils sont solidement assujettis. Aussi les flèches dont on se sert, les « maguets », ont-elles 80 centimètres de longueur et se terminent-elles par un tronc de cône en corne. Est roi celui qui a été vainqueur une fois, empereur celui qui l'a été trois fois. Ce tir exige une grande justesse de coup d'œil et une grande vigueur physique.

En dehors de ces jeux dans lesquels il excelle, le mineur aime à faire combattre des coqs entre eux — car tout mineur qui se respecte est « *coqueleux* » — ou des chiens ratiers contre des rats, ou bien il élève et dresse avec un soin jaloux des pigeons voyageurs.

Enfin le mineur des bassins franco-belges aime la musique. Il suffit pour s'en rendre compte de parcourir les cités ouvrières afin d'entendre l'ouvrier étudier soit en vue d'une répétition, soit en vue d'un prochain concours. Il est vraiment remarquable de voir avec quelle facilité on arrive à grouper des éléments sérieux pour former ces sociétés musicales qui sont florissantes, grâce évidemment à la bonne volonté, au goût artistique et à la persévérance de chacun. Tous ceux qui suivent les tournois musicaux connaissent la réputation des musiques minières, qui cueillent partout les palmes et les médailles.

L'emploi des explosifs a fait du mineur un frère du canonnier. C'est pourquoi le 4 décembre, il fête Sainte-Barbe. Ce jour-là, c'est grande fête. Filles et garçons vont par bandes, dansant et chantant. Jadis les ouvriers et les patrons s'attablaient fraternellement en de gigantesques banquets, et l'on distribuait des primes en victuailles aux mineurs qui avaient abattu le plus de charbon pendant l'année. Aujourd'hui les banquets n'existent plus, mais on tire encore des salves d'artillerie. Et c'est la coutume, la veille de la Sainte-Barbe, même dans les centres miniers les plus révolutionnaires, de descendre à la fosse une représentation grossière de la « bonne dame » parée à deniers communs. Elle demeure au fond toute la journée, comme témoignage de la protection qu'elle accorde aux mineurs. Souvent on la pose dans une niche sous le rayonnement de quelques bougies. Le soir, on la remonte avec une piété grave, et ses voiles immaculés sont maintenant mâchurés de charbon. Puis, enfermée dans une boîte à double volet, la sainte est confiée à l'une des trieuses, qui l'emporte chez elle, où elle la gardera soigneusement jusqu'à l'an prochain. Souvent

Fig. 185. — La perche à l'oiseau (mines de Lens).

aussi le jour de la Sainte-Barbe le mineur et sa femme vont à la ville faire leurs achats ; aussi les dépenses sont-elles grandes ce jour-là, et c'est pourquoi le mineur donne dans la quinzaine qui précède un énergique coup de collier, à tel point, nous disait un ingénieur, qu'il arrive parfois à doubler son salaire.

Rien ne paraît aussi réfractaire à la poésie qu'un pays minier. Une préoccupation semble y dominer toutes les autres ; la pensée d'un gain rapide. L'absence de pittoresque, les rues, les places, les boulevards d'une géométrie impeccable et d'une monotonie désespérante, tout est comme une preuve que l'atmosphère de fumée pèse sur les imaginations. Et cependant, devant ces horizons aux noires tristesses naissent des poètes pour chanter les vertus des mineurs. Il existe même parmi eux un *poète-mineur,* qui est en son genre un bienfaiteur de ce monde spécial, car ses chansons éveillent au cœur des simples les sentiments les plus généreux. Simple mineur du Pas-de-Calais, Mousseron écrit en patois, mais un patois savoureux et plein d'heureuses trouvailles. « La muse de Jules Mousseron, a dit un bon juge, le poète Auguste Dorchain, est une bonne fille qui, tandis que tant de faux poètes cherchent à masquer leur manque d'émotion et de sincérité sous le fard et la poudre de riz des mots prétentieux et vides, a la modestie, elle, de « mucher ses vertus sous l'carbon ». Mais la « poursette noire » n'empêche pas qu'on les y découvre. » Écoutez plutôt ce qu'il va nous dire sur *L'vieux mineur* (1) :

L'œil éteint, s'vieill' piau tout' jonne,
I n'est point gai, l' vieux mineur !
Eun' fichelle artient s' marronne,
Et cha n'annonc' point l' bonheur.

I démeure avec és' fille :
Ch'est li qui soign' les infaints,
I touille él' soupe éd' sus l' grille,
In bertonnant d'timps en timps.

I s'imbête et cha l' tracasse,
I n' peut pus sarcler s' gardin.
Quand él' pauv' vieux i s'abasse,
S' tiête all' tourn' comme un moulin.

Etr' toudis dins s'bac à chintes ;
Incor s'il sarot marcher,
Il irot boir' des bonn's pintes !
Mais i pourot s'écrouler.

I n'oubli' fauque é s' misère
Quand ses infaints sont tertous,
L' soir, à l'intour dé s' kaïère
Et qui lieu parl' des grisous.

Il a tout vu dins les fosses,
Ses sauv'tag's i sont curieux.
Leus cœurs palpit'nt, les tiots gosses,
In acoutant l' pauver' vieux...

In v' not l' quère à chaqu' minute
Quand arrivot d' s'accidents.
Combin d' cops ia fait la lutte
Avec él' grisou grign'-dints ?

Il a tell'mint des blessures,
Qu'in n' sarot pus les compter.
Il est couvert ed' coutures,
Pir' qu'un ancien guernadier.

Si cha s'rot parmi l' mitralle
Qu'i s' arot si bin conduit,
Il arot d' pus d'eun médalle,
Mais i s'est battu dins l' nuit.

Va ! consol'-té brave Batisse ;
Les rubans, t' les as d'sus t' piau.
In vot bin qu' t' as du service ;
T' carcass, ch'est un vieux drapeau.

(1) *Revue septentrionale,* 1896.

Parmi ces ouvriers souterrains il est certain que le vieux mineur est un type bien curieux. Il marche cassé, le dos creusé, et il a beau être usé par le temps et le travail, il aime la fosse d'une fidèle tendresse et se résigne difficilement à vivre loin d'elle.

Les mineurs ont aussi des poètes qui pour n'être pas des leurs n'en disent pas moins vigoureusement leurs mérites et leurs aspirations. Tel est celui qui écrit ces vers (1) :

LES MINEURS

Dans les fangeux matins des plaines embrumées,
Sous l'orage grondant, l'averse ou l'aquilon,
Vers la fosse aux toits plats où traînent des fumées,
Ils vont par les chemins que borde le houblon.

Ils vont, courbant le dos, d'un pas lent, sans rien dire,
Farouches, haillonneux, blêmes, la pipe aux dents,
Le passant qui les croise hésite en voyant luire
Dans leurs visages noirs l'émail des yeux ardents.

Tel un muet troupeau qu'on embarque et dénombre,
L'équipe lamentable emplit l'étroit réduit ;
Et la cage commence, obscur vaisseau qui sombre,
Le voyage effaré dans l'abîme et la nuit.

Profondeur insondable où l'homme esclave rampe
Plus bas que le plongeur dans les gouffres marins
Et taille, armé du pic, aux lueurs de sa lampe,
D'un nocturne univers les sentiers souterrains.

A genoux, éventrant la basse catacombe,
Sans relâche il poursuit son noir labeur, sachant
Qu'il est un fossoyeur creusant sa propre tombe
Et que la brusque mort le guette au bout du champ.

Le père est tombé là, le fils a pris sa place,
Fouille, peine, halète et souffre, afin qu'un jour
Défiguré, roidi, souillé de houille grasse,
Sous le hangar banal on l'étende à son tour.

Lutte, agonise et meurs, captif des puits funèbres !
Qu'importe, si, toujours privé du chaste azur,
Tu ne fais en mourant que changer de ténèbres,
Qu'habiter un tombeau moins profond et moins dur.

Est-il vrai qu'il soit juste et qu'il soit nécessaire
A la vie, au progrès sinistre et radieux
Que des êtres sans nombre ignorent, ô misère !
La marche du soleil dans l'infini des cieux ?

(1) A. DE GUERNE, *Revue septentrionale*, 1898.

O destin ! faut-il donc qu'un éternel mystère
Réserve aux uns l'abîme, à d'autres les sommets,
Et que sur ton écorce infâme, ô vieille terre !
L'aube égale pour tous n'étincelle jamais ?

Aux uns le jour serein comme aux autres la mine ;
Aux uns le blanc froment ; le pain noir de charbon
A ceux que l'ombre couvre et que le sort domine ;
O Nature ! et cela te paraît sage et bon !

Tu n'as jamais senti que l'œuvre coutumière
Est douce au laboureur dans l'aube et la clarté,
Mais que l'irrémissible exil de la lumière
Fait le travail coupable et le cœur révolté.

Tu n'as jamais frémi, marâtre avide et rude !
D'engloutir tes enfants dans tes flancs ténébreux
Ni de les voir garder cette âpre inquiétude
D'être comme étrangers aux astres des heureux.

C'est la loi sombre. Roue énorme écrase et foule,
O Nature ! Et fatale en ton aveuglement
Roule sur les puissants que l'oubli berce, roule
Sur les maudits, sur tous roule indifféremment.

Jusqu'à l'heure qui sonne au fond du crépuscule,
Où le libre avenir, brandissant son flambeau,
Arrachera soudain l'esclave à l'ergastule,
Les vivants à la nuit et les morts au tombeau !

Écoutez aussi le délicat poète Paul Nagour qui, dans ses *Images et Silhouettes*, nous trace l'effrayant tableau

.....de l'un de ces drames de l'ombre,
Où le grisou maudit transforme en un clin d'œil
La mine en noir désert et la roche en cercueil,

et dans lequel un malheureux mineur a été tellement mutilé, brûlé, que transporté à l'hôpital il

..... faisait frémir même les infirmiers, .
Tant le grisou féroce avait rongé sa face.
C'était une de ces hideurs que rien n'efface,
Ni les drogues d'enfer, ni les soins des savants.
— Une tête de mort avec des yeux vivants ! —

Les mineurs avaient leurs trouvères, mais il leur manquait une Muse. Ils l'ont depuis le 30 juin 1901. La coutume de faire présider la femme à certaines solennités ouvrières tend à se répandre de plus en plus. Et c'est justice, car n'est-elle pas dès l'enfance à la tâche, comme l'homme ; ne partage-t-elle pas ses peines et ses chagrins ?

Elle doit donc aussi partager ses joies et ses plaisirs. C'est à Montmartre que fut couronnée la première Muse du Travail, et c'est un musicien aujourd'hui célèbre qui eut cette heureuse idée. « Assez de Muses illusoires, pensa-t-il ; abandonnons les vieilleries mythologiques ; la Muse qu'il faut à l'artiste moderne, c'est l'ouvrière, c'est la jeune fille du peuple, qui sait comme lui les douleurs de l'existence et qui a toujours un sourire pour les consoler, c'est la Muse à l'inspiration vaillante et saine, à la bonne humeur, au cœur franc et dévoué ! » On appela au scrutin les ouvrières âgées de moins de vingt ans et la Muse du Travail fut élue.

Depuis, d'autres villes ont eu leur Muse ouvrière. C'est à Lens, dans cette active cité, que fut élue, par toutes les ouvrières de seize à vingt ans, la Muse des mineurs, la « Muse noire » comme on l'appela. La lutte fut chaude. Ce fut Mlle Léa Bourdon (fig. 186), trieuse à la fosse n° 4, qui fut choisie parmi cinquante-six candidates. Agée de dix-sept ans, elle est, dans sa famille, la sixième de dix enfants. Bien que « Muse noire », jamais teint ne fut plus clair et plus frais que le sien ; un sourire de bonté éclaire sa physionomie douce et ouverte ; et dans ses yeux bleus passe comme un éclair de bonheur. C'est qu'elle est toute à la joie de l'honneur qui lui échoit. Son plus grand charme, c'est sa simplicité. Et quand elle se rend chez le photographe le jour de son élection, ses joues connaissent mieux la poussière noire du charbon que la blanche poudre de riz appliquée par le photographe pour rendre le cliché moins dur. Mais voici que la jeune Muse va subir les leçons de maintien des institutrices, les séances chez la couturière qui lui confectionne le costume de trieuse offert par l'administration des mines, et surtout les leçons de l'artiste qui veut symboliser, dans une scène mimée, la réconciliation de l'art et du peuple. Un mineur figurant la souffrance humaine et terrassé a pour rôle de se jeter aux pieds de la Muse consolatrice qui doit relever en souriant le travailleur défaillant. Enfin le jour du couronnement est arrivé ; la Muse a travaillé et compris son rôle. Elle a revêtu son costume d'ouvrière de la mine, mais il est en soie, et un tablier de foulard a remplacé le tablier de coton (fig. 187). Le sourire délicat qui donnait à sa physionomie une sincère expression de douceur s'est envolé, les traits se sont affinés, et il paraît même que le photographe n'opère plus lui-même pour l'application de la poudre de riz. Décidément, l'éducation fait de rapides progrès chez les natures intelligentes. Car elle n'est pas seulement distinguée, la jeune Muse, elle est aussi intelligente ; et quoique sa taille

Fig. 186. — Mlle Léa Bourdon, la « Muse noire », le jour de son élection.

soit petite, et menu son corps, elle est saine et vigoureuse ; elle est bien, en un mot, l'enfant du peuple, la Muse rêvée par l'artiste. Et si elle n'a pas lu Chateaubriand, elle sait pourtant que « les Muses sont des femmes célestes qui ne défigurent point leurs traits par des grimaces ; quand elles pleurent, c'est avec un secret dessein de s'embellir. »

Enfin, voici la Muse et sa suite ! Ses grands yeux disent son bonheur et son émoi. Derrière elle marchent les quatre demoiselles d'honneur (fig. 188), dignes suivantes en grâce et en beauté de la Muse. Le couronnement a lieu sur l'immense place de la République devant plus de 50 000 personnes. La Muse prend place sur le troisième étage d'une gigantesque estrade, de telle sorte qu'on l'aperçoit de toutes parts. Aussi, ce sont des acclamations enthousiastes quand, appelant à elle Pierrot vaincu par la souffrance, elle tend vers lui les bras dans un geste d'une simplicité touchante. Sur les gradins sont les mineurs en costume : cotte bleue et lampe dans la targette du chapeau de cuir. Rien ne manque à l'ampleur de cette scène : harpes, danseuses, masses chorales et instrumentales. On dirait une fête populaire rénovée de l'antique. Quand tout fut fini, la Muse, au bras du maire de Lens, passa sous une voûte d'acier formée par les pics emmêlés de deux rangs de mineurs ; puis elle reparut sur son char, véritable œuvre

FIG. 187. — Mlle Léa Bournos, la « Muse noire », le jour de son couronnement.

d'art construite par la mine, et qui représente le haut d'un puits avec les molettes et la cage abritant la Muse.

La reine de la fête avait reçu, de la Société des mines, à titre de présent, un centième d'obligation, c'est-à-dire 35 francs de revenu. Une Muse actionnaire ! Que doit dire Apollon ?.. Enfin, il paraît que la Muse, redevenue une excellente trieuse, n'a conservé de cette journée de triomphe que l'émotion d'avoir été couronnée dans une fête du travail, car c'est avant tout une brave fille. Il faut reconnaître aussi qu'il y avait au fond de cette manifestation pacifique une affirmation discrète des sentiments de solidarité qui unissent si étroitement les travailleurs de la mine.

Fig. 188. — La Muse noire et ses demoiselles d'honneur.

§ 3. — LA VIE SOCIALE. LES ÉCOLES ET « LE CATÉCHISME DE SÉCURITÉ ». COOPÉRATIVES, SOCIÉTÉS DE SECOURS, CAISSES DE RETRAITES. LES SYNDICATS, LA FÉDÉRATION, LES GRÈVES. LA « MINE AUX MINEURS ».

Dans cette armée du travail, les anciens doivent instruire les jeunes, leur communiquer leurs qualités de patience, de réflexion et de sang-froid sans lesquelles il n'est pas de bon mineur. Mais l'enfant ne descend dans la mine qu'à l'âge de treize et quatorze ans. Il passe ses premières années, dès qu'il peut courir seul, dans les asiles et les écoles. Nous avons visité quelques-unes des écoles créées par les Sociétés : elles se présentent avec toutes les conditions désirables d'hygiène. Les bâtiments sont vastes, bien aérés et bien éclairés, et surtout tenus avec une grande propreté. L'assiduité y est assez grande, sauf, nous dit une institutrice de Lens, le samedi dans les écoles de filles ; c'est que les jeunes écolières aident leurs mères dans les soins du ménage et que le samedi est jour de grand nettoyage.

La plupart des jeunes filles passent leur examen du certificat d'études. Quant aux garçons, nous disait M. Reumaux, l'éminent directeur des mines de Lens, nous ne les laissons pas descendre dans la mine tant qu'ils ne connaissent pas leur « catéchisme de sécurité » : c'est leur certificat d'études professionnelles. On les interroge sur la conduite à tenir dans la mine en présence de tel ou tel danger, sur les signaux à faire à l'accrochage ou aux plans inclinés, etc.

La vie de l'ouvrier mineur s'est améliorée considérablement depuis quelques années. Non seulement les salaires se sont élevés d'une façon progressive, mais l'esprit d'association et de mutualité s'est développé sans arrêt et commence à porter ses fruits. Partout ont été fondées des coopératives, des sociétés de secours, des caisses de retraites, des sociétés d'épargne, etc. Il y aurait des volumes à écrire sur l'économie sociale dans le monde des mineurs. Nous nous contenterons de donner quelques indications sur l'évolution qu'a subie la situation matérielle et morale de ces ouvriers.

C'est ainsi que moyennant un versement de trois francs par mois, le mineur fait partie d'une Société de secours qui le subventionne pendant la maladie et lui procure gratuitement le médecin et les médicaments. Ces caisses accordent aussi des secours aux veuves, aux enfants, aux réservistes et aux territoriaux. Les fonds de cette caisse sont constitués par les amendes, par une retenue obligatoire pour les ouvriers, de 3 pour 100 des salaires, par une cotisation de la société des mines égale à 1 pour 100 des salaires payés.

La loi de 1894 astreint les ouvriers mineurs à verser à la Caisse des retraites 2 pour 100 de leurs salaires et les Compagnies à un versement égal. Presque toutes les Sociétés accordent une pension d'au moins 300 francs après 30 ans de services et 55 ans d'âge, mais cette pension augmente si l'ouvrier continue à travailler et peut s'élever jusqu'à 650 et 700 francs par an.

Enfin, les ouvriers fondent entre eux des sociétés d'épargne dont le but est de fournir des secours qui s'ajoutent à ceux de la caisse des mines. Nous avons rencontré, en parcourant les statuts de ces diverses sociétés des dispositions bien intéressantes. En voici une que nous relevons dans les statuts de la Société des *Amis réunis du Grand-Condé* et que nous approuvons sans réserve : « Tout sociétaire rencontré ivre est signalé à l'assemblée générale ; en cas de récidive, son exclusion peut être prononcée. »

L'organisation des syndicats a donné aux ouvriers mineurs une nouvelle force.

Fig. 189. — Gendarmes escortant les ouvriers des ateliers travaillant pendant la grève.

La proportion des syndiqués par rapport au chiffre total de la corporation y est plus forte que dans toute autre industrie. De plus, la loi accorde aux mineurs la nomination de délégués qui peuvent proposer telle mesure qu'ils jugent propre à prévenir un accident, ou bien prendre part à l'enquête si cet accident se produisait.

Assurément on ne peut contester à l'ouvrier le droit au travail, pas plus que celui de se mettre en grève ; c'est un droit qui ne résulte d'aucune loi écrite : il découle de la nature, car travailler pour gagner sa vie est un droit primordial de l'individu et une condition essentielle de la liberté et de la dignité humaines. Mais il est permis de regretter que des éléments d'ordre étranger viennent souvent fausser ce droit en y substituant la violence, quand ils ne déchaînent pas les pires catastrophes.

C'est surtout en Amérique, où tout se fait en grand, que les grèves nous offrent des spectacles terrifiants. A Pittsburg, par exemple, chauffeurs et mécaniciens pillent les

Fig. 190. — Insigne des ouvriers syndiqués de Montceau, les « rouges ».

boutiques des armuriers, incendient une des gares principales, enflamment un train de pétrole, le lancent contre la gare défendue par des soldats, et fusillent ceux-ci au moment où ils sortent du brasier. En 1892, les ouvriers des usines Carnegie, sachant que le patron fait venir un bateau d'agents de police pour protéger son établissement, lancent sur l'eau des flots de pétrole enflammé.

En France, heureusement, nous n'avons pas de ces formidables batailles, mais lorsque la grève est déclarée, il faut à la troupe chargée d'assurer l'ordre de la dextérité, de la patience et du sang-froid, car le moindre incident peut vite dégénérer en rixe et amener les pires malheurs.

Une fois la grève déclarée, aucun ouvrier ne faillit au devoir de solidarité, la grande vertu prolétarienne. Et la conscience qu'ont les grévistes de lutter pour une cause juste est susceptible de les exalter jusqu'à l'héroïsme. On se souvient de la grève de Montceau-les-Mines, en 1901, où pendant de longues semaines les femmes et les enfants supportèrent les misères du chômage avec une résignation peu commune et une énergie indomptable. Bien plus, quand les maris regardent leurs mains devenues blanches, quand les hommes sont repris par la hantise de la mine qui les attire, les femmes sont là qui veillent et qui les encouragent à la résistance. On les a vues ces femmes, dans la grève de Montceau, après soixante jours de privations, venir en longues files (fig. 192) devant la mine pour y danser et y chanter.

Le « sou quotidien » des mineurs des autres pays avait permis d'organiser des soupes populaires (fig. 193) qui aidaient les grévistes à ne pas mourir de faim. Cependant la ville ouvrière est bien triste ; avec ses usines vides, ses cheminées éteintes, ses machines inertes, elle semble une ruche abandonnée. Les maisonnettes de mineurs, avec leurs jardinets aux arbrisseaux fleuris de givre, restent closes. Dans les rues, des ouvriers se croisent, échangent une parole de reconnaissance, ou une injure si le mineur rencontré est un *renégat* qui a continué ou repris le travail. Enfin, quand la grève est terminée, on s'aperçoit, trop tard hélas ! que c'est souvent pour un mince résultat, quand il y en a un, que tant de braves gens, tant d'ouvriers cou-

Fig. 191. — Défilé des grévistes, rue Carnot, à Montceau-les-Mines.

rageux, tant de mères de familles héroïques auront lutté de longs jours et de longues semaines contre la misère !

Pour beaucoup d'esprits, la seule solution de cette question ouvrière posée avec

Fig. 192. — Défilé des femmes des grévistes, rue Carnot, à Montceau-les-Mines.

tant d'acuité, « c'est la mine aux mineurs ». Or, il faut reconnaître que les entreprises tentées dans ce sens, aussi bien à Rive-de-Gier qu'à Monthieux, ne furent pas
heureuses. Ainsi celle de Monthieux qui, en 1895, avait englouti son capital de

68 200 francs et qui devait en outre 100 000 francs n'a pu continuer que grâce à

Fig. 193. — Soupes populaires, à Montceau-les-Mines.

l'impulsion d'un directeur intelligent et grâce aussi à ce que les ouvriers s'impo-
sèrent le maximum d'efforts avec le minimum de salaire, abandonnant une partie de
leur gain à la reconstitution du capital. Ajoutons que, pour prospérer, elle s'est

défaite des éléments turbulents qui entravaient sa marche. Quoi qu'il en soit, nous
pensons que ce n'est encore, étant donné l'état actuel de l'industrie des mines, qu'une
solution prématurée du problème.

§ 4. — CHEZ LES MINEURS ÉTRANGERS. EN BELGIQUE : LE BORINAGE. EN ANGLE-
TERRE : « LE COTTAGE » ; LE TRAVAIL DES FEMMES. EN ALLEMAGNE : GLÜCK AUF !
LE MINEUR MÉTALLIFÈRE ET LES GNOMES ; LA PARADE DES MINES, CAPORAUX ET
CAPITAINES. EN RUSSIE. EN ESPAGNE : LE MINEUR D'ALMADEN. LES MINEURS
AMÉRICAINS.

De toutes les corporations, celle des mineurs est la mieux organisée. C'est pourquoi il nous semble intéressant de parcourir les différents pays miniers et d'en
dégager si possible le caractère propre à chaque nationalité. Chaque nation minière,
sauf la Russie et l'Espagne, où la liberté syndicale n'existe pas, a un ou plusieurs
syndicats fédérés entre eux d'abord et internationalement ensuite. C'est un curieux
et beau spectacle de voir rassemblés en un même congrès, comme nous l'avons vu
lors de l'Exposition de 1900, les délégués mineurs de la France, de la Belgique, de
l'Allemagne et de l'Angleterre, représentant plus d'un million d'ouvriers ayant les
mêmes aspirations, quoique de nationalité et de condition de vie différentes.

Commençons notre voyage aux pays noirs par la Belgique, qui est le vrai pays de
la houille. Les exploitations du Nord de la France et celles de la Belgique se touchent ; aussi retrouvons-nous dans ces dernières à peu près les mêmes mœurs et
souvent les mêmes expressions qu'en France. Il existe aux environs de Mons une
région bien connue sous le nom de *borinage* et qui est le type par excellence du pays
minier. Le noir labeur de la houille et du fer a fini par donner à cette contrée un
aspect farouche, rappelant ces cercles dantesques que la foudre a brûlés et qu'aucune
fleur ne décore plus. Les hautes cheminées des usines et des fosses hérissent le sol
comme d'une monstrueuse végétation, et les panaches de deuil qui les coiffent laissent
retomber sur la terre un linceul de suie qui chaque jour s'épaissit. Sous ce déluge de
charbon, l'air s'assombrit, et le soleil lui-même demeure impuissant à chasser les
nuages d'encre. Involontairement, devant ce noir horizon, nous rêvons aux vertes
idylles des pâtres et aux midis ensoleillés des moissonneurs.

C'est en Belgique que le métier de houilleur a, pour ainsi dire, pris naissance. Déjà
au Moyen âge le métier de mineur, à Liège, honorait celui qui l'exerçait. La corporation des houilleurs avait sa charte et ses privilèges. Ses armes étaient *d'azur aux
deux pics d'or en sautoir*. Aujourd'hui les mineurs belges sont solidement groupés
dans des syndicats qui possèdent des sociétés coopératives et qui comprennent plus
de 120 000 ouvriers. Le salaire du mineur belge est à peu près le même que celui de
son camarade français.

En Angleterre, on ne saurait méconnaître le rôle important que remplit le houilleur dans la prospérité du pays. Ici les grands propriétaires fonciers se sont emparés
même du sous-sol, et ce ne sont que les fermiers qui exploitent les houillères. Le

mineur anglais est assidu et ponctuel ; il exécute sans les discuter tous les ordres qu'il reçoit de ses chefs. Il est ordinairement mieux logé et mieux nourri que nos mineurs français. Sa maison ou *cottage* est d'une grande propreté, souvent coquette, et les objets de luxe n'y manquent pas toujours. C'est le *home* chéri de l'Anglais, le foyer domestique, sacré et inviolable, « c'est son château fort ». Les enfants, souvent nombreux, sont paisibles, d'une gaieté douce, et toujours vêtus proprement. Partout autour des mines sont répandus des restaurants ou *boarding-houses* dont les

Fig. 194. — En route pour la mine, à Wigan
(Angleterre).

Fig. 195. — Houilleuses en costume de travail,
à Wigan (Angleterre).

repas, chargés de viandes, sont plus nutritifs qu'en France. La bière et le thé, le café et le lait, sont les boissons ordinaires. Les salaires sont plus élevés qu'en France et en Belgique. Il y a beaucoup d'ouvriers anglais qui gagnent de 10 à 12 francs par jour. Cela tient sans doute à la plus grande facilité d'exploitation, et à l'ancienneté d'une industrie qui a amorti ses capitaux ; mais cela tient surtout à la merveilleuse organisation *trade-unioniste*. Les mineurs, au nombre de 700 000 environ, sont groupés en trois associations : l'une qui comprend les mineurs du Yorkshire, du Lancashire et de l'Écosse ; une autre, les mineurs du pays de Galles ; et enfin la troisième, ceux du Northumberland. Les deux premières qui comptent 600 000 mineurs, ont fusionné et se sont séparées de la dernière, qui n'admet pas le principe de la

CAUSTIER. — Les entrailles de la terre.   17

journée de huit heures. Pour assurer du travail à tous les mineurs et pour éviter le surmenage, les ouvriers anglais ne travaillent que cinq jours par semaine.

Les femmes ne sont plus employées dans les mines du pays de Galles, mais elles le sont encore en Cornouailles et en d'autres régions. Ainsi, aux mines de Wigan, dans le Lancashire, elles travaillent surtout au criblage et au triage. On les voit partir pour la mine (fig. 194) leurs cheveux recouverts d'une cornette ou d'une résille, chaussées de gros souliers ou de galoches, portant à leur bras un panier contenant les provisions de bouche et tenant à la main un pot à lait. La figure 195 montre comment elles disposent leurs robes afin de ne pas être gênées dans leur travail.

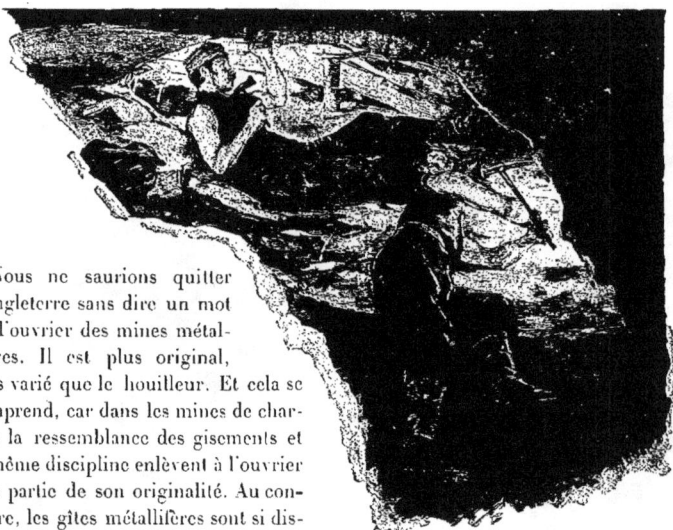

Nous ne saurions quitter l'Angleterre sans dire un mot de l'ouvrier des mines métallifères. Il est plus original, plus varié que le houilleur. Et cela se comprend, car dans les mines de charbon la ressemblance des gisements et la même discipline enlèvent à l'ouvrier une partie de son originalité. Au contraire, les gîtes métallifères sont si dissemblables qu'ils nécessitent des travaux différents et qu'ils développent

Fig. 196. — Mineurs du Mansfeld.

par suite dans chaque catégorie de mineurs des aptitudes et des caractères différents. D'autre part, l'exploitation houillère est née il y a un peu plus de cent ans, tandis que les mines métallifères existaient dès l'antiquité. Pour ces raisons, le mineur de métaux porte plus marqué le cachet du terroir. Prenons comme exemple le mineur du pays de Galles. Les habits qu'il met pour se rendre à la mine sont différents de ceux qu'il porte dans la mine. Les premiers sont ceux qu'il portait d'abord le dimanche, puis le soir au retour du travail, et c'est seulement lorsqu'ils sont trop râpés qu'il les revêt pour descendre dans la mine. C'est dans le *Changing-House* qu'il endosse son costume de travail qui, chose curieuse, consiste en un vêtement de dessous de flanelle blanche, un pantalon blanc de toile à voile, et parfois un gilet de flanelle. Son chapeau est fait de feutre et de résine qui le rend plus dur et lui permet de mieux protéger la tête contre les chocs. Ses cheveux sont garantis de la résine

collante par un bonnet de toile. Le plus souvent ses chaussures sont de fortes galoches
aux semelles ferrées. Il s'éclaire avec une bougie, qu'il fixe sur son chapeau au
moyen d'un tampon d'argile qu'il porte toujours avec lui, ce qui lui permet de placer
sa chandelle dans toutes les positions possibles. Le mineur gallois est un excellent
travailleur, mais qui demande un maître capable de le diriger et de lui donner
des indications quand il en demande. Il commence à travailler aussitôt que la loi
permet de quitter l'école, c'est-à-dire à treize ans. S'il a été élevé dans la montagne,
il devient un bon *prospector*, c'est-à-dire qu'il a le flair pour découvrir les filons.
Plus que le mineur français, il aime à rendre les abords de sa maison agréables en
cultivant le petit jardin qui l'entoure. Très attaché à sa religion, le dimanche, il se

Fig. 197. — Glück auf!

rend à la chapelle avec sa famille. Ce qui le caractérise au point de vue extérieur, c'est
la recherche dans son habillement : rarement il se montre avec ses habits de travail
après les heures de labeur. Il est ordinairement plus sobre que son frère le houilleur.
Ses conditions d'existence étant meilleures, il n'éprouve pas comme ce dernier le
besoin fréquent de se mettre en grève. Comme tous les mineurs, il est superstitieux,
et croit volontiers que les bruits, les feux follets, prédisent du bien ou du mal, suivant les cas. Comme les autres mineurs, il est toujours prêt à se dévouer pour ses
compagnons et à les aider s'ils sont dans la misère.

Les ingénieurs des mines anglaises ont parfois conquis tous leurs grades dans la
pratique du métier. Ces vieux « loups de mine » qui portent le titre de capitaine et
qui sont sortis du rang des mineurs réalisent un type qu'on ne retrouve nulle part
ailleurs, surtout dans nos pays où les examens, les diplômes, envoient d'emblée un

jeune ingénieur commander à de vieux ouvriers. Les capitaines anglais vous réservent toujours, lorsqu'on visite leurs mines, l'accueil le plus bienveillant et le plus courtois. « Nous n'avons rien de caché pour personne. disait l'un d'eux ; ce qui est caché, c'est ce que nous cherchons. » C'est en effet un adage que l'on trouve gravé dans les salles où les mineurs font leur toilette avant de descendre : *We seek hidden treasures*, nous cherchons des trésors cachés.

Si nous passons maintenant en pays allemand. nous retrouverons chez le mineur, aussi bien en Prusse qu'en Saxe ou en Autriche, les traits distinctifs de la race germanique. Chez les mineurs français, c'était la gaieté gauloise et bruyante ; ici, c'est le calme et la rêverie germaniques. Plus impassible encore que le mineur anglo-saxon, le mineur allemand a partout conservé avec un soin religieux les habitudes de discipline qui datent de plusieurs siècles. Les mineurs forment en ce pays une population distincte qui est plus qu'une corporation ; c'est comme une caste qui a son costume, ses mœurs. ses traditions et même ses superstitions. Certains termes

se transmettent de génération en génération ; c'est ainsi que depuis les anciens temps les mineurs allemands ont en usage une belle formule de salut : quand dans quelque galerie souterraine deux ouvriers se rencontrent, ils ne prononcent pas autre chose que cette simple et mélancolique parole — *Glück auf!* ce qui veut dire mot à mot *heureux dehors*, ou mieux : Que le bonheur soit au-dessus ! ou encore : Bon voyage dans la mine et bon retour !

Fig. 198. — Un mineur du Mansfeld.

Le mineur métallifère (fig. 198) a les traits encore plus accentués que le houilleur. Lui surtout justifie de tous points le dicton allemand : « fier comme un mineur ». Il a sa place à part dans le monde minier. Il d'ailleurs conservé les habitudes et même les superstitions naïves de ses ancêtres. Comme eux il croit aux dieux bienfaisants et malfaisants des entrailles de la terre, Nickel et Kobolt. Il a même donné leur nom à deux métaux, le nickel et le cobalt, trouvés pour la première fois en Saxe. Ce sont ces dieux qui, dans leurs mauvais moments, brisent et cachent le filon. Ils rôdent dans les chantiers, soufflent sur les lampes pour les éteindre, tirent par le nez ou les cheveux l'ouvrier qui est seul, *jettent des sorts* sur lui ou l'écrasent d'un débris de la roche. Aussi comprend-on l'effort que fait le mineur pour gagner les faveurs de ces mauvais esprits : il leur laisse des provisions dans la mine ; en certaines niches secrètes, il met du pain, des gâteaux et même des pièces de monnaie !

On sait que c'est du Harz et de Saxe que l'art des mines s'est peu à peu répandu dans toute l'Europe. Et si certaines méthodes y sont restées primitives, on ne peut qu'admirer la division du travail qui y a toujours été maintenue. A l'un, les travaux de mine proprement dits ; à l'autre, les travaux d'art ; à celui-ci, les recherches géologiques ; à celui-là, le lavage et le triage des minerais ; à cet autre, les machines ou le service géométrique ou bien encore les essais de laboratoire. Nul n'empiète sur les attributions de son voisin et, de cette façon, ingénieurs et ouvriers font bien ce qu'ils font.

Fig. 190. — La parade des mines, en Allemagne (d'après l'ouvrage de Ed. Heucler, professeur à l'École des mines de Freiberg).

Enfin, les Allemands ont introduit dans leurs mines une véritable discipline militaire. Dans cette armée du travail, les ouvriers sont les soldats ; les maîtres-mineurs,

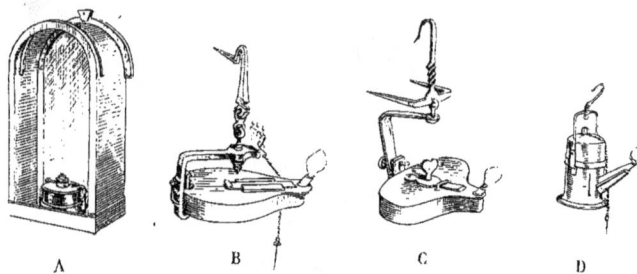

A   B   C   D
FIG. 200. — Lampes étrangères.

les caporaux ; et les ingénieurs, les capitaines. Tous ont un uniforme, et les mineurs du Harz et de Saxe sont très fiers de leurs costumes, rehaussés de galons et de brandebourgs pour les caporaux, et d'épaulettes et de broderies d'or pour les capitaines.

FIG. 201. — Mineur de Sosnowicz (Pologne) en costume de gala.

Ces chefs sortent d'écoles des mines célèbres, parmi lesquelles celle de Freiberg, en Saxe, tient le premier rang. En certaines occasions solennelles, les soldats de cette pacifique légion se montrent en tenue de parade (fig. 199) avec tous leurs insignes, toutes leurs décorations, les bannières au vent et musique en tête. Les capitaines ont le sabre au côté et le bâton de commandement à la main, lequel est souvent une hache comme notre gravure le montre.

Nous avons dit à propos de la lampe de mineur qu'elle caractérisait souvent toute une contrée. Nous ne devons donc pas nous étonner de trouver dans chaque province minière un modèle spécial, assez souvent élégant, et rappelant les lampes antiques, grecques et romaines. La lampe saxonne (fig. 200, A), renfermée dans une cage en bois, munie d'un verre sur le devant, est d'un bon usage ; elle porte, derrière, un crochet au moyen duquel le mineur la suspend à sa ceinture. Enfin, les lampes de la Prusse, du Mansfeld et du Harz ont chacune une forme bien typique (fig. 200, B, C, D).

En Russie, on a renchéri sur les Allemands, au moins pour les grades élevés : ainsi les ingénieurs en chef et inspecteurs des mines de l'État sont-ils de véritables colonels et généraux, ayant officiellement le titre et le traitement de leurs collègues de l'armée. En Sibérie, les Russes qui sont condamnés aux mines forment une sorte de bataillon de discipline (fig. 202), qui travaille par punition, et dont le mode de travail rappelle assez exactement celui des esclaves de l'antiquité.

Quant au mineur espagnol, aussi bien le Castillan que l'Andalou, il se distingue aussi par un cachet spécial. D'une grande sobriété, éternel fumeur de cigarettes, il vit de peu. Et quand il regagne sa maison, enveloppé noblement dans son manteau, et le *sombrero* rabattu sur la face, on dirait un hidalgo campagnard plutôt qu'un houilleur. Le mineur espagnol a des allures bien personnelles ; mais tandis que l'Asturien est dur et sombre, le mineur de Carthagène et celui de Séville sont plus gais et plus expansifs. Il semble que leur caractère subit l'influence du beau ciel de leur patrie. Le mineur du Sud espagnol habite une mauvaise cabane bâtie de pierres et de boue : le foyer est au milieu et le lit nulle part, car on se couche par terre, où l'on est. La nourriture vaut l'habitation : la base en est une soupe à l'huile où nagent l'ail, la tomate et quelques tranches de pain. Mais de tous les mineurs espagnols, nous pourrions dire du monde entier, les plus malheureux sans conteste sont ceux d'Almaden, où l'on extrait le mercure. Au bout de peu de temps, ces mineurs sont pris de

Fig. 202. — Mineurs de Sibérie.

salivation et de tremblements convulsifs. Empoisonnés par les vapeurs du mercure, ils en subissent l'effet lent qui les mène doucement mais sûrement à la mort. Une pâleur et une maigreur extrême trahissent les travailleurs du mercure : ce ne sont plus des hommes, ce sont des cadavres. Ce travail est si dangereux que, jusqu'au commencement du xixᵉ siècle, on n'y employait que des condamnés. Une galerie établissait la communication entre la prison et la mine. Aujourd'hui les ouvriers sont libres, et pour les y attirer on leur offre certains avantages, des concessions de terrains, par exemple. Ils ne travaillent qu'un jour sur deux et des soins médicaux leur sont donnés. Cela n'empêche que bien peu résistent aux effets du mercure. Hâves, étiques, leurs dents tombent et leurs gencives s'altèrent ; sujets à des tremblements et à des convulsions, ils finissent par mourir phtisiques ou paralytiques.

Nous ne dirons que peu de chose du mineur américain. Celui des États-Unis ressemble beaucoup au mineur anglais ; de plus en plus, il devient un conducteur de machines-outils, son salaire est très élevé, mais aussi ses frais plus élevés que ceux de son camarade européen. Le nègre que l'on emploie dans certaines mines est là ce qu'il est partout, un grand enfant, peu capable d'efforts soutenus, bon manœuvre, mais mauvais mineur. Quant aux mineurs de l'Amérique du Sud, ils ont gardé quelque chose du caractère de leurs aïeux, Andalous ou Castillans : la sobriété, la fierté et une sorte d'indolence qui n'exclut pas la vigueur. Et, de même que l'Indou ne saurait se passer de bétel, le Chinois d'opium, le marin de tabac à chiquer, de même le mineur chilien ou péruvien ne saurait se priver de coca, dont il mâche les feuilles mélangées avec de la chaux vive. Ajoutons que dans la plupart des mines de l'Amérique du Sud, les mineurs s'éclairent par un procédé primitif : une chandelle est fixée à l'extrémité d'un bâton fendu qu'ils portent à la main (fig. 203).

Fig. 203. — La lampe du mineur de l'Amérique du Sud.

Il nous resterait pour être complet à parler des chercheurs d'or qui ont parcouru et qui parcourent encore les champs d'or de la Californie ou du Klondike, du Transvaal ou de la Guyane, mais nous ne saurions mieux faire que d'indiquer à nos lecteurs le beau livre de M. H. Hauser (1).

Telle est la population minière. Chacun dans cette armée du travail accomplit modestement et dignement sa tâche, le dernier « galibot » comme le plus habile « piqueur », le maître-porion comme l'ingénieur et le directeur. Nous avons montré combien il y avait d'énergie, de courage et de dévouement dans cette légion de travailleurs qui forment un monde à part, souvent ignoré du public. Fréquemment, en effet, celui-ci passe indifférent à côté du mineur ou ne lui prête qu'une attention fugitive, une curiosité momentanée, en visitant une mine ou en lisant les détails d'un lamentable accident. Jusqu'ici le mineur n'avait guère été interrogé que par le romancier, car le philosophe, le savant et l'artiste le délaissent volontiers. Il mérite mieux. C'est pourquoi nous avons voulu faire connaître l'œuvre hardie, parfois grandiose, qu'accomplissent ces travailleurs souterrains. Nous l'avons décrite simplement, telle que nous la concevions et sans parti pris ; c'est notre seul mérite.

(1) H. HAUSER, L'Or.

CHAPITRE IV

LE DIAMANT NOIR ET LA HOUILLE BLANCHE

§ I. — Production et consommation du charbon. Un cube de charbon de 900 mètres de coté! Le charbon américain en Europe. L'Angleterre inquiète. Les gros mangeurs de charbon. L'épuisement de la houille. Le « chauffage métallique ».

La houille est depuis le commencement du xixᵉ siècle l'instrument primordial de l'industrie. Jusqu'à cette époque le bois avait suffi à la fonte des minerais et à la production des métaux; mais, d'une part, la diminution des forêts, d'autre part, la croissance soudaine et formidable des besoins de l'industrie métallurgique aussi bien que la quantité de force réclamée par les usines, ont rendu nécessaires la recherche et l'exploitation intensive des gisements de charbon. On a dit que le charbon était un parvenu de fortune récente, et qu'il avait bien la morgue encombrante des parvenus. En effet, tout le monde sait que le prix de la houille influence toutes les industries, déplace les marchés, bouleverse la production d'un pays, appauvrit des nations pour en enrichir d'autres, apporte ici la ruine, ailleurs la richesse. Certains pays, comme l'Angleterre, marcheraient vite vers la décadence si une crise se produisait dans l'industrie houillère.

Aussi bien l'on comprend les efforts faits par les pays miniers pour augmenter la production du charbon. Cette dernière a, du reste, subi partout une progression croissante : depuis quarante ans elle a triplé en France et en Angleterre, décuplé en Allemagne; mais c'est aux États-Unis qu'elle s'est accrue le plus rapidement, passant de 20 millions de tonnes en 1864 à 268 millions en 1902. En Belgique, la production est restée stationnaire.

Depuis 1899 l'Angleterre, qui produisait le plus de charbon, est passée au second rang, se laissant battre par les États-Unis. A ces pays producteurs de houille nous devrions ajouter : la Russie, dont les charbonnages vont sans cesse en se développant; l'Autriche-Hongrie, le Japon, l'Espagne et le Transvaal, les colonies britanniques (Indes, Canada, Australasie, Afrique du Sud).

On estime la production mondiale à plus de 765 millions de tonnes. Si l'on rassemblait sur un point du globe la houille extraite en une année, on ferait un cube de plus de 900 mètres de côté (fig. 205). On imagine quelle montagne formerait l'extraction du xxᵉ siècle, en admettant même, ce qui est invraisemblable, que le chiffre actuel n'augmentât pas.

Malgré son énormité, cette production est encore insuffisante tant sont colossaux et croissants les besoins de l'industrie moderne. Cet ogre prodigieux, aux milliers de gueules brûlantes, ne parvient pas à manger à sa faim, bien que sa ration annuelle dépasse 700 millions de tonnes. Seules, l'Amérique et l'Angleterre produisent plus de charbon que leur industrie n'en consomme : l'Allemagne est en déficit de 6 millions, la France de 13 millions, la Belgique et la Russie chacune de 3 millions. Ce sont surtout les hauts fourneaux et les fonderies qui sont les bouches les plus avides.

Les États-Unis et l'Angleterre fournissent environ les 3/5 de la houille que consomme le monde. La production des États-Unis ira sans cesse en croissant ; et cela pour plusieurs raisons. D'abord le territoire houiller reconnu est près de vingt fois

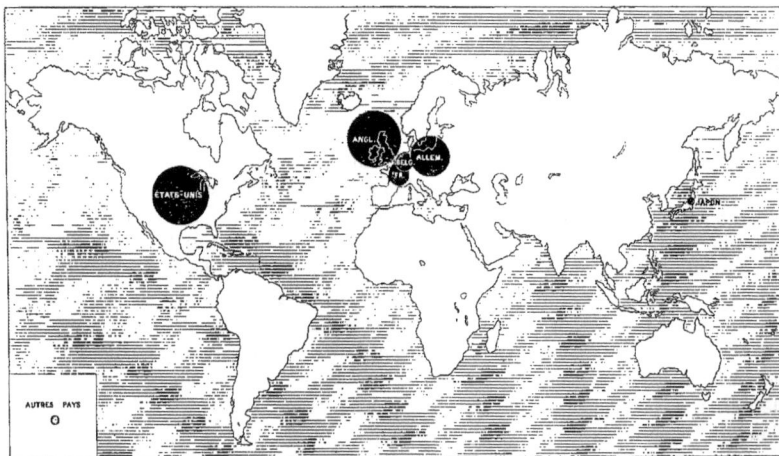

Fig. 204. — Production annuelle comparée de la houille dans le monde.

supérieur à celui de l'Angleterre. « Les *coal lands* (pays carbonifères) de tout l'Ouest européen, dit un économiste américain M. Edward S. Meade, représentent à peine 10 000 milles carrés, tandis qu'en Amérique plus de 50 000 milles carrés contiennent du charbon. Encore ce dernier chiffre ne concerne-t-il que les États où jusqu'à présent l'industrie minière se soit développée. Mais il y a vingt autres États où les gisements de charbon abondent et où aucune exploitation n'a encore été commencée. » De plus, les couches de houille sont peu profondes et leur structure permet d'utiliser avantageusement les machines-outils, qui augmentent considérablement le rendement, diminuant, par conséquent, les frais d'extraction. Dans nos mines européennes, au contraire, les couches superficielles sont depuis longtemps épuisées ; il faut forer des puits d'une profondeur de plusieurs centaines de mètres, creuser des galeries qui courent sous les nappes d'eau souterraines, et travailler souvent dans un milieu où la chaleur rend le labeur des plus pénibles ; il faut installer des appareils coûteux, de

puissantes machines, des ventilateurs, des pompes d'épuisement ; il faut entreprendre
des travaux dispendieux de soutènement et de protection. En somme, il y a un principe à peu près absolu dans l'industrie houillère : c'est que le charbon coûte d'autant
plus cher qu'il vient de zones plus profondes. En Amérique, il en est tout autrement.
L'abondance des dépôts carbonifères est telle que les propriétaires de mines décident
l'abandon d'un puits dès que sa profondeur atteint 120 à 180 mètres ; ils ont plus
d'intérêt à forer ailleurs. La plupart des mines ne descendent pas au-dessous du
niveau des eaux souterraines : il en existe beaucoup qui communiquent avec l'extérieur par un plan incliné sur lequel peuvent rouler les berlines. « Dans les mines
européennes, dit M. Edward S. Meade, le charbon voyage quelquefois pendant une

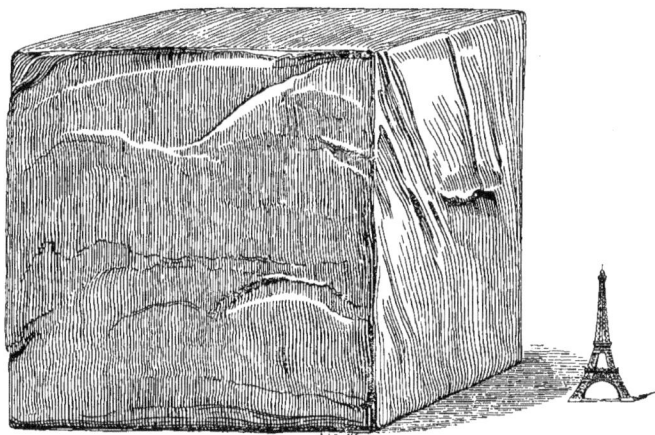

Fig. 205. — Cube de 900 mètres de côté représentant la production houillère du monde entier en 1900.

demi-heure avant d'atteindre le sommet du puits. Le mineur européen doit combattre
l'eau, le gaz, la chaleur, l'éboulement. Rien de tout cela chez nous, et nos mines ne
sont en réalité que de simples carrières de charbon. »

Enfin, il est facile de comprendre que plus les couches de charbon sont épaisses,
plus l'extraction est facile et peu coûteuse. Si la veine est mince, le mineur ne peut
se servir d'aucune machine à couper le charbon ; il lui faut employer les moyens primitifs. Ainsi, nos exploitations minières du Nord de la France, comme du reste celles
de Belgique et d'Allemagne, sont gênées par la mince épaisseur des veines (60 à 80
centimètres en moyenne). Dans les mines anglaises, la moyenne d'épaisseur est déjà
un peu plus élevée ; elle est de $1^m,05$ à $1^m,35$, parfois même de $2^m,50$. Quelle différence avec les veines géantes du sous-sol américain ! Celles d'Ohio ont $2^m,75$, celles
de Pensylvanie atteignent $3^m,20$ et sont souvent exploitées à ciel ouvert.

Dans ces gisements qui s'étendent sur de vastes surfaces, le mineur taille en plein bloc, et souvent il peut faire tomber directement dans les wagonnets le charbon qu'il abat. Donc, pendant que le mineur européen descend parfois jusqu'à 1 000 mètres pour arracher la houille, le mineur américain trouve à fleur de terre des gisements d'une richesse inouïe. Aussi ne devons-nous pas nous étonner de la grande production de ce dernier : en 1872, il extrayait 370 tonnes par an ; en 1893, grâce aux machines-outils, dont l'usage a été répandu, il en extrait 540, c'est-à-dire *trois fois plus* en moyenne que le mineur européen. Est-ce à dire que le mineur américain est supérieur au mineur du Vieux-Monde ? Assurément non, il travaille dans un milieu plus favorable, et c'est tout. Au contraire, en Europe, la quantité de houille extraite annuellement par chaque ouvrier est tombée dans le même espace de temps, de 1872 à 1893, en Angleterre de 310 à 275 tonnes, en France de 190 à 185, et en Belgique de 167 à 165 tonnes. C'est que dans ces trois régions, les conditions de travail sont devenues de plus en plus défavorables à mesure qu'il a fallu descendre plus bas.

Conséquence de ces faits : c'est que le prix de la tonne de charbon prise sur le carreau de la mine est plus faible aux États-Unis que partout en Europe. Voilà pourquoi lentement, invinciblement, la houille américaine tend à envahir les marchés étrangers. Et l'on sait avec quelle habileté mêlée d'audace la spéculation s'entend, de l'autre côté de l'Atlantique, à répandre ses produits sur le globe. Déjà elle s'est emparée de la côte occidentale d'Afrique, du Brésil, du Chili et de l'Argentine. Elle s'efforce d'établir une chaîne de ports à charbon autour du monde ; mais cela ne lui suffit pas, car la voilà qui se dirige sur la vieille Europe. Et malgré la distance, malgré les frais de transport considérables, l'augmentation du prix du charbon en Europe laisse le champ libre au charbon américain. En 1900, ce dernier a fait son apparition, non seulement en France, mais en Angleterre. Le 24 août 1900, le steamer *Queenswood* s'est amarré dans la Tamise, aux docks de Victoria, avec un chargement de 4 000 tonnes de charbon de Pensylvanie achetées par une compagnie de gaz de Londres. Le 15 novembre 1901, le vapeur *Westgate* débarquait à Rouen 3 500 tonnes de charbon américain : pour la première fois, à cette date, un navire chargé de houille américaine a remonté la Seine. Ce sont là des dates à retenir dans l'histoire économique. Depuis quelques années les charbons bitumineux de la Virginie, qui supportent bien le voyage parce qu'ils ne s'effritent pas, font dans les ports de la Méditerranée une concurrence efficace aux charbons de Cardiff. Déjà le chemin de fer de P.-L.-M. a acheté des cargaisons de charbon américain qui ont été débarquées à Marseille. Les ports américains sont remplis de vapeurs de toutes les nations, même anglais, qui chargent du charbon à destination de l'Europe. Ainsi, c'en est fait, l'Angleterre est désormais supplantée. La forge yankee bat partout la forge britannique. Sera-ce un bien ? Sera-ce un mal ? Il nous suffit de constater que c'est une fatalité d'ordre géologique plutôt qu'économique. Puisque, actuellement, descendre à 1 000 mètres dans l'écorce terrestre pour arracher de la houille coûte plus d'argent qu'il n'en faut pour lancer à travers l'Océan des navires charbonniers, nous ne pouvons qu'enregistrer le phénomène.

En France, la consommation dépasse 46 millions de tonnes alors que la production n'est que de 34 millions. C'est donc plus de 12 millions de tonnes que nous sommes obligés de demander à l'étranger, et jusqu'ici à l'Angleterre, à la Belgique et à l'Allemagne. L'industrie française ne saurait être perturbée par l'invasion du charbon américain. Nous achetions jusqu'aujourd'hui beaucoup de houille à John Bull, mais si Jonathan nous fait des prix plus avantageux, nous lui donnerons la préférence.

L'Angleterre, jalouse de sa suprématie industrielle et commerciale sur la plupart des marchés, s'est particulièrement émue de l'essor prodigieux et des progrès toujours croissants de l'industrie américaine. Aussi comprend-on la nécessité dans laquelle elle se trouve d'augmenter sa production en charbon. Mais les difficultés de l'extraction vont en augmentant, entraînant par suite une élévation du prix de revient. C'est ainsi qu'en 1887 elle produisait 164 millions de tonnes avec 526 000 ouvriers, tandis qu'en 1897 elle extrayait 205 millions de tonnes avec 695 000 ouvriers. En dix ans, la production a donc augmenté de 24,7 pour 100, tandis que le nombre des ouvriers a progressé de 32,1 pour 100. Aussi lorsque les couches actuelles seront épuisées, et que l'exploitation sera forcée de descendre au delà de 700 mètres de profondeur, le prix de revient sera tel que ce pays ne pourra plus expédier de houille à bon marché, comme fret de retour, par les navires chargés de produits qu'elle importe. L'Angleterre se trouvera évidemment dans une situation moins favorable au double point de vue de son industrie et de ses échanges internationaux.

L'Allemagne est, après les États-Unis et l'Angleterre, le plus fort producteur de charbon. La production de ses bassins houillers qui n'était, en 1870, que de 20 millions de tonnes, a dépassé aujourd'hui 110 millions. Son industrie métallurgique a pris un tel développement que cette production est devenue insuffisante, et que soucieuse de conserver à son industrie la houille qu'elle produit, elle a organisé des syndicats de vente qui élèvent les prix pour l'étranger et vendent en France, la tonne 2 fr. 50 plus cher qu'en Allemagne. Le but de telles sociétés est de combattre les hausses excessives des prix aussi bien que leur avilissement exagéré. Assurément une organisation aussi puissante deviendrait intolérable si elle profitait de sa force pour imposer des prix, mais elle a été rendue nécessaire, il y a quelques années, par l'accroissement énorme de la demande de houille qui menaçait l'industrie d'une hausse exagérée. A tel point qu'une caricature du *Berliner Tageblatt* montrait une dame du monde donnant à sa bonne l'ordre de brûler ses diamants et se parant de morceaux de charbon.

Il est incontestable que tout le monde, depuis l'humble ménagère jusqu'au ministre des finances, est obligé de tenir compte de la hausse de prix du charbon qui peut toujours se produire étant donné l'accroissement considérable de la consommation. C'est qu'en dehors de l'ogre métallurgique dont nous avons dit la faim insatiable, il y a d'autres *gros mangeurs de charbon*. Nous voulons que nos trains et nos paquebots aillent plus vite, toujours plus vite. Or la vitesse se paie et se paie cher. Il est admis dans la marine que la puissance d'une machine et le poids du charbon qu'elle consomme varient proportionnellement non pas à la vitesse, mais au cube de cette vitesse. Si nous voulons porter la vitesse d'un bâtiment de 5 à 20 nœuds, c'est-à-dire la quadrupler, il nous faudra multiplier les poids de la machine et du charbon non par 4, mais par 4^3, c'est-à-dire 64. Aussi un paquebot moderne à marche rapide est-il un véritable Gargantua dont chaque bouchée exige un wagon de combustible. Si l'on plaçait bout à bout les wagons contenant le charbon consommé dans une seule traversée de l'Atlantique par un grand paquebot, ils formeraient un train de 250 wagons et d'une longueur de 1 650 mètres ! Et encore les appareils moteurs des bâtiments sont actuellement d'un rendement relativement élevé ; mais il y a vingt ans ils consommaient 2 kilogrammes de charbon par cheval et par heure ; aussi n'eût-il pas fallu songer à construire ces bateaux, véritables villes flottantes, munis de machines de 22 000 chevaux comme la *Lorraine* et la *Savoie*, de notre Compagnie transatlantique, de 28 000 comme le *Kaiser-Wilhelm* et de 36 000 comme le *Deutschland*. De tels navires, pour une traversée de 5 à 6 jours, auraient dû emporter 10 000 tonnes de charbon, c'est-à-dire que toute la place eût été occupée par le combustible. Mais les nouvelles machines consomment moins de 1 kilogramme par cheval et par heure. La *Lorraine*, par exemple, emporte pour la traversée simple, soit 6 jours et demi de mer, 3 000 tonnes de charbon.

Le tableau suivant montre bien que le charbon est la grosse dépense des navires modernes. Ces chiffres sont calculés pour un voyage aller et retour, du Havre à New-York.

DATES	TYPES DE BATIMENTS	CONSOMMATION EN TONNES	VITESSE EN SERVICE (EN NŒUDS)	PUISSANCE *en service*	DÉPENSE
1875	La *France*	1 500	12	2 500 ch-vap.	30 000 fr
1883	La *Normandie* . . .	2 600	15,5	5 500 »	52 000
1886	La *Champagne* . . .	2 800	17	7 000 »	56 000
1891	La *Touraine*	3 600	18	10 000 »	72 000
1901	La *Lorraine*	5 000	20	17 500 »	100 000

La consommation du charbon par les locomotives n'est pas négligeable non plus. On compte une consommation de 11 kgr,156 par kilomètre de train express ; de sorte que de Paris à Marseille, un train express consomme : $11,156 \times 862 = 9\,616$ kgr,472. On a fait aux États-Unis des expériences sur les dépenses de charbon suivant la vitesse des trains. Ces expériences ont porté sur le rapide de Chicago à Burlington (distance de 329 kilomètres, à la vitesse de 81 km,6 à l'heure) et sur un train de marchandises du même poids qui franchit la même distance à vitesse moitié moindre. Si l'on représente par 100 la quantité de charbon consommé par le premier, celle du second serait de 54,5. La dépense est donc sensiblement proportionnelle à la vitesse.

Malgré le perfectionnement des machines, il est certain que nous n'exagérons pas en disant que tout ce charbon est gaspillé plutôt que dépensé ; car on ne recueille actuellement sur nos plus puissantes machines marines qu'un peu plus d'un dixième seulement de la force donnée par la combustion du charbon. Et les autres neuf dixièmes ? Complètement perdus. Aussi, lorsqu'on songe aux millions de chevaux-vapeur qui, aujourd'hui, sillonnent les mers, mettent en mouvement les trains et les ateliers, est-on confondu du peu d'économie avec laquelle l'humanité dissipe les trésors d'énergie renfermés dans la houille et qui ont exigé de longs siècles pour se former.

La question de l'épuisement du charbon préoccupe à un tel point certains esprits qu'ils font entrer dans leurs appréciations des éléments assez inattendus. Ainsi, récemment, un ingénieur allemand faisait intervenir dans ses calculs la quantité de charbon qui serait nécessaire si la crémation devenait obligatoire. Il faudrait 15 millions de tonnes de lignites de Bohême par an pour incinérer tous les morts de la terre. Et si l'on s'arrête aux villes de 100 000 habitants, pour lesquelles la crémation ne tardera peut-être pas à s'imposer, il faudrait 785 000 tonnes de charbon !

Sommes-nous assurés de ne pas manquer de charbon si la consommation domestique et industrielle continue sa marche ascendante ? C'est une question délicate. Comment, en effet, mesurer l'importance des gisements de houille qui existent encore dans les entrailles de la terre ? Sans doute la richesse des gisements connus peut être calculée, mais on découvre chaque jour de nouvelles couches. Comment apprécier, d'autre part, la mesure dans laquelle les forces naturelles, comme celles des chutes d'eau, des marées, se substitueront à la houille ? Les Anglais, particulièrement intéressés à cette question, ont publié sur ce sujet de nombreux travaux qui aboutissent à des opinions contradictoires. Le problème est difficile à résoudre ; car si, d'une part, on arrive à calculer la quantité de charbon qui reste à exploiter jusqu'à une profondeur fixée, il est impossible de deviner la marche que suivra la consommation.

M. Lozé, dans un important ouvrage (1), montre que les Anglais, dès 1860, essayaient de déterminer la loi de consommation et d'épuisement de la houille. Parmi les nombreux travaux qui prirent ainsi naissance, l'un d'eux est resté célèbre ; c'est celui de Stanley Jevons, qui admettait une loi de progression géométrique dans la population et dans l'usage de la houille ; aussi indiquait-il l'année 1971 comme terme final de l'existence des gisements anglais. L'émotion que provoqua cette prédiction fut grande en Angleterre ; aussi une commission fut-elle chargée d'étudier la question, en 1866, et cinq ans plus tard elle concluait, dans son rapport, à l'existence de 146 milliards de tonnes à extraire à une profondeur de moins de 1 200 mètres, ce qui donnerait une durée de 1 270 années avec une consommation annuelle de 115 millions de tonnes, et de 1 000 années avec une consommation annuelle de 146 millions de tonnes.

Plus récemment, M. Hull a évalué à 80 milliards de tonnes les approvisionnements au début du XXᵉ siècle. M. Lozé, lui-même, donne un tableau hypothétique de la production houillère jusqu'en 1950 ; il admet pour cette époque un chiffre de 350 millions. Cet auteur estime que jusqu'à 610 mètres de profondeur, il reste 15 milliards de tonnes qui suffiront pour une période de 50 ans, et que jusqu'à 1 219 mètres, on en trouvera 82 milliards, c'est-à-dire la provision de trois siècles, même en tenant compte de la progression probable de la consommation.

Si lointain que soit le délai assigné par la statistique à cette catastrophe économique, il est certain que l'on prévoit dans un avenir plus ou moins éloigné, sinon l'épuisement, du moins l'insuffisance des gisements à satisfaire aux besoins de la vie

---

(1) ED. LOZÉ, *Les charbons britanniques et leur épuisement*, 2 vol., 1900.

industrielle. Ce serait donc un acte de prévoyance que d'améliorer les méthodes d'exploitation de manière à épuiser complètement un chantier avant de le quitter. C'est ce qui est pratiqué en France, où l'on suit la veine dans tous ses caprices, afin de lui enlever tout son charbon jusqu'au dernier bloc. Il n'en est pas de même en Angleterre où l'exploitation, à ce point de vue, est souvent défectueuse. Dans ce pays, le système de location des houillères pour un temps limité conduit les fermiers exploitants à saccager les gisements. On a estimé ainsi que les 2/3 de la célèbre veine *Ten Yard* du Staffordshire ont été perdus par une mauvaise exploitation.

Enfin, la question de l'épuisement n'intéresse pas que l'Angleterre; elle doit être traitée au point de vue mondial. Il est donc intéressant d'indiquer la superficie des terrains houillers comme elle est admise actuellement, et que M. Lozé récapitule dans le tableau suivant où les surfaces sont exprimées en kilomètres carrés :

Chine.	600 000	*Report.*	1 523 040
État-Unis.	517 980	Espagne.	13 244
Canada.	168 340	Japon.	12 950
Indes anglaises.	91 940	France.	5 386
Nouvelle-Galles du Sud.	62 160	Autriche-Hongrie.	4 636
Russie d'Europe.	51 800	Allemagne.	4 584
Grande-Bretagne.	30 820	Belgique.	1 320
A reporter.	1 523 040	Total.	1 565 160

Ces chiffres ne sont évidemment qu'approximatifs et il est probable que l'avenir nous réserve des surprises. Qui sait ce que nous ménage la Chine, dont le territoire houiller paraît être le plus vaste du monde et qui, avec sa population dense et laborieuse, produira peut-être la houille à un prix plus bas que partout ailleurs?

Mais admettons que toute la houille renfermée dans le sol soit épuisée; qu'adviendra-t-il? Cette question pourrait nous rendre pessimiste, mais la foi en la science fait de nous un optimiste convaincu. Nous croyons, en effet, que d'ici là « on aura trouvé autre chose » : des combustibles nouveaux pourront être découverts, nous saurons mieux utiliser l'électricité et profiter de l'énergie des chutes d'eau, de la puissance des éléments, peut-être même des fluides magnétiques épars dans l'univers.

On eût certainement fait tressauter les anciens chimistes en leur parlant d'employer des métaux comme combustibles. C'est cependant ce qu'a démontré récemment un savant anglais, sir Robert Austen, devant la *Royal Institution*. Les métaux ne diffèrent, sous ce rapport, des combustibles ordinaires que par les produits de leur combustion qui ne sont pas gazeux. Voici les chiffres communiqués par M. Robert Austen : un gramme de carbone en brûlant fournit 8 080 calories, l'aluminium 7 150, le magnésium 6 000, le nickel 2 200, le fer 1 790, le cuivre 600, le plomb 240, le chrome 60, l'argent 30. Le « chauffage métallique » est encore loin de la pratique; mais il est curieux de remarquer que dans ce procédé l'argent est un médiocre combustible, et que dans l'avenir il n'y aura guère que les pauvres qui se chaufferont avec ce métal.

D'ailleurs un autre rival du charbon apparaît à l'horizon : c'est l'alcool. Si les essais de chauffage, d'éclairage et de locomotion poursuivis avec une grande activité depuis quelques années, donnent de bons résultats, l'on empruntera directement à la betterave l'énergie cherchée à grands frais dans les plantes anciennes enfouies dans les entrailles de la terre.

§ 2. — LE COMBUSTIBLE DE L'AVENIR : LA HOUILLE BLANCHE. LES « BARREURS DE CHUTE ». LA FRANCE ET L'ÉNERGIE HYDRAULIQUE : 10 MILLIONS DE CHEVAUX UTILISABLES. LA FIN DE LA MACHINE A VAPEUR ET LA MACHINE DU XXe SIÈCLE. L'ÉNERGIE SOLAIRE ET L'AVENIR.

En brûlant tous les ans près de 800 millions de tonnes de houille, l'humanité dépense sans compter l'épargne millénaire de notre planète. Sans doute cette imprévoyance est excusable, mais c'est une imprévoyance quand même, car en dépensant une richesse qui ne se renouvelle pas, le moment arrivera forcément où les mines épuisées ne fourniront plus assez d'aliment à l'activité industrielle. L'humanité restera-t-elle immobile et les usines seront-elles plongées dans le silence mortel de l'inactivité? Certes non, car on trouvera autre chose. Déjà une nouvelle source d'énergie a fait son entrée sur la scène industrielle. Quelle est donc cette force qui a la prétention d'assurer, lorsque la houille manquera, le service des machines? Il s'agit simplement de la force accumulée dans l'eau qui s'écoule du torrent vers le fleuve et du fleuve vers la mer. L'idée de recueillir cette force hydraulique n'est pas nouvelle, car ce n'est pas d'aujourd'hui que l'on a songé à faire mouvoir la roue d'un moulin par un courant d'eau. Ce qui est nouveau, le voici : jusqu'ici nous n'utilisions ces réserves d'énergie hydraulique que sur place ; aujourd'hui, grâce à l'électricité, nous pouvons transporter à un endroit déterminé, même à de grandes distances, l'énergie d'une chute d'eau. Il suffit d'en recueillir l'effort au moyen d'une turbine qui actionne une dynamo, puis de relier cette dernière par un fil conducteur à une autre dynamo installée au loin et qui donnera le mouvement aux outils de l'atelier.

On conçoit tout ce que cette découverte du transport de l'énergie peut apporter de changements dans le régime des industries modernes. Il paraît certain que les grandes industries seront amenées à se déplacer pour s'installer à la portée des forces hydrauliques. Il en résultera une répartition nouvelle des régions industrielles, une plus grande diffusion de l'industrie à la surface du sol et l'avènement à la vie industrielle de contrées qui jusqu'ici l'avaient ignorée. La montagne, « cette terre inutile », deviendra le foyer de l'activité laborieuse.

Les bassins houillers autour desquels se concentrent actuellement les grandes usines ne seront pas abandonnés, car le charbon y sera encore longtemps à bon marché, et longtemps encore l'atelier à vapeur pourra y soutenir la concurrence de l'usine hydro-électrique ; mais incontestablement ils perdront bientôt, ils perdent déjà, cette sorte de monopole qu'ils possédaient, et ils auront des rivaux redoutables dans les massifs des montagnes, surtout dans ceux où l'existence des glaciers assure au cours d'eau, en toutes saisons, un débit suffisant. Déjà les hautes chutes dans la Savoie, le Dauphiné et les Pyrénées, sont ardemment recherchées comme des sources inépuisables de chaleur, de lumière et d'électricité. Déjà, dans le Dauphiné, des centaines d'usines sont établies : moulins, papeteries, industries de transport et d'éclairage, usines basées sur l'électrolyse, etc. C'est tout un monde nouveau qui se lève. Et cependant, lorsque l'apôtre et précurseur M. Bergès eut l'idée de s'emparer de l'eau des glaciers et des cascades et de précipiter cette « houille blanche » sur ses usines de Lancey, chacun cria au paradoxe. Aujourd'hui, la vérité a marché et la « houille blanche » triomphe en de nombreux endroits du charbon, qui longtemps mérita le nom de « diamant noir ».

La houille noire a donc une rivale dans la houille blanche « dont la fluidité limpide glace soudain l'atelier, hier ardent et noir. L'eau des glaciers fouette la turbine : la force, au lieu d'être arrachée aux entrailles de la terre, tombe des sommets ; la neige, qui s'entasse l'hiver et qui fond au printemps, la renouvelle indéfiniment ; les mines maintenant regardent le ciel, et l'industrie électrique, transformant et transportant la force hydraulique, fait courir à la surface du sol l'auxiliaire nouveau du labeur humain libéré (1) ». Aussi bien il semble que ce sera le rôle industriel du xxe siècle d'aménager les chutes d'eau. Dans un avenir prochain les concessions de houille blanche seront aussi recherchées qu'actuellement les concessions de houille noire.

Donc le continent européen verra ses grands centres industriels se déplacer. Jusqu'ici ces derniers étaient localisés le long de la grande bande houillère qui s'étend à travers le Pas-de-Calais, le Nord, la Belgique, pour devenir plus compacte encore en Allemagne. La prospérité de cette région fut l'œuvre du xixe siècle. Le xxe siècle verra sans doute s'élever une autre ligne de centres industriels qui utiliseront la houille blanche. Et les perturbations apportées par cette révolution économique dans la situation des différents États de la vieille Europe pourront être profondes. L'Angleterre, qui doit sa suprématie industrielle aux richesses houillères de son sol, n'a que de rares réserves d'énergie hydraulique. La Belgique, la Hollande, l'Allemagne et la Russie sont peu riches en cours d'eau. Par contre, un relèvement de la vie industrielle est à prévoir dans la Suède et la Norvège, dans l'Autriche-Hongrie, dans l'Italie du Nord et surtout dans la Suisse, dont la houille blanche pourrait faire ce que la houille noire a fait de la Belgique. Déjà l'Italie utilise 300 000 chevaux hydrauliques sur les 2 600 000 dont elle peut disposer, la Suisse en utilise plus de 200 000.

Quant à la France, un savant rapport de M. l'Ingénieur en chef Tavernier la montre comme l'un des pays les mieux partagés en ce qui concerne l'énergie hydraulique. Nous utilisons dans les Alpes, indépendamment de 9 000 petites installations hydrauliques, environ 250 000 chevaux. Nous avons, du Mont-Blanc aux Basses-Alpes, 5 millions de chevaux disponibles, et dans les Pyrénées, les Vosges, le Massif Central et le Jura, 5 autres millions : au total, 10 millions de chevaux utilisables. Nous négligeons dans cette estimation les vastes réservoirs souterrains des Causses et de la région du Tarn, qui assurent aux cours d'eau une régularité favorable à la marche

(1) G. Hanotaux, Discours à l'Institut, 1901.

des machines. Avec une telle cavalerie, qui ne demande qu'à se laisser passer la bride, notre industrie peut attendre en toute quiétude les découvertes que la science nous réserve, comme l'utilisation du mouvement des marées ou de l'énergie solaire. Ces chiffres ne manquent pas d'éloquence, surtout si nous les comparons à la puissance totale des machines à vapeur en fonctionnement en France, laquelle n'atteint que 6 700 000 chevaux, et si nous tenons compte de ce que le prix de revient du *cheval-hydraulique* est environ quatre fois moindre que celui du *cheval-vapeur*. Donc, grâce à l'électricité, « cette monnaie de la force », nous pourrons diviser et distribuer à l'industrie, à la grande comme à la petite, les forces naturelles des cascades, des fleuves et des rivières qui sillonnent notre pays, et qui ne demandent qu'à le vivifier, comme les artères et les veines vivifient notre corps et lui donnent une santé robuste.

Aussi la machine à vapeur a-t-elle ses jours comptés, et le temps n'est pas éloigné où les congrès d'ingénieurs iront la contempler dans les musées comme un objet respectable et intéressant. C'était cependant une bien jolie chose que cette machine qui semblait vivante avec ses joyeux panaches de vapeur, ses innombrables rouages si bien astiqués, et son foyer qui reflétait dans la nuit des lueurs fantastiques. Tous ceux qui ont visité l'Exposition universelle de 1900 ont admiré ces puissants appareils, si habilement construits qu'ils produisaient des milliers de chevaux sans presque faire de bruit. Cependant ces machines si perfectionnées sont très imparfaites, car elles transforment en travail le dixième seulement de l'énergie fournie par la houille : les neuf dixièmes restants se perdent par la cheminée, ou s'en vont avec la vapeur d'échappement. En un mot, la machine à vapeur gaspille les neuf dixièmes du précieux combustible qu'on jette dans son foyer. « On ne saurait trop le répéter, dit Berthelot, la machine à vapeur est un détestable agent de transformation de la force. Aussi est-elle destinée à disparaître dans un délai assez bref : des machines à pétrole, à alcool ou à gaz la remplaceront. L'électricité, qui ne produit aucune force, mais qui est un admirable et universel agent de transformation, sera peut-être employée en cette qualité ; mais le pétrole, ou l'alcool, ou le gaz, y seront toujours. »

On sait que la machine à vapeur ne fait que transformer l'énergie accumulée dans la houille en énergie calorique d'une part, en travail ou énergie mécanique d'autre part. En dernière analyse, son mouvement lui vient du soleil, puisque c'est l'énergie solaire qui, dans les parties vertes des végétaux, décompose le gaz carbonique dont le charbon sert à édifier la plante qui a formé la houille. Lumière, chaleur, électricité, qui ne sont que des modifications du mouvement, ont donc leur source dans l'énergie solaire. « Ce n'est pas la puissance de la vapeur, disait Robert Stephenson, qui entraîne cette locomotive, c'est la chaleur solaire ; c'est elle qui a fixé le carbone dans les plantes qui à leur tour ont formé la houille, il y a des millions d'années. » Ainsi rien ne se crée, rien ne se perd dans la nature, pas plus la force que la matière, et les locomotives ne sont en somme que les *chevaux du soleil*. Notre machine animale elle-même, comme la machine à vapeur, puise son énergie dans les rayons du soleil : car le bœuf mange l'herbe qui a emmagasiné l'énergie solaire et nous mangeons le bœuf. Et à ce point de vue, dit plaisamment Helmholtz, nous pouvons tous prétendre à la même noblesse que l'Empereur de la Chine, lequel se dit « Fils du Soleil ».

Une idée s'offre donc à l'esprit. Puisque le charbon c'est du soleil emmagasiné dans les végétaux des premiers âges géologiques, quelque chose comme « du soleil en cave », soleil pour soleil, pourquoi, au lieu d'aller chercher celui d'autrefois, n'essaierait-on pas de saisir celui d'aujourd'hui qui est autour de nous ? Certes ce n'est pas une idée neuve, car on connaît l'expérience célèbre des miroirs ardents d'Archimède, mais ce qui serait vraiment neuf, ce serait de faire entrer cette idée dans la pratique et de construire un moteur solaire. Vers 1880, le physicien français Mouchot construisit pour l'Algérie des chaudières solaires dont l'eau chauffée par le soleil donnait de la vapeur qui actionnait des moteurs et par suite des instruments agricoles. Malheureusement les rayons de soleil ne fournirent pas de dividende suffisant à la société qui avait été constituée, et l'expérience ne fut pas continuée. Ce qui prouve que les forces gratuites sont parfois très coûteuses.

En somme, le soleil combustible de l'avenir n'est encore qu'une rêverie. Mais eût-on jamais pu deviner le rôle de la vapeur au XIXe siècle, en voyant le couvercle d'une marmite se soulever sous l'influence de ce fluide élastique ? Donc le soleil dans les régions torrides, l'eau dans les hautes montagnes, la tempête dans l'Océan, sont autant de sources d'énergie qui s'offrent au génie humain et que la science finira par conquérir.

CHAPITRE V

PÉTROLE ET COMBUSTIBLES DIVERS

A. LE PÉTROLE

§ 1. — Histoire et origine du pétrole. Le temple du « feu éternel ». Institut du pétrole. Composition et origine des pétroles. Chimistes et géologues.

Les habitudes de la vie moderne ont depuis longtemps prolongé la journée loin au delà du coucher du soleil. Dès lors la question de l'éclairage est devenue primordiale. Dans les villes, la question est résolue depuis un siècle par l'usage du gaz d'éclairage. Mais dans les campagnes la bougie ou l'antique lampe à l'huile ne suffisaient plus. La découverte des huiles minérales est donc arrivée à temps, il y a environ cinquante ans. Le mot « découverte » n'est pas exact, car déjà Hérodote et Pline en parlaient, et les Perses, qui avaient depuis plus de vingt siècles institué le culte du feu, en alimentaient le feu perpétuel de leurs temples.

Aujourd'hui l'industrie du pétrole a pris un développement extraordinaire, car ce liquide est consommé non seulement pour l'éclairage et pour le chauffage, mais aussi pour actionner les moteurs et les automobiles. Aussi le pétrole eut-il pour la première fois son Congrès international à Paris, en 1900, et l'on a fondé à Londres un *Institut du pétrole*, où l'on a réuni, dans un musée, les reproductions et modèles concernant la géologie, l'extraction, la chimie spéciale, la manipulation et le transport du pétrole et de ses dérivés. Un enseignement y traite de la théorie et de la technique de cette industrie ; enfin une bibliothèque et un laboratoire de recherches y sont annexés.

Ce n'est pas d'aujourd'hui que sont connues les propriétés du pétrole. Les Romains le désignaient sous le nom de *bitumen*, et si l'on en croit Dioscoride (1er siècle après J.-C.), les rues d'Agrigente étaient éclairées de son temps avec ce liquide ; mais les fumées épaisses produites par sa combustion le firent abandonner. Au Caucase, voici vingt-cinq siècles que les fontaines de Bakou sont célèbres. Avant même que les Perses eussent institué le culte du feu, les indigènes de cette région avaient pour les sources de pétrole une vénération particulière. Le « feu éternel » du temple de Surakhany brûle probablement depuis vingt-deux siècles. Ce temple existe encore, et M. Kœchlin-Schwartz, dans son *Voyage d'un touriste au Caucase*, raconte une visite qu'il fit à cet édifice qu'habite un prêtre guèbre venu de Bombay. Nous en avons vu un intéressant tableau au Pavillon Nobel de l'Exposition de 1900, et c'est celui-ci que notre gravure reproduit (fig. 206). Dans le pays, on ne sait rien sur l'origine de ce monument, ou plutôt on ne sait qu'une chose : c'est que des hommes à la figure spéciale, aux vêtements spéciaux, venant « d'au delà les mers, d'au delà les monts » et amenant avec eux des troupeaux de vaches y sont venus prier. Le temple est aujourd'hui enclavé dans les bâtiments d'une grande usine. Il se compose d'une sorte d'arc de triomphe entouré d'un quadrilatère de cellules où jadis habitaient les adorateurs du feu. Il paraît qu'aujourd'hui ce temple, qui tombe en ruines, n'a pas

Fig. 206. — L'Atech-Gah ou temple du « feu éternel » de Surakhany (Caucase).

même la société d'un concierge. Au milieu de l'arc de triomphe se trouve un puits, et dans ce puits un jet de gaz qui flambe. Depuis longtemps les flammes qui brûlent en l'honneur d'Ormuzd sont bien maigres, car les usines voisines se servent des gaz qui les alimentaient. Les mauvaises langues racontent que lorsque les émanations naturelles n'étaient plus suffisantes pour alimenter le feu éternel, les prêtres fermaient leur temple, pour l'ouvrir ensuite lorsque le gaz était suffisant pour faire briller de nouveau la flamme aux yeux éblouis de ses adorateurs.

C'est vers le xe siècle que le pétrole devint un article de commerce. Au xiiie siècle, les Perses l'exportaient en quantités considérables. Mais ce n'est véritablement qu'à partir de 1859 pour les États-Unis, et de 1879 pour la Russie, que s'ouvre la période de prospérité de cette industrie, dans laquelle d'énormes capitaux sont engagés.

La composition chimique des pétroles varie avec leur provenance, mais elle résulte toujours d'un mélange d'hydrocarbures. Les divers pétroles connus et exploités peuvent se rattacher à trois formes : les pétroles d'Amérique, constitués par des carbures forméniques et contenant beaucoup de paraffine ; les pétroles de Bakou, riches en goudrons et composés surtout de carbures saturés ou naphtènes, et les pétroles intermédiaires, tels que ceux de Galicie, qui réunissent les deux sortes d'hydrocarbures. Par leur aspect extérieur, les pétroles ne se ressemblent guère plus que par leur composition. Ceux d'Amérique sont ordinairement d'une grande fluidité, ceux de Russie sont plutôt sirupeux ; ils peuvent même être solides comme ceux de Galicie : c'est l'*ozokérite* ou *cire minérale*. Leur couleur varie depuis le jaune ambré, en passant par le rouge et le vert, jusqu'au noir ; cette dernière appartient aux pétroles à base d'asphalte de la Californie et à ceux de la Pensylvanie. Leur odeur est parfois éthérée, souvent désagréable.

D'où vient le pétrole ? Les réponses abondent, mais on peut les ranger en deux groupes. Pour les chimistes, le pétrole serait d'origine minérale. D'après les uns, il résulterait de l'action de l'eau chargée de gaz carbonique sur les alcalis métalliques libres à la température élevée des profondeurs du sol. D'après les autres, le pétrole proviendrait de l'action de la vapeur d'eau sur les carbures métalliques : l'oxygène se serait porté sur les métaux, et l'hydrogène se serait combiné au carbone devenu libre. De belles expériences de laboratoire ont permis de composer du pétrole artificiel et ont appuyé cette hypothèse. Ces deux théories supposent la formation continue du pétrole ; les vapeurs engendrées par ces réactions iraient se condenser dans les terrains poreux des « champs d'huile » et formeraient ainsi une source inépuisable.

Cette théorie, bien que séduisante, n'est pas admise par certains géologues, qui voient dans le pétrole un produit de décomposition des matières organiques. On sait que la décomposition des végétaux, à la température ordinaire, donne du gaz des marais ; on sait aussi que les tourbières dégagent parfois des gaz inflammables ainsi que des produits bitumineux voisins du pétrole. Donc la décomposition des matières organiques peut donner naissance au pétrole. Le Congrès du pétrole a été presque unanime à admettre cette origine. Plusieurs thèses ont été soutenues dans ce sens. Pour les uns le pétrole serait le résultat d'une distillation de la houille au sein de la terre et l'anthracite une houille privée de son pétrole. Si les gisements de pétrole sont à de grandes distances des bassins houillers, c'est que, comme on l'admet volontiers, les pétroles « voyagent » en raison de leur fluidité. Pour d'autres savants, le pétrole serait formé aux dépens de vastes amas d'animaux marins, de coquilles et de poissons. Le Pr Lehmann, de Freiberg, en distillant sous pression des débris de poissons, a obtenu une huile qui, par sa constitution, ressemble au pétrole.

D'autre part, M. de Lapparent s'adresse aux phénomènes volcaniques pour expliquer cette origine si controversée. Selon lui les volcans de boue comme ceux que l'on observe aux environs de Bakou forment la transition entre les phénomènes volcaniques et les jaillissements de pétrole. Il n'existe pas, dit aussi M. Fouqué, de différence fondamentale entre la salse et le gisement de pétrole, de même qu'il n'existe pas de différence essentielle entre le volcan et la salse. Enfin, la venue au jour du pétrole semble bien en rapport avec les phénomènes internes, puisque les gisements sont en relation avec les dislocations du sol et que les principaux d'entre eux sont situés sur des lignes de soulèvement. Ainsi, dans les deux régions pétrolifères les plus importantes, les États-Unis et la Russie, les gisements s'étendent parallèlement aux crêtes des Alleghanys et du Caucase.

Quoi qu'il en soit de ces théories, il est possible que chacune d'elles possède une part de vérité, car il se peut que le pétrole n'ait pas une origine uniforme.

§ 2. — Gisements de pétrole. Le pétrole américain ; une forêt de derricks ; les « oil men » et la « fièvre du pétrole » ; le gaz naturel. Le pétrole russe : un déluge de pétrole. Y a-t-il du pétrole en France ?

Les procédés d'extraction du pétrole varient selon les pays. Nous allons les indiquer rapidement en parcourant les principales régions pétrolifères. Il existe des gisements de pétrole un peu partout, en Russie, en Autriche, en Roumanie, en Algérie et même en France ; mais les gisements les plus riches avec ceux du Caucase sont ceux des États de Pensylvanie et de New-York, aux États-Unis (fig. 207). Étudions d'abord cette région américaine, car c'est là que l'industrie du pétrole a pris naissance.

La découverte du pétrole en Amérique remonte à environ 400 ans. Deux missionnaires furent informés par une tribu de Peaux-Rouges qu'une autre tribu, dans ses rites religieux, mettait le feu à la rivière Alleghany et, guidés par les Indiens, ils assistèrent à l'adoration du feu. Sans raconter les luttes dramatiques qu'eurent à soutenir les premiers « oil men », comme on nommait alors les premiers chercheurs de pétrole, nous devons rappeler que c'est en 1859 que le colonel Drake fora le premier puits. En 1861, le premier puits jaillissant fut découvert, et dès l'année suivante il sortait des puits des États-Unis plus de 3 millions de barils d'huile minérale. Aujourd'hui la production s'élève à 60 millions de fûts de 189 litres, et on estime à plus de 20 000 le nombre des puits en activité. Les sources les plus abondantes sont en Pensylvanie, aux environs de Bradford, puis dans les plaines autour de Warren et de Clarendon. Citons aussi les gisements célèbres d'Oil City, et ceux de l'Ohio, du Kentucky, du Michigan, et de l'Illinois. En Californie, Lexington et Los Angelos sont des centres importants de production. La découverte du pétrole dans cette dernière région est des plus curieuses. Depuis longtemps les habitants de ce pays se livraient à la culture des orangers et des citronniers. Ils étaient loin de songer que le terrain pouvait contenir du pétrole. C'est à peine s'ils se souvenaient d'une tentative malheureuse faite en 1859 pour rechercher l'huile minérale. La prospérité croissante du pays, et son climat d'une extrême douceur, attiraient l'attention des Américains sur ce séjour enchanteur. De nombreux malades y venaient respirer l'air embaumé par les douces senteurs des orangers. Tous ne guérissaient pas, mais tous y trouvaient un soulagement à leurs souffrances. Aussi partout, dans les bois odorants, surgirent de riantes villas. Dès lors les spéculateurs alléchés vinrent poser leurs tentacules sur cet endroit privilégié. Une société construisit des maisons de campagne dans l'espoir de les vendre avec de gros bénéfices aux nouveaux arrivants. Ce fut un vain espoir. Pour des causes diverses les villas restèrent sans acheteurs. Aussi, en 1886, cette société touchait-elle à la faillite, lorsque ses administrateurs eurent l'idée d'utiliser les dernières ressources disponibles à faire des fouilles, des sondages. Un puits atteignit 300 mètres sans qu'il y eût apparence de pétrole. La société, malgré les sarcasmes de la population, ne se laissa pas décourager ; elle continua son œuvre avec acharnement, sans se douter que la nature allait puissamment l'aider. Le fonçage du puits continuait sans rien amener de nouveau. lorsque soudain, dans la nuit du 15 au 16 juillet 1894, une formidable détonation souterraine se fit entendre. Les habitants

Fig. 207. — Carte des gisements pétrolifères des États-Unis.

surpris dans leur sommeil, crurent à un tremblement de terre, et du puits s'élança dans les airs une véritable trombe de pétrole entraînant avec elle les déblais, les outils des ouvriers et d'énormes pierres. L'odeur suave des orangers fit place à un air empuanti. Aussi la municipalité de Los Angelos, sur la plainte des habitants désespérés de voir compromises leurs plantations d'orangers, somma-t-elle la société de combler son puits. Ce fut le premier mouvement ; mais bien vite la population comprit qu'elle pouvait retirer d'énormes bénéfices de ces richesses naturelles. De son côté, la société immobilière, devenue une compagnie pétrolière, enrôlait à prix d'or tous les travailleurs disponibles. Et, actuellement, la *Californian oil Company* est une société riche et puissante. On comprend que chaque propriétaire, devant ce succès, voulut avoir son puits ; les orangers et les citronniers furent délaissés ; si bien qu'à la fin de 1895, on comptait à Los Angelos plus de 400 exploitations pétrolières. De toutes parts apparaissent ces gigantesques pylones (fig. 208) souvent surmontés de grandes ailes qui, tournant à la brise, actionnent les pompes aspirantes chargées de déverser le pétrole brut dans de grands réservoirs dont la contenance est d'environ 30 000 barils. Quelques-uns de ces puits donnent en 24 heures plus de 300 barils de pétrole, et la production totale journalière pour ce seul gisement, n'est pas inférieure à 3 000 barils.

Il s'en faut que, même dans les régions américaines si riches en pétrole, la précieuse matière se montre partout. On admet que ce liquide se trouve ordinairement dans des poches (fig. 209), mélangé à du sable fin et soumis à une certaine pression

Fig. 208. — Les puits de pétrole de Los Angelos (Californie).

par les couches supérieures du terrain. Dès que la sonde atteint le sable, le pétrole jaillit en un jet plus ou moins abondant. La profondeur à laquelle la sonde descend varie entre 200 et 600 mètres. L'outillage du foreur est simple : une chèvre à quatre montants et une sonde suspendue à une corde que manœuvre une machine à vapeur. Tel est ce que les Américains appellent le *derrick*. Arrivé à 80 mètres de profondeur, il est nécessaire de tuber le puits afin d'éviter les éboulements. Enfin, lorsque la sonde arrive dans la poche naphtifère, trois cas peuvent se présenter : elle peut rencontrer l'eau, le pétrole, ou le gaz, qui se superposent par ordre de densité. Dans les deux premiers cas, si la pression du gaz est suffisante, on aura un puits jaillissant ; c'est ce qui s'observe le plus souvent au Caucase, plus rarement aux États-Unis. Sinon, il faudra pomper le pétrole pour l'amener à la surface.

Parfois, l'écoulement s'arrête parce que le tube est obstrué. On y descend alors une cartouche de dynamite que l'on fait éclater en laissant tomber dessus un bloc de fer. L'explosion fait disparaître l'obstacle et le pétrole recommence à couler ; c'est ce qu'on appelle *torpiller* un puits.

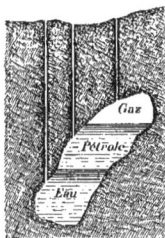

Fig. 209. — Poche de pétrole.

On a vu des puits donner 4 000 barils dans la première journée. Il y a mieux. On a découvert en 1901 à Beaumont, dans le Texas, une source, la plus abondante qui soit connue dans le monde entier, puisque son débit journalier est de 200 000 barils d'huile lancée en un jet qui a 200 pieds de haut ! N'oublions pas toutefois que ces chiffres sont d'origine américaine. Les chercheurs de pétrole établissent leur atelier au milieu d'une forêt, à l'endroit indiqué par leur instinct. Ils s'assurent la propriété du terrain environnant, puis une fois leur travail commencé ils veillent nuit et jour pour empêcher les rivaux de découvrir où ils en sont. Il importe, en effet, de ne pas avoir de concurrents pendant les premiers jours, qui sont les plus productifs. S'ils réussissent, le secret n'est pas longtemps gardé : ils revendent alors par petits lots leur terrain. On raconte que s'ils ne rencontrent pas le pétrole, ils achètent quelques tonneaux de ce liquide, les répandent bien en évidence sur leur baraque, afin de trouver quelques naïfs acheteurs. C'est l'équivalent de ce qui se fait dans le Far West où des gens sans scrupule cèdent pour argent comptant des fouilles stériles dans lesquelles ils sèment au préalable de la poudre d'or ou du minerai. C'est ce qu'on appelle « saler une mine ».

La découverte d'un nouveau gisement fait ordinairement surgir une ou plusieurs villes avec leurs magasins, leurs hôtels et leurs théâtres. Ce sont d'abord des constructions en bois, puis des maisons en briques, puis enfin le luxe ou tout au moins le confortable. Le développement de ces villes, quoique rapide, n'est cependant pas comparable à celui des villes du Far West où sévit la fièvre de l'or ou de l'argent. Toutefois, les gens d'affaires, les aventuriers viennent

Fig. 210. — Un jet de gaz naturel enflammé aux environs de Pittsburg (États-Unis).

de tous les points ; les tribunaux sont fermés, les magistrats eux-mêmes s'étant transformés en prospecteurs, comme cela s'est vu au Texas. Il y a donc bien une « fièvre du pétrole » ; mais le pays du pétrole est au milieu d'États civilisés, de sorte que les aventuriers, qui accourent là comme partout où il y a chance de faire fortune, sont contenus par une population sédentaire plus calme. On est assurément plus en sûreté que dans les placers, bien que ces pays ne soient quand même pas attrayants.

Quant au *gaz naturel*, il abonde dans l'Amérique du Nord. Les terrains qui en dégagent le plus sont ceux du lac Erié, de Liverpool (Ohio) et des environs de Pittsburg (Pensylvanie). En 1880, à Murrayville, à 30 kilomètres environ de Pittsburg, on forait un puits et on était parvenu à 400 mètres de profondeur lorsque la sonde fut brusquement refoulée et projetée en l'air à une grande hauteur, tandis que la chèvre était brisée et les fragments dispersés par un formidable jet de gaz. Le bruit

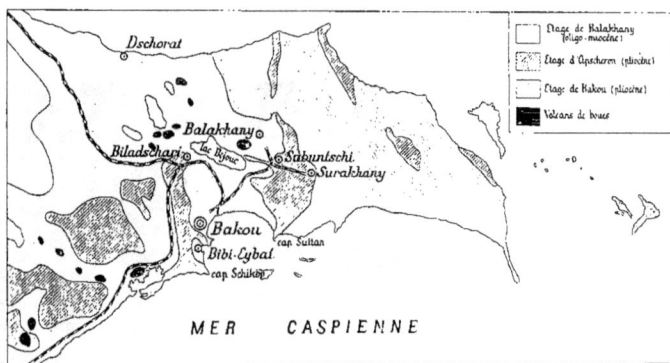

Fig. 211. — Carte géologique de la presqu'île d'Apchéron.

causé par cette colonne gazeuse s'entendait à plus de 10 kilomètres. On ajusta des tuyaux, larges d'environ 10 centimètres, sur la bouche du puits et on mit le feu au gaz, qui produisit une flamme énorme (fig. 210). Cette flamme qui éclairait tout le pays brûla en pure perte pendant cinq ans ! C'est en 1884 qu'une compagnie posa des conduites et amena le gaz aux usines métallurgiques du voisinage. L'un de ces puits débita pendant longtemps 800000 mètres cubes de gaz par 24 heures. Le gaz arrive froid à la surface de la terre, à 0° environ, mais son expansion au dehors le rend plus froid encore. Il a un pouvoir calorifique considérable, et il est, après l'hydrogène, le combustible gazeux le plus puissant. D'autre part, comme il ne contient pas de soufre, il est supérieur à la houille pour les applications industrielles. Aussi, est-il employé de préférence au charbon dans toutes les aciéries de Pittsburg, qui est le plus grand centre métallurgique américain.

Il est probable que les quantités de gaz naturel accumulées dans le sol ne seront pas épuisées de sitôt. La pression du gaz qui s'échappe ne variant pas pendant des

Fig. 212. — Trois fontaines jaillissantes de pétrole en feu à Bibi-Eybat (Caucase)

années, on est tenté de conclure que le gaz se produit au fur et à mesure de sa consommation par une réaction souterraine qui nous serait inconnue.

Les gisements pétrolifères du Canada sont le prolongement de ceux des États-Unis. Le pétrole de cette région est remarquable par la grande quantité de débris de mollusques, de crustacés et de végétaux marins qu'on y rencontre.

Les pétroles américains ont pour concurrents redoutables les pétroles russes. En Russie, les terrains pétrolifères sont abondants aux deux extrémités du versant méridional du Caucase, d'une part dans le Kouban et de l'autre dans la presqu'île d'Ap-

Fig. 213. — Un groupe de *derricks* aux environs de Bakou.

chéron (fig. 211) sur la mer Caspienne. Les centres les plus importants de cette région sont situés autour de Bakou ; ce sont Bibi-Eybat, Balakhany et Sabuntschi. Ces pays présentent une physionomie singulière : sur chaque puits, en effet, s'élève une pyramide quadrangulaire, en bois, tronquée à sa partie supérieure et recouvrant l'atelier des machines destinées au forage.

La presqu'île d'Apchéron est un vrai désert où ne poussent que de misérables touffes éparses de salicornes. C'est la nature la plus triste, la plus sinistre que l'on puisse imaginer. Le sol volcanique y est tortillé, déchiqueté ; pas un arbre, pas un brin d'herbe, partout la désolation. Volontiers on se figure ainsi les premières époques du globe terrestre : volcans de boue éteints, lacs de boue desséchés, blocs de lave découpés et jetés pêle-mêle dans cette affreuse plaine. Sur le tout une couleur jaunâtre, et,

Fig. 214. — Puits de pétrole jaillissant et son réservoir (Caucase) (*Photographie de M. de Rothschild*).

çà et là, des flaques d'eau et d'huile aux reflets irisés. De certains points s'échappent des hydrocarbures qui s'enflamment à l'air. A Bibi-Eybat, sur la mer Caspienne, le naphte surnage à la surface des eaux et peut s'enflammer si l'on y jette une étoupe allumée ; de sorte que dans cette région on peut « mettre le feu à la mer ». Sur ces flots brûlants errent des barques qui rappellent celles du Dante dans un cercle oublié de l'Enfer. C'est cependant dans cette nature désolée que pousse la moisson d'or. Il n'y avait que quelques puits en 1873, il y en a aujourd'hui plus d'un millier qui rejettent le précieux liquide et dont les pyramides tronquées (fig. 213) forment comme une monstrueuse forêt.

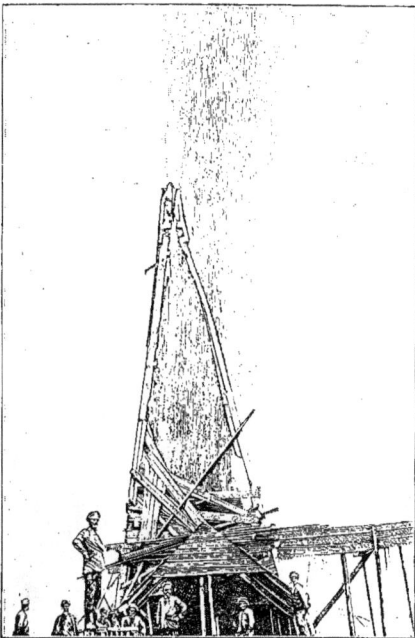

Fig. 215. — Derrick détruit par le jaillissement du pétrole.

Partout on entend l'essoufflement des pompes et les coups sourds des trépans qui précèdent le jaillissement du pétrole.

Le prix d'installation d'un puits est assez élevé, car il faut descendre de plus en plus profondément pour trouver le naphte. Tandis qu'en 1878 la profondeur moyenne était de 80 mètres, il faut aller actuellement jusqu'à 200 et 300 mètres, et le prix de revient d'un puits peut s'élever à 200 000 francs. L'entretien du puits coûte peu, une trentaine de francs par jour. Mais le pétrole viendra-t-il ? Cruelle anxiété. Parfois dans les huttes avoisinant le puits, des familles entières sont là qui attendent la sortie du geyser d'or. Et le geyser rêvé ne vient pas. Rien n'est plus capricieux que cette exploitation. Tantôt un puits fécond s'arrête brusquement ; tantôt une source jaillit soudain d'un puits qu'on allait abandonner ; enfin deux puits voisins, creusés à la même profondeur, ont presque toujours des débits inégaux.

La plupart des sources russes sont jaillissantes. Parfois même la violence du jet est telle que l'huile s'élève jusqu'à 30 et même 50 mètres de hauteur (fig. 214). Il importe alors de fermer l'orifice du puits avec un « kalpak », sorte de robinet-vanne en fonte posé sur le dernier tube. Mais parfois la pression du liquide est telle qu'elle fait voler en éclats l'instrument de captage, détruisant même le chantier et les échafaudages (fig. 215). Il faut alors s'efforcer de diriger le courant de l'huile noire qui retombe formant une véritable rivière, vers de grands bassins creusés dans la terre : chacun de ces bassins devient une mare-réservoir de naphte. Certains puits ont un rendement

Fig. 216. — Une rivière de pétrole au Caucase. Des ouvriers cherchent à la diriger vers des réservoirs (*Photographie de la maison Les fils de A. Deutsch*).

extraordinaire, tel le Carmelitza, qui pendant cinq ans a fourni journellement 164 000 kilogrammes de pétrole. Une source de la Société Nobel a débité 112 000 tonnes de naphte en un mois. De tels puits sont ordinairement une source de gains énormes ; mais ils peuvent aussi être une cause de ruine pour leur propriétaire. Le propriétaire du puits de la Droojba, au Caucase, en sait quelque chose, et son histoire fait un curieux pendant à celle que raconte Dickens et dans laquelle le héros fut ruiné par un héritage inattendu. Le puits de la Droojba produisit un jet d'huile qui s'éleva à 200 mètres, démolissant le derrick avec un fracas effroyable. Or, il n'y avait pas de réservoirs prêts pour recevoir ce torrent de pétrole ; impossible de maîtriser le fleuve huileux qui submergea des maisons, détruisit de nombreux objets, et qui vint, après mille détours, se jeter à la mer. Ce fleuve représentait une valeur de 125 000 francs par jour, mais il ruina son propriétaire en raison des dommages-intérêts que celui-ci dut payer aux voisins inondés. Enfin ce puits, devenu plus calme, a donné environ 500 000 tonnes de pétrole, valant plus de 25 millions de francs.

Les autres gisements d'Europe n'ont qu'une importance restreinte. Ils sont localisés le long des Carpathes et des Apennins. En Roumanie, l'exploitation du pétrole a subi un notable développement. En Galicie, les couches pétrolifères situées le long de failles parallèles aux Carpathes sont assez abondantes. Citons encore les gisements italiens de Girgenti (Sicile), et ceux de Péchelbronn (Alsace).

En Asie et en Océanie il y a sans doute de nombreuses couches pétrolifères, mais elles sont jusqu'à présent peu exploitées. Cependant le pétrole était déjà recherché dans l'Inde au XVIIIe siècle, et voici le procédé qu'employaient les habitants de ce pays pour l'extraire ; ils creusaient un puits peu profond où l'huile se rassemblait, puis ils descendaient dans ce trou une couverture de laine, la laissaient s'imbiber, la remontaient et la tordaient de leur mieux pour en exprimer le pétrole. On conçoit facilement que ce liquide n'était pas d'une pureté irréprochable. Au Japon, d'après l'*Engineering* de New-York, la production indigène, qui est d'environ 4 000 barils par jour, permet à ce pays de n'avoir pas recours à l'étranger. Dans les Indes néerlandaises l'industrie pétrolière a pris un actif développement. Enfin l'Australie et la Nouvelle-Zélande commencent seulement à exploiter leurs gisements pétrolifères.

Y a-t-il du pétrole en France ? Les sondages faits jusqu'ici en diverses régions ne permettent pas de répondre affirmativement. Une série de recherches faites en 1892 dans la Limagne n'ont pas donné de résultats satisfaisants. Le plus profond de ces sondages a été exécuté à Macholle, à 4 kilomètres de Riom, et il a été terminé, en 1896, à la profondeur de 1 164 mètres. On a bien trouvé des carbures, mais à l'état de bitume, et le pétrole ne s'est présenté que sous forme de quelques gouttelettes d'huile noire flottant à la surface de l'eau salée que l'on trouvait au voisinage des failles. Ajoutons que d'après des recherches récentes le pétrole semble exister en Algérie et en particulier dans la région oranaise.

Notons enfin que le pétrole se rencontre à tous les étages géologiques : dans le Silurien aux États-Unis, le Dévonien au Canada et en Pensylvanie, le Carbonifère en Virginie, le Trias au Connecticut, le Crétacé au Colorado, et le Tertiaire en Californie et au Caucase.

§ 3. — TRANSPORT DU PÉTROLE : LES « PIPES-LINES » ; WAGONS-CITERNES ET BATEAUX-CITERNES. BAKOU ET LE ROI DU PÉTROLE RUSSE. USAGES ET AVENIR DU PÉTROLE.

Une fois le pétrole extrait, il faut le porter d'abord aux raffineries qui vont le purifier, puis dans les endroits de consommation. Du puits, le pétrole se rend dans de grands réservoirs où il s'épure sommairement en se débarrassant des eaux salées et des déchets végétaux ou minéraux qu'il renferme. Pour l'expédier aux raffineries, les Américains imaginèrent de se servir de tuyaux ou *pipes-lines,* qui sont en fer étiré, car la fonte laisserait suinter les carbures. Le pétrole circule dans ces tubes soit à cause

FIG. 217. — Vue générale du port et de la ville de Bakou.

de l'inclinaison du sol, soit à l'aide de pompes qui refoulent l'huile de station en station. Aux États-Unis, les pipes-lines viennent converger à New-York, Philadelphie, Baltimore et Pittsburg. Leur longueur totale dépasse 13 000 kilomètres.

En Russie, les frères Nobel construisirent le premier réseau de pipes-lines, qui toutes viennent converger à l'Est de Bakou où se trouvent les distilleries. La ville de Bakou (fig. 217), située sur la mer Caspienne, s'étend sur des collines tristes et dénudées qui descendent jusqu'à la mer. Bakou vit du pétrole : il n'y a pas moins de 77 maisons qui s'occupent de l'exploitation du naphte. Aussi comprend-on que d'un bourg de 10 000 habitants qu'il était jadis, Bakou soit devenu une sorte de capitale, le San Francisco de cette région asiatique, avec 200 000 habitants. Les maisons poussent mais la place manque ; aussi les loyers sont-ils formidables. D'autant plus que de nombreuses industries sont venues se créer partout : raffineries de pétrole, d'huiles à graisser, fabriques de bidons, etc. Et sur cette ville se sont abattus des aventuriers venus de tous les coins du monde ; tous se jettent à l'assaut du pétrole et tous se précipitent avec la même âpreté dans cette chasse aux millions. Là, comme dans une salle de jeu, l'argent subit le phénomène de la dépréciation. A Bakou, comme autour d'une table de roulette, que représente le louis d'or ? Presque rien. Partout, dans la rue, au théâtre, à l'hôtel, on n'entend parler que de millions. A Balakhany, un hectare de terre se paye de 300 000 à 500 000 francs ; A Sabount-chy, 800 000 francs, et à Bibi-Eybat, 1 300 000 francs ! Une compagnie anglaise achète 5 millions de roubles 10 hectares de terre, y perce un puits d'où le pétrole jaillit, et revend quelques semaines après le même terrain 12 millions de roubles à

Fig. 218. — Une distillerie et ses réservoirs de pétrole à Bakou.

une nouvelle société qui trouve une nouvelle fontaine et revend le terrain 16 millions de roubles à une troisième compagnie. En monnaie française, c'est la proportion de 13 500 000 — 32 400 000 — 43 200 000 de francs. En six semaines ! C'est fou, mais c'est vrai !

A Bakou le pétrole subit le raffinage. Cette opération varie suivant que l'usine prépare le pétrole d'éclairage, l'essence minérale, la paraffine, la vaseline ou les goudrons. Une fois le pétrole purifié, il est placé dans de grands réservoirs cylindriques (fig. 218), que l'on rencontre partout dans la Russie méridionale, de Bakou jusqu'à Batoum.

Le pétrole est ensuite enlevé soit par des *wagons-citernes* (fig. 219), soit par des *bateaux-citernes*. Les premiers se chargent directement à l'usine à l'aide de tubes branchés sur une conduite principale ; on peut ainsi remplir tout un train de 25 wagons en une heure. Les bateaux-citernes sont des vaisseaux partagés en compar-

timents étanches au moyen de cloisons longitudinales, de manière que le déplacement
rapide du liquide sur un même côté ne compromette pas la stabilité du steamer. Le
tonnage de ce bâtiment va de 1 500 à 4 000 tonnes. Sur les fleuves, la Volga par
exemple, les bateaux sont de moindre dimension ; ce sont des allèges-citernes en fer
ou en bois (fig. 220). Le premier bateau-citerne, construit en 1879, fut inventé par
Louis Nobel, le roi du pétrole russe. Louis Nobel (fig. 221) est aussi le fondateur
de la puissante Société Nobel qui produit annuellement de 500 000 à 1 500 000
tonnes de naphte et qui possède une flotte de 189 bateaux-citernes et 1 237 wagons-
citernes !

Fig. 219. — Train de wagons-citernes (*Photographie de M. Fontaine*).

Le pétrole part donc de Bakou soit vers Batoum et la Mer Noire par le chemin de
fer, soit vers la Caspienne et la Volga par bateaux. Aussi des trains entiers passent-
ils d'heure en heure chargés de pétrole tandis que des navires descendent la Volga
et viennent charger les naphtes. Mais ces procédés de transport sont devenus insuf-
fisants. Les Russes ont alors pensé à relier Bakou à Batoum par une conduite en fer
étiré avec pompe de refoulement de distance en distance. Une partie de ce plan a été
réalisée, car une conduite a été posée de Mikhaïlovo, sur la ligne du Transcauca-
sien, à Batoum. Les Russes ont fait pour cette installation d'énormes sacrifices ;
c'est qu'ils savent que tout le Caucase vit du pétrole, depuis le plus humble des mou-
jiks jusqu'au milliardaire. Supprimez le pétrole et tout disparaît, tout meurt.

Et puisque nous parlons de milliardaire, écoutez l'histoire d'un de ces rois du pétrole russe. Il était une fois — ceci n'est pas un conte, — un maçon tartare qui vivait misérablement. Un habitant du pays l'employa à construire une maison, mais ne pouvant le payer en argent, il lui donna pour son salaire quelques arpents de terre où rien ne poussait. Cependant dans le voisinage de ce terrain des Européens creusaient des trous d'où sortait un liquide huileux qui se vendait fort cher. Par imitation, notre maçon fit des trous d'où le pétrole jaillit bientôt, d'abord en filet, puis en fontaine, puis en fleuve. Pendant des mois des millions de litres de ce liquide sortirent chaque jour du sol ; pendant des mois des centaines de mille francs tombèrent chaque jour dans la caisse de l'ancien maçon devenu rapidement archimillionnaire.

Fig. 220. — Allèges en bois pour le transport du naphte par la Volga (Société Nobel).

Son histoire n'est pas unique, elle est celle de toutes les divinités du pétrole. La raison est toujours la même, c'est le pétrole, le pétrole-dieu, le pétrole veau d'or, jaillissant en fontaines d'or, coulant en fleuves d'or et inondant tout de flots d'or.

Parmi les dangers qui menacent l'industrie pétrolière, un des plus fréquents est l'incendie. Les réservoirs peuvent brûler. En Amérique, quand un incendie éclate, on envoie au moyen d'un canon un boulet qui va crever le réservoir à la base, de sorte que le pétrole se répand sur le sol. Tout ce que contenait ce bassin est perdu, mais les autres sont préservés. Récemment, à Bakou, un terrible incendie détruisait trois dépôts contenant 130 000 tonnes de pétrole, occasionnant une perte de 3 millions de francs et, ce qui est pis encore, ensevelissant 27 personnes dont les cadavres furent retrouvés carbonisés. L'incendie des bateaux pétroliers est un accident qui se produit assez fréquemment. Cependant, les règlements exigent qu'il y ait à bord de ces navires un « garde-feu », c'est-à-dire un gardien chargé d'empêcher l'emploi du feu pour la cuisine et des lampes pour l'éclairage. Quand un tel incendie éclate, il est souvent accompagné d'explosions, tandis que des flammes s'élèvent à des hauteurs atteignant parfois 100 mètres et que se forment d'épais nuages de fumée noire qui obscurcissent l'horizon.

Les États-Unis et la Russie produisent à peu près la même quantité de pétrole, environ 110 millions d'hectolitres chacun. A eux deux ils donnent 94 pour 100 de la production du monde entier. Le pétrole de Russie est consommé surtout en Russie et en Orient. Les bateaux qui descendent ou remontent la Volga brûlent du naphte, comme d'ailleurs toutes les locomotives du Sud de la Russie. Aussi les fameuses boîtes à pétrole, en fer-blanc, que tout le monde connaît, abondent-elles non seulement dans tout l'Orient, mais aussi dans le Nord de l'Afrique. En Égypte, en Nubie, elles fournissent assez de métal pour que des hommes gagnent leur vie et montent des boutiques rien qu'en travaillant ces plaques de fer-blanc. Il serait curieux à ce point de vue d'étudier la zone d'extension du pétrole de Bakou

Fig. 221. — Louis Nobel.

et il n'est pas douteux que cette invasion, en particulier dans le monde musulman, fournirait un beau sujet de géographie humaine.

Cherchons maintenant à connaître les usages du pétrole. Ils sont nombreux. Éclairage, chauffage, graissage en sont les principaux. Chaque jour la sphère d'action du pétrole s'élargit. N'est-il pas l'âme d'un monde nouveau, de l'automobilisme et de l'aviation ? Dans la petite industrie le moteur à pétrole a battu le moteur à vapeur. Et si le pétrole est intervenu parfois dans nos luttes politiques, avec les « pétroleuses », son rôle est souvent plus pacifique ; c'est ainsi qu'on l'emploie à l'extermination des moustiques. Enfin, les Américains lui ont trouvé un emploi peu banal et qui consiste à l'utiliser dans l'arrosage des routes afin d'apaiser les tempêtes de poussière qui règnent dans certaines régions où la sécheresse est extrême. Le pétrole, en effet, s'amalgame avec la poussière et forme une sorte de colmatage solide et durable qui consolide la route au lieu de la dégrader comme l'eau qui s'accumule dans les creux. En Amérique, grâce au bas prix du pétrole, ce procédé s'étend chaque année et l'on pétrole les routes de plus en plus. Des essais de ce genre sont faits en France et en particulier à Paris et dans la banlieue. D'ailleurs le pétrole continue à envahir toutes les branches de l'industrie ; on se chauffe au pétrole, on cuisine au pétrole, on laboure et on fauche au pétrole. Ce liquide est capable, en effet, de fournir à la ferme moderne une force motrice à bon marché et n'exigeant que des moteurs légers, tandis que le moteur à vapeur est lourd et sa conduite délicate. Le chauffage des locomotives au pétrole s'étend aussi de plus en plus : la compagnie anglaise *Great Eastern Railway* possède une quarantaine de locomotives munies de dispositifs pour le chauffage au pétrole. A bord des navires son usage se répand aussi, car il offre une réelle économie. Aussi une maison anglaise vient-elle d'installer au canal de Suez deux immenses réservoirs destinés à ravitailler les navires qui transitent par ce canal. L'a-

FIG. 222. — Lac et champ d'asphalte de la Trinidad.

vantage de ce chauffage est d'autant plus grand que les machines ne sont pas exigeantes sur les produits qu'on leur donne et qu'on pourrait utiliser le pétrole tel qu'il sort du sol. Souvent aussi le pétrole est utilisé par des industriels peu scrupuleux pour fabriquer une émulsion qu'ils vendent sous l'étiquette fallacieuse d'huile de foie de morue, ce qui est une fraude grossière. Enfin au dernier Congrès du pétrole, on a montré des produits extraits du pétrole qui conduisent aux matières colorantes telles qu'on les extrait de la houille. Des écheveaux de soie avaient été teintés par ces matières. Est-on là sur la trace d'une nouvelle industrie des matières colorantes ? L'avenir nous le dira. Le pétrole peut du reste attendre, les débouchés ne lui manquent pas.

§ 4. — BITUME ET ASPHALTES. LE LAC DE LA TRINIDAD. LES GISEMENTS
DE LA LIMAGNE ET DE SEYSSEL.

Le BITUME, souvent désigné sous le nom d'*asphalte* lorsqu'il est mélangé avec des roches calcaires, est un produit d'oxydation du pétrole. Celui-ci, en effet, sous l'influence de l'air peut se résinifier et se transformer en bitume, c'est-à-dire en une masse solide, de couleur noire, à reflets rougeâtres, qui devient liquide vers 40°.

FIG. 223. — Exploitation de l'asphalte à la Trinidad.

Le gisement le plus considérable que l'on connaisse est situé dans l'île de la Trinidad. C'est un immense lac connu sous le nom de *lac de la Poix;* il est presque circulaire et sa superficie est d'environ 4000 hectares. Sur les bords, sa surface est assez solide pour qu'un attelage de chevaux et même des wagons puissent y passer. Mais vers le centre il devient plus plastique, et semble même soumis en certains points à des tourbillons. On a vu, en effet, des troncs d'arbres disparaître et revenir ensuite à

la surface à quelque distance. Le bitume est sillonné çà et là par de petits lacs et des
cours d'eau très poissonneux. Enfin, ce lac de bitume présentent de nombreuses îles
parfois recouvertes d'une riche végétation. On a découvert, en 1901, au Venezuela,
près de Bermudez, un gisement qui serait, d'après le *Handels Museum* de Vienne, dix
fois aussi grand que le lac de la Trinidad, et de plus le bitume y serait plus pur.

Fig. 224. — Groupe d'ouvriers cuiseurs d'asphalte (Mine de Bourbonges-Lovagny, Haute-Savoie) (Cliché de M. Kœnig).

Toutefois, il faut reconnaître que l'embarquement de cette matière s'opère plus facilement à la Trinidad que partout ailleurs.

La mer Morte, que l'on désigne aussi sous le nom de Mer asphaltite, fournit le
fameux bitume de Judée que l'on emploie dans la peinture.

Il existe en France deux centres principaux d'extraction de l'asphalte : l'un, aux
environs de Pont-du-Château (Puy-de-Dôme); l'autre, autour de Seyssel (Ain). Les
gisements bitumineux de la Limagne avaient depuis longtemps attiré l'attention des
géologues. Dès 1829, une concession était instituée à l'Escourchade, dans la commune de Chamalières, près de Clermont. Puis en 1843, on donna les concessions de
Lussat, de Malintrat et de Pont-du-Château. C'est en 1874 que toutes ces concessions furent réunies par la *Société des bitumes et asphaltes du Centre*, qui a limité ses
travaux à la mine de Pont-du-Château.

Cette usine produit actuellement 12 000 tonnes sous forme de mastic asphal-
tique et de briques agglomérées employées à la façon des pavés de bois pour les

chaussées. Une des curiosités de la mine de Pont-du-Château, c'est la manière dont le bitume s'écoule le long de deux grandes fissures en paraissant venir de la profondeur du sol. Le bitume se rassemble en un ruisseau noir qui suit les galeries et suinte à travers les calcaires. En parcourant ces galeries, on marche sur ce ruisseau noir à peine solidifié et duquel il suffit d'approcher la lampe de mineur pour produire de petites explosions dues aux carbures qui s'en échappent.

La mine de Seyssel, sur les bords du Rhône, a une plus grande importance. Elle se compose d'une colline de 400 mètres de longueur sur 100 mètres de profondeur presque entièrement formée d'asphalte. Cette exploitation est conduite avec une grande activité. Le bitume n'y est pas en masse continue; il imprègne des grès, des arkoses ou des calcaires. Suivant un dicton de mineur, l'argile est la grande ennemie du bitume. Ce dernier, en effet, n'est réellement utilisable que lorsqu'il a imprégné des calcaires. Pour retirer le bitume du sable ou du calcaire avec lequel il est mélangé, il suffit de faire chauffer la masse dans de grands chaudières avec de l'eau : le bitume devient fluide, surnage, et on l'enlève comme une écume.

B. AUTRES COMBUSTIBLES: TOURBE, LIGNITE, SOUFRE, ETC.

§ 1. — LA TOURBE ET SON EXTRACTION. LE LIGNITE. LE SUCCIN OU AMBRE JAUNE. LE GRAPHITE DE SIBÉRIE ET DE BOHÈME.

LA TOURBE est une roche charbonneuse d'origine végétale qui contient 50 à 60 pour 100 de charbon. C'est une matière spongieuse, brun noirâtre, et qui brûle en donnant une odeur caractéristique due à l'acide acétique et aux gaz ammoniacaux qui se dégagent comme dans la combustion du bois. Tous ceux qui ont traversé les villages où l'on brûle cette matière connaissent cette odeur spéciale. La tourbe provient de la décomposition sous l'eau de certains végétaux et en particulier de mousses appartenant au genre *Sphagnum* (fig. 225), auxquelles se mêlent souvent des plantes comme le *Carex*.

Fig. 225. — Mousse du genre *Sphagnum*.

Pour qu'une tourbière puisse s'établir, il faut une eau limpide et une température relativement basse, de 6 à 8°. Le pays qui réalise le mieux ces conditions est l'Irlande; aussi y trouve-t-on plus d'un million d'hectares de tourbières ou *bogs*, dans lesquelles la tourbe peut atteindre une épaisseur de 15 mètres. En France, on trouve de la tourbe sur certains plateaux du Massif Central, des Vosges et des Alpes. Elle est particulièrement abondante dans la vallée de la Somme, où son exploitation occupe de 2 000 à 3 000 personnes et donne une production annuelle d'environ 80 000 tonnes de combustible. Lorsqu'on voyage sur la ligne du chemin de fer de Paris-Amiens-Boulogne, aux mois de juin, juillet et août, on voit, à proximité de la voie, des tas cubiques de tourbe séchant au soleil et placés à côté des « entailles » d'où ce combustible a été extrait et qui ordinairement sont envahies par les eaux des marais. On

Fig. 226. — Séchage de la tourbe.

compte environ 800 tourbières en France, produisant 250 000 tonnes et occupant 28 000 ouvriers.

L'extraction de la tourbe se fait à l'aide d'un grand « louchet », c'est-à-dire d'une lame tranchante emmanchée à l'extrémité d'une longue perche. Le *tourbeur* enfonce verticalement cet instrument de façon à découper un prisme quadrangulaire qu'on partage ensuite en briquettes ou « mottes » (fig. 227). Le travail de cet ouvrier est délicat, car il opère ordinairement sous l'eau troublée des marais et il lui faut une grande sûreté de main pour faire une entaille bien verticale et bien régulière. Une fois la tourbe découpée en briquettes, des *brouetteurs* la conduisent sur le lieu de « l'étente »

Fig. 227 — Extraction de la tourbe.

où l'on dispose les briquettes en petits tas, de façon à faire sécher ce combustible (fig. 226), qui perd ainsi plus de la moitié de son volume. On a fait souvent, dans les tourbières, surtout dans celles de la vallée de la Somme, de riches trouvailles d'objets préhistoriques. C'est ainsi qu'on y a trouvé une pirogue gauloise, assez semblable à celles des nègres africains, et creusée dans un seul tronc d'arbre. Certaines tourbières, dit de Quatrefages, sont devenues des musées naturels dont les couches de tourbe représentent les tablettes. Les tourbières nommées, suivant les pays, *narses*, *fondrières* ou *soynes*, peuvent être dangereuses pour les imprudents qui s'y hasardent à la légère et qui peuvent s'y enliser et s'y engloutir.

C'est de cette façon que dans les tourbières de Terre-Neuve, une multitude de bestiaux se perdent tous les ans lorsqu'ils ont eu le malheur de s'engager dans ces marécages redoutables.

Le LIGNITE est un combustible intermédiaire entre la tourbe et la houille. C'est une roche plus compacte que la tourbe et plus riche en carbone, car elle en contient de 55 à 75 pour 100. Le lignite a conservé la structure fibreuse des végétaux dont il provient. Il brûle avec une longue flamme et une fumée épaisse. Il en existe une variété qui est dure et peut prendre un beau poli : c'est le *jais* ou *jayet*, dont on fait les bijoux de deuil. Le lignite est de formation plus récente que la houille ; il est, en effet, fréquent dans le Crétacé et surtout dans le Tertiaire. On le confond souvent avec la houille, et sous prétexte que c'est du charbon, on conclut à la présence d'une mine de houille en des endroits où il n'existe rien de semblable. Les lignites sont exploités en plusieurs endroits en France, en particulier en Provence, et aussi aux environs de Laon, à Chailvet, où ils sont utilisés pour l'amendement des terres sous le nom de *cendres noires*, et pour la fabrication de la couperose et de l'alun à l'aide des pyrites qu'ils contiennent.

On trouve souvent dans le lignite un produit connu sous le nom de SUCCIN ou AMBRE JAUNE. C'est une résine fossile qui s'est écoulée des pins géologiques ; sa couleur jaune et sa transparence la font facilement reconnaître. Les plus riches gisements sont situés sur les bords de la Baltique, aux environs de Kœnigsberg. Ils proviennent de la résine fournie par des forêts de pins qui recouvraient, à l'époque Miocène, la Scandinavie et la Finlande. Les insectes, en particulier les papillons, englués dans la résine lorsqu'elle était encore liquide ont été merveilleusement conservés, comme des momies naturelles. A Radobog, en Croatie, où l'on trouve des échantillons de succin de la grosseur du poing, on a recueilli 40 espèces de fourmis, de nombreux papillons diurnes et nocturnes, et 123 espèces d'araignées ! Sur les bords de la Baltique, le flot, en battant la côte, détache des nodules de succin qui sont ensuite rejetés sur le littoral à cause de leur légèreté. Les couches elles-mêmes sont exploitées par les *Mines royales de Kœnigsberg*, qui avaient exposé à Paris, en 1900, un ensemble d'échantillons bien intéressants, parmi lesquels un morceau de succin contenant une goutte d'eau enfermée dans un espace où elle pouvait se déplacer. L'ambre n'a pas toujours le même aspect : il est le plus souvent jaune, mais il en existe d'une couleur vert émeraude qui est d'une grande rareté et d'une valeur considérable ; il peut être laiteux, c'est alors qu'il est recherché pour la fabrication des articles de fumeurs ; enfin, s'il est limpide, il est plus spécialement affecté aux objets de parure. Le plus grand échantillon connu se trouve au musée minéralogique de Berlin ; il a 42 centimètres de long sur 24 de large et 18 d'épaisseur, et son poids est de 6^{kg},5oo.

La dernière roche charbonneuse dont il nous reste à parler, le GRAPHITE, est du charbon pur. Il est encore appelé *plombagine* ou *mine de plomb*. Il cristallise en rhomboèdres, sa couleur est d'un gris noir et son éclat presque métallique. Il est tendre et s'écrase facilement sur le papier, en laissant une trace grisâtre, d'où son emploi dans la fabrication des crayons. Le graphite est donc un des produits les plus répandus, car le crayon semble inséparable de tout être civilisé. A l'école, au magasin, à l'atelier, aussi bien qu'au laboratoire et sur le bureau du ministre, c'est toujours le graphite qui est prêt à traduire sur le papier la pensée de l'homme. Le graphite se rencontre ordinairement dans les roches anciennes telles que le granite, le gneiss et le micaschiste. D'où vient ce graphite ? Une opinion assez répandue veut qu'il provienne de houilles anciennes qui auraient été modifiées par métamorphisme. Au Congrès de géologie en 1900, M. Weinschenk, qui a étudié un grand nombre de gisements de graphite, a établi que le graphite proviendrait d'émanations volcaniques, ou bien de matières organiques remaniées par des influences volcaniques. « Ce seraient des fumerolles, principalement composées d'anhydride carbonique, de carbonyles et de cyanures métalliques, qui auraient déposé, d'une part, le graphite, d'autre part, les oxydes de titane et de manganèse qui l'accompagnent, tout en décomposant la roche encaissante ».

Ce n'est qu'au xvie siècle que le graphite fut découvert dans les mines de Cumberland, en Angleterre. On fabriqua alors grossièrement les crayons en les taillant à plein bloc ; aussi le gaspillage de cette mine en amena-t-il l'épuisement vers la fin du xviiie siècle. C'est seulement en 1847, qu'un Français, M. Alibert, en chassant les bêtes à fourrures en Sibérie, découvrit le célèbre gisement de Batougol, sur les frontières de la Chine. M. Alibert chercha alors à vendre sa mine de graphite en Angleterre, où les gisements de Cumberland étaient épuisés, puis en France ; partout il fut repoussé. C'est alors que la maison Faber, de Nuremberg, acheta cette mine et la fit exploiter. On a pu admirer dans les collections du Conservatoire des Arts et Métiers, ou de l'École des mines, ou du Muséum de Paris, les élégants trophées préparés par M. Alibert et qui donnent une idée de la finesse et de la pureté de ce graphite de Sibérie. Aujourd'hui, le graphite est exploité un peu partout, mais les mines les plus célèbres sont celles de Bohême et de Ceylan. Les mines de Bohême, situées à Schwarzbach, occupent 800 ouvriers et produisent annuellement 10 000 tonnes de cette matière.

Le graphite trouve ses principaux débouchés dans l'industrie des crayons et dans la confection des creusets à fondre l'acier. Pour la première, il faut un minerai compact, bien homogène. La fabrique de crayons la plus importante est celle de A. W. Faber, à Stein, près Nuremberg : elle date de 1761 et occupe un personnel de 5 000 ouvriers, produisant annuellement plus de 250 millions de crayons.

L'extraction du graphite, en Bohême, se fait comme celle de la houille. Comme elle, il doit subir les opérations du triage et du lavage. La salle de triage est fort pittoresque avec ses longues tables devant lesquelles sont assis des gamins tout barbouillés de graphite qui écrasent la matière entre leurs doigts et en enlèvent les parties suspectes. Lorsqu'un visiteur pénètre dans cet atelier, tous ces noirs diablotins, mus comme par un ressort, se lèvent et lui souhaitent la bienvenue : « Glück auf ! ». On l'emploie encore dans la galvanoplastie, dans la fabrication d'appareils pour l'électricité, sans compter qu'on peut aussi s'en servir pour sculpter de menus bibelots tels que ceux exposés dans les vitrines Alibert.

§ 2. — SOUFRE. AU PAYS DES SOLFATARES ; LE *picconière* ET LES *carusi* ; LES *calcaroni* ; UN LABEUR INFERNAL.

Le soufre est une substance très répandue dans la nature, soit à l'état natif, soit en combinaison. A l'état natif, on le trouve dans les régions volcaniques, souvent en beaux cristaux octaédriques et de couleur jaune citron. Le pays classique du soufre est l'Italie, avec ses solfatares du Vésuve et de Sicile. Le soufre est la principale production minière de ce pays, qui possède environ 400 soufrières, dont 350 en Sicile,

FIG. 228. — *Carusi* ou porteurs de minerai de soufre sortant d'une solfatare (mines de Girgenti).

occupant 30 000 ouvriers qui extraient 500 000 tonnes de soufre, d'une valeur de 30 millions de francs.

Le travail d'extraction du soufre dans ces solfatares est si particulier que nous croyons intéressant de le décrire avec quelques détails.

Tous ceux qui ont visité la Sicile, cette île charmante qu'une poésie populaire appelle le « diamant de Dieu », ont dû conserver cependant un triste souvenir du pays des solfatares. On a dit que la Sicile avait son enfer dans les solfatares, nous le croyons volontiers. Visitons l'une de ces exploitations répandues aux environs de Girgenti. A mesure que l'on s'éloigne de la mer, l'enchantement des bois d'orangers cesse. Viennent alors des pentes dénudées, des terres grises, jaunes, fumantes par endroits ; c'est le pays des solfatares, c'est la terre maudite où, chaque jour, des hommes et des enfants qui semblent abandonnés du reste des vivants gémissent et peinent sous un labeur inhumain. Partout le sol, crevassé et moucheté d'efflorescences de soufre, laisse dégager une âcre vapeur sulfureuse qui prend à la gorge. Dans ce pays, la machine d'extraction qui supprime l'effort humain est rare. La véritable solfatare est celle où l'on s'engage par un escalier à pente rapide que des malheureux, chargés de lourds fardeaux, s'épuisent à gravir. Écoutons ce qu'en dit M. G. Vuillier dans son livre si émouvant sur *La Sicile* :

« Il me semblait, dit cet auteur, que des plaintes confuses s'élevaient de l'abîme ; quelques lueurs vacillèrent bien bas, au plus profond, piquant l'ombre de très pâles clartés. Puis ces lueurs s'éteignirent. Longtemps après, je revoyais cette fois à mes pieds et à une énorme distance, des lumières mouvantes qui vaguement éclairaient des silhouettes humaines. Par moments, avec l'atmosphère suffocante et malsaine qui s'exhalait, montaient aussi des plaintes entrecoupées de vagues sanglots. Parfois les lumières cachées par les hasards de l'ascension disparaissaient et seuls alors les gémissements emplissaient l'ombre. »

« Mais si j'avais pu arriver au fond de la mine, dit M. Vuillier, si je m'étais enfoncé dans les entrailles mêmes du sol maudit, j'aurais entendu le *picconiere*, celui qui arrache les blocs avec le pic, s'écrier dans un indicible désespoir : « *Maudite soit la mère qui m'enfanta !... Maudit ! le parrain qui me baptisa !... Ah ! mieux eût valu que le Christ me fît naître pourceau : on m'eût du moins égorgé à la fin de l'année !... »*

Cet ouvrier travaille nu et par 40 degrés de chaleur ; aussi ... « souvent, épuisé, il s'arrête enlevant à l'aide d'un racloir en bois la sueur qui ruisselle de ses bras, de sa poitrine et de ses jambes. Le plus souvent il est perdu dans des galeries tortueuses et basses, où il ne pénètre et dont il ne sort qu'en rampant. Là, dans le silence de l'atmosphère ardente, on n'entend que les coups de son pic acharné contre les parois, sa respiration haletante ou plutôt son râle, et, de temps à autre, ses imprécations et ses blasphèmes. Un moment il arrête son pic pour offrir à Dieu son pénible labeur en expiation de ses péchés ; un instant après, il sera pris tout à coup d'un sombre désespoir et le maudira.

Le picconiere en sueur dira avant de boire : « *Je vais boire la mort.* » Dès qu'il aura mangé, il s'écriera : « *Me voici maintenant empoisonné.* » Expressions d'une douleur profonde, car en buvant, en mangeant, le picconiere s'aide à vivre, et la vie n'est pour lui qu'un mortel poison !... »

Voici maintenant ce que dit cet auteur des jeunes porteurs ou *carusi* (fig. 228), qui, vingt fois dans la journée, gravissent leur éternel calvaire, courbés sous le pesant minerai, fléchissant sur leurs jambes et semblant exhaler en des plaintes lamentables leur pauvre petite âme brisée et tourmentée. Les voilà ces carusi sortant l'un après l'autre de l'antre noir. « Ils revoient les étoiles », comme ils disent.

Demi-nus, trempés de sueur, haletants et hâves, l'un après l'autre ils s'avançaient, les jambes vacillantes, écrasés sous leur fardeau. C'étaient des enfants et des jeunes hommes et je ne pouvais assigner d'âge à aucun d'eux, car tous étaient jeunes et vieux à la fois. Leur visage avait une

CAUSTIER. — Les entrailles de la terre.   20

expression de mélancolie sauvage que je n'avais lue sur aucune face humaine, et leurs yeux, sortant de l'orbite, étaient hagards.

Les plus petits, les enfants, délivrés de leur pesante charge, joyeux de revoir la lumière, insouciants de leur malheur, oubliant leurs larmes, gambadaient aussitôt ou trempaient un morceau de pain dans l'huile de leur lampe et le rongeaient avec avidité.

La plupart étaient maigres et pâles avec des paupières rougies par l'action corrosive des vapeurs sulfureuses et aussi par les pleurs. D'autres avaient le cou tordu. Leur corps déformé portait sur des jambes grêles, aux genoux d'une grosseur exagérée. Leurs chairs étaient flasques, leur démarche chancelante. Plusieurs, déjà courbés, avaient une petite bosse sur l'épaule gauche, marque indélébile de leur triste profession.

Cette existence dans un air vicié, le manque de nourriture, l'effort continuel sous les lourds fardeaux, ne tardent pas à amener des altérations profondes dans la santé de ces jeunes enfants.

Élevés à cette rude école de la douleur, leur âme s'assombrit, les facultés de leur intelligence et de leur cœur s'éteignent. Ils deviennent méchants. La vie leur apparaît comme un châtiment, injuste.

... Le lamentable troupeau de carusi, la journée finie, remontait des profondeurs. Ces malheureux enfants, vendus par les familles en détresse, n'avaient à espérer aucun amour et aucune joie du foyer. Une soupe de fèves ou de pâtes les attendait dans des taudis où ils allaient reposer, sur quelque grabat, leurs membres brisés. Et demain?... la mort subite par l'hydrogène sulfuré doit les délivrer peut-être... ou la vie mauvaise leur infliger encore une lente agonie !

Et ce sont nos semblables, ce sont nos frères, ces damnés ! Que sont devenues là-bas, sur cette terre des premières croyances, les belles maximes du Christ que les prêtres enseignent chaque jour : « Nous sommes tous frères, aimez-vous les uns les autres » ?

Fig. 229. — Un caruse.

Il est vrai d'ajouter que l'on s'accoutume à tout, même à cette vie de bête. Et si l'enfant fond en larmes lorsqu'on le fait descendre la première fois dans les galeries souterraines, au bout d'un certain temps ses yeux ne pleurent plus, ils restent secs dans ce pauvre petit visage qui va s'émaciant de jour en jour, mais ils n'en reflètent que davantage la détresse d'une douleur résignée (fig. 229).

Les mineurs de ces solfatares exposés pendant des mois à l'effet pernicieux des vapeurs sulfureuses vieillissent rapidement : ils perdent leurs dents et leurs cheveux, deviennent asthmatiques ; puis, affaiblis par des sueurs excessives, anémiés par une respiration malsaine, ils sont la proie des épidémies. Ils succombent jeunes et déjà décrépits, épuisés par un labeur infernal, empoisonnés par des gaz toxiques. Aussi, lorsqu'on visite ces mines, est-on frappé par l'absence de vieillards.

On trouve aussi du soufre en Espagne, où l'extraction devient de plus en plus active. En France, il en existe quelques mines de peu d'importance dans les départements de Vaucluse, de la Lozère et des Basses-Alpes. Dans cette dernière région, les mines de Biabaux ont pris, depuis quelque temps, une importance qui va en grandissant.

CHAPITRE VI

LES MÉTAUX

Si l'on a pu dire que le charbon est le pain de l'industrie, on pourrait avec autant de raison écrire que le métal est l'outil de la civilisation. C'est le métal qui a transformé l'industrie, amélioré la civilisation, donné à la race humaine sa puissance chaque jour croissante. C'est le métal qui permet de nous déplacer rapidement sur l'onde et sur terre, de transmettre notre pensée et notre voix à distance, de distribuer au loin la lumière, de canaliser les liquides et les gaz, de jeter sur des abîmes infranchissables des ponts gigantesques sur lesquels roulent nos trains rapides, d'élever de hardies constructions, de forger des engins de guerre dont la puissance est terrifiante. Il semble que les œuvres de la paix et de la guerre s'associent pour demander au métal des chemins de fer et des canons, des tramways électriques et des plaques de blindage, des instruments aratoires et des armes meurtrières. Aussi pourrions-nous dire que le xxᵉ siècle fait ses débuts au milieu d'une activité, ou plutôt d'une fièvre industrielle qui règne sur toute la terre. De quelque côté que nous tournions nos regards, nous voyons l'homme redoubler d'efforts pour arracher des entrailles de la terre les richesses métalliques qu'elles recèlent.

Depuis l'apparition de l'homme sur le globe, chaque progrès réalisé dans l'emploi du métal a marqué une étape dans la marche de l'humanité. De telle sorte que l'histoire des métaux forme la véritable histoire du travail humain. Il est vrai que si l'on en croit Ovide, l'introduction des métaux dans les usages de la vie marquerait l'origine des maux sur la terre. Ces métaux auraient produit sur le globe la corruption universelle et rendu nécessaire le déluge de Deucalion. Les poètes et les philosophes ont imaginé une échelle descendante du bonheur et de la moralité, dont chaque degré était caractérisé par la découverte d'un métal nouveau. Le fer serait le dernier agent de corruption que le crime de Prométhée ait introduit dans le monde. De sorte que de nos jours, avec la découverte incessante de nouveaux métaux, nous serions enfoncés dans le crime et l'impureté à des profondeurs effroyables. Sans vouloir flatter nos contemporains, nous les croyons tout de même moins mauvais.

§ 1. — Les étapes de l'humanité. Le bronze et le fer. Origines de l'alchimie. Orfèvrerie égyptienne. Le cuivre du Sinaï et de Chaldée. L'étain et l' « hymne au feu ». Les miroirs antiques. Les alchimistes du Moyen age : les chimistes modernes et les électrochimistes. Le four électrique.

La première industrie de l'homme primitif est de fabriquer des outils de défense contre les bêtes fauves qui lui disputent ses cavernes, ou des outils d'extermination contre les animaux dont il fait sa pâture, en attendant qu'il les dirige contre ses semblables. Il cherche alors dans les entrailles de la terre les matières dont il a besoin, et c'est d'abord au silex qu'il s'adresse pour fabriquer ses armes et ses ustensiles. Il se contente de faire éclater le silex afin d'en confectionner des couteaux et des flèches, puis il polit la pierre et fabrique des instruments déjà plus perfectionnés ; enfin il découvre les minerais et bientôt il sait fabriquer le bronze avec lequel il se forge des instruments. A l'*âge de la pierre* a donc succédé l'*âge du bronze*. La transition entre ces deux âges est indiquée par les objets en bronze mélangés avec des instruments en pierre polie dans des habitations lacustres ou des dolmens. Les objets en bronze ont des formes très variées : c'est que progressivement l'ouvrier s'affranchit de la routine et donne au métal les formes les plus diverses pour en faire des armes et des ornements qu'on retrouve aujourd'hui dans les sépultures et dans les tourbières. Peu à peu l'homme approfondit ses connaissances en métallurgie ; il sait travailler le fer et les autres métaux : c'est alors que commence l'*âge du fer*. Il importe de faire remarquer que l'humanité n'a pas progressé d'une façon uniforme sur toute la surface du globe. Ainsi, tandis que les habitants de notre pays se servaient encore du silex, la civilisation égyptienne brillait déjà du plus vif éclat : et actuellement, certaines peuplades sauvages de l'Australie en sont encore à la pierre taillée, alors que d'autres, comme les Polynésiens et les Néo-Calédoniens, se servent de la pierre polie. Chaque population semble donc avoir suivi une évolution propre.

A quelle époque remonte la connaissance des métaux ? C'est une question intéressante qui a été magistralement traitée par Berthelot dans ses *Origines de l'alchimie*. Les historiens ordinaires ne parlent pas de l'alchimie avant l'ère chrétienne ; mais l'étude des papyrus et des manuscrits a permis d'en faire remonter l'origine à une époque plus éloignée. L'alchimie, forme ancestrale de la chimie, prétend à la fois enrichir ses adeptes en leur apprenant à fabriquer l'or et l'argent, les mettre à l'abri des maladies par la préparation de la panacée, enfin leur procurer le bonheur parfait. C'est une science qui se manifeste brusquement à la chute de l'empire romain et qui se développe pendant le Moyen âge, au milieu des mystères et des symboles : les savants et les philosophes s'y mêlent et s'y confondent avec les hallucinés et les charlatans, parfois même avec les scélérats. Sans vouloir percer le mystère des orignes de l'alchimie, on peut dire que les savants compétents croient que les Égyptiens ont connu les métaux trente ou quarante siècles avant notre ère.

C'est probablement aux Babyloniens, dit Berthelot, qu'il convient de remonter pour la relation mystique si célèbre entre les métaux et les planètes. Cette relation se trouve exposée de la façon la plus nette dans le commentaire sur le *Timée* de Proclus. On y lit en effet : « L'or naturel et l'argent, et chacun des métaux comme des autres substances, sont engendrés dans la terre sous l'influence des divinités célestes et de leurs effluves. Le Soleil produit l'or ; la Lune, l'argent ; Saturne, le plomb ; et Mars, le fer. » Joignons-y Vénus pour le cuivre, Jupiter pour l'étain et Mercure pour son homonyme, et nous aurons le tableau des sept planètes et des sept métaux. D'après le symbolisme des vieux alchimistes, le même signe représente le métal et la planète correspondante. Les métaux étaient donc représentés, d'après l'ordre suivi plus haut, par les signes suivants : le cercle, le croissant, la faux, la lance avec le bouclier, le miroir, le trait de foudre, et le caducée. De sorte que le signe astronomique du soleil, tel qu'il figurait dans les hiéroglyphes égyptiens, et tel qu'il est encore aujourd'hui dans l'*Annuaire du Bureau des longitudes,* est pris pour l'or. Toutes ces notions montrent bien le côté mystique de l'esprit des alchimistes.

Quoi qu'il en soit, l'or est le métal le plus anciennement connu. Sa découverte est peut-être aussi ancienne que celle du silex. Et la fable touche à la réalité, en citant l'*âge d'or* comme le premier âge de l'humanité. L'éclat et la couleur de l'or attirent l'œil de l'homme primitif ; mais il ne sait pas encore travailler ce métal, ni même souder ensemble les paillettes brillantes. Sa compagne est obligée, lorsqu'elle veut se parer — suivant en cela une habitude aussi vieille que l'humanité, — de se fabriquer des bracelets et des colliers au moyen de coquillages réunis par un fil. Bientôt cependant les bijoux en or apparaissent. On peut voir au Musée du Louvre les bijoux égyptiens du trésor déterré à Dashour, en 1894, par M. de Morgan, et certes ils méritent mieux que le coup d'œil distrait du visiteur habituel de notre merveilleux Musée. Ces bijoux, pris sur les momies, ont conservé un air de neuf, à tel point, dit M. Maspero, qu'ils semblent sortir des mains de l'orfèvre qui les a fabriqués il y a plus de quatre mille ans ! Dès le xx⁰ siècle avant notre ère les Égyptiens savaient donc travailler les métaux précieux.

La découverte de l'or ne semble pas avoir eu, du moins au début, une grande influence sur la civilisation. Il n'en fut pas de même de la découverte des métaux usuels. Dès qu'elle fut en possession de ces derniers, l'humanité fit de rapides progrès : les temps géologiques cessent et l'histoire commence. La découverte du cuivre et celle de l'étain ont certainement précédé celle du bronze, qui résulte d'un alliage de ces deux métaux. Berthelot, qui a analysé un échantillon prélevé sur le sceptre d'un pharaon de la 4ᵉ dynastie (4000 ans avant J.-C.), a montré que les Égyptiens de cette époque ne connaissaient pas le bronze. Le métal de ce sceptre était du cuivre. M. de Morgan a retrouvé au Sinaï les mines qui devaient fournir ce métal ; et en parcourant les anciennes galeries il y a trouvé des minerais, des scories, du bois carbonisé, des creusets et des outils. On y a retrouvé trois outils : un marteau à pointe en cuivre rendu très dur par des traces d'arsenic, un burin en cuivre contenant des traces d'étain et une aiguille en cuivre pur, creuse, quoique d'un diamètre qui n'atteint pas 2 millimètres.

Plus récemment Berthelot analysa le métal provenant d'armes et d'outils trouvés en Chaldée et remontant à cinq ou six mille ans. Des lances et des haches déposées au Musée du Louvre sous l'étiquette « objets de bronze » sont de cuivre pur. L'emploi du cuivre en Chaldée a donc précédé l'emploi du bronze.

L'étain, qui cependant entre dans la composition du bronze des vieux Égyptiens, ne figure pas dans la liste des métaux connus de ce peuple. Il n'a été connu à l'état de pureté que plus tard, à l'époque des Grecs et des Romains. Le plus ancien des documents écrits mentionnant l'étain paraît être « l'Hymne au feu », traduit de la langue acadienne par M. Oppert, et qui remonte à cinq mille ans. Le texte de la Bible où Moïse cite l'étain dans l'énumération des métaux est relativement moderne, puisqu'il est de quinze siècles postérieur à « l'Hymne au feu ». Homère mentionne l'étain, *Kassiteros*, dans la description des armes de ses héros. Enfin Hérodote appelle les îles britanniques les *îles Kassitérides*, et c'est dans ces îles que les Phéniciens ont pris l'étain qu'ils ont répandu dans l'ancien monde. L'étain était-il venu pour la première fois des Cornouailles ou de la presqu'île de Malacca ? M. Germain Bapst, qui a écrit un remarquable ouvrage sur l'*Étain*, croit que ce métal provenait de Malacca.

C'est surtout par son emploi à l'état de bronze que l'étain offre un intérêt historique. Dans des textes remontant au temps de Charlemagne, et que Berthelot a étudiés, il est dit que le nom de bronze est tiré de la ville de *Brundusium* ; cet alliage y est bien spécifié « composition de Brindisi » : cuivre, 2 parties ; plomb, 1 partie ; étain, 1 partie. C'est la formule traditionnelle qui est arrivée jusqu'à nous. Ce métal suffit alors à tous les usages : le soc de la charrue, le pic du mineur, le ciseau du sculpteur, le compas de l'architecte, le burin du graveur et le marteau du forgeron sont en bronze. On en fait aussi des lances et des épées, des boucliers et des cuirasses.

Le plomb et l'argent étaient connus des Égyptiens et ont dû être trouvés en même temps, car ils sont souvent rassemblés dans un même minerai, la galène. En brûlant ce minerai à l'air, le plomb s'oxyde et s'écoule, l'argent reste en une masse brillante ; ainsi fut découvert le métal frère de l'or, et du même coup la *Coupellation*, procédé ingénieux déjà mentionné dans la Bible et par lequel l'argent est séparé du plomb. Quant à ce dernier, il a servi à fabriquer des miroirs trouvés dans les fouilles pratiquées sur l'emplacement de l'ancienne Antinoë. L'un de ces miroirs qui sont au musée Guimet, et que nous reproduisons ici (fig. 230), est enchâssé dans une monture de plomb et semble avoir été un ornement de costume. Ce miroir a été trouvé dans une tombe byzantine, entre les mains d'une fillette. Selon Berthelot, ces miroirs auraient été obtenus en coulant du plomb dans un ballon de verre très mince et fortement chauffé qu'on aurait ensuite découpé. Ils sont en effet convexes et ne contiennent ni étain, ni mercure. L'industrie des miroirs de verre doublé de métal était répandue dans tout l'Empire romain, depuis les Gaules jusqu'en Égypte ; cette fabrication a continué pendant le Moyen âge jusqu'au xvᵉ siècle, époque où la découverte de l'amalgame d'étain a permis d'étendre à froid le métal sur des surfaces planes.

Fig. 230. — Miroir en plomb provenant des fouilles d'Antinoë (Musée Guimet).

Le mercure, qui joue un si grand rôle chez les alchimistes, est ignoré dans l'ancienne Égypte. Mais il est connu des Grecs et des Romains sous le nom d'*hydrargyros*. Ses propriétés corrosives et vénéneuses sont résumées par Pline en deux mots : *liquor æternus, venenum rerum omnium*, liqueur éternelle, poison de toutes choses.

Enfin, l'âge du fer arrive. La découverte tardive de ce métal n'a rien de surprenant, si l'on songe que sa métallurgie est plus difficile que celle des autres métaux. Tous les peuples dans leurs légendes ont célébré le premier forgeron : la Bible le nomme Tubal-Caïn, le fondeur ; l'Égypte, Phta, le dieu du feu ; les Grecs, les Dactyles du Mont Ida ; et les Romains, Vulcain. La trempe du fer fut connue très anciennement, puisque Homère en parle d'une façon nette à propos de Polyphème auquel Ulysse creva un œil avec un pieu. « Et il se fit entendre, dit Homère, un sifflement semblable à celui que produit une hache rougie au feu et trempée dans l'eau froide ; car c'est là ce qui donne au fer la force et la dureté. » A l'époque de la guerre de Troie, le fer est encore assez précieux pour qu'Achille remette une boule de ce métal aux vainqueurs des jeux célébrés en l'honneur des funérailles de Patrocle. Lycurgue proscrivit l'or et l'argent de Sparte et décréta pour la monnaie l'usage du fer. Enfin, les Gaulois surent de bonne heure travailler le fer, mais ils ne connurent l'acier qu'après l'invasion des Romains. C'est du reste sous la domination impériale de ces derniers que pour utiliser l'habileté des Gaulois on établit des manufactures à Strasbourg et à Mâcon pour la fabrication des traits et des flèches, à Amiens et à Soissons pour les boucliers et les cuirasses, à Reims pour les épées.

Il nous faut arriver au Moyen âge et raconter le rêve des alchimistes. Dans leur obstinée recherche de la pierre philosophale, s'ils n'ont pas toujours dédaigné de mystifier le public, ils ont été en bien des points des précurseurs. Lentement et progressivement ils constituèrent ce qui, avec Lavoisier, allait devenir la chimie moderne. Pour les alchimistes, l'or et l'argent étaient les métaux nobles, les grands personnages de la famille ; l'étain, le cuivre, le plomb et le fer, les métaux ignobles, les vils roturiers ; quant au mercure, placé entre les deux extrêmes, il était le merveilleux dissolvant qui devait un jour changer tous les métaux vils en métaux précieux. Faire de l'or avec du plomb vil, transmuter les corps les uns dans les autres, tel était le rêve de l'alchimiste. Il paraît que les transmutateurs de métaux avaient souvent besoin de fonds pour continuer leurs expériences. Écoutez plutôt l'anecdote suivante. Lorsque Angurello, qui vivait au XVIᵉ siècle, crut ou fit semblant de croire, après tant d'autres, qu'il avait découvert l'art de faire de l'or, il écrivit un traité sur la matière et le dédia au pape Léon X. Le pape reçut l'alchimiste en grande cérémonie et avec beaucoup d'affabilité. Aussi ce dernier s'attendait-il à une superbe récompense lorsque, à la fin de l'entrevue, Léon X sortit de sa poche une bourse vide qu'il offrit à l'alchimiste en lui disant : « Puisque vous pouvez faire de l'or, je ne saurais vous offrir un cadeau plus utile qu'une bourse pour le mettre. »

Enfin le chimiste succède à l'alchimiste. Il fut à son tour tout-puissant et découvrit de nombreux métaux, tels que le zinc, le manganèse, le nickel, le cobalt, le bismuth, le platine, l'aluminium, et bien d'autres encore qui chaque jour viennent allonger la liste. Mais voici qu'apparaît un homme nouveau, l'électrochimiste, qui en l'espace de quelques années a conquis un champ immense. La fabrication électrochimique des chlorates de potassium utilise 12 000 chevaux de force et produit 4 000 tonnes de chlorates ; l'industrie de la soude et du chlore, 6 000 chevaux ; 1 500 chevaux raffinent du cuivre ; 5 000 fabriquent de l'aluminium ; 50 000 du carbure de calcium destiné à la préparation de l'acétylène. Et cette industrie n'est qu'à ses débuts! Un des plus précieux outils de cette science nouvelle est le *four électrique* du Pr Moissan. C'est en 1892 que ce savant présenta à l'Académie des sciences son premier four électrique (fig. 231). Il se composait simplement de deux briques de chaux appliquées l'une sur l'autre. La brique inférieure portait une rainure longitudinale dans laquelle étaient placées deux électrodes en charbon qui venaient se mettre en regard dans une petite cavité centrale formant creuset. Lorsque le courant passe, il se forme entre les deux extrémités des charbons un arc électrique dont la température est d'environ 3 500°. Tout ce que l'on met dans ce four, si réfractaire que ce soit, est donc fondu, volatilisé. Les alchimistes eux-mêmes n'avaient pas songé à un pareil moyen d'action. Aussi, grâce à ces températures élevées, assistons-nous à une rénovation de la métallurgie. Au moyen d'un four plus puissant que celui que nous venons de décrire, le Pr Moissan a obtenu le graphite, le diamant et certaines pierres précieuses ; et il a réussi à faire sortir de ce prodigieux fourneau le chrome, le manganèse, le molybdène, le tungstène, l'uranium, le vanadium, le zirconium, le titane, le silicium et l'aluminium.

| Fig. 231. — Four électrique de M. Moissan.

En résumé, la chimie continue son évolution. L'étude comparative des propriétés des métalloïdes et des métaux montre entre leurs poids atomiques, entre les radiations qu'ils émettent, entre leurs points de fusion, des relations qui font soupçonner, sous l'apparente diversité des corps, une unité fondamentale, celle de la matière inerte. Cette unité sort du domaine de la métaphysique pour se prêter à l'expérience et justifier, dans une certaine mesure, les anciens alchimistes qui cherchaient la transmutation des métaux.

§ 2. — GISEMENTS MÉTALLIFÈRES. LES FILONS. RECHERCHES DES FILONS : LA BAGUETTE ET LE PENDULE DIVINATOIRES. LA « BONANZA ».

Selon une tradition populaire que mentionne Aristote, « l'or des mines, enlevé par la pioche, se reformait aussitôt dans les entrailles de la terre, comme dans les champs repousse l'herbe coupée par la faux ». On sait aujourd'hui que les principaux minerais se trouvent sous forme de *filons* (fig. 232), c'est-à-dire de masses qui ont rempli des fissures du sol. Ces filons sont habituellement verticaux ou peu inclinés. C'est Werner qui, le premier, a montré que les filons n'étaient que des fentes du sol remplies après coup. Avant lui cependant les philosophes naturalistes comme Descartes, Leibniz, Buffon, admettaient que les substances métallifères étaient venues du centre du globe à l'état de vapeurs et que, montant de bas en haut, elles s'étaient condensées en chemin. Cette idée fut reprise par Élie de Beaumont et l'on admit que les émanations métallifères provenaient du grand laboratoire de la nature qui existe sous nos pieds et qui est toujours en activité. Et ces émanations se seraient déposées, soit par *voie sèche*, de la même façon que dans les cheminées des volcans ou les cheminées des fours métallurgiques, soit par *voie humide*, c'est-à-dire par les eaux souterraines chargées de principes chimiques en dissolution et qui circulaient dans le sol à la façon des eaux thermales. C'est cette dernière opinion qui est admise par les géologues modernes. Elle permet du reste d'expliquer la disposition symétrique des filons qui comprennent : au milieu, le minerai accompagné d'une matière pierreuse appelée *gangue* ; de chaque côté, les *épontes*, qui sont les parois de la roche encaissante ; et entre les épontes et le filon, les *salbandes*, formées de matières argileuses. La gangue et minerai proviennent probablement de l'activité des eaux thermales qui ont parcouru les fentes terrestres en déposant des substances chimiques, lesquelles ont pu réagir sur la roche encaissante, et celle-ci sur le minerai. C'est de cette façon que des minerais sulfurés comme ceux de plomb, de zinc, de fer, ont été transformés en traversant des roches calcaires en minerais carbonatés d'un traitement industriel plus avantageux, et qui ont pu à leur tour se transformer en oxydes.

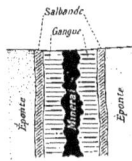

Fig. 232. — Filon métallifère.

Parfois les minerais, au lieu de remplir des fentes, se sont déposés dans des cavités de formes variées et ont donné ce qu'on appelle des *amas*. Tels sont les amas de *calamine* (minerai de zinc) de la Vieille-Montagne, près d'Aix-la-Chapelle, et les mines de zinc, de plomb et d'argent du Laurium, en Grèce. Ces amas, comme les filons, sont dus à des eaux métallifères qui ont circulé dans les roches.

En général, les gîtes métallifères d'une même région ont un air de famille qui ne trompe pas un mineur expérimenté et qui fait que celui-ci, conduit « les yeux fermés, dans une mine quelconque de Norvège ou du Canada, ne se croira jamais en Hongrie ou dans les Montagnes Rocheuses, ni réciproquement ».

La recherche des filons métallifères a de tout temps préoccupé nombre de personnes, nous pourrions même dire qu'elle a fait tourner bien des têtes. Cette recherche, qui est du même ordre que celle des trésors enfouis dans le sol, se rattache à la poursuite du grand œuvre qui donna l'école hermétique dans l'antiquité et les alchimistes du Moyen âge. De nos jours elle se retrouve encore dans le besoin de s'enrichir à tout prix, dans la soif de l'or, dans la fièvre du pétrole, du charbon ou de l'acier, en un mot dans ces états pathologiques qui caractérisent notre époque.

Dans les campagnes, le laboureur croit avoir trouvé de l'or quand le soc de sa charrue fait briller quelques paillettes de mica ou un cristal étincelant de pyrite. Immédiatement les autorités intellectuelles du village sont consultées ; et finalement la mine d'or n'est qu'une illusion qui s'envole avec les autres dans le monde des rêves.

Dans les montagnes, c'est le pâtre qui cherche toujours sans jamais trouver, sur les talus des ruisseaux et dans le lit des torrents. Cependant on cite des exemples où le hasard favorisa d'humbles bergers, montrant que ces derniers n'avaient peut-être pas tort de regarder à leurs pieds au lieu de lire dans le ciel comme leurs ancêtres de Chaldée. Enfin la baguette divinatoire est aussi appliquée à la recherche des filons comme à celle des eaux souterraines. Au xvie siècle, Bernard Palissy parle d'ouvrages spéciaux traitant de l'usage de la divine baguette. En 1678, un manuel d'exploitation des mines imprimé à Bologne, la *Pratica minerale*, décrit les deux façons d'opérer : dans la première on attache à l'extrémité de la baguette un morceau du métal que l'on cherche, et c'est cette extrémité qui doit s'incliner vers le filon ; dans la seconde méthode, on tient entre les mains la baguette, qui est droite ou bifurquée : si elle est droite, elle se courbe vers le filon ; si elle est bifurquée, c'est la pointe restée libre qui indique l'endroit où il faut chercher.

En somme, à toutes les époques, la recherche des mines a préoccupé l'humanité, et il faudrait de nombreuses pages pour énumérer les différents types de chercheurs, nous pourrions même dire d'inventeurs de filons. Souvent, en effet, ces filons n'existent que dans l'imagination des lanceurs d'affaires qui spéculent sur la naïveté du public. Et le spirituel auteur de *Jérôme Paturot,* en racontant l'affaire des bitumes du Maroc, n'a fait que fixer un trait de mœurs contemporaines.

Tout d'abord, un chercheur de mines est presque toujours un joueur. Après de longs déboires, il garde toujours l'espoir de voir la bonne chance, la *bonanza* comme disent les mineurs du Nouveau-Monde, lui arriver. Il croit toujours qu'un gîte, pauvre à la surface, doit nécessairement s'enrichir en profondeur. Le plus souvent, il faut le reconnaître, nombre de gisements s'épuisent quand on s'enfonce ; mais il y a de nombreuses exceptions. Ainsi dans les mines de galène argentifère de Przibram, en Bohême, la plus grande richesse a été trouvée vers 1 100 mètres de profondeur. La mine de mercure d'Idria, en Carniole, exploitée depuis 1490, paraissait épuisée en 1865, à tel point qu'elle ne trouva pas d'acquéreur pour 3 millions : dans les 12 années suivantes elle donna 23 millions de bénéfice net. Les plus grandes profondeurs atteintes dans les mines métallifères sont de 1 700 mètres au Lac Supérieur.

Voyons maintenant quels sont les minerais des métaux précieux et usuels, quels sont leurs gisements, et par quelques exemples essayons de donner une idée exacte de l'importance qu'a prise chaque métal dans les usages de la vie moderne. Nous devrons laisser de côté la métallurgie pour laquelle la chimie n'a pas trop de lumières.

Fig. 233. — Lavage des minerais aurifères en Sibérie.

§ 3. — LES MÉTAUX PRÉCIEUX. L'OR ; LE « PORTE-MONNAIE DU BON DIEU ». L'ARGENT ET L' « ASSIGNAT MÉTALLIQUE » ; LE TRÉSOR DE BOSCOREALE. LE PLATINE ET LE MERCURE.

On a coutume de ranger parmi les métaux précieux l'or, l'argent, le platine et le mercure. Si l'on devait classer dans cette catégorie, les métaux dont le prix actuel est très élevé, la liste devrait s'allonger de ce qu'on appelle les métaux rares. Mais ceux-ci n'ayant actuellement qu'un intérêt scientifique, et leur rôle pratique n'étant que secondaire, nous les laisserons de côté. Citons pourtant un des derniers venus, le *radium*, dont la recherche est prodigieusement coûteuse : pour obtenir un décigramme de ce corps il faut traiter une tonne de minerai, ce qui revient à 5 000 francs, et met le gramme à 50 000 francs ! Chiffre humiliant pour l'or et même pour le diamant.

L'or se trouve dans la nature à l'état natif. Il se présente le plus souvent sous forme de paillettes, mais on en trouve aussi en masses irrégulières appelées *pépites* et dont le poids peut atteindre plusieurs kilogrammes. Il est disséminé dans les filons de quartz, ou dans des terrains d'alluvions anciennes provenant de l'altération des filons de quartz aurifère par les eaux. Certaines rivières roulent dans leurs eaux des paillettes du précieux métal. De l'or, on pourrait presque dire qu'il y en a partout. En réalité, il est un des métaux les plus rares à cause de l'état extrême de division dans lequel il se trouve. D'une façon générale on peut dire que les chances de trouver de l'or natif sont extrêmement faibles.

L'or est connu depuis la plus haute antiquité. Récemment Berthelot, en analysant des feuilles d'or provenant de tombeaux égyptiens, a montré qu'elles étaient constituées par un alliage contenant 1/5 d'argent pour 4/5 d'or. L'or pur ne serait apparu qu'à l'époque persane.

Nous aurions mauvaise grâce à nous étendre longuement sur ce métal précieux, après le beau livre que M. Hauser a publié dans cette collection et dans lequel il raconte en un style brillant l'histoire si captivante de l'or.

Les nègres de la côte occidentale d'Afrique, si nous en croyons un ingénieur qui vient de passer quelques mois à la Côte d'Ivoire, expliquent la formation des gisements avec une naïveté qui ne manque pas d'une certaine saveur. « Les blancs, disent-ils, ont des pochettes de cuir pour loger leurs pièces d'or. Beaucoup plus puissant, beaucoup plus riche et beaucoup plus malin que tous les blancs ensemble, le bon Dieu s'est ménagé, çà et là, dans la terre, de grandes poches où il met son or en réserve. Une mine d'or, c'est comme qui dirait le porte-monnaie du bon Dieu. »

Les alluvions aurifères ordinairement désignées sous le nom de *placers* subissent des lavages dans des canaux en bois ou *sluices* (fig. 233) dont le fond présente de nombreux barrages devant lesquels l'or, plus dense que les matières terreuses, vient s'accumuler. On peut ensuite le recueillir en l'amalgamant avec le mercure. Pour extraire l'or du quartz aurifère on broie d'abord le minerai, et l'on dissout le métal à l'aide du cyanure de potassium.

L'ARGENT existe dans la nature à l'état natif; mais c'est surtout de ses minerais qu'on l'extrait, et en particulier du sulfure d'argent, appelé *argyrose*. De nombreux

minerais de cuivre et de plomb sont aussi argentifères. Les pays producteurs de l'argent sont, en première ligne, le Mexique, qui donne 34 pour 100 de la production totale : puis les États-Unis, 33 pour 100 : l'Australie, 7 pour 100. La production totale est environ de 6 000 tonnes, d'une valeur de 600 millions de francs.

L'argent est bien déchu de son ancienne royauté. Il n'est plus aujourd'hui métal monétaire que dans un seul grand pays, le Mexique. Partout ailleurs, il est détrôné et réduit à l'état de simple marchandise, de sorte que son cours varie du jour au

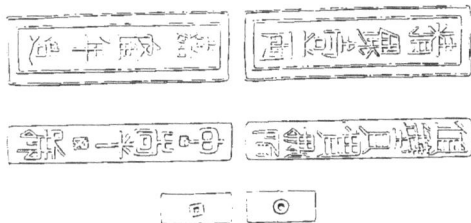

Fig. 234. — Taël chinois, avec le détail des inscriptions.

Fig. 235. — Gobelets aux squelettes, du trésor de Boscoreale (Musée du Louvre).

lendemain. Ceci ne veut pas dire que l'on ne frappe plus de pièces de monnaie en argent. Mais dans la plupart des nations le particulier ne peut plus apporter un lingot de métal blanc à l'hôtel de la Monnaie pour le faire transformer en pièces de monnaie. L'Etat seul s'est réservé ce droit. Il en résulte qu'une pièce d'argent ne vaut que conventionnellement la valeur qui y est inscrite ; ce n'est plus qu'une sorte de billet de banque, ou pour employer une spirituelle expression un « assignat métallique ».

Après de violentes fluctuations, le prix de l'argent est resté à peu près stable aux environs de 100 francs le kilogramme, sans doute à cause de la consommation résultant de la frappe des monnaies divisionnaires, aussi par l'habitude d'une partie de l'Afrique, de Madagascar, de la Chine et de l'Inde, qui persistent à se servir de l'argent pour leurs échanges, et dans une certaine mesure par les emplois industriels de ce métal qui se sont développés à mesure que le prix baissait. Le commerce chinois fait une grande consommation de ce métal, car son unité monétaire, le *taël* (fig. 234), est un poids d'argent conventionnel et variable.

Dès l'antiquité l'argent a trouvé dans l'orfèvrerie l'un de ses principaux débouchés. Il suffit pour s'en convaincre de parcourir la salle des bijoux antiques du Louvre. Il y a là, en particulier, un trésor d'une grande valeur artistique, c'est celui de Boscoreale, provenant des fouilles de Pompéi. Le propriétaire de la villa Boscoreale, dit M. H. de Villefosse, était probablement une femme, car l'amour de l'argenterie

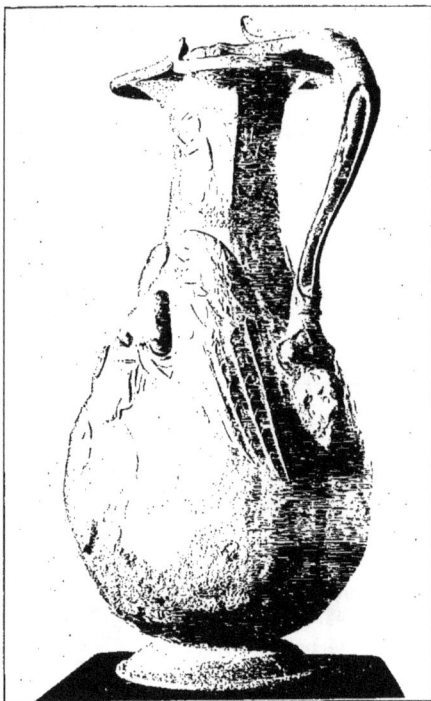

Fig. 236. — Aiguière du trésor de Boscoreale (Musée du Louvre)

était particulièrement développé chez les dames romaines. On sent que ce n'est pas une argenterie achetée en bloc pour garnir le dressoir ; c'est une collection faite sans hâte et avec goût. Nos orfèvres parisiens ont trouvé là d'excellents modèles : gobelets, cuillers de toutes formes, aiguières (fig. 236), coupe pour déguster le vin du Vésuve, tout y est d'une élégance simple. Sur la plupart des objets, et surtout sur les vases à boire ou à verser, on retrouve la précision et le réalisme du ciseleur alexandrin. Parmi les objets les plus curieux sont les *gobelets aux squelettes* (fig. 235) : ce sont deux gobelets ornés de guirlandes de roses au-dessous desquelles se tiennent des squelettes qui représentent les grands hommes de la Grèce, car auprès de chacun d'eux est une inscription grecque. Ces dessins macabres étaient du reste répandus chez les Romains, et c'était souvent dans des gobelets de ce genre qu'étaient servis les vins généreux.

Le PLATINE n'existe qu'à l'état natif dans les terrains anciens, souvent associé à l'or. Il se présente en petites écailles ou en pépites, d'un gris d'acier, et pouvant atteindre 5 et même 10 kilogrammes. Les principaux centres d'exploitation sont dans l'Amérique du Sud et dans l'Oural. En 1895, ce dernier pays a fourni environ 4 600 kilogrammes de platine. Un important débouché pour le platine, depuis quelques années, c'est la fabrication du fil des lampes électriques à incandescence.

Le MERCURE existe dans la nature à l'état natif sous forme de gouttelettes liquides, mais son véritable minerai est le sulfure, appelé *cinabre*, qui est d'une belle couleur rouge vermillon. Les gîtes les plus célèbres sont ceux d'Almaden, en Espagne, qui fournissent près de la moitié de la production totale, laquelle est d'environ 4 000 tonnes ; d'Idria, dans la Carniole, et de New-Almaden, en Californie. Nous avons dit plus haut le danger que présentait l'exploitation des mines de mercure pour les mineurs. Ajoutons qu'à Almaden, par exemple, le mineur ne peut travailler que 4 heures, et encore 7 à 8 jours par mois seulement. De là, la nécessité d'entretenir un nombreux personnel hors de proportion avec la production, et, par suite une augmentation du prix de revient.

§ 4. — LES MÉTAUX USUELS. LE FER ET SES MINERAIS ; LA FONTE ET L'ACIER ; LE PONT DE GARABIT ET LE PONT DOUMER. LE CUIVRE ; UNE RIVIÈRE DE CUIVRE ; LA DINANDERIE ; LA MALACHITE. L'ÉTAIN. UNE MINE DE LITHINE. LE ZINC ET LE PLOMB. LE NICKEL. L'ALUMINIUM.

L'influence des métaux usuels sur l'activité humaine est bien plus considérable que celle des métaux précieux. C'est non seulement le fer et l'acier que réclame l'appétit dévorant de l'industrie universelle, mais c'est toute la série des autres métaux qu'un infatigable labeur doit arracher aux entrailles du sol et livrer sans arrêt à son tourbillon transformateur.

Le FER a complètement transformé les conditions de la vie moderne. Il semble même que le siècle qui commence ait pris à cœur de marquer ses premières années par une puissance créatrice industrielle qui tient presque du miracle. Les lingots de fer et d'acier versés actuellement sur le marché du monde dépassent tout ce que l'imagination de la génération qui nous a précédés pouvait rêver. C'est par 40 millions de tonnes de fer, et par près de 30 millions de tonnes d'acier que se chiffre la production annuelle. Pourtant le monde sent croître encore ses besoins et l'avenir nous apparaît avec des exigences nouvelles. La continuation des armements de guerre et la construction des chemins de fer exigeront encore des millions de tonnes d'acier.

Tout le fer employé dans l'industrie provient des combinaisons de ce métal avec d'autres corps, car le fer pur est d'une extrême rareté. Si le fer ne fut découvert

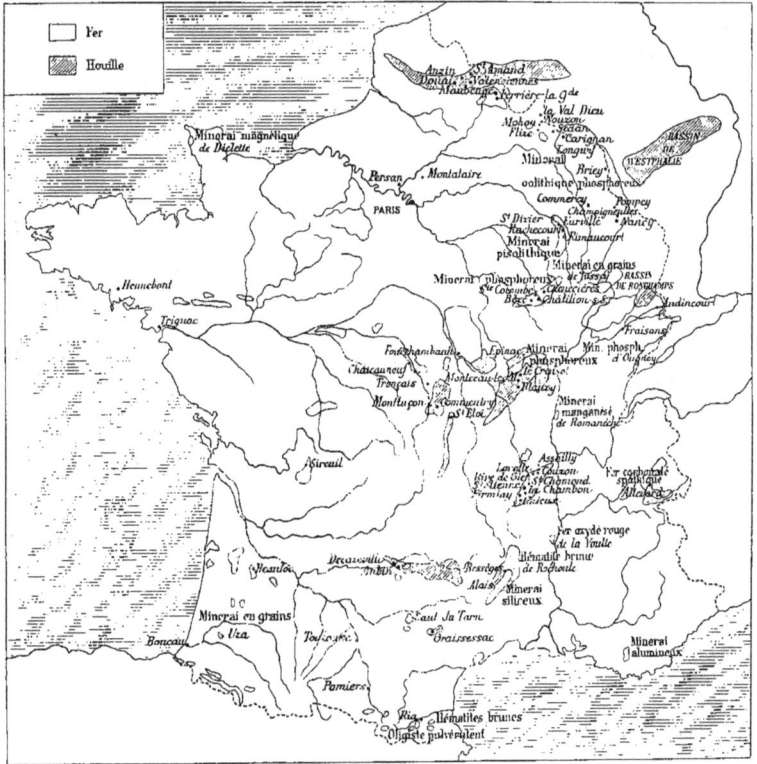

Fig. 237. — Carte des bassins houillers et mines de fer de France et de la région avoisinante du nord-est.

qu'après l'or, le cuivre et l'étain, c'est assurément parce que la plupart des minerais de fer n'ont rien de l'éclat métallique qui attire l'attention d'un primitif ou d'un enfant. De plus la difficulté d'extraire le fer de ces minerais exige une installation savante. Aussi n'est-ce guère qu'au XIXᵉ siècle, qu'on a surnommé le *siècle du fer*, que ce métal a pris dans l'industrie le rôle prépondérant que nous lui connaissons. Quatre minerais de fer sont exploités : 1° la *magnétite*, qu'on appelle aussi *oxyde de fer magnétique* ou encore *pierre d'aimant*, à cause de son action sur l'aiguille aimantée ;

c'est un excellent minerai, qui fournit un fer d'une supériorité universellement reconnue ; il se trouve en Suède et en Norvège, où il forme des montagnes entières. Il en existe une mine importante en France, à Diélette, près de Cherbourg, où la puissance des couches varie de 1ᵐ,50 à 12 mètres, et où il est exploité dans une galerie qui avance sous la mer jusqu'à 300 mètres environ ; 2° l'*oligiste* ou *hématite rouge*, qui est brillant et divisé en paillettes ou lamelles ; cristallisé, il est gris d'acier ; compact, il constitue l'*ocre rouge* ; fibreux, avec des reflets couleur de sang, c'est l'*hématite*. C'est le plus commun des minerais de fer. L'île d'Elbe possède le gisement d'oligiste le plus important et le plus anciennement exploité ; 3° la *limonite* ou *hématite brune* est comme l'oligiste un oxyde de fer avec de l'eau en plus. Elle doit son nom à ce qu'elle se trouve dans les terrains d'alluvion. Comme elle est souvent formée d'innombrables petits grains qui ont l'aspect d'œufs de poisson, on l'appelle encore *fer oolithique*, ou *pisolithique* si les grains ont la grosseur d'un pois. La couleur de ce minerai varie du brun au jaune. C'est un minerai abondant, mais il est aussi l'un des plus pauvres. Il constitue la plus grande partie des minerais de fer français, car il forme un gisement remarquable qui s'étend depuis le Luxembourg jusqu'au delà de Nancy sur une longueur de plus de 100 kilomètres et une largeur de 20 à 30 ; 4° enfin le *fer carbonaté* ou *fer spathique* ou encore *sidérose*, qui est ordinairement disséminé en rognons au milieu du terrain houiller. Son traitement est d'autant plus facile qu'on le trouve souvent près des mines de charbon. L'Angleterre, au milieu de ses houillères, en possède des gisements d'une richesse exceptionnelle. Cette particularité explique la cause de la puissance industrielle de ce pays, tandis qu'en France nous sommes obligés de prendre du minerai de fer de l'Est pour venir le fondre dans le Centre, ou de porter dans l'Est nos charbons du Centre. Pourtant, à Decazeville et à Alais, on trouve le minerai de fer dans les bassins houillers.

Le minerai extrait de la mine est dirigé vers le haut fourneau, où il subit un traitement chimique sous l'action du charbon avec lequel on le mélange. Le charbon se combine en partie avec le fer pour donner la *fonte*. Pour produire 4 tonnes de fonte, il faut environ 9 tonnes de houille. Les hauts fourneaux modernes, hauts parfois d'une trentaine de mètres, sont, dans les centres métallurgiques, comme des bastions dominant l'horizon de leurs tours carrées ou circulaires. Fonctionnant jour et nuit, ils élaborent la fonte qui passera ensuite aux fours à puddler. Tandis que le minerai se liquéfie dans le ventre du haut fourneau, les gaz qui proviennent de cette laborieuse digestion, et qu'on laissait perdre dans l'atmosphère, sont repris et utilisés pour actionner des machines. Rien ne peut donner une idée de la prodigieuse rumeur qui s'élève de ce fourmillement humain, aux heures où l'usine métallurgique bat son plein. Allez au Creusot, à Saint-Chamond, à Commentry, et longtemps vous conserverez le souvenir des mugissements du feu et du grondement des machines que vous y aurez entendus.

Une grande partie de la fonte est transformée en acier, qui renferme entre deux et dix millièmes de carbone. Grâce au procédé Bessemer on obtient aujourd'hui, en une heure, avec de la fonte brute, plus d'acier qu'on ne pouvait en obtenir autrefois en huit jours avec du fer de première qualité. On peut ajouter à l'acier de faibles quantités de silicium, de manganèse, de chrome, d'aluminium et de nickel, et l'on obtient des alliages doués de propriétés spéciales et sur lesquelles nous ne pouvons insister.

Dans l'effort productif de l'univers, la vieille Europe développe une grande énergie, mais en face d'elle s'est dressé un rival redoutable : les États-Unis. L'évolution industrielle de la nation américaine est un des faits les plus extraordinaires de l'histoire économique de notre temps. Il y a dix ans l'Angleterre était le premier producteur de fer du monde ; elle ne tient aujourd'hui que la seconde place avec 15 millions de tonnes, alors que les États-Unis en produisent plus de 32 millions.

Le développement de la production aux États-Unis est dû à ce que ce pays a consacré une grande partie de ses bénéfices agricoles et commerciaux à l'extension de son outillage industriel. C'est ainsi qu'une usine de Philadelphie a livré, en 1899, 970 locomotives, dont 358 ont été exportées. D'autres usines fournissent de grandes quantités de rails en Asie et en Australie. La tendance de l'industrie du fer et de l'acier aux États-Unis a été de concentrer dans les mains de puissantes sociétés les divers anneaux de la chaîne, depuis la mine d'où sort le minerai, en passant par les bateaux et les chemins de fer qui le transportent, par le haut fourneau qui le fond, jusqu'au laminoir qui fait les pièces d'acier et même jusqu'au comptoir qui les livre au consommateur.

En Europe, le progrès le plus remarquable a été accompli par l'Allemagne. L'antique nation germanique a subi une transformation dont il est juste de signaler l'ampleur. Elle a peut-être perdu, au moins en partie, son caractère national : la poétique Allemagne, le pays de la musique et de la philosophie, après s'être militarisée à l'excès, s'est « américanisée » outre mesure. Mais, si son art y perd, sa bourse y gagne.

Ajoutons que les prix de revient de l'acier anglais sont supérieurs aux prix américains, ce qui a permis à la colossale production des États-Unis de concurrencer la Grande-Bretagne. On parle même d'achats d'acier américain faits par des constructeurs de navires, en Écosse et en Irlande. Tout cela est bien fait pour augmenter l'inquiétude de l'Angleterre.

D'une façon générale, l'acier tend de plus en plus à se substituer à la fonte et au fer, aussi bien dans les constructions que dans l'armée et la marine. Les rails se font en acier ; les canons et les navires sont en acier ; les ponts eux-mêmes se construisent en acier. Le fer avait d'abord été utilisé pour ces grands travaux, parmi lesquels nous citerons la tour Eiffel et le pont de Garabit (fig. 238). Celui-ci est un ouvrage colossal jeté au-dessus de la vallée de la Truyère, entre Marvejols et Neussargues. Le viaduc a 565 mètres de long et il est situé à 122 mètres au-dessus du niveau de la rivière. Ce pont, qui présente une seule arche métallique, a été exécuté de 1880 à 1884. Le poids total du métal entrant dans cet ouvrage est de 3 326 414 kilogrammes. Le pont Alexandre III, à Paris, est d'une construction remarquable non seulement par son élégance, mais par l'emploi presque exclusif de pièces en acier moulé ; l'arche unique, qui a 115 mètres de longueur et 40 mètres de largeur, a exigé environ 4 millions de kilogrammes d'acier. Citons enfin le pont Doumer, sur le fleuve Rouge, à Hanoï ; il est destiné au passage des lignes de chemin de fer se dirigeant

Fig. 238. — Pont de Garabit (Cliché extrait des *Sites et Monuments*, du Touring-Club de France).

Fig. 239. — Affinerie de cuivre (Gravure de
Sandrardt, les Métiers).

Fig. 240. — Le tréfileur de laiton (Gravure de
Sandrardt, les Métiers).

vers la frontière de Chine en même temps qu'à celui des piétons et des « pousse-

Fig. 241. — L'orfèvre en argent (Gravure de
Sandrardt, les Métiers).

Fig. 242. — Le fondeur de pots d'étain (Gravure
de Jost Amman, les Métiers).

pousse ». Sa longueur est de 1681 mètres, et son tablier métallique, supporté par 18
piles, a un poids d'environ 5 083 000 kilogrammes.

L'acier sert aussi à fabriquer de menus objets, mais il exige alors beaucoup de main-d'œuvre. Un métallurgiste a eu la curieuse idée de rechercher la valeur que peut prendre une barre de fer suivant l'usage qu'on en fait. Une barre de fer valant 25 francs, transformée en fers à cheval, en vaudra 60, en couteaux de table 800, en aiguilles 1776, en lames de canifs 15 928, en boucles de boutons 22 425 et en ressorts de montres 125 000. Plus petits sont les morceaux et plus gros est le produit.

Le CUIVRE est, après le fer, le métal le plus employé dans les arts et l'industrie. On le trouve à l'état natif sur presque tous les points du globe, mais surtout sur les bords du lac Supérieur aux États-Unis, où l'on a rencontré, en 1869, une masse de cuivre de 1 000 tonnes. Les minerais de cuivre les plus abondants sont : le sulfure de cuivre ou *chalkosine* ; le sulfure double de cuivre et de fer ou *chalkopyrite* ; l'oxyde de cuivre

Fig. 243. — Sapèques.

ou *cuprite* ; les carbonates ou *azurite* (bleu) ou *malachite* (vert). Depuis 1897, la Cie des mines d'Anaconda (États-Unis) exploite le cuivre contenu en dissolution, sous forme de sels, dans les sources d'eaux vives qui jaillissent dans ses mines.

La production du cuivre dans le monde s'est élevée à plus de 500 000 tonnes. Après les États-Unis qui tiennent la tête, viennent l'Angleterre, l'Espagne, le Mexique, l'Allemagne, le Chili, le Japon et l'Australasie. En France, les mines de Chessy et de Saint-Bel, près de Lyon, sont abandonnées depuis plusieurs années.

La facile réduction des minerais de cuivre, d'une part, et la belle couleur rouge de ce métal, d'autre part, expliquent pourquoi le cuivre fut utilisé dès l'antiquité. Ses principaux débouchés furent d'abord le bronze (alliage de cuivre et d'étain) et le laiton (alliage de cuivre et de zinc). Actuellement il sert encore en Chine et en Indo-Chine pour la fabrication de pièces de monnaie appelées *sapèques* (fig. 243), de formes et de dimensions si variées qu'on cite un collectionneur qui les assemble depuis trente ans et qui ne les a pas toutes. C'est surtout dans l'industrie électrique que le cuivre joue un rôle considérable. Il est, en effet, un des meilleurs conducteurs de l'électricité et ne cesse à ce titre d'être demandé sur le marché.

Le cuivre depuis longtemps est utilisé dans les arts. Il existe depuis le XIe siècle une orfèvrerie de cuivre fondu ou travaillé au marteau qui est connue sous le nom de *dinanderie*, de la ville de Dinant où ont été fabriquées les premières pièces artistiques au commencement du Moyen âge. Citons comme œuvres de dinanderie remarquables les fonts baptismaux de la cathédrale de Mayence et ceux de l'église Saint-Barthélemy, à Liége.

Parmi les composés du cuivre, il en est un fréquemment employé dans les arts et qui eut sous le premier Empire une grande vogue. C'est la *malachite,* qui est un hydrocarbonate de cuivre. Ce minéral, que l'on trouve en Sibérie et dans l'Oural, est une belle substance verte ayant un aspect zoné fort agréable. Il en existe de nombreux échantillons dans nos musées, et ceux qui ont visité le Trianon, à Versailles, ont admiré le *Salon des malachites,* dont les différentes pièces furent offertes par le czar Alexandre Ier à Napoléon Ier, après la paix de Tilsitt, en 1807. On a trouvé en 1836, dans une mine de l'Oural, un bloc de malachite de 6 mètres de long sur 2 mètres de large et 2 mètres d'épaisseur. La malachite est débitée en morceaux qui, polis et assemblés, donnent de jolies mosaïques.

La malachite fut longtemps à la mode. A ce propos un écrivain à la verve malicieuse nous raconte l'arrivée subite un matin, chez Paul Demidoff, l'un des grands propriétaires miniers de l'Oural, d'un gandin tout fier de porter à sa cravate une boule de malachite en guise d'épingle. « Que dites-vous de mon épingle? demandat-il à Demidoff. — Elle vous va très bien. — Vous savez, c'est de la vraie malachite. — Je sais, reprit Demidoff, je sais très bien : j'ai deux cheminées comme ça. »

L'ÉTAIN n'est pas un métal précieux et cependant il est relativement rare, d'autant plus qu'il est de plus en plus demandé sur le marché. Par sa valeur intrinsèque il vient du reste après l'or et l'argent. Il n'existe pas dans la nature à l'état natif. Son seul minerai est le bioxyde ou *cassitérite,* qui se cache sous la forme d'un minerai noirâtre n'ayant pas la moindre apparence métallique. Pendant longtemps ce fut le pays de Cornouailles, en Angleterre, qui produisit la plus grande partie de l'étain ; aujourd'hui le vrai pays de l'étain est la presqu'île de Malacca et l'île de Banca. Ces mines, exploitées depuis des siècles, sont loin d'être épuisées. Le minerai se trouve dans des granulites désignées sous le nom d'*elvan,* ou dans les alluvions que les indigènes lavent. Les Malais taillent des fosses à pic dans des alluvions qu'ils maintiennent à l'aide de pieux plantés verticalement. Ils exploitent par gradins et épuisent l'eau chaque matin à l'aide de seaux suspendus à de longs leviers chargés de contrepoids (fig. 244). Le lavage du minerai se fait au moyen de *sluices* creusés dans des troncs d'arbres. Pendant de nombreuses années les Chinois ont exploité ces mines malaises sans apporter aucun progrès, se

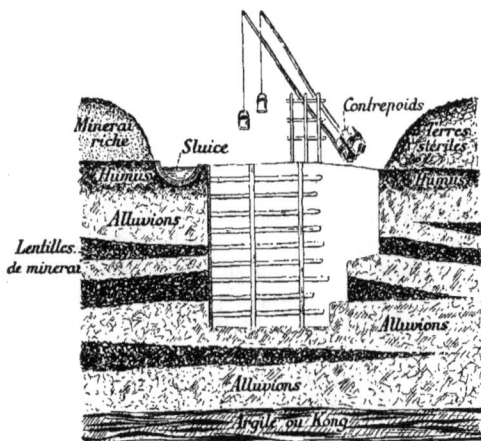

Fig. 244. — Coupe d'une fosse d'exploitation malaise du minerai d'étain dans le royaume de Perak (d'après M. DE MORGAN).

refusant même à introduire la pelle, la pioche et la brouette. Sur leur épaule ils ont un long bambou qui porte à ses deux extrémités, comme les deux plateaux d'une balance, deux paniers plats remplis du sable de la mine. Aujourd'hui toutes ces mines sont dirigées par des ingénieurs européens, qui ont fini par introduire les

Fig. 245. — Plat d'étain de François Briot, orfèvre du xvie siècle (Musée du Louvre).

procédés mécaniques modernes; mais ce ne fut pas facile. Ils ont eu beaucoup de peine surtout à monter des pompes d'épuisement. Les Chinois prétendaient que ces machines effrayaient le « génie de l'étain »; aussi pour empêcher celles-ci de fonctionner, venaient-ils la nuit enlever des boulons et des bielles. Pour eux l'étain est quelque chose de vivant qui pousse dans les sables sous la protection d'un génie spécial auquel ils dressent de petits autels. Ce génie est fort susceptible : si l'on entre dans une mine les pieds chaussés ou si l'on y ouvre un parasol, il s'en va, emportant tout son étain, et les travailleurs lavent alors inutilement le sable stérile.

La péninsule malaise fournit environ 60 pour 100 de la production totale de l'étain, laquelle est d'environ 80 000 tonnes. En France, un gisement de cassitérite fut long-temps exploité à Montebras (Creuse). C'est surtout la fabrication du fer-blanc qui exige de grandes quantités d'étain, ainsi que l'industrie des conserves alimentaires.

Fig. 246. — Un groupe d'élèves du lycée de Montluçon visitant la mine de Montebras (*Photographie de M. Morin*).

Aussi les États-Unis en consomment-ils 25 000 tonnes, tandis que la France n'en use que 8 à 9 000 tonnes.

Dès le XIIe siècle, l'orfèvrerie d'étain exécutait des pièces de vaisselle. Notons en passant que l'usage de l'assiette ne remonte guère au delà de cette époque, et encore chaque assiette servait-elle en commun à deux ou trois personnes. C'est surtout au XVe siècle que l'emploi de l'étain s'est répandu ; les animaux eux-mêmes en usèrent ; les chats de la reine Isabeau avaient leur vaisselle, comme les oiseaux avaient leurs abreuvoirs. Jusqu'au XVIIe siècle les enseignes des barbiers étaient en étain pour se distinguer de celles des chirurgiens qui étaient en laiton. Vinrent enfin les potiers d'étain (fig. 242), qui montrèrent beaucoup de goût et d'habileté. Et Nuremberg est

Fig. 247. — Plan incliné des mines de calamine de l'Ouarsénis (Algérie). Exploitation de la Vieille-Montagne.

aussi célèbre pour ses pots et ses plats d'étain que pour ses poupées. C'est un artiste français, François Briot, qui le premier produisit des pièces d'étain d'une fabrication parfaite. Il grava le fameux plat qui est peut-être la plus belle pièce d'orfèvrerie qui ait jamais existé (fig. 245). C'était un graveur en médailles de la fin du xviᵉ siècle et il dut passer une partie de sa vie à exécuter le moule de son œuvre capitale. Les pièces en étain étaient coulées dans des moules de cuivre ciselé.

Enfin, selon Pline, l'étamage fut inventé par les Gaulois. Qui sait si l'Arverne ne fut pas un précurseur en même temps qu'un ancêtre du *rétameur* auvergnat qui aujourd'hui encore parcourt nos villages ?

Au cours d'un voyage d'études que je faisais dans la région de Commentry et de Montluçon, je fus guidé par un ami, géologue intrépide, qui joint à la connaissance parfaite du pays une obligeance inépuisable. Cet ami ne voulant me laisser ignorer aucun point intéressant de la région me dit : « Demain, nous visiterons une mine de lithine. » Une mine de lithine ! Je fus fort étonné. La lithine, à part quelques difficultés que nous avions eues ensemble quand j'étais étudiant en chimie, et aussi quelques vagues entrevues chez un ami goutteux, ne me disait rien, surtout au point de vue minier. Pourtant cette mine existe depuis une quinzaine d'années. Et le plus curieux, c'est que je connaissais le nom de sa localité, Montebras, dans la Creuse, non comme mine de lithine, mais comme mine d'étain. En réalité la vieille mine d'étain de Montebras, qui avait été exploitée par les Romains, était devenue une exploitation de lithine. Le minerai de lithine, que l'on pourrait confondre avec un feldspath par son aspect extérieur, porte le nom d'*amblygonite*. C'est un composé de phosphate d'alumine et de fluorure double de lithine et de soude. Il contient environ 6 à 8 pour 100 de lithine, et l'on extrait annuellement à Montebras environ 100 tonnes de ce minerai, qui est envoyé en Allemagne, à Bonn, où il est transformé en carbonate de lithine qui nous revient, par l'intermédiaire de nos pharmaciens, en petits paquets destinés à soulager les goutteux. A Montebras l'amblygonite se présente sous forme de veines irrégulières dans une granulite ou *elvan* qui est souvent altérée à la surface. La granulite altérée est exploitée sous forme de sables feldspathiques que les faïenciers mélangent au kaolin.

Le zinc ne fut connu en Europe qu'au xiiᵉ siècle, mais on ne sut le préparer que vers la fin du xviiiᵉ. Les deux principaux minerais de zinc sont le carbonate ou *calamine* et le sulfure ou *blende*. La calamine se trouve en Belgique, dans la vallée de la Meuse, entre Liège et Aix-la-Chapelle, où elle est exploitée par la Société de la Vieille-Montagne. Depuis quelques années d'abondants dépôts de calamine ont été exploités en Algérie et en Tunisie et y ont fait naître une sorte de fièvre, comme si tout le pays n'était qu'un immense réservoir de cette matière. On rencontre partout des gens échauffés qui parlent de la calamine avec la même foi que les mineurs du Transvaal et du Klondyke parlent de l'or. La blende se rencontre abondamment en Angleterre, en Bohême, en Suède et dans le Harz. La production du zinc s'est élevée à 490 000 tonnes, dont près de 166 000 viennent d'Allemagne, 128 000 des États-Unis, 119 000 de Belgique, et 38 000 de France.

Le PLOMB n'existe guère dans la nature à l'état natif. C'est surtout à l'état de sulfure ou *galène* et de carbonate ou *cérusite* qu'on le trouve dans les terrains. La galène cristallise dans le système cubique ; les faces naturelles des cristaux sont gris

Fig. 248. — Plomb de l'École flamande (xviiᵉ siècle). Attaque d'une place forte (Musée du Louvre).

bleuâtre, tandis que les faces de clivage sont d'un beau blanc d'argent. C'est elle qui fournit la plus grande partie du plomb du commerce. La production mondiale de ce métal est d'environ 860 000 tonnes, dont un quart est fourni par les États-Unis, un autre quart par l'Espagne. Le plomb est surtout utilisé dans l'industrie pour la fabrication des tuyaux, mais sa grande malléabilité fait qu'il a été aussi employé dans les arts (fig. 248).

Le NICKEL, dont le nom, emprunté à la vieille langue allemande, signifie entêté, fut d'abord un métal rare et cher ; mais il a vu ses emplois se multiplier et son prix s'abaisser à la suite de la découverte des gisements de la Nouvelle-Calédonie et du Canada. Son nom d'entêté vient de ce que les mineurs saxons croyant que son minerai contenait du cuivre s'efforçaient en vain d'en extraire ce métal. Le véritable minerai de nickel est la *garniérite* ou *nouméite*, qui est un silicate de nickel et de magnésium ; il est d'un beau vert pomme quand il est pur. Trois pays seulement produisent le nickel : la Nouvelle-Calédonie, le Canada et la Prusse. En Nouvelle-Calédonie il se trouve au contact de la serpentine, qui recouvre près de la moitié de

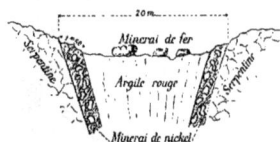

Fig. 249. — Coupe d'une « vasque » avec le minerai de nickel (d'après M. Levat).

l'île, et des vasques d'argile rouge (fig. 249) provenant de la décomposition de la serpentine. Les gîtes métallifères sont ordinairement situés au sommet des montagnes, entre 300 et 600 mètres d'altitude. La question de la main-d'œuvre est la plus grande difficulté que présente cette exploitation. On sait que la main-d'œuvre pénitentiaire n'a donné qu'un rendement médiocre ; quant aux indigènes de race canaque, ils ne rendent de réels services que pour les transports et les embarquements ; reste donc la main-d'œuvre d'origine chinoise, mais son emploi est une grosse question économique qui ne saurait être traitée ici. La plupart des minerais de la Nouvelle-Calédonie sont exploités par une société française et traités en Angleterre, d'où le nickel nous revient ensuite pour subir le raffinage au Havre.

Les gisements canadiens couvrent une grande surface dans l'Ontario ; mais le minerai qu'on y trouve est associé à de la pyrite de fer et de cuivre. Son traitement est donc plus difficile que celui du minerai calédonien, et le nickel obtenu moins pur.

Il est certain qu'en Nouvelle-Calédonie on pourrait extraire beaucoup plus de minerai, car les procédés d'extraction employés jusqu'ici sont primitifs, et il serait exact de dire qu'on gaspille les richesses minières de ce pays plutôt qu'on ne les exploite.

Le nickel trouve son plus grand débouché dans la fabrication de l'acier au nickel ou *ferro-nickel*, pouvant contenir jusqu'à 20 pour 100 de ce métal. C'est un alliage très résistant et non magnétique ; aussi l'utilise-t-on dans la construction des blockhaus des commandants de navires puisqu'il n'a pas d'influence sur l'aiguille aimantée, et aussi dans la fabrication des *plots* ou pavés de contact pour tramways électriques. Il donnerait aussi de bons résultats dans la fabrication de l'outillage industriel, car il s'use moins vite que l'acier.

Nous terminerons cette énumération des métaux par l'ALUMINIUM, qui est fort discuté. Critiqué par les uns, louangé par les autres, on l'a considéré d'abord comme un métal à tout faire ; c'était sans doute trop lui demander. Ses minerais sont très répandus dans la nature : la *cryolithe* ou fluorure double d'aluminium et de sodium, au Groenland ; la *bauxite* ou alumine hydratée, qui est une terre argileuse qu'on trouve un peu partout ; enfin le *corindon*, qui est de l'alumine anhydre. Les procédés chimiques employés pour extraire l'aluminium étaient fort coûteux ; mais ils ont tous disparu devant les procédés électrochimiques. Aussi le prix de revient a-t-il baissé dans des proportions étonnantes ; ainsi, le kilogramme d'aluminium qui valait 3 000 francs en 1856, lors de la découverte de Sainte-Claire Deville, est tombé en 1864 à 100 francs, en 1894 à 5 francs, et aujourd'hui à 2 fr. 50.

Sans doute l'aluminium était le plus léger des métaux et l'un des moins oxydables, mais on voulait qu'il fût le plus résistant, le plus ductile, etc. Et comme il n'a pas répondu à toutes ces exigences, des désillusions se produisirent. Mais, en somme, ce n'est pas le métal qui est coupable, c'est plutôt ceux qui en ont fait un emploi peu judicieux. Au surplus, ses débouchés sont nombreux : quincaillerie, téléphones, affûts de canons, casques, cuirasses, bicyclettes, et surtout les automobiles, sans compter les maisons démontables et transportables. Si donc on a exagéré en disant avec emphase que l'aluminium était le *métal de l'avenir*, on ne peut nier que ce ne soit au moins un *métal d'avenir*.

Pour terminer, citons une anecdote curieuse rappelée par Sainte-Claire Deville dans une des *Soirées de la Sorbonne* de 1864.

Permettez-moi, disait ce savant, de mentionner un prédécesseur vraiment malheureux, qui ne doit pas être oublié dans l'histoire de l'aluminium. Sa biographie se trouve dans plusieurs auteurs latins. Un pauvre ouvrier a su séparer du verre, qui contient de l'alumine, un métal avec lequel il forma une coupe qu'il offrit à Tibère. L'Empereur accepta la coupe et loua l'ouvrier outre mesure.

Celui-ci, pour montrer à l'Empereur les précieuses qualités du métal, prit la coupe et la jeta à terre ; elle ne se brisa point ; elle se déforma légèrement et put être réparée au moyen de quelques coups de marteau aussi facilement que si elle avait été en or et en argent.

Ce métal, produit au moyen de l'argile, n'était et ne pouvait être autre chose que de l'aluminium. On demanda à l'ouvrier si le secret de sa préparation n'était connu que de lui seul. « De moi seul et de Jupiter, répondit-il. » Tibère, dans la crainte que la valeur de l'or et de l'argent ne fût dépréciée par un corps aussi vulgaire que l'alumine, fit détruire l'atelier de l'ouvrier, et à lui-même il fit trancher la tête : *Eum decollari jussit Imperator.*

On sait combien l'acide borique est abondant en Italie. Il n'est donc pas impossible qu'on ait pu mettre en présence les trois corps : acide borique, potasse, alumine qui, sous l'influence de l'action réductrice du charbon, peuvent fournir de l'aluminium.

CHAPITRE VII

LE DIAMANT ET LES PIERRES PRÉCIEUSES

§ I. — LE DIAMANT. HISTORIQUE. ALCHIMISTES ET DIAMANT. FORME CRISTALLINE, DURETÉ, COULEUR, PHOSPHORESCENCE, ÉCLAT DU DIAMANT. LE DIAMANT ARTIFICIEL. LES DIAMANTS FAUX ET LES MOYENS DE LES RECONNAITRE ; LES RAYONS X. LES « PIERRES DOUBLÉES ».

Qu'est-ce que le diamant ? Ce qu'il y a de plus précieux et de plus cher au monde. Sans doute. Mais le savant dirait plus simplement : c'est du charbon pur. Le chimiste pourrait même ajouter que c'est du charbon cristallisé. Cela n'empêche que le diamant est une matière merveilleuse, car il est le plus dur et le plus éclatant de tous les minéraux. Les Anciens l'appelaient *adamas*, c'est-à-dire indomptable ; et de cette matière mystérieuse ils avaient fait un fils de Jupiter, comme le Soleil. Il est de fait que taillé et serti sur un bijou il devient un soleil en miniature. Hésiode dit que le casque d'Hercule était fait de cette substance, et Eschyle pense que les chaines de Prométhée étaient forgées dans l'*adamas*.

Aristote fait allusion au diamant dans sa théorie sur la formation des pierres précieuses. Enfin Pline en parle longuement et il affirme que sa dureté est telle que si l'on cherche à le briser sous le marteau, il fait voler en éclats l'enclume et le marteau. Personne cependant ne s'aviserait aujourd'hui de tenter cette expérience, car on sait que le diamant se briserait facilement. Pline dit aussi que le diamant résiste à l'action de la chaleur. Cette opinion fut admise jusqu'au xviie siècle, époque à laquelle Targioni brûla devant les académiciens de Florence du diamant au moyen de la chaleur solaire concentrée avec une lentille. Plus tard, Lavoisier reprit cette expérience et montra que ce minéral brûlait comme du bois et du charbon sans laisser de traces et en donnant du gaz carbonique. De toutes les vertus que lui concédait si généreusement Pline, il semble qu'une seule ait su résister au temps. « Les diamants, disait ce naturaliste, réconcilient les époux désunis. » Cette vertu subsiste, pourvu cependant que le diamant soit de belle qualité et habilement serti.

Les alchimistes, restés pauvres en dépit de la transmutation des métaux vils en or, ne pouvaient guère étudier le diamant. Ils se contentent d'affirmer qu'*il se nourrit d'air* et que *sa nature est froide et sèche*. Albert le Grand, alchimiste du xiiie siècle, consacre au diamant un chapitre, *de Lapidibus*, dans lequel il décrit ses propriétés :

porté au petit doigt gauche, il préserve de la folie, des fantômes, des hommes et des animaux féroces. Son nom aurait une origine curieuse et naïve : « Diamon » serait pris pour pierre « Dæmonis » à cause de ses lueurs « bicolores comme l'iris du Diable ».

Ces superstitions ont disparu depuis longtemps. Voyons quelles sont ses propriétés réelles. On le trouve dans la nature sous trois états : amorphe, concrétionné et cristallisé. *Amorphe*, il est opaque, et sert à polir le diamant cristallisé et les autres pierres précieuses. *Concrétionné*, il est noir et connu sous le nom de *boort* ou *carbonado* ; il sert dans la taille des diamants, dans l'industrie pour la perforation ou le sciage des roches dures. *Cristallisé*, il est le seul vraiment précieux : sa forme est celle d'un octaèdre régulier dont les facettes sont souvent courbes et d'un éclat gras

Fig. 250. — Diamants bruts.

particulier (fig. 250). Ainsi c'est sous l'influence merveilleuse de la cristallisation que des matières vulgaires, comme le charbon, l'argile ou le sable, deviennent des diamants étincelants, des émeraudes aux teintes variées ou des saphirs d'un bleu de ciel. Le marbre le plus pur n'est que de la craie cristallisée, et le diamant le plus resplendissant est fait de même matière que le noir de fumée.

Le diamant est remarquable par sa dureté, supérieure à celle de tous les minéraux connus : il les raye tous et n'est rayé par aucun. Cette propriété le fait utiliser pour couper le verre ou pour perforer les roches dures. Voici un exemple qui montre bien cette dureté. MM. Tiffany, les grands joailliers de New-York, ont eu un diamant qu'ils ont soumis à la roue du lapidaire pendant 100 jours, avec une vitesse de 28 000 tours par minute, et le diamant a résisté. Tous les diamants n'ont pas cette dureté ; heureusement, car leur polissage serait impossible.

Le diamant pur est incolore ; on dit qu'il a une très belle *eau*. Mais souvent il a une légère teinte jaune qui diminue sa valeur. Cette nuance s'atténue à la lueur du gaz ou des bougies, mais, à la lumière électrique, le jaune se distingue facilement. Certains diamants colorés sont d'une grande valeur à cause de leur rareté. Ainsi les diamants bleus sont très recherchés, et n'était leur éclat incomparable on les confondrait volontiers avec le saphir ; le plus célèbre est le diamant bleu de Hope.

Le diamant a la propriété d'être phosphorescent, c'est-à-dire qu'il peut emmagasiner en quelque sorte la lumière qui le frappe et la rendre ensuite si on le place dans l'obscurité complète. Mais de l'aveu de beaucoup d'expérimentateurs ce phénomène ne se produit pas toujours. Le diamant n'est pas biréfringent : c'est ce qui le distingue des autres pierres incolores qui ont une double réfraction, c'est-à-dire qu'un objet vu à travers semble dédoublé. Le minéralogiste Babinet raconte comment un Anglais qui lui présentait une magnifique topaze incolore, dite *goutte d'eau*, et qui, diamant, eût été de grande valeur, fut singulièrement désabusé au moment où il aperçut en double une aiguille vue au travers du prétendu diamant. Il paraît même que l'émotion de l'Anglais alla jusqu'à l'évanouissement.

Son éclat incomparable est la principale cause de sa beauté. Cet éclat est dû à plusieurs raisons. D'abord à la quantité de lumière réfléchie par le cristal et qui est d'autant plus grande que la lumière arrive plus obliquement et que la réfraction est plus forte ; de plus, le diamant a un grand pouvoir de dispersion, c'est-à-dire qu'il peut décomposer la lumière blanche qui le pénètre et lancer dans un grand nombre de directions les couleurs les plus variées et les plus vives. L'éclat du diamant est donc dû à la réflexion, à la réfraction et à la dispersion de la lumière. C'est ce que les Anciens exprimaient en disant que le diamant tenait son éclat du soleil, et que, nulle part, il n'était aussi beau qu'en Orient, le pays du soleil. On comprend que cet éclat soit considérablement augmenté par la taille, qui fait naître sur le cristal une multitude de facettes réfléchissantes.

Depuis l'expérience de Lavoisier et les analyses de Dumas, on sait que le diamant est du charbon cristallisé. Dès lors, l'idée de transformer un corps sans grande valeur, le charbon, en une matière aussi précieuse que le diamant, hanta le cerveau des chimistes. Aussi ne se passa-t-il guère d'années que l'Académie des sciences ne reçût des recettes pour la fabrication du diamant. C'était la pierre philosophale moderne. Mais la nature ne laisse pas facilement surprendre ses secrets, et ce n'est qu'en 1893 que Moissan est parvenu à résoudre la question. Dans son four électrique (fig. 231), où la température atteignait 3500°, il a dissous du charbon dans du fer maintenu en fusion ; puis il a refroidi brusquement le fer, qui, en se solidifiant, augmenta de volume. Or, ce fut d'abord la périphérie de la masse en fusion qui se solidifia en formant une sorte de prison inextensible à l'intérieur de laquelle le fer resté liquide ne put se dilater et se trouva dès lors soumis à une forte pression : sous la double influence de la haute température et de la pression considérable qu'il subit, le charbon cristallisa. Moissan attaqua alors le fer par des acides et isola une série de diamants présentant les propriétés physiques du diamant naturel, mais n'ayant que des dimensions microscopiques. La production du diamant causa un vif enthousiasme dans le monde savant, car elle montrait la puissance des méthodes scientifiques modernes. Mais l'accueil dans le monde des joailliers fut plutôt froid. Vraiment la concurrence du laboratoire n'est pas à craindre quand on songe aux efforts pénibles et coûteux que Moissan a faits dans un but purement scientifique. L'émotion des joailliers se comprendrait si le diamant artificiel avait une réelle valeur commerciale, car il resterait peut-être le roi des bijoux, mais il ne serait sans doute plus le bijou des rois.

S'il est difficile de reproduire le diamant, on est arrivé, par contre, à l'imiter avec une habileté vraiment extraordinaire. Des yeux même expérimentés pourraient s'y tromper. La matière première de ces diamants faux est du verre obtenu au moyen d'un mélange de quartz, de bicarbonate de potasse et de minium pur. En somme, c'est à peu près la composition du cristal, mais avec plus d'oxyde de plomb : ce verre a reçu le nom de *strass*. Si l'on remplace le bicarbonate potassique par du thallium, on obtient un strass très fin qui se clive, se taille et se polit avec facilité. Ce sont ces diamants faux qui brillent si bien dans certains magasins et qui consolent ceux dont les désirs dépassent les moyens. Ajoutons qu'il est facile de distinguer les pierres fausses. Il y a, pour cela, plusieurs moyens. D'abord le diamant est monté à jour, tandis que le simili est recouvert, à sa partie inférieure, d'une petite feuille d'étain qui réfléchit la lumière dans la pierre. De plus, le vrai diamant est dur, le faux est rayé par l'acier ; le vrai est froid au contact avec la langue, le faux suit les variations de température ; enfin le vrai diamant est presque transparent aux rayons X, la pierre fausse, au contraire, les laisse difficilement passer (fig. 251). D'autre part, les diamants faux s'altèrent dès qu'on les porte : leur brillant diminue, les arètes s'émoussent et les facettes se ternissent ; en un mot, on n'en a que pour son argent. Pourtant on

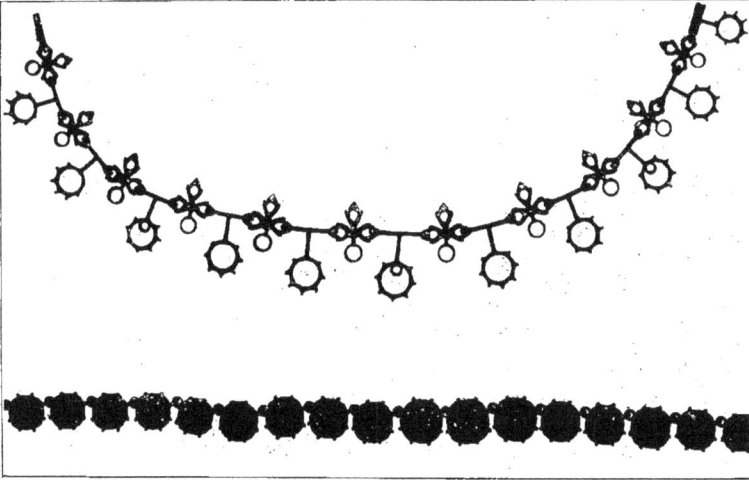

FIG. 251. — Diamants vrais et diamants faux aux Rayons X (*Photographie de M. Turchini*).

a remédié à cet inconvénient en fabriquant des « pierres doublées » ; ce travail consiste à coller sur de la pierre fausse de la pierre vraie et à les porter ensuite dans un creuset. Les deux pierres adhèrent alors au point de n'en plus faire qu'une, et l'on taille l'ensemble. Le procédé est ingénieux, mais l'homme du métier reconnaît vite la fraude.

§ 2. — GISEMENTS. L'INDE ET LE BRÉSIL. LES CHERCHEURS DE DIAMANTS DU CAP : LA SOCIÉTÉ DE BEERS ET CECIL RHODES. CHEMINÉES DIAMANTIFÈRES. LES FLOORS. LES DIAMANTS BRUTS ET LE SYNDICAT DE LONDRES. LES VOLS DE DIAMANTS. LE COMPOUND ET LES CAFRES MINEURS.

Parmi les personnes qui possèdent des diamants, il en est peu qui connaissent, même approximativement, la provenance de ces pierres, et encore bien moins les procédés d'extraction, et le travail du lapidaire qui va les convertir en brillants. Il existe même sur ce point des idées fausses et très répandues. Si vous parlez, par exemple, de diamants du Cap à une personne dont la parure étincelante est d'origine sud-africaine, vous vous attirerez cette réponse soulignée d'une moue dédaigneuse : « Ah ! oui, les diamants du Cap, de mauvais diamants jaunes. » Ce préjugé, réserve faite d'une part de vérité que nous fixerons plus loin, s'explique par un mot d'histoire.

Depuis une vingtaine d'années l'Afrique australe est à peu près seule à alimenter les vitrines des joailliers. La production annuelle de ce pays, avant la guerre, était d'environ 500 kilogrammes de diamant valant à l'état brut plus de 80 millions de francs, tandis que le Brésil et l'Inde ont aujourd'hui une production presque nulle. Et cependant le nom de Golconde (dans l'Inde), où du reste il n'exista jamais de mine, ou celui de Diamantina, au Brésil, sont ceux qui résonnent dans le délicat cerveau des clientes de nos joailliers parisiens. Par contre, aucune d'entre elles, avant la guerre du Transvaal, ne connaissait le nom de Kimberley, la capitale du diamant. Trois pays ont successivement concouru à la production de la pierre précieuse, et chacun d'eux a dû s'effacer à son tour devant la concurrence nouvelle d'un centre de production plus riche. Ces trois pays sont : l'Inde jusqu'au XVIIIe siècle, le Brésil jusqu'en 1870, et aujourd'hui l'Afrique australe.

Dans l'Inde comme au Brésil, on a commencé par recueillir le diamant dans les alluvions des fleuves, puis on est arrivé à le trouver en place dans des roches dont la destruction avait laissé les diamants aux alluvions. Partout dans les alluvions il y a association entre le diamant et l'or. Ce groupement avait déjà frappé dans l'antiquité Platon et Pline l'Ancien, pour lesquels le diamant était le fidèle compagnon de l'or. Cela tient évidemment à ce que ces deux corps, à cause de leur grande densité, se réunissent dans les alluvions. Les gisements de l'Inde ont été exploités 3 000 ans avant notre ère, et jusqu'au début du XIXe siècle tous les diamants qui pénètrent en Europe n'ont pas d'autre source. Ils viennent de Golconde, qui est un marché et non une mine. La valeur attribuée encore aujourd'hui par les joailliers aux « diamants anciens et de vieille roche » est une preuve de la belle qualité de ces pierres indoues. La production indienne est aujourd'hui entièrement absorbée dans le pays et ne dépasse pas 3 millions.

Nous trouvons dans le *Traité des diamants et des perles*, de David Jeffries, ouvrage daté de 1753, des détails intéressants sur les diamants de l'Inde :

Les grands de ce pays occupent un très grand nombre d'esclaves à la recherche des diamants. Ils vendent les petits et les moyens, et quelques-uns des gros, mais quand ils sont assez heureux pour en trouver un d'une grosseur extraordinaire, ils le conservent comme un trésor pour donner un plus grand renom à leur famille, et le chef de cette famille y fait percer un petit trou sur la surface. Quand il vient à mourir, son successeur en fait de même, et ainsi de l'un à l'autre, et plus une telle pierre a de trous, plus elle est estimée. Il est vrai que ces trous y feraient tort en cas qu'on la voulût tailler ; mais comme ils n'en ont pas le dessein, ils ne s'embarrassent pas de cela, et tel accident qui puisse leur arriver, ils ont un grand soin de ne pas s'en défaire. S'ils prévoient la ruine de leur famille (ce qui arrive quelquefois dans la recherche des diamants, qui devient très coûteuse par le grand nombre d'esclaves qu'il faut y employer), dans ce cas, ils enterrent ces pierres, de sorte qu'on ne les voit jamais plus, car ils ne sauraient souffrir qu'aucune autre personne possède une chose qui leur a tant coûté, et l'on dit que par rapport à cela, il y a plusieurs gros diamants qui sont perdus sans ressource.

Les diamants du Brésil ne firent leur apparition qu'en 1727 et ils eurent à lutter contre un dénigrement systématique analogue à celui qui fut opposé plus tard aux diamants du Cap. Le travail des chercheurs de diamants y était des plus rudes ; des esclaves travaillaient toute la journée sous les rayons ardents d'un soleil brûlant tandis qu'ils étaient enfoncés dans l'eau jusqu'aux genoux, et cela sous les yeux d'actifs surveillants qui ne dédaignaient pas les procédés barbares du fouet. On raconte que les chercheurs d'or qui trouvèrent le diamant au Brésil se faisaient lire le livre des *Mille et une nuits*. Jusque dans ces dernières années on se représentait volontiers les chercheurs de diamants pauvres le matin, riches le soir, et tenant dans leurs mains quelques-unes de ces pierres dont une seule vaut une fortune. Et pourtant les nègres qui moissonnent des diamants restent des sortes d'esclaves, les chercheurs qui fouillent le sol restent souvent pauvres, et parmi les milliers de commerçants que les diamants font vivre, bien peu arrivent à la fortune. C'est que cette pierre exige des efforts continus et pénibles. Quelle différence entre le diamant et le charbon ! Quoi de plus riche que le diamant et de plus vulgaire que le charbon ! Et cependant les pays diamantifères restent pauvres et déserts, tandis que les pays carbonifères sont riches et peuplés.

Il existe de nombreuses légendes sur la découverte du diamant au Cap. Celle qui se rapproche le plus de la vérité est la suivante :

En 1867, un fermier boer était venu visiter à la frontière de la colonie du Cap un de ses compatriotes, Jacobs, dont la ferme était située au confluent du Vaal et de l'Orange. Il voit entre les mains des enfants de son ami quelques pierres brillantes qui attirent son attention. Il veut les acheter, mais son ami, qui est loin d'en soupçonner le prix, les lui donne. Le plus gros de ces diamants est vendu alors 500 livres sterling au gouverneur du Cap. Encouragé par cette trouvaille, notre fermier revient sur sur les bords du Vaal, et là il apprend qu'un sorcier cafre possède parmi ses innombrables *gri-gris* une

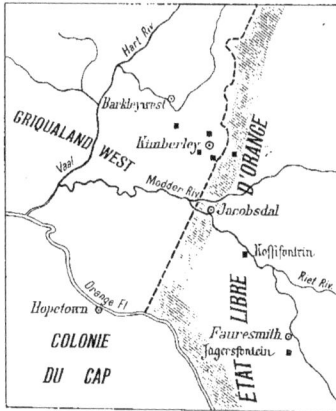

Fig. 252. — District diamantifère de l'Afrique du Sud.

pierre brillante d'un volume considérable. Il trouve le sorcier, lui achète sa pierre moyennant 100 moutons et 30 chevaux. C'était la célèbre *étoile de l'Afrique du Sud*. Aussitôt des nuées d'aventuriers s'abattirent sur le pays au risque de mourir de faim et de soif dans ce désert du Karoo. Nous n'insisterons pas sur l'explication fantaisiste d'un expert anglais qui déclara que les diamants trouvés dans cette région avaient dû y être apportés par des autruches venues de l'intérieur. « Le caractère géologique de ce district, dit-il, que je viens d'examiner avec un soin minutieux, me permet d'affirmer qu'il est impossible qu'on trouve jamais un seul diamant dans cette région. » C'était en

1869, et c'est en 1870 que se produisit une véritable révolution, car on reconnut l'existence des diamants non plus dans les alluvions, mais en place, dans une sorte de filon, dans ce qu'on appela une mine sèche (*dry digging*).

En 1871, la découverte par un mineur d'un gisement d'une grande richesse dans une ferme appartenant à un réfugié protestant d'origine française, Du Toit, donna lieu à un incident des plus comiques. Du Toit, paysan arriéré, est pris de peur quand il voit sa propriété envahie par les chercheurs de diamants. Il se cache au fond de sa ferme et se refuse à tout entretien avec ceux qui désirent acheter ses terres. Convaincu que sa vie est en danger, il s'échappe la nuit suivante, et le lendemain les acheteurs constatent que l'oiseau est envolé. Ils commencent alors une véritable chasse à l'homme.

Fig. 253. — Treuils des mines de diamants de Kimberley.

Du Toit fuit devant ses meurtriers imaginaires, s'arrêtant à peine pour manger, et d'autre part les chercheurs de diamants le poursuivent avec la ténacité de gens qui voient la fortune courir devant eux. Enfin, au bout de cinq ou six jours, ils rejoignent Du Toit, qui s'est caché au milieu d'un troupeau de chèvres. Ils lui font signer un acte de vente de sa ferme et lui remettent en échange 125 000 francs, puis ils retournent vite prendre possession du gisement, tandis que Du Toit, encore peu rassuré, va s'établir avec sa petite fortune à Capetown. C'est sur l'emplacement de cette ferme que s'édifia Kimberley, la capitale du diamant. Les découvertes de Bulfontein, de De Beers, datent aussi de cette époque.

Du moment que les gisements de diamants prenaient cette importance, le gouvernement anglais en conclut avec sa logique habituelle que ce pays ne pouvait appartenir à un aussi petit État que l'État d'Orange. Dès lors il trouva que son intervention y était nécessaire pour maintenir l'ordre. Et par un coup d'audace, il en fit prendre possession par un policeman accompagné de quelques hommes, le 7 novembre 1871.

Au début, l'exploitation s'est faite par carrières, à ciel ouvert, et chaque mineur avait droit à un carré de 9^m,45 de côté ; c'était ce qu'on appelait un *claim*. Avec ces trous contigus, la mine avait un aspect spécial ; mais les éboulements devinrent bientôt si nombreux que la mine ressembla à un amas de ruines. On dut alors établir une route entre deux rangées de claims et y installer des treuils (fig. 253) destinés à remonter les roches de l'excavation. C'est ainsi que les 1 600 câbles aériens, servant à l'extraction des 1 600 petites propriétés du fond de la mine de Kimberley, dessinaient une inextricable toile d'araignée d'un aspect bien étrange (fig. 254). L'impos-

Fig. 254. — Ensemble des *claims* et des câbles aériens.

sibilité de continuer ces travaux fut vite atteinte, car des éboulements et des accidents de toutes sortes causèrent de véritables désastres. Les mineurs isolés et sans capitaux durent céder la place à de petites sociétés. Dès lors la valeur des claims décupla en quelques mois ; il y eut ce qu'on appelle un *boom*, c'est-à-dire une hausse folle des actions de mines diamantifères, dans laquelle chacun s'imagina faire fortune. Mais ces sociétés, constituées seulement sur le papier, disposant d'un personnel sans éducation technique, succombèrent peu à peu. Ce krach financier aboutit alors à la constitution de la fameuse *Société de Beers*, dont le principal fondateur, Cecil Rhodes (fig. 255), réussit par des procédés peu scrupuleux à amalgamer toutes les anciennes sociétés. Ce personnage, surnommé par ses partisans le « Napoléon du Cap », n'est que trop connu en Europe. La constitution de la *de Beers* a été le point de départ de sa fortune personnelle et d'une réputation à peine ébranlée par les fantasmagories de la Chartered ou par le fiasco du raid Jameson, qui fut un acte de piraterie internationale. Fils d'un modeste pasteur anglais, Cecil Rhodes est envoyé au Cap par les médecins, comme phtisique. Il n'a que dix-huit ans, mais sentant bien que son instruction est inégale à son ambition, vite il revient à Oxford faire ses études. Il rentre ensuite au Cap, où ils devient rapidement l'âme de toutes les grandes entreprises du Sud-Africain, et rêve de donner la main à ses compatriotes du Soudan et de l'Égypte.

Ce n'est qu'en 1884 que commença l'exploitation rationnelle des mines du Cap. Celle-ci a été étudiée dans de nombreux ouvrages et en particulier dans celui de M. de Launay (1). Dans cette région le diamant se trouve dans des cheminées, c'est-à-dire dans de grandes colonnes cylindriques ayant de 100 à 600 mètres de diamètre et descendant jusqu'à une profondeur qui semble pratiquement indéfinie. La roche bleu verdâtre qui renferme le diamant est appelée *blue ground*; elle vient de la profondeur, amenant

FIG. 255. — Cecil RHODES.

avec elle les pierres précieuses. Cette sorte de cheminée a dû précéder la venue de la roche diamantifère, comme la fracture d'un filon précède son remplissage. Les diamants sont répartis dans cette roche à peu près régulièrement mais en quantité bien minime : au plus 1 carat (205 milligrammes) par wagonnet pesant 1 280 kilogrammes. L'exploitation de ce minerai est semblable à celle de la houille, c'est-à-dire qu'elle se fait par des puits et des galeries. Une fois les bennes arrivées à la surface, le minerai est répandu sur d'immenses champs appelés *floors*.

(1) DE LAUNAY, *Les diamants du Cap*, 1898.

Le soleil et la pluie agissant sur la roche diamantifère la désagrègent et mettent les diamants à découvert. Pour activer ce travail de désagrégation on arrose le minerai, on y passe des herses et des rouleaux cannelés traînés par des chevaux, ce qui donne au floor l'aspect d'un champ labouré. Au bout de six mois on met sur ce champ une armée de nègres qui avançant de front sous une surveillance rigoureuse, font un triage à la main entre les morceaux durs qui vont être concassés et les parties désagrégées. Ces floors sont entourés de fils de fer et gardés par des hommes armés de

Fig. 256. — Appareils pour le criblage de roches diamantifères à la *de Beers* (Kimberley).

fusils, et la nuit des faisceaux de lumière balaient ces vastes champs. Les parties dures recueillies sont broyées, puis criblées automatiquement (fig. 256) et amenées sur des tables dans un atelier spécial où elles subissent un examen attentif.

Aujourd'hui le triage à la main a été remplacé par un procédé mécanique fort curieux : on fait passer le minerai réduit en petits fragments sur des plaques inclinées (fig. 257) recouvertes d'une couche de graisse qui retient les diamants et laisse rouler les autres matières minérales. Le produit d'une journée de travail dans les ateliers de la *de Beers* est environ d'un demi-litre de diamants, pesant 1 800 grammes et valant 260 000 francs. Ces diamants sont apportés entre les mains d'un surveillant qui en prend livraison et les remet à des employés chargés de classer les pierres par dimensions, par couleur, par eau, etc., en une quarantaine de lots. C'est une des curiosités de Kimberley de voir sur des feuilles de papier blanc (fig. 258) couvrant des tables qui bordent une salle bien éclairée, tous ces petits tas de cailloux brillants, de couleur blanche, bleuâtre ou jaunâtre. Le tout est ensuite expédié chaque semaine au syndicat de Londres qui achète et paye au comptant les diamants produits par la de Beers. Cette expédition se fait dans de simples boîtes en fer-blanc cachetées et assurées. La traversée étant de trois semaines,

Fig. 257. — Triage des diamants.

Fig. 258. — Diamants bruts.

le syndicat a toujours en mer pour 5 millions de diamants. C'est à Londres que les lapidaires d'Anvers, d'Amsterdam et de Paris viennent faire leurs achats.

On estime que l'Amérique consomme la moitié de la production : les beaux dia-

mants vont dans l'Amérique du Nord, tandis que le rebut, les grosses pierres tachées
vont dans l'Amérique du Sud.

Fig. 259. — Trieurs de diamants et surveillant.

Ne quittons pas cette cu-
rieuse industrie sans dire les
précautions raffinées qu'on a
dû prendre pour éviter les vols.
Des surveillants sont placés de
distance en distance, mais cela
n'empêche pas les nègres de
dissimuler les diamants avec
une habileté extraordinaire,
dans leurs narines, dans une
oreille ou même sous leurs
paupières! Parfois même ils les
avalent. Aussi comprend-on
les mesures vexatoires qui leur
sont imposées. En pénétrant
sur ces chantiers ils se constituent prisonniers pendant une
durée d'au moins trois mois, et ne doivent avoir aucune relation avec l'extérieur.

Fig. 260. — Un *compound* à Kimberley.

Pour cela les nègres employés à la de Beers, au nombre de plus de 6 000, sont logés

Fig. 261. — Emprisonnement des mains des mineurs nègres pendant une pause (Mines du Cap).

dans des baraquements entourant une cour carrée : c'est ce qu'on appelle un *compound* (fig. 260). Ce village est lui-même entouré d'un rempart gardé par des hommes armés et éclairé toute la nuit par des fanaux électriques. Personne ne peut entrer ni sortir, sauf les surveillants blancs, d'ailleurs surveillés eux-mêmes sans qu'ils s'en doutent, comme tous les employés de la de Beers, petits ou grands, par des *détectives*.

Quand un nègre veut sortir du compound, au bout de quelques mois, on le soumet à une investigation minutieuse. On le place dans un petit local où on lui fait subir un traitement énergique, dont on devine aisément la nature, et quand on a reconnu la pureté de son âme et de son tube digestif, il est autorisé à prendre enfin la

Fig. 262. — Cafres au retour des mines de diamants.

clef des champs. D'ailleurs, certain passage de Saint-Simon, relatif à l'histoire du Régent, montre que cette façon de dissimuler les diamants volés n'est pas neuve. « Par un événement extrêmement rare, dit cet auteur, un employé aux mines de diamant du Grand-Mongol trouva le moyen de s'en fourrer un dans le fondement, d'une grosseur prodigieuse, et, ce qui est le plus merveilleux, de gagner le bord de la mer et de s'embarquer, sans la précaution qu'on ne manque jamais d'employer à l'égard de presque tous les passagers, qui est de les purger et de leur donner un lavement pour leur faire rendre ce qu'ils auraient pu avaler ou se cacher dans le fondement. Il fit apparemment si bien qu'on ne le soupçonna pas d'avoir approché des mines, ni d'aucun commerce de pierreries. Pour comble de fortune, il arriva en Europe avec son diamant. »

La surveillance des nègres est surtout sévère dans la mine et dans les ateliers. C'est ainsi que pendant la pause, entre deux séances de travail, des surveillants emprisonnent les mains des ouvriers dans des sortes de sacs fermés à l'aide de cadenas et qui les empêchent de saisir les diamants (fig. 261). C'est un procédé qui n'est pas très humain, mais qui est très efficace. Pourtant certains nègres habiles arrivent, malgré toutes ces précautions, à cacher des pierres dans leurs cheveux ou à les avaler. De sorte que parmi les diamants qui ornent les épaules ou la chevelure de nos élégantes, il en est peut-être qui ont séjourné dans le tube digestif d'un nègre !

Les vols sont quand même assez fréquents. Aussi a-t-on édicté dans l'Afrique du Sud une loi draconienne, d'après laquelle personne ne peut avoir en main un diamant brut sans une licence spéciale de marchand de diamants qui n'est accordée qu'à bon escient. Quiconque contrevient à cette règle est puni des travaux forcés. De nombreux voleurs sont ainsi arrêtés. Il y a quelques années, un voleur qui fut pris au moment de son embarquement en Europe emportait dans le canon de son fusil des diamants représentant une valeur de deux millions.

Les Cafres qui travaillent dans les mines sont des ouvriers robustes et adroits, mais ils ne séjournent jamais longtemps dans le compound, où la liberté leur manque trop. Aussi tous ceux qui ont parcouru la région des mines diamantifères ont-ils rencontré le long des routes un certain nombre de Cafres, les uns revenant des mines, les autres s'y rendant. Ces derniers se reconnaissent à leur aspect misérable et

Fig. 263. — Indienne parée de ses bijoux.

à leur maigre bagage. Au contraire, ceux qui reviennent des mines ont habituellement amassé un petit pécule ; ils ont déjà des allures de propriétaires ; ils s'abritent sous des ombrelles aux couleurs vives et portent des ustensiles variés (fig. 262).

§ 3. — LA TAILLE DU DIAMANT. LE LAPIDAIRE INDIEN, LE LAPIDAIRE MODERNE. CLIVAGE, BRUTAGE ET POLISSAGE. BRILLANTS, ROSES, BRIOLETTES. LE COMMERCE DU DIAMANT.

C'est sortir de notre programme que de consacrer quelques lignes à l'art de tailler le diamant, mais la question est si intéressante que nous voulons quand même en parler. C'est la taille qui donne au diamant le brillant et l'éclat qui en font le plus riche des joyaux.

La taille est une découverte moderne. Les Anciens, qui avaient porté au plus haut degré de perfection l'art de polir et de graver les pierres précieuses, ne savaient ni tailler, ni polir le diamant. C'est à l'état brut que cette pierre figure dans les vieilles châsses et dans les anciens reliquaires de nos églises, dans les bijoux de nos premiers rois. L'agrafe du manteau de Charlemagne était ornée de quatre diamants bruts, appelés *pointes naïves*. Le fameux collier que Charles VII donna à Agnès Sorel et que la « Dame de beauté » appelait son carcan, portait des diamants bruts. Ce n'est qu'en 1476 que Louis de Berquem invente la taille du diamant en la basant sur des données mathématiques. Jusque-là la taille indienne avait prévalu. Cette taille consistait à perdre le moins de matière possible, sans se soucier des directions à donner aux facettes. La seule préoccupation du lapidaire indien, encore actuellement, est de conserver la grandeur de la pierre ; le lapidaire européen, au contraire, recherche l'éclat. Le lapidaire indien se sert d'un disque de plomb qu'il tourne à la main et auquel il présente la pierre à tailler (fig. 264). Heureusement les indigènes pour se parer, recherchent plutôt la quantité que la qualité. L'éclat que la taille donne à nos diamants leur semble inconnu.

Fig. 264. — Lapidaire indien.

Malgré les efforts de Mazarin et de Colbert, les tailleries de diamant ne purent se développer à Paris. La triple difficulté de l'établissement d'une usine, de l'approvisionnement en diamants bruts, et surtout de la formation d'ouvriers français, fut résolue par un homme aidé de ses seuls capitaux, mais riche en énergie et en initiative. C'est en 1872 que M. Roulina installa sa première usine à Paris ; pendant quinze ans il fut le seul Français qui sût tailler le diamant, et aujourd'hui grâce à lui deux mille ouvriers vivent de cette industrie à Paris et dans le Jura, où des tailleries furent installées. Jusque-là la taille des diamants était restée le monopole de l'étranger, surtout des Hollandais d'Amsterdam. La corporation des lapidaires hollandais était si jalouse de son monopole qu'elle interdisait à ses sociétaires de former des apprentis, même hollandais, autrement qu'en remplacement de ceux qui mouraient. Ces ouvriers lapidaires gagnaient facilement 2 000 francs par mois, ce qui explique les excentricités auxquelles ils se livraient. N'est-ce pas l'un d'eux qui, au théâtre, prenait toujours deux fauteuils, l'un pour lui, l'autre pour son chapeau ?

Les tailleries de diamant les plus anciennes et les plus importantes sont celles d'Amsterdam. A la fin de 1898, cette ville possédait 50 usines de premier ordre renfermant 7 200 meules à vapeur et occupant environ 11 000 ouvriers, dont 600 femmes. Les propriétaires de ces fabriques se bornent à louer les meules aux ouvriers, qui travaillent directement pour le compte des joailliers. Des tailleries prospères existent aussi à Anvers.

La taille comprend trois opérations : le clivage, le brutage et le polissage.

Le *clivage* est l'opération par laquelle le lapidaire enlève les parties défectueuses du cristal et lui donne une forme régulière. On appelle clivage la division mécanique des lames qui composent un cristal. Le sens du clivage pour un même minéral est toujours le même. Dans le diamant il y a trois principaux sens de clivage, que les *cliveurs* appellent les *fils* de la pierre, et que les minéralogistes nomment *plans* ou *facettes de clivage*. Un bon cliveur trouve toujours un fil en chaque point d'une pierre. Voici en quoi consiste l'opération : le cliveur a deux bâtons de corne ou d'ivoire à l'extrémité desquels se trouve un diamant enchâssé dans une sorte de mastic (fig. 265, 1). Avec l'un des deux diamants il fait une petite ébréchure sur le diamant à cliver afin d'y placer dans le sens du clivage une lame d'acier sur laquelle il frappe un coup sec pour fendre le cristal. Cette opération exige une grande légèreté de main.

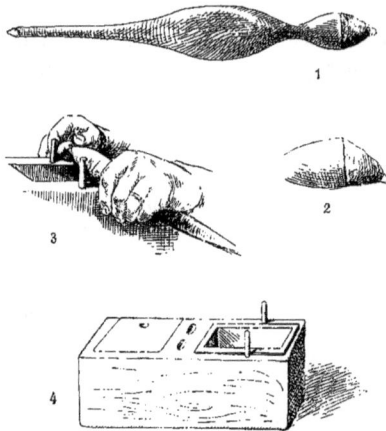

Fig. 265. — Outils de cliveur et de bruteur.

Le *brutage* comprend deux temps. Les cristaux sont d'abord *décroûtés*, c'est-à-dire qu'on leur enlève par le frottement la couche raboteuse qui les recouvre, puis on leur donne un commencement de forme ou ébauche. A cet effet le *bruteur* se sert de deux bâtons (fig. 265, 2) aux extrémités desquels sont fixés deux

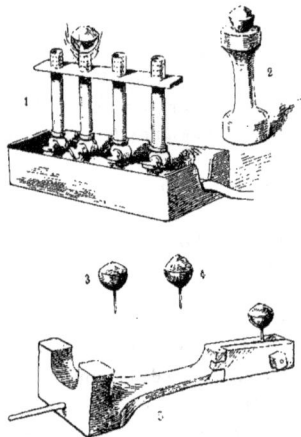

Fig. 266. — Outils du lapidaire : fourneau, dopp, pince.

cristaux qu'il frotte l'un contre l'autre (fig. 265, 3), l'un servant d'outil par rapport à l'autre. Ce travail se fait au-dessus d'une boîte en cuivre à double fond (fig. 265, 4) et dont les deux pitons servent à caler les bâtons du bruteur. Cette boîte est destinée à recevoir la poussière de diamant ou *égrisée* qui va servir dans le polissage.

Le *polissage* ou *taille* proprement dite consiste à donner au cristal tout son éclat en régularisant les facettes. Pour cela on chauffe sur un fourneau spécial (fig. 266, 1) une coquille de cuivre appelée *dopp*, de façon à ramollir l'alliage de plomb et d'étain contenu dans cette coquille et dans lequel on enchâsse le diamant à tailler suivant la direction voulue. Un bloc de bois (2) sert à cette opération. Puis une fois le diamant fixé (3 et 4) on place le dopp dans une sorte de pince (5) qui permet de présenter le diamant à une meule en fonte qui tourne dans un plan horizontal avec une vitesse de 2 000 tours à la minute. Cette meule est recouverte d'égrisée mélangée avec un peu d'huile. On se sert avec avantage pour ce travail de la poudre de *boort* obtenue en écrasant une variété de diamant au moyen d'un pilon et

Fig. 267. — Un lapidaire de la taillerie de Haan, à Paris.

d'un mortier en acier (fig. 268). L'ouvrier doit chercher le fil de la pierre, car si la face n'est pas bien placée, elle ne *marche* pas et le diamant creuse un sillon dans la meule.

Suivant la forme du diamant brut on peut en tirer un *brillant* carré (fig. 269, c) ou rond (b), une *rose*, une *briolette* ou *poire* (a).

Le brillant carré exige un cristal octaédrique dont la base carrée est la *ceinture*. Puis on enlève une partie de la pyramide supérieure et l'on a la *table* : la culasse s'obtient de la même façon, mais sur la pyramide inférieure. Entre ces deux parties on

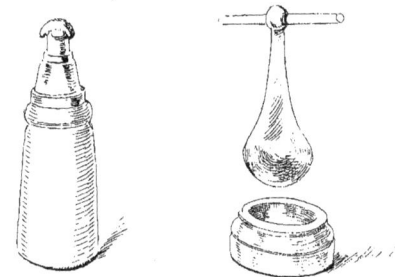

Fig. 268. — Mortier et pilons pour la préparation du boort.

taille 64 facettes ; les 32 facettes du haut constituent la *couronne*, celles du bas le *pavillon*. Le diamant taillé en rose diffère du brillant en ce qu'il a la forme d'un dôme sur une base plate appelée *collette*. Cette forme est utilisée pour les diamants de peu d'épaisseur. On taille à Amsterdam des roses vraiment microscopiques ; il y en a 500 et même 1 000 au carat. Les roses d'Anvers sont encore plus délicates. Les roses produisent de vifs éclats de lumière, mais peu ou point d'irisation. La forme de poire ou briolette est obtenue en conservant aux pierres leur forme primitive mais en les couvrant de facettes régulières.

Longtemps on a dit que l'art de percer les diamants était tenu secret. C'est aujourd'hui une opération pratiquée fréquemment : on se sert d'une aiguille animée d'un mouvement de percussion rapide (2 000 chocs à la minute) et qu'on enduit de poussière de diamant qui va creuser le cristal. Le trou obtenu est assez fin pour laisser passer un cheveu : mais malgré sa faible dimension il donne quand même un peu de gris au diamant. On peut aussi graver le diamant (fig. 270). Pourtant des progrès restent à accomplir dans l'art du lapidaire, car il est certain que le nombre et la disposition des facettes ne sont pas toujours en rapport avec les lois de l'optique.

a   b   c

Briolette.   Brillant rond.   Brillant carré.
Fig. 269. — Différentes formes de diamants bruts.

Fig. 270. — Broche avec diamant gravé, entourage émeraude (Bijou de M. Boucheron).

Un mot sur le commerce du diamant. Lycurgue voulant faire disparaître de Sparte toute inégalité, supprima les monnaies d'or et d'argent, et ne permit que la monnaie de fer, à laquelle il accorda une valeur si modique qu'il fallait un chariot pour traîner une faible somme. Comment ce terrible législateur eût-il traité le diamant, dont on peut avoir pour des millions dans le creux de la main ? Aussi le matériel du marchand de diamant est-il simple : une balance sensible au dixième de milligramme, des pinces, des passoires et des calibres dont les dimensions sont basées sur le *carat*, qui est l'unité de poids et dont la valeur conventionnelle est de 205 milligrammes. Le nom de cette unité vient d'une graine utilisée au Soudan pour peser l'or ; cette graine, appelée *kuara*, a la propriété de ne pas changer de poids avec l'humidité ou la sécheresse de l'air. C'est la graine d'une légumineuse appelée *Erythrina corallodendron*. Ajoutons que la règle des carrés établie par le voyageur Tavernier est difficilement applicable dans la pratique. Et puis d'autre part le diamant varie comme une valeur de bourse, car il subit la loi d'airain de l'offre et de la demande. Jusqu'ici l'équilibre entre ces deux forces s'est assez bien maintenu : ainsi la découverte des mines du Cap a augmenté l'offre, mais le développement de la richesse des peuples industriels a multiplié la demande. Une raison fait aussi que l'on recherche toujours le diamant, car pour parer la beauté rien n'est aussi durable. Les dentelles et les soies perdent de leur valeur, les perles se ternissent et meurent, les bijoux s'usent ; seul le diamant reste identique dans sa forme comme dans sa beauté. Aussi comprend-on que l'on ait voulu ranger ces pierres parmi les valeurs foncières, comme le firent les Romains.

§ 4. — LES DIAMANTS CÉLÈBRES : LE RÉGENT, LE SANCY, LE KOHINOOR, L'ORLOFF, ETC. LA JOAILLERIE ET LA COURONNE DE LOUIS XV. L'ART NOUVEAU.

Les plus beaux diamants ont une histoire que la tradition a scrupuleusement gardée. Sans entrer dans des détails historiques, nous allons cependant citer quelques-unes des pierres prises parmi les plus célèbres (fig. 271 et 272).

Au premier rang, par la beauté de sa forme et la pureté de son eau, doit se placer le *Régent,* qui a toujours été considéré comme la plus belle pièce du trésor français, bien qu'il n'en fût pas la plus volumineuse, car il ne pèse que 136 carats. Il fut acheté en 1717 par le Régent pour Louis XV, par l'intermédiaire de Law, au ministre anglais Pitt. On sait que le Régent faisait partie des diamants de la couronne qui disparurent en 1792 et qui furent retrouvés plus tard dans l'allée des Veuves, aux Champs-Élysées, en un endroit que fit connaître une lettre anonyme. Le fameux Régent était dans la cachette et Napoléon Ier le portait au pommeau de son épée le jour du sacre. Après le Régent, nommons le Sancy, tombé du casque de Charles le Téméraire à la bataille de Granson et vendu 2 francs par un soldat suisse à Sancy, trésorier de France ; il pèse 53 carats ; puis l'*Étoile du Sud,* trouvée par une négresse au Brésil en 1753, et qui pèse 125 carats. Le *Kohinoor* ou « Montagne de lumière », qui pèse 103 carats, appartient aujourd'hui à la couronne d'Angleterre. L'*Orloff,* qui figure aujourd'hui dans la couronne de Russie, et qui pèse 194 carats, formait l'un des yeux d'une idole du temple de Brahma, lorsqu'un grenadier français eut l'idée de s'emparer de cette pierre en simulant un zèle excessif pour la religion hindoue : il gagna la confiance des princes indiens qui lui permirent d'exercer son culte pour les beaux yeux de l'idole, et une nuit il mit son dessein à exécution, arracha un œil à la déesse (fig. 173) et s'enfuit avec son larcin. Citons encore le *Grand-Mogol,* le *Florentin,* l'*Étoile polaire,* le *Shah,* dont on trouve les histoires détaillées dans les livres avec les contes et légendes qui s'y rapportent.

Enfin, on a pu admirer, à l'Exposition de 1900, un énorme diamant, le *Jubilee,* pesant 239 carats et qui est d'une pureté d'eau absolue. Les propriétaires de ce diamant, constitués en société, l'ont acheté à la mine de Jagerfonstein près de Kimberley.

L'art d'assembler les diamants et les gemmes de toutes sortes constitue la *joaillerie.*

Fig. 271. — Le Régent (Musée du Louvre). Grandeur naturelle.

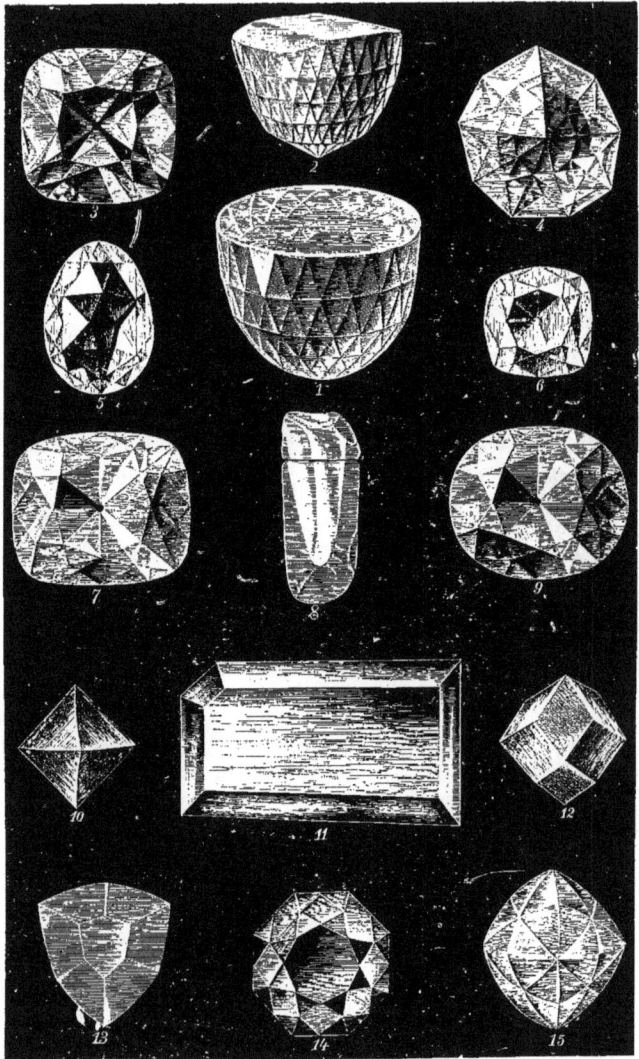

Fig. 272. — Diamants célèbres.

1. Grand-Mogol. — 2. Orloff. — 3. Régent. — 4. Florentin. — 5. Sancy. — 6. Étoile polaire. — 7. Étoile du Sud. — 8. Shah. — 9. Kohinoor. — 10, 12, 13, 15. Formes cristallines naturelles du diamant. — 11. Le plus grand diamant hindou. — 14. Pacha d'Égypte (grandeur naturelle).

La joaillerie est fille de l'orfèvrerie. Comme le dit poétiquement l'un des hommes qui ont le plus contribué au développement de cet art (1), n'est-ce pas la joaillerie, qui, avec l'incomparable flore souterraine de diamants, de rubis, de saphirs, a su se composer cette palette magique avec laquelle elle reproduit, en les cristallisant, l'oiseau ou la plante, l'insecte ou la fleur, ces autres merveilles vivantes de la nature ?

Parmi les ouvrages de joaillerie, une des plus remarquables par sa splendeur est la couronne du sacre de Louis XV (fig. 274). Cette œuvre de Rondé, qui date de 1722, comprenait un grand nombre de diamants et de pierres précieuses. Citons seulement le Régent, qui occupait la place d'honneur sur le devant de la couronne, et le Sancy qui, avec quelques autres, formait la grande fleur de lys. L'ensemble pesait environ 1 kilogramme.

Dans la joaillerie moderne, on ne se contente plus de copier des animaux comme le papillon ou la libellule ; l'art nouveau admet volontiers le chat-huant, le crabe ou l'araignée, la pieuvre ou la chauve-souris. Il est vrai qu'à côté d'une tête de hibou taillée dans la corne verte et portant de gros yeux d'émeraude, nous pourrons trouver un bijou charmant comme cette jolie figure bretonne à la coiffe d'opales, ourlée de brillants que viennent égayer les genêts du fond (fig. 275).

Fig. 273. — Le vol de l'Orloff.

§ 5. — LES PIERRES PRÉCIEUSES. L'ALPHABET LAPIDAIRE. REPRODUCTION ET IMITATION DES PIERRES PRÉCIEUSES.

L'ensemble des pierres précieuses a toujours exercé son prestige sur les peuples de toutes les nations depuis l'antiquité la plus reculée jusqu'à nos jours. Avec les nombreuses couleurs de ces pierres, la joaillerie sait peindre, elle sait même écrire à l'aide de l'initiale de ses gemmes, de telle sorte que depuis la lettre A de l'améthyste jusqu'au Z du zircon, l'alphabet lapidaire est complet.

(1) O. Massin, La Joaillerie, 1890.

Passons en revue ces différentes pierres. C'eût été chose facile lors de l'Exposition de 1900, car elles semblaient s'être constituées en Congrès. Au Petit Palais c'était la section des vénérables doyennes ; de vieilles pierreries ornaient les reliquaires, les châsses et les calices du Moyen âge. Blotties aux creux des ors, elles regardent avec indifférence le défilé des siècles. Il y avait aux Invalides l'exposition de la joaillerie moderne, où étaient accumulés les plus somptueux trésors. On avait là un coup d'œil inoubliable, où se mêlaient les conflits des reflets et les luttes des feux.

Fig. 274. — Couronne de Louis XV (Musée du Louvre).

On pourrait placer sur le même rang que le diamant le *saphir* et le *rubis*. Tous deux sont du corindon, c'est-à-dire de l'alumine pure. Le saphir est bleu d'azur et sa coloration est due à de l'oxyde de chrome. C'était la pierre la plus estimée des Anciens, qui en avaient fait l'emblème de l'amour ; mais elle avait d'autres vertus : elle protégeait contre les traîtres, préservait de la peur, guérissait les maladies d'yeux et faisait tomber les murs des prisons ! Le rubis a une couleur variant du rose pâle au carmin foncé ; le plus estimé est celui qui présente la couleur « sang de pigeon ». MM. Frémy et Verneuil ont réussi à le préparer artificiellement. Lorsqu'il atteint une certaine dimension, il est plus cher que le diamant. Lui aussi a des propriétés nombreuses ; il chasse les démons, fait découvrir les secrets et dissipe la mélancolie !

Voici maintenant l'*émeraude* au ton vert. C'est un silicate d'aluminium et de glucium. Quand elle est vert clair ou presque incolore, elle prend le nom de *béryl*. On en trouve depuis quelques années de beaux échantillons dans l'Oural. Voici un autre silicate d'aluminium mélangé d'un peu de fluor : c'est la *topaze* au jaune caractéristique ; mais parfois elle devient bleue, verte ou même incolore ; elle est alors connue sous le nom de « goutte d'eau ». Le *grenat*, qui a une couleur rouge violacée, est encore un silicate d'aluminium, de magnésium et de fer. Nous n'en finirions pas s'il fallait décrire tous les silicates, comme la *lapis-lazuli* qui a un ton bleu uniforme très doux, le *zircon*, le *péridot* et tous les *feldspaths* dont quelques-uns sont des pierres estimées, par exemple la *pierre de lune* et la *pierre de soleil*. La *turquoise* est un phosphate d'aluminium bleui par du cuivre.

La silice pure, cristallisée, c'est le *quartz* ou cristal de roche, qui se présente en prismes terminés par des pointements pyramidaux. On le trouve parfois dans les rivières en cailloux arrondis présentant un éclat assez vif ; ce sont les *pierres du Rhin*. Si le quartz est coloré en violet, on a l'*améthyste*, qui présente souvent de fort jolis groupes de cristaux contenus dans des masses sphériques creuses appelées géodes. L'améthyste doit à sa couleur d'être la pierre épiscopale, les évêques étant voués au violet. Elle est abondante dans les Vosges et en Auvergne. Les Anciens la regardaient comme un spécifique contre l'ivresse ; aussi les Romains se servaient-ils dans leurs banquets de coupes en améthyste. A côté du quartz on peut placer l'*agate* ou *onyx* aux zones concentriques et de couleur différente ; la *jaspe rouge* ou *cornaline* qui est opaque ; l'*aventurine* aux tons chatoyants ; la *calcédoine* blanche et laiteuse. Enfin, voici l'*opale* aux tons changeants et flamboyants et ses deux variétés, l'*arlequine,* qui est la plus riche en couleurs, et l'*opale de feu,* qui a une couleur rouge. On a cru et

Fig. 275. — Bijou moderne (de M. Vever).

l'on croit encore que cette pierre portait malheur à son possesseur.

Nous trouvons la plupart de ces pierres merveilleusement rassemblées dans deux tables de mosaïque florentine du Muséum de Paris.

On fabrique des pierres précieuses artificielles avec du strass coloré à l'aide d'oxydes métalliques. Voici quelques-uns des colorants employés : pour l'émeraude, l'oxyde de cuivre ; pour le saphir, les oxydes de cuivre et de cobalt ; pour l'améthyste, l'oxyde de cobalt ; pour le rubis, le chlorure d'or.

CHAPITRE VIII

LES PIERRES ET LE SEL

§ 1. — LES CARRIÈRES. LE TRAVAIL DANS LES CARRIÈRES : OUTILS DIAMANTÉS,
FIL HÉLICOÏDAL, POULIE PÉNÉTRANTE.

La plupart des pierres d'ornementation et de construction se trouvent dans le sol à une faible profondeur ; elles sont donc exploitées à ciel ouvert, en carrières. L'aspect

FIG. 270. — Carrière de Comblanchien (Côte-d'Or), exploitée par MM. Fèvre et Cie.

des carrières est bien différent de celui des mines. Dans les pays de mines de charbon, c'était le noir ; dans les pays de carrières, c'est le poudroiement de poussières grises au-dessus des trous béants. Dans les houillères, la bataille se livre dans les ténèbres ; ici elle se fait au grand jour, au trop grand jour même, car si le mineur,

dans la nuit éternelle, sent parfois le frisson de la mort, le carrier, lui, dans son arène
que le soleil transforme en fournaise, sent se calciner ses tissus sur le rocher brûlant, ce pendant qu'une fine poussière vient racler son gosier. Et quand l'ardeur du
soleil cesse, c'est un autre fléau qui commence : c'est la gelée qui fendille la chair et
tenaille les oreilles.

L'usage des explosifs est très répandu dans l'exploitation des carrières. A chaque
chaque instant, dans le voisinage des carrières, l'air est déchiré par des coups de
mine ; c'est la dynamite détachant du sol le roc qui vole en morceaux en envelop-

Fig. 277. — Scie diamantée, système Fromholt.

pant le chantier d'un nuage de poussières. Les carriers, comme les mineurs, sont
rendus robustes par l'habitude d'une incessante gymnastique.

Le travail d'extraction de la pierre s'est modifié considérablement depuis quelques
années. Jadis, il fallait, pour détacher le bloc de pierre, libre par ses faces antérieure
et supérieure, creuser de véritables tranchées latérales et le soulever ensuite à l'aide
de coins et de leviers. On se sert aujourd'hui d'outils diamantés, de fil hélicoïdal, de
poulie pénétrante, etc.

Les outils diamantés sont surtout avantageux dans le travail de la pierre demi-
dure. Un ingénieur français, M. Félix Fromholt, a construit un outillage diamanté
qu'on peut voir fonctionner dans de nombreux chantiers. Il utilise le diamant noir
cristallisé, qu'il sertit d'une façon spéciale. Pour sertir un diamant sur une couronne
de perforatrice, par exemple, on fait un trou un peu plus grand que le diamant, on

y place celui-ci et on le cale avec de l'étain, puis à coups de marteau on sertit le métal autour du diamant. Dans la scie circulaire, la lame de la scie a 2ᵐ,20 de diamètre et porte 200 diamants disposés : 40 de champ, 80 sur les arêtes et 80 sur les faces. La lame tourne à 300 tours par minute et son avancement est de 0ᵐ,30 par minute dans la pierre demi-dure d'Enville et de 0ᵐ,10 dans le marbre blanc.

Pour le sciage de gros blocs, on emploie la scie à mouvements alternatifs, qui fut pendant longtemps la seule en usage. Ce procédé consiste à user la pierre au moyen de sable que l'on jette sous la lame d'acier de la scie, qui va et vient lentement.

Pour travailler les roches dures, le granite, par exemple, il est préférable d'employer des *globules* d'acier, c'est-à-dire de petits fragments d'acier, que l'on introduit le long de la scie, au lieu de grains de sable.

Un progrès récent a été apporté dans l'exploitation des carrières et surtout des carrières de marbre. Grâce, en effet, à l'invention du *fil hélicoïdal,* on débite les blocs d'une manière plus rapide qu'autrefois. Cet appareil (fig. 278) se compose d'une corde sans fin obtenue par la torsion de trois fils d'acier, et qui a environ un demi-centimètre de diamètre. Cette corde s'enroule d'un côté sur une poulie fixe calée sur l'arbre d'un moteur, et d'autre part sur la poulie folle d'un chariot tendeur qui glisse sur un plan incliné de façon à assurer une tension constante au fil. Le bloc à scier est posé dans la *débiteuse,* qui est l'appareil de sciage et qui comprend

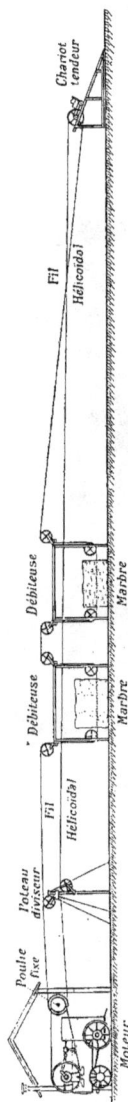

Fig. 278. — Installation du fil hélicoïdal dans une carrière.

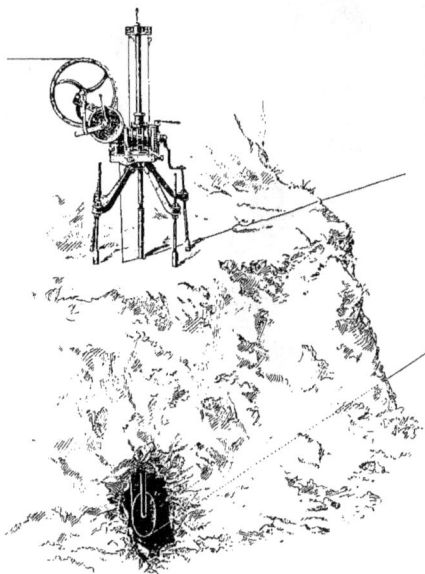

Fig. 279. — Poulie pénétrante.

quatre poulies maintenues par des colonnes. Un sablier, placé au-dessus de la masse à attaquer, fournit le sable nécessaire au sciage. Le fil ne sert que de véhicule au sable, et le découpage se produit par le rodage du sable sous l'influence du fil qui est animé d'un mouvement giratoire. Pour pratiquer les puits nécessaires à l'installation d'un fil hélicoïdal, on se sert d'une perforatrice, ou mieux encore d'une *poulie pénétrante* (fig. 279). Cet appareil évite le forage de puits, remplacés par de simples trous de mine. Il se compose d'un disque en acier de $0^m,50$ de diamètre, sur la gorge duquel passe le fil hélicoïdal qui déborde un peu de chaque côté, ce qui lui permet de creuser dans la roche une rainure dans laquelle la poulie s'enfonce.

§ 2. — ROCHES ÉRUPTIVES : GRANITES ET PORPHYRES ; UNE MINE DE KAOLIN ;

LAVES ; AMIANTE ; PIERRE PONCE ; ÉCUME DE MER ; UNE MINE DE SAVON.

Les roches éruptives, c'est-à-dire les roches venues des profondeurs du sol à travers les fissures de l'écorce terrestre, comprennent les granites, les porphyres et les laves. Les minéraux qui entrent dans la composition de ces roches sont nombreux, mais les plus importants sont le quartz et le feldspath, que nous connaissons déjà, et le mica, dont nous n'avons pas encore parlé. Le mica est un silicate complexe qui se présente en lamelles brillantes et facilement clivables. Il est utilisé en tabletterie et

Fig. 280. — Bloc de granite de 310 tonnes extrait de la carrière, pour servir à fabriquer une des colonnes de la cathédrale Saint-Jean, à New-York.

Fig. 281. — Une colonne de granite sur le tour, presque terminée.

pour faire les vitres des navires et de certains poêles ; mais c'est surtout l'industrie électrique qui l'emploie.

Le *granite*, qui est la plus ancienne des roches éruptives, est composé essentiellement de quartz, de feldspath et de mica. Il est à grain fin, comme celui de Vire, si tous les éléments sont d'égale dimension ; il est porphyroïde si les cristaux de feldspath sont volumineux. On cite une exploitation de granite de l'Oural où un cristal de feldspath s'est développé au point que toute une carrière est ouverte dans ce seul cristal. Le granite est abondant dans le Plateau Central, la Bretagne et les Vosges ; il se trouve dans la plupart des massifs montagneux. A côté du granite prennent place la *granulite*, la *syénite*, la *pegmatite*, la *diorite*, etc. On sait que les Égyptiens étaient passés maîtres dans l'art de travailler ces pierres et de les tailler en obélisques. Aujourd'hui, pour travailler le granite on a construit des tours et des machines à raboter la pierre. Pour faire une colonne d'un monument, on commence par extraire un bloc de granite qui peut peser jusqu'à 310 tonnes, comme celui de la figure 280, puis on l'équarrit et on le porte sur un tour gigantesque (fig. 281), où on le façonne et le polit.

Fig. 282. — Carrière de kaolin d'Échassières (Allier).
Vue prise de l'étage supérieur.

Les roches granitoïdes, si dures qu'elles soient, finissent par être altérées sous l'action de l'eau, surtout si celle-ci contient de l'acide carbonique, lequel attaque le feldspath et s'empare de la potasse qu'il transforme en corps soluble. Il reste alors du silicate d'alumine pur ou *kaolin*, qui est de l'argile blanche utilisée pour fabriquer la porcelaine. L'histoire de la découverte de cette matière est intéressante. Au commencement du XVIIIᵉ siècle, on savait que les Chinois obtenaient depuis longtemps une pâte blanche et translucide pour la fabrication de leurs poteries. En Europe, on en était encore réduit à la production de la faïence, lorsque la femme d'un pharmacien de Saint-Yrieix découvrit, par hasard, un banc d'argile blanche aux environs de cette ville. Depuis, de nouveaux gisements ont été trouvés en Angleterre, en Saxe et en France dans le Limousin, la Dordogne et l'Allier. Nous voudrions dire quelques mots de cette exploitation encore peu connue en France et sur laquelle nous possédons d'intéressants documents, grâce à l'obligeance de notre ami M. Morin, professeur au lycée de Montluçon. La carrière d'Échassières, dans l'Allier, produit annuellement de 8 à 10000 tonnes de kaolin et occupe 300 ouvriers. Ici comme à Montebras, on a trouvé des traces d'anciennes exploitations minières donnant à penser que les Romains devaient rechercher dans la roche le minerai d'étain qu'on y trouve souvent. La région où l'on extrait le kaolin est un massif de pegmatite d'environ 2 kilomètres de diamètre. La kaolinisation de la roche est limitée à une faible profondeur, ne descendant guère au-dessous de 50 mètres, et elle semble due à la circulation des eaux souterraines qui se produit le long des filons de quartz recoupant la roche. L'extraction de la roche se fait au flanc d'une colline, haute de 780 mètres, dominant les cours d'eau voisins : la Sioule et le Bouble. L'exploitation consiste à abattre la roche par des gradins successifs (fig. 282), et ce travail met à découvert des sources dont les eaux vont s'écouler dans des rigoles en bois vers le bas de l'excavation. On jette dans cette eau des pelletées de la roche et, par suite de la densité différente des

Fig. 283. — Carrière de kaolin d'Échassières. Partie inférieure de l'exploitation.

éléments, le quartz et le mica se déposent les premiers et à la fin seulement le kaolin. L'eau chargée de kaolin circule dans les rigoles en bois portées sur des chevalets de perches que l'on voit dans toute la largeur de la carrière (fig. 283). Les mêmes chevalets portent au-dessous une autre conduite ramenant l'eau clarifiée à un broyeur qui écrase la roche trop dure. Les canaux précédents arrivent dans de grands bassins au fond desquels se dépose une matière fluide appelée *barbotine* (fig. 284). Tandis que l'eau claire retourne à un autre chantier pour entraîner de nouveau du kaolin, la barbotine s'écoule dans des bassins situés près des séchoirs et appelés « mais ». Là se dépose définitivement le kaolin, lequel forme une pâte assez ferme que des ouvriers prennent à la pelle et portent en brouette aux séchoirs (fig. 285). Le kaolin est ensuite dirigé soit vers les usines de Limoges, qui l'utilisent pour la céramique, soit vers d'autres régions, pour la fabrication du bleu d'outremer, des aluns, de la pâte à papier, etc.

Les *porphyres* sont formés de grands cristaux réunis par une sorte de pâte. Ils peuvent se polir et sont alors recherchés pour leurs belles nuances, dues à ce que les grands cristaux de couleur claire se détachent bien sur le fond sombre, vert ou rouge, de la pâte. Dès l'antiquité, ces roches ont servi à l'ornementation. Le *porphyre vert antique* des monuments grecs, était extrait d'une carrière près de

Fig. 284. — Carrière de kaolin d'Échassières. Vue d'ensemble des bassins à barbotine et des séchoirs.

Sparte. Le *porphyre rouge antique* était retiré par les Romains des bords de la mer Rouge.

Parmi les roches éruptives utilisées, nous devons placer la *lave*, la *pierre ponce*, l'*amiante*, l'*émeri*, etc. La lave est activement exploitée à Volvic (Puy-de-Dôme); on en fait des monuments funéraires, des tables de laboratoire, et des plaques que l'on peut émailler pour confectionner les cadrans d'horloges et les plaques indicatrices. La pierre ponce qui sert à tailler les cristaux, et qu'utilisent les lithographes, les bijoutiers, les marbriers, etc., provient de Lipari. Là seulement on trouve la ponce utilisable; on en exporte annuellement 7 millions de kilogrammes, et l'on sait combien la ponce est légère. L'amiante est un silicate qui se présente sous forme de filaments soyeux, nacrés, onctueux au toucher, et qui s'agitent comme le gazon sous le souffle du vent. Les Anciens se servaient, dit-on, de ces fibres pour tisser les lin-

ceuls avec lesquels ils enveloppaient les cadavres que l'on plaçait sur les bûchers ;
l'amiante est, en effet, incombustible. C'est le Canada qui fournit la plus grande
partie de l'amiante consommé : cependant celui d'Italie est plus recherché, à cause de
ses fibres plus longues. On utilise aussi l'amiante pour faire les joints des machines
à vapeur. L'émeri, qui est trouvé dans l'île Naxos (Cyclades) est un mélange d'alumine, ou corindon, avec de la silice. Signalons aussi une pierre blanche appelée *magnésite*, plus connue sous le nom d'*écume de mer*, servant à fabriquer les ustensiles de

FIG. 285. — Carrières de kaolin d'Échassières. « Mais » et séchoirs.

fumeurs ; elle est parfois colorée, et comme elle durcit par la cuisson, on en fait
des vases. Les vases de Samos, dont les Romains faisaient grand cas, étaient en
magnésite.

§ 3. — ROCHES CALCAIRES. LES MARBRES DANS L'ANTIQUITÉ ET DANS L'IN-
DUSTRIE MODERNE. LES PIERRES DE CONSTRUCTION. LA PIERRE A PLATRE. LES
PHOSPHATES.

On réunit sous le nom de *roches calcaires* toutes celles qui contiennent du carbonate de calcium. Dans la nature on les trouve tantôt cristallisées comme le spath,
l'aragonite et le marbre, tantôt amorphes comme la pierre à bâtir et la craie.

Fig. 286. — Ruines du Parthénon.

Fig. 287. — Sur l'Acropole (cliché de M. Fontaine).

Les *marbres* sont formés de petits cristaux accolés, ce qui leur donne l'aspect du

Fig. 288. — Transport d'un bloc de marbre à Carrare.

sucre. Ils sont de couleurs variées et présentent une richesse infinie de nuances ; mais

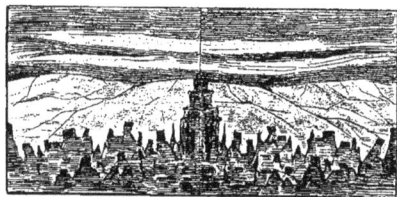

Fig. 289. — Marbre ruiniforme de Florence.

les marbres blancs sont les plus recherchés. Les plus célèbres sont celui de Paros, exploité dans l'antiquité par les Grecs, et celui de Carrare, en Italie. Ce dernier, à cause de la finesse de son grain, de sa transparence qui imite un peu celle de la chair, est fort recherché des statuaires. Un autre marbre justement renommé est celui qui est appelé *pentélique*, du mont Pentélès au nord d'Athènes.

Fig. 290. — Marbre ruiniforme (d'après *Mundus subterraneus* du P. Kircher).

Au sommet de ce mont se trouve la carrière d'où furent extraits les marbres du Parthénon et de l'Acropole, et bien d'autres mis en œuvre par les plus habiles sculpteurs. Il semble que la nature ait voulu réunir en ce coin de terre les grands hommes, les grands artistes et la plus belle matière qui puissent transmettre à la postérité la gloire des uns et le génie des autres. A la fin du vᵉ siècle tout le plateau de l'Acropole était cou-

Fig. 291. — Carrière de marbre de Ravaccione, près Carrare.

Fig. 292. — Carrière de marbre de Saint-Béat (Haute-Garonne).

vert d'édifices dont les Propylées étaient le somptueux vestibule. Malgré l'action destructive du temps et aussi le vandalisme, ce qui reste de ces chefs-d'œuvre s'impose à notre admiration par sa « noble simplicité ». Et lorsque sur cette jonchée de marbres le soleil couchant vient semer des tons d'or bruni, c'est une merveille à nulle autre pareille que forme cet ensemble d'édifices et de blocs de marbres amoncelés.

La réputation du marbre de Carrare, dont les gisements sont situés sur les pentes occidentales des Apennins, est universelle. Il fait le bonheur des artistes qui peuvent y tailler leurs œuvres. Environ un millier de carrières sont en exploitation et fournissent annuellement 200 000 tonnes de marbres, qui presque tous sont expédiés à l'étranger. Les blocs détachés à la main ou par le fil hélicoïdal sont placés sur des traîneaux et descendus le long du flanc de la montagne jusqu'aux stations de chargement. Ensuite, par des procédés primitifs, les blocs destinés à être sciés sont transportés au moyen d'attelages de bœufs (fig. 288) jusqu'aux chantiers de débit ou jusqu'au chemin de fer ou vers le port d'embarquement. Une visite à ces admirables carrières explique pourquoi George Sand disait : « Je quitterais tous les palais du monde pour aller voir une belle montagne de marbre dans les Alpes ou dans les Apennins. »

Tous les touristes qui ont passé par Florence ont vu de petits tableaux singuliers (fig. 289). Ce sont des plaques de marbre gris un peu jaunâtre formées de deux morceaux symétriques provenant de ce que les deux moitiés

Fig. 293. — Carrière de Chassignelles (Yonne), exploitée par MM. Fèvre et Cⁱᵉ (Société des carrières et scieries à pierre de Bourgogne).

ont été séparées par un trait de scie parallèle au plan général de la plaque, puis rabattues ensuite comme les ébénistes rabattent sur les deux moitiés d'un meuble les feuilles de placage qui proviennent d'une même planche d'acajou. D'un peu loin les nuances de ce marbre simulent assez bien une cité avec des monuments en ruines. Cette vague ressemblance a été traduite avec une naïve bonne foi dans une figure (290) que nous empruntons à l'ouvrage du P. Kircher.

Les carrières de marbre sont abondantes dans les Pyrénées. Les marbres blancs de

Fig. 294. — Escalier de marbre du château de Versailles.

Saint-Béat (fig. 292) étaient déjà exploités par les Romains, qui en décoraient leurs palais et leurs thermes ; ils ont été remis en exploitation depuis quelques années, et les résultats obtenus font espérer une évolution rapide de cette industrie. François Ier, Henri IV, puis Louis XIV, firent exploiter certaines carrières, notamment celles de Campan et de Sarrancolin, dont les marbres décorent les palais du Louvre, de Versailles (fig. 294), de Trianon et de Fontainebleau.

Le travail du marbre se fait à l'aide du fil hélicoïdal, de scies diamantées, de châssis, etc. Dans les ateliers de sciage les blocs sont débités en tranches d'épaisseur et de longueur variables, suivant les besoins : on y confectionne les objets les plus divers ; depuis la modeste cheminée dite *capucine,* jusqu'aux grandes cheminées de style, des travaux de décoration, des lambris, des rampes, des balustres, etc.

Quant au bloc de marbre livré au sculpteur, il subit le travail suivant : c'est le plâtre préparé par l'artiste qui devient le modèle d'après lequel on dégrossit le bloc. Ce travail est exécuté par un « praticien » (fig. 295), qui se sert d'un outil appelé *croix de mise au point*. Il trace sur le modèle en plâtre des points de repère qu'il recherche sur le bloc en débitant la matière au moyen de la râpe et du ciseau.

Les pierres de construction sont nombreuses : les unes sont à grain grossier et

Fig. 295. — Le travail du « praticien » (atelier de M. Gardet).

pétries de fossiles, commes celles des environs de Paris ; les autres, à grain plus serré, sont plus compactes et par conséquent plus recherchées pour la construction. Telles sont celles qui sont fournies par les carrières de Comblanchien (Côte d'Or), d'Euville (Meuse), et surtout la belle pierre blanche de Chassignelles (Yonne); pour celle-ci notre gravure (293) donne une idée de l'importance de l'exploitation.

A côté des roches calcaires proprement dites, nous devons placer le *gypse* et les *phosphates*. Le gypse, encore appelé *pierre à plâtre* parce qu'il sert à fabriquer le plâtre, se présente en cristaux ; tantôt il a l'aspect du sucre, tantôt il est formé de grands cristaux accolés et prenant la forme d'un fer de lance. Lorsqu'il est dur et compact, il peut se polir et se laisse facilement travailler : c'est l'*albâtre*. Le gypse est abondant dans le bassin de Paris et même dans la capitale, à Montmartre, à

Belleville, ainsi qu'à Clamart, à Argenteuil, à Taverny, etc. Les Parisiens peuvent donc contempler sans un grand déplacement les plus belles carrières de gypse du monde. Les unes s'exploitent à ciel ouvert, les autres en galerie. Parmi les premières, l'une des plus intéressantes est celle qui est située entre Argenteuil et Sannois, au pied de la colline du moulin d'Orgemont. Elle présente un immense front d'attaque d'une cinquantaine de mètres de hauteur sur un développement de 6 à 700 mètres. Voici comment se fait l'exploitation : on creuse des galeries rapprochées et dirigées normalement à la paroi

Fig. 296. — Carrière de gypse d'Argenteuil (photographie de M. Léon Janet).

(fig. 296), puis une autre série de galeries transversales de façon à ne laisser qu'un certain nombre de piliers pour soutenir la masse. Ensuite on perce des trous de mine dans chacun d'eux ; et à l'aide de la dynamite et de la poudre, on les fait sauter successivement en commençant par ceux d'avant. La masse s'effondre alors au milieu d'un nuage de poussière, et le gypse est ensuite transporté par des wagonnets jusqu'aux fours à plâtre. Parmi les exploitations en galerie, la carrière Franck de Préaumont, à Taverny, est une des plus curieuses et des plus grandioses, ainsi que le montre bien la belle photographie (fig. 297) que nous devons à l'obligeance de M. Léon Janet, ingénieur en chef des mines.

La recherche des *phosphates de chaux*, qui constituent un engrais incomparable, a produit il y a une quinzaine d'années une véritable fièvre, rappelant, toutes proportions

Fig. 297. — Carrière souterraine Franck de Préaumont, à Taverny (d'après une photographie de M. Léon Janet).

gardées, la fièvre du pétrole ou de l'or. Le sol picard a été criblé partout de coups de sonde. Si l'on trouvait du phosphate, c'était la fortune, car le terrain se vendait alors vingt fois, trente fois ce qu'il valait la veille. Mais si les fortunes s'édifient, les raisons s'ébranlent : un petit commerçant achète une maison 2000 francs ; le phosphate est au-dessous : vite, on la lui achète 65000 francs. Le brave homme en perd la tête, et sa joie est si bruyante que le premier propriétaire intervient et demande la résiliation de la vente, d'où procès. Le phosphate se présente, en Picardie. sous forme de sable fin contenu dans des poches creusées dans la craie. On a trouvé en Algérie et en Tunisie de riches gisements de phosphates. Ceux de Tébessa sont particulièrement célèbres : on les exploite, comme la houille, en galerie et à l'aide du pic et de la dynamite. Depuis 1889 on exploite aussi très activement les phosphates de la Floride (États-Unis), dont la production annuelle atteint 200000 tonnes.

§ 4. — Roches siliceuses et argileuses. Grès et Meulières. Argile et ardoises.

Les roches siliceuses les plus communes sont le *sable*. le *grès* et la *meulière*. Le sable est formé de petits grains de quartz arrondis et souvent colorés en jaune ou en rouge par des oxydes de fer ; il est utilisé dans la fabrication du verre. Le grès résulte de grains de sable soudés par un ciment, qui peut être siliceux ou calcaire, ou même ferrugineux. Le grès de Fontainebleau fournit à Paris le pavé de ses rues : ses diverses variétés sont désignées par les carriers sous les noms bizarres de *pif, paf, pouf* : pif est trop dur pour être travaillé facilement. paf sert pour le pavage, et pouf est trop tendre.

La meulière est une roche siliceuse contenant du calcaire. La meulière de Beauce présentant de nombreuses cavités et souvent tachée de rouille sert dans la construction ; sa résistance est grande et elle ne s'altère pas à l'humidité. La meulière de Brie, plus compacte, est exploitée pour la fabrication des meules. Elle se présente en couches superposées, d'une épaisseur dépassant rarement 2 mètres, et séparées par de l'argile. Pour que la pierre meulière soit bonne à faire des meules. il faut qu'elle contienne au moins 85 pour 100 de silice ; celle de La Ferté-sous-Jouarre en renferme 88 en moyenne, et celle d'Épernon 95. Le monde entier est tributaire de la France pour cette pierre, car c'est seulement dans notre pays qu'elle possède les qualités nécessaires. La pierre extraite dans les carrières subit, sur place, un dégrossissage et un piquage grossier. Elle est ensuite portée au chantier, où elle est travaillée avec plus de soin. Puis on réunit les pierres de même couleur, de même texture. en lots d'un certain nombre de morceaux, chaque lot représentant ce qu'il faut pour fabriquer une meule. Ces lots sont ensuite distribués aux fabricants qui façonnent les morceaux (fig. 299) et les soudent au ciment. Un cercle de fer plat les maintient solidement d'autre part. Les meules ne sont pas employées seulement à la mouture des céréales ; elles servent aussi à la trituration de matières comme les ciments, phosphates. os, plâtres, peintures. produits chimiques. moutardes, etc.

Fig. 298. — Un coin de la carrière du Gros Pavé, à Épernon (*Société générale des meulières*).

Fig. 299. — Fabrication d'une meule (*Société générale des meulières*).

Les roches ARGILEUSES sont parmi les plus communes. Quoi de plus banal, en effet, que la terre glaise qui sert à fabriquer les briques et les tuiles, les poteries et les faïences? Depuis des siècles le potier façonne l'argile en la plaçant sur un tour qu'il met en mouvement à l'aide de ses pieds (fig. 300).

Lorsque l'argile a subi une forte pression, elle se transforme en une roche feuilletée appelée *schiste*. C'est de cette façon que l'*ardoise* a dû se former. En France, on trouve l'ardoise dans le terrain silurien des Ardennes, sur les deux rives de la vallée de la Meuse, et aussi dans les environs d'Angers. Les conditions de gisement et le mode d'extraction varient d'une région à l'autre. Dans le pays de Galles l'ardoise forme de véritables montagnes, que l'on abat par gradins. Dans l'Anjou la roche plonge dans le sol à une profondeur de plusieurs centaines de mètres. Au village de Trélazé, à 8 kilomètres d'Angers, se trouvent plusieurs exploitations dont la visite est une des incursions les plus pittoresques que l'on puisse faire dans le monde souterrain. Chaque puits d'extraction, qui descend à 3 ou 400 mètres de profondeur, dessert 4 ou 8 grandes chambres de 25 à 40 mètres de côté, dans lesquelles l'abatage se fait en remontant, c'est-à-dire en provoquant la chute du plafond des chambres à l'aide de gradins successifs. Les ouvriers qui font ce travail sont montés sur des ponts de bois attachés à la voûte au moyen de tringles de fer (fig. 301). On remblaye à mesure le vide produit par la roche enlevée. L'outillage des puits nécessite une machinerie puissante, et dans certaines exploitations l'électricité est employée.

FIG. 300. — Le potier (Gravure de Jost Amman, *les Métiers*).

Le bloc d'ardoise une fois abattu est extrait au jour (fig. 303). Il reste à façonner l'ardoise. Ce travail doit être fait sur place avant que l'ardoise soit desséchée. Pour cela le bloc est conduit à l'atelier de *fendage*, où il est débité en morceaux auxquels on donne ensuite les dimensions correspondantes aux modèles d'ardoises (fig. 306). Le fendeur prend ensuite ces fragments ou « repartons », et abrité sous le *tue-vent* (fig. 304), les pieds dans de gros sabots, il place un morceau de schiste verticalement entre ses jambes enveloppées de chiffons pour éviter les blessures, puis à l'aide d'un long ciseau mince enduit de graisse il frappe sur la tranche pour en détacher des feuillets. Le reparton est d'abord fendu par le milieu, puis, chaque moitié obtenue, par le milieu encore et ainsi de suite jusqu'à ce que les lames aient une épaisseur d'environ 3 millimètres. Dans une cinquième opération l'ouvrier coupe l'ardoise, suivant les formes demandées, à l'aide d'un long couteau qui se rabat contre le rebord d'un billot (fig. 305). Un ouvrier habile arrive à fendre 700 à 800 ardoises par jour.

Fig. 301. — Exploitation d'une chambre, par la méthode dite en remontant (*Société ardoisière de l'Anjou*).

§ 5. — LE SEL GEMME. SON ORIGINE. LES PRINCIPAUX GISEMENTS. LES MINES DE WIELICZKA ; UNE SALLE DE BAL, UNE CHAPELLE ET UN HOTEL DE VILLE SOUTERRAINS. LA REINE DU SEL. ROLE PHYSIOLOGIQUE ET ÉCONOMIQUE. LE SEL ET LA DURÉE DE LA VIE.

Ce n'est pas sans raison que l'on dit d'une mauvaise plaisanterie qu'elle « manque de sel ». Rien n'est détestable comme l'absence de sel dans l'alimentation aussi bien morale que matérielle. Le sel est une denrée universelle, car il assaisonne aussi bien la pitance du nègre africain que les mets recherchés des gourmets modernes. Son usage est aussi ancien que le monde ; on l'a, du reste, mis sur le même rang que le pain, puisque l'on dit couramment « offrir le pain et le sel » pour faire allusion à l'hospitalité que l'on accorde. Il se trouve dans les eaux de la mer et dans les entrailles de la terre. C'est de ce dernier seulement, c'est-à-dire du *sel gemme*, que nous nous occuperons. Il est composé de chlore et de sodium ; c'est du chlorure de sodium, comme on dit en chimie. Pur, il est incolore, transparent, et cristallise en beaux cubes qui peuvent rester isolés ou se grouper. Il forme des amas considérables, compris entre des couches imperméables d'argile ou de marne. Les géologues admettent que le sel gemme et le gypse, avec lequel il est souvent associé, proviennent de l'évaporation des mers anciennes.

Parmi les principaux gisements de sel gemme, les plus importants sont ceux de Varangeville, de Dieuze, de Vic en Lorraine, de Salins et de Lons-le-Saul-

Fig. 302. — Ardoisières de la Rivière à Renazé. Exploitation à ciel ouvert.

Fig. 303. — Extraction d'un bloc (Ardoisières de la Rivière, Renazé).

nier dans le Jura, de Cardona en Espagne, de Wieliczka en Pologne. Sous la ville de Berlin des sondages ont traversé 1 200 mètres d'épaisseur de sel ! On jugera de la puissance de ce dépôt si l'on ajoute que la mer en s'évaporant actuellement ne laisserait déposer qu'une épaisseur de 80 mètres de sel.

Fig. 304. — Fonte de l'ardoise.

On extrait le sel par deux méthodes, suivant que le gisement est superficiel ou profond. Dans le premier cas, on l'exploite par les procédés miniers ordinaires ; dans le second, on opère par dissolution en introduisant de l'eau dans la mine et en l'enlevant ensuite au moyen de pompes quand elle est saturée.

Les mines de Wieliczka, situées en Pologne, à deux lieues de Cracovie, sont les plus célèbres du monde entier. Mises en exploitation au XIIIe siècle, elles n'ont pas cessé depuis cette époque de fournir du sel. Aussi aujourd'hui comptent-elles plus de 700 kilomètres de galeries qui communiquent avec le dehors par 11 puits et qui sont situées à une profondeur moyenne de 300 mètres. Deux des puits sont pourvus

Fig. 305. — Taille des ardoises.

d'escaliers en bois pour la descente des mineurs. Certaines chambres avaient autrefois jusqu'à 50 mètres de hauteur. Souvent les escaliers sont taillés dans le sel ; et les parois, les voûtes, les piliers réfléchissent féeriquement la lumière des lampes et des torches. Il y a entre autres curiosités : une salle de réception immense, avec des colonnes taillées dans le sel et des lustres en sel descendant du plafond comme de délicates stalactites (fig. 307); ailleurs un pont de sel est jeté au-dessus d'un abîme

de 100 mètres de profondeur ; plus loin est un lac d'eau salée de 170 mètres de long sur 12 mètres de profondeur ; enfin on y voit une chapelle de Saint-Antoine sculptée par un mineur à la fin du XVIᵉ siècle (fig. 308); tout y est en sel : les murs, les piliers, l'autel, les statues, le Christ et les saints. Une réduction de cette chapelle figurait à l'Exposition de Paris, en 1900. On a dit

Fig. 306. — *Quernage ;* préparation des « repartons »

que les mineurs ne quittaient jamais ce ténébreux séjour, qu'ils y naissaient et y

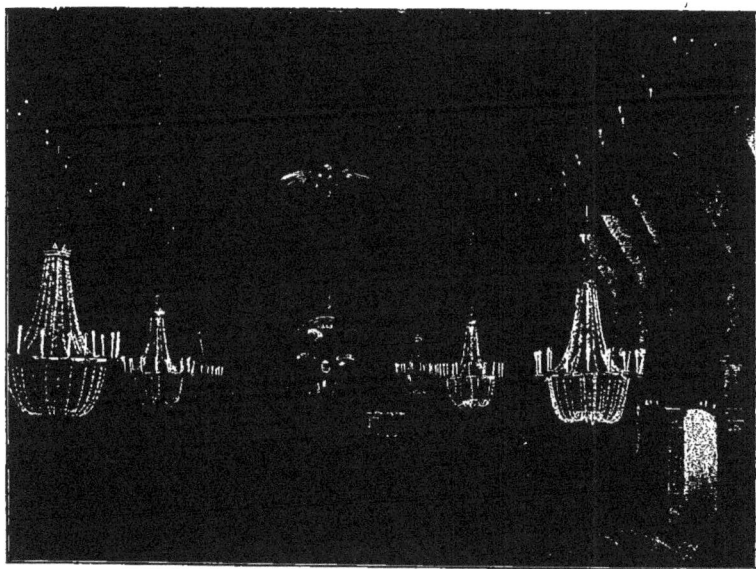

Fig. 307. — Mines de sel de Wieliczka. Salle de danse Lentow.

mouraient. Tout cela est de la légende brodée par l'imagination d'écrivains plus poètes que mineurs. Et du reste l'aspect de ces galeries, de ces grandes salles, de ces sculptures, n'est-il pas suffisamment grandiose? Un fait qui est moins connu

Fig. 3o8. — Chapelle Saint-Antoine, sculptée dans le sel des mines de Wieliczka.

que ces descriptions imaginaires et qui cependant est réel, c'est que les mineurs de

Wieliczka nomment chaque année une reine. L'élection a lieu dans la mine, dans une salle qu'on décore du nom d'hôtel de ville. La reine est investie, pour une année, d'une puissance qui lui permet de trancher les différends s'élevant entre mineurs. Sa sentence a force de loi. La reine a aussi d'autres missions : elle organise

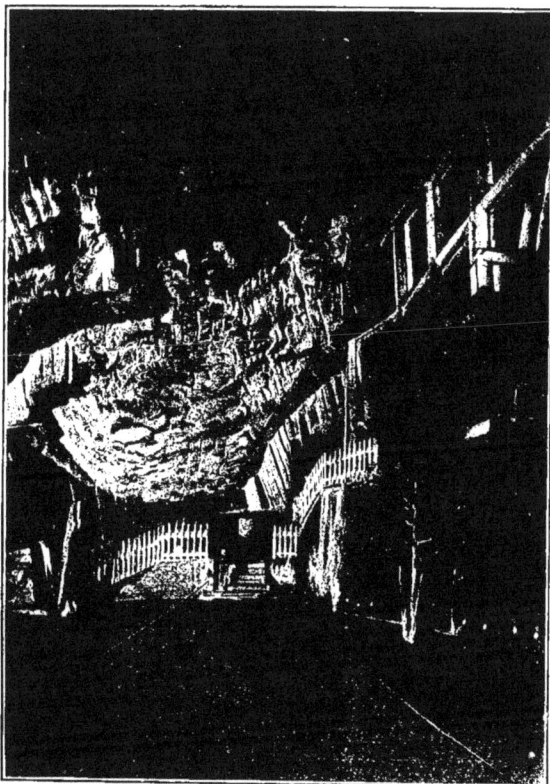

Fig. 309. — Grotte Princesse royale veuve Stéphanie (Mines de sel de Wieliczka).

les secours en cas d'accident, elle soigne les malades et les enfants ; et pour qu'elle puisse accomplir ces fonctions elle est dispensée du travail de la mine.

La production du sel dans le monde est d'environ 10 millions de tonnes, dont 2 pour l'Angleterre et 1 pour la France. L'usage du sel est de tous les temps et de toutes les civilisations, car il est indispensable à la nutrition des tissus et au bon fonctionnement de l'estomac. Le sel est un objet de consommation si nécessaire que dans beaucoup de régions de l'Afrique centrale il devient une excellente matière d'échanges ; on a même pu dire qu'il servait de monnaie. Il en a été de même dans l'antiquité. Et c'est parce que le soldat romain recevait sa ration en sel, aussi bien qu'en viande et en froment, que sa solde a pris le nom de *salaire*, étendu plus tard à la rémunération du travail manuel.

Le besoin du sel, la « faim du sel », ne se limite pas à l'homme. Tout le monde sait que les animaux le recherchent avec avidité. « Rien ne flatte plus l'appétit des brebis que le sel, dit Buffon. » Les animaux sauvages viennent lécher la surface des flaques d'eau saumâtre. M. Giard a cité le cas d'un chimpanzé du Jardin zoologique de Londres qui, privé de sel par l'ignorance de son gardien, se mit à boire son urine. Dès qu'un bloc de sel fut placé dans sa cage, l'animal reprit des allures plus correctes ; et il tenait tant à son bloc de sel qu'il dormait en le serrant dans ses bras. Récemment les Américains ont imaginé un nouveau moyen de prolonger la vie ; ils se salent. Ils avaient jusqu'ici réservé la méthode à une espèce animale. Ils ont voulu l'étendre à l'homme, et en 1900 ce fut en Amérique un véritable engouement ; on s'injecte du sel, on mange du sel, on s'introduit du sel dans le corps par tous les moyens. Mais si l'usage du sel est excellent, l'abus a de déplorables conséquences et peut amener le scorbut et d'autres troubles de la santé.

Un des emplois pittoresques du sel est celui qu'il a dans les grandes villes, où il est utilisé pour faire fondre la neige. Le mélange de sel et de neige donne, en effet, un liquide qui constitue un véritable mélange réfrigérant car sa température peut s'abaisser jusqu'à 17° sans produire de congélation. C'est du gros sel, exempt d'impôt, que l'on emploie pour nous préparer cette bouillie désagréable dans laquelle nous pataugeons en hiver, ce qui n'empêche qu'en une seule soirée la voirie parisienne peut dépenser 340 tonnes de sel équivalant à une dépense d'environ 12 000 francs, sans compter la main-d'œuvre.

CHAPITRE IX

LES MINES DANS L'ANTIQUITÉ ET DANS L'AVENIR

§ 1. — LES MINES DANS L'ANTIQUITÉ. LES PHÉNICIENS : ESCLAVES ET MINEURS MODERNES. LES GRECS ET LES MINES DU LAURIUM. LES ROMAINS ET LES MINES AFRICAINES. AU MOYEN AGE : LES MINES DU HARZ AU XVe SIÈCLE. CURIEUSES GRAVURES. LA MINE ROUGE SAINT-NICOLAS. LE BARITEL.

Les deux principales étapes de l'histoire des mines ont été franchies le jour où l'on a utilisé les explosifs et le jour où l'on a employé les machines à vapeur à l'épuisement des eaux souterraines. Essayons de caractériser ces deux étapes : celle de l'antiquité, pendant laquelle le mineur ne se sert que du pic, et celle du Moyen âge, où l'emploi ingénieux des forces hydrauliques permet d'obtenir un travail que la vapeur ne fournit pas encore.

Les premiers grands exploitants de mines ont été les Phéniciens. Ils ne furent pas, en effet, que les grands commerçants, ils furent aussi les grands mineurs et les grands métallurgistes de l'antiquité. Déjà du temps d'Homère ils apportaient de l'étain sur les côtes de Grèce, et partout autour de la Méditerrannée, dans les îles de l'Archipel, à Chypre, en Sardaigne, à Carthage, à Rio-Tinto, ils ont su découvrir et exploiter des gisements métallifères, dix ou douze siècles avant notre ère. Partout les Grecs et les Romains n'ont fait que les suivre ; et parfois même certaines de nos mines modernes, comme celle de cuivre de Rio-Tinto (Espagne), de plomb argentifère de Carthagène ou du Laurium (Grèce), n'ont fait que continuer dans la voie tracée par ces lointains ancêtres. Les trouvailles faites dans les mines phéniciennes aussi bien que dans les mines grecques et romaines nous renseignent sur les premiers essais du travail minier. Dans les mines phéniciennes, les galeries suivaient les sinuosités du gîte ; aussi en résultait-il des labyrinthes compliqués, aux galeries étroites, où souvent un enfant pouvait à peine passer ; l'abatage du minerai se faisait dans de vastes salles aux endroits où le gisement s'élargissait. L'aérage de ces mines était à peu près nul. Dans ces conditions, le travail était des plus pénibles. Aussi la contrainte seule pouvait retenir les travailleurs dans les galeries souterraines. C'est pourquoi l'on n'employait que des condamnés et des esclaves. Le régime des mines mystérieuses de la Sibérie serait, paraît-il, comme un souvenir de celui des exploitations phéniciennes. La figure 310 représente une chambre dans une mine de cuivre du Sud de l'Espagne, où des esclaves qui travaillent mollement sont surpris par leur maître, leur entrepreneur, couvert de bijoux et visiblement enrichi par leur travail ; il s'avance vers eux le fouet levé. Sur la droite s'enfonce dans la profondeur une galerie menant à d'autres chantiers. A côté, un gamin qui rappelle les *carusi* des soufrières de Sicile, remonte avec peine, portant un énorme bloc sur son dos. Et plus à droite encore, on voit le couloir obscur par lequel il devra se hisser pour arriver au jour, comme cet autre gamin qui grimpe en se courbant. Un tel tableau montre le chemin parcouru depuis le début de l'industrie souterraine.

En Grèce, les mines de Laurium fournirent le plus clair des revenus de la République athénienne et contribuèrent à la splendeur du siècle de Périclès. C'est le Laurium qui fit la fortune d'Athènes, et c'est le mineur qui a donné à l'artiste et au poète

Fig. 310. — Une mine de cuivre à l'époque phénicienne : l'arrivée de l'entrepreneur d'esclaves
(d'après une sculpture de M. Th. Rivière).

nés sur cette terre enrichie par son labeur, le loisir et le moyen d'y réaliser leur rêve. Et si nous contemplons encore aujourd'hui l'éternelle beauté athénienne, nous le devons peut-être au premier mineur phénicien qui reconnut la valeur des gisements d'où fut retiré le méprisable argent. Mais la guerre du Péloponèse, fatale à toute la Grèce, porta un coup terrible aux mines du Laurium. Les esclaves employés aux mines, exaspérés par les mauvais traitements, rompirent leurs chaînes et portèrent la dévastation dans l'Attique. Les travaux ne furent pas repris. Ce n'est que dix-huit siècles après, en 1865, qu'un hasard fit découvrir ces mines anciennes par un industriel qui se promenait sur le port de Cagliari et observait le lest que venait de débarquer un bateau. Certes un artiste n'eût pas regardé ces pierres noirâtres, pendant qu'un admirable coucher de soleil embrasait le golfe et les montagnes voisines, jetant dans l'espace les couleurs les plus harmonieuses. Mais chacun va poussé par son instinct, par son goût : le peintre cherche la couleur, le poète est fasciné par le rêve, le musicien entend toute une symphonie dans les bruits de la nature ; notre industriel, lui, ramassa l'un des cailloux, le gratta, le pesa et finit par découvrir qu'il était semblable à ceux qu'il avait vus en Espagne, où se fond le minerai de plomb. On chercha et l'on trouva les mines anciennes ; et c'est alors que des ingénieurs français fondèrent les usines modernes que l'on sait.

Les Romains, comme les Phéniciens et les Grecs leur avaient appris à le faire, exécutèrent en Angleterre des travaux miniers pour y extraire le plomb et l'étain. En

FIG. 311. — Lampes en terre trouvées dans les exploitations antiques.

Afrique, de nombreuses mines et carrières furent exploitées sous l'Empire romain. Une des plus belles que l'on connaisse est celle de marbre jaune et rose de Chemton (jadis *Simittus*). Un siècle avant J.-C., ce marbre était importé à Rome, où il prenait place à côté de ceux de la Grèce. Il est facile, en parcourant cette carrière, de

FIG. 312. — Monnaie étrusque à l'effigie de Janus ou d'Hermès.

se rendre compte des méthodes d'exploitation employées par les ingénieurs romains. Le marbre y était débité en gros blocs rectangulaires ; plusieurs ont été abandonnés à pied d'œuvre, dans l'état où ils sont sortis de la carrière il y a quinze siècles. Quant aux colonnes, on les travaillait à même le rocher ; on leur donnait sur place la courbure et le diamètre voulus, sauf sur une petite épaisseur par laquelle elles restaient attachées à la montagne jusqu'au moment où on les en détachait avec des coins. Blocs et colonnes recevaient, sur le chantier, des inscriptions indiquant : le nom de l'empereur romain, le numéro d'extraction, l'année par le nom des consuls en fonction, le nom de l'atelier et du chef des travaux.

Dans la plupart des mines anciennes on a recueilli des objets intéressants : dans les mines de fer de Monte-Valerio, en Toscane, exploitées par les Étrusques, on a trouvé une lampe en terre (fig. 311, I) dont la forme rappelle celle de certaines lampes de mine modernes. En Algérie, dans les mines de Gar-Rouban, les lampes qu'on a rencontrées sont d'origine mauresque (fig. 311, II). Dans les mines de Volterre, on a recueilli des as étrusques (fig. 312) à l'effigie de Janus bifrons ou plutôt d'Hermès, le patron des mineurs pélasges. Hermès au double visage connaissait le secret de l'avenir et de la géologie. Dans les mines de Pontgibaud, fouillées peut-être dès

Fig. 313. — Une mine du Harz au xve siècle. Travaux et querelles de mineurs. Visite du châtelain et de la châtelaine.
(Collection Waldburg-Wolfegg « Handbuch. »)

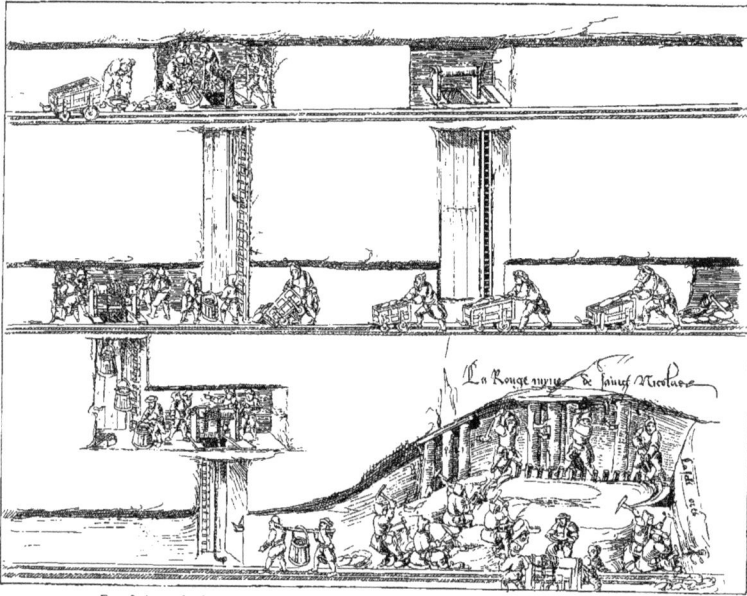

Fig. 314. — La Rouge-Mine de Saint-Nicolas. Galerie d'exploitation et puits d'extraction.

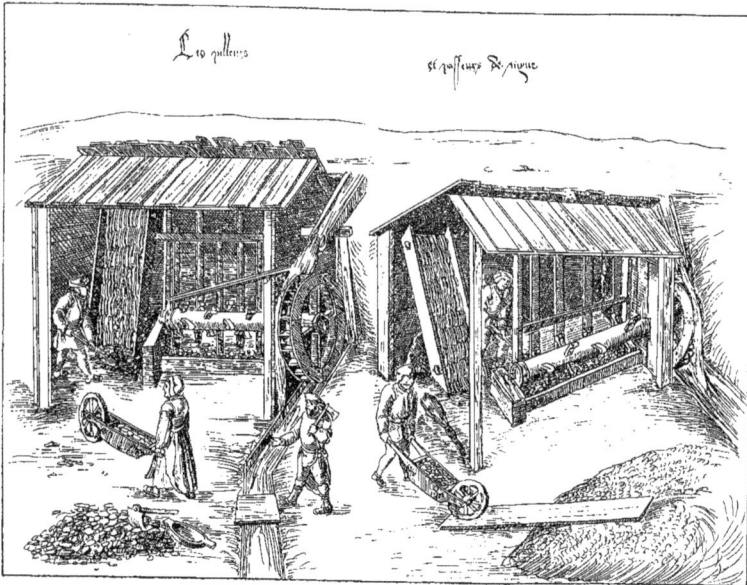

Fig. 315. — La Rouge-Mine de Saint-Nicolas. *pileurs et passeurs.*

l'époque gauloise, on a trouvé non seulement des pics et des marteaux, mais une lampe contenant un morceau de suif qui s'était en quelque sorte saponifié.

Si les documents relatifs à l'histoire des mines dans l'antiquité sont assez rares, il n'en est pas de même de ceux qui intéressent le Moyen âge. Les superstitions qui, à cette époque, désolaient la surface de la terre, ne pouvaient épargner le monde souterrain. Aussi, aidé par la sorcellerie, ce milieu étrange incite-t-il les mineurs à créer les légendes les plus singulières. Les fossiles qu'ils rencontrent sous leur pic

Fig. 316. — La Rouge-Mine de Saint-Nicolas : La fonderie et l'affinerie.

impressionnent leur imagination. Ils voient les galeries peuplées de vampires dont ils racontent en tremblant les terribles exploits. On en peut lire des descriptions dans certains ouvrages, et en particulier, dans ceux du P. Kircher, qui, à côté de preuves d'une lamentable crédulité, contiennent des traces d'un réel esprit scientifique. Ces vampires habitaient les galeries abandonnées et, embusqués dans les ténèbres, ils venaient surprendre les mineurs pendant leur travail. Aux dangers réels de leur pénible métier, les mineurs en ajoutaient d'autres imaginaires qui leur paraissaient plus redoutables encore.

Après l'essor qu'avaient pris les mines dans l'antiquité, il faut sauter plus de mille ans et arriver jusqu'à la fin du Moyen âge pour trouver de nouveau une industrie minière en plein développement. C'est l'Allemagne, et particulièrement le Harz et la Saxe, qui fut à cette époque le grand pays minier et celui où l'on songea à énoncer certaines règles pour l'exploitation des gisements métallifères; on les trouve dans le curieux *Bergbüchlein* de Kalbus Fribergius (1505) et aussi dans le traité classique d'Agricola, *De re metallica*, que le professeur de Freiberg publiait en 1530. Mais nous avons la bonne fortune de pouvoir reproduire ici (fig. 313) un document plus ancien et qui date, de l'avis de personnes autorisées, de 1480. Cette gravure, qui nous donne des détails fort curieux sur la vie du mineur à la fin du xve siècle, nous montre non seulement les travaux et les costumes des ouvriers souterrains de cette époque, mais encore leurs outils et parmi ceux-ci la brouette. La brouette, deux cents ans avant Pascal! Voilà qui devrait convaincre ceux qui continuent à attribuer à ce dernier l'invention de cet instrument, dont l'origine est encore plus ancienne que notre document. Au Moyen âge, le travail des mines n'est plus considéré comme infamant ; il est dès lors pratiqué par des hommes libres, ainsi que le reconnaît un bref découvert à Iglesias et approuvé par le roi Alphonse d'Aragon en 1337. Ce bref proclame la liberté entière de recherche et d'exploitation des mines, sans tenir compte du propriétaire du sol. Il suffit à tout particulier qui veut entreprendre une fouille d'indiquer par un signe en forme de croix sa prise de possession. Les mineurs

FIG. 317. — Le *baritel* ou manége des anciennes mines

FIG. 318. — Le mineur (Gravure de JOST AMMAN, *les Métiers*).

forment déjà des associations, qu'il serait curieux de comparer avec les syndicats actuels. En France, l'organisation de la mine de Vicdessos est un reste des coutumes de ces temps anciens. Au Moyen âge, les excavations minières étaient très rapprochées ; aussi les discussions étaient-elles fréquentes et l'on voit par notre gravure qu'elles ne se réglaient pas toujours à l'amiable.

Voici un autre document (fig. 314) non moins curieux que le précédent, bien qu'un peu plus récent, car il date du commencement du XVIe siècle. Il a rapport à l'exploitation de la Rouge-Mine de Saint-Nicolas et nous le devons à l'obligeance de M. Jean Masson. La gravure représente la coupe d'une mine où l'on voit plusieurs mineurs occupés à pousser des sortes de wagonnets qui roulent sur deux bandes parallèles que nous appellerions aujourd'hui des rails. Du reste, dans un chapitre d'un ouvrage de Sébastien Munster, datant de 1555, on trouve au bas d'un dessin semblable ces mots : *instrumentum tractorum*. C'est que l'auteur ne peut encore employer les mots

Fig. 319. — Ancien procédé de circulation dans un puits de mine.

wagon et rails. La description que l'on trouve dans le texte, *tombereau sur quatre petites roues en fer*, correspond bien à l'idée de wagonnet. La figure 315 représente des *pileurs* occupés au broyage du minerai et des *passeurs* employés au triage. Ce dessin nous montre aussi des appareils actionnés par une roue hydraulique. Enfin, sur la figure 316 on voit la fonderie et l'affinerie, et surtout une soufflerie de fourneau métallurgique actionnée par un moteur hydraulique. La plupart de ces dessins représentent

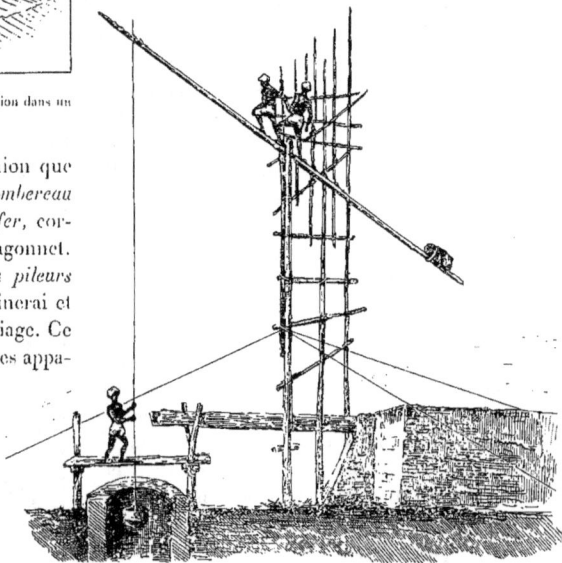

Fig. 320. — Ancien procédé d'épuisement de l'eau.

l'extraction se faisant à l'aide d'un treuil mû par l'homme. Ce n'est que plus tard qu'on a utilisé le cheval pour tourner une sorte de tambour en bois appelé *baritel* (fig. 317), sur lequel venait s'enrouler un câble rond en chanvre. Un ou deux chevaux menaient le baritel à la façon d'un manège. Nous sommes loin des puissantes machines d'extraction dont nous avons parlé et cependant le baritel est à peine disparu depuis soixante ans. Peu à peu aussi le système des échelles, ou plus simplement des pièces de bois le long desquelles les mineurs grimpaient (fig. 319), est remplacé par la benne. Enfin les procédés d'épuisement et d'aérage se sont perfectionnés. On trouve encore aujourd'hui dans les mines indiennes un instrument primitif pour l'épuisement (fig. 320). C'est une sorte de bascule que deux hommes font mouvoir en se déplaçant dans un sens ou dans l'autre, suivant qu'ils veulent monter ou descendre le seau.

Bref, les procédés mécaniques actuels permettent d'amener à la surface du sol des trésors enfouis dans des couches que les Anciens auraient considérées comme inaccessibles. La science, en substituant la force mécanique, plus puissante et plus méthodique, à la force musculaire, plus faible et plus capricieuse, a permis à l'homme de conquérir des régions qui lui seraient sans elle restées inconnues.

§ 2. — LES RICHESSES MINÉRALES ET L'AVENIR DES NATIONS. LA FRANCE ET SES COLONIES. LES MARCHÉS AU XX° SIÈCLE. LUTTE ÉCONOMIQUE ENTRE LA JEUNE AMÉRIQUE ET LA VIEILLE EUROPE. LES TRUSTS. LES ROIS DE LA RÉPUBLIQUE AMÉRICAINE : UNE TRIPLICE FINANCIÈRE. L'AVENIR DES NATIONS.

La production minérale intéresse à un si haut degré la prospérité matérielle et intellectuelle des nations que nous devons nous y arrêter un moment. Nous ne saurions mieux faire qu'en reproduisant une statistique récente extraite du *Home-office* de Londres et qui nous donnera une idée de la répartition des richesses minérales à la surface du globe. Environ 4 300 000 ouvriers des deux sexes sont employés dans les entrailles de la terre.

NOMBRE D'OUVRIERS		PRODUCTION	millions de francs.
Angleterre.	875 000	États-Unis.	3 500
Allemagne.	499 000	Angleterre.	1 900
États-Unis.	445 000	Allemagne.	1 200
Indes.	320 000	Russie.	750
Ceylan.	310 000	France.	650
France.	293 000	République Sud-Africaine.	425
Russie.	240 000	Belgique.	300
Autriche-Hongrie.	220 000	Autriche-Hongrie.	280
Belgique.	160 000	Canada.	250
Japon.	118 000	Espagne.	220
République Sud-Africaine (avant la guerre).	100 000	Italie.	210

On estime la valeur de la production annuelle des mines du monde entier à 6 milliards environ, dont la plus grosse part appartient à la houille, qui figure pour 3 milliards 1/2.

Il serait juste d'ajouter à la richesse minière d'un pays celle de ses colonies. Sous ce rapport la France trouvera et trouve déjà dans l'Algérie, la Tunisie, Madagascar, la Guyane, la Nouvelle-Calédonie et surtout l'Indo-Chine un puissant appui économique. Mais les richesses minérales d'un pays seraient sans valeur si des voies de communication ne venaient permettre l'exploitation des mines et l'écoulement des produits vers les centres de consommation ou d'exportation. A quoi servirait, par exemple, d'avoir au Tonkin, ou aux portes du Tonkin, au Yunnan, des minerais de toute nature, s'il était impossible d'y accéder et d'en assurer par suite l'exploitation ? On peut dire que dans nos colonies les chemins de fer sont les meilleurs instruments de développement économique. Aussi la création d'un important réseau de voies ferrées en Indo-Chine a-t-elle fait l'objet des constantes préoccupations de son ancien gouverneur général, M. Paul Doumer.

Demandons-nous maintenant quels seront les besoins probables du monde dans un avenir prochain. La continuation des armements, le développement des chemins de fer et des entreprises électriques, assurent pour longtemps à l'industrie un chiffre de commandes considérable. L'Asie ne fait guère que naître à notre civilisation ; l'outillage à lui fournir pourra occuper des générations ; l'œuvre de colonisation de l'Afrique se poursuit aussi. Partout le mouvement industriel s'accentue, créant des besoins qui obligent à arracher plus abondamment au sol les trésors qu'il recèle. Les matières minérales et les produits métallurgiques continueront donc à être de plus en plus demandés. Mais il faut bien reconnaître que dès maintenant une très grande part des commandes profite aux Américains, qui prennent pied un peu partout. Le Vieux-Monde va avoir à lutter contre le prodigieux développement économique des États-Unis. Déjà ils fournissent au monde la moitié de son acier, les 3/5 de son cuivre, le 1/3 de son argent, le 1/4 de son or. Or, le marché des métaux, comme celui de la houille, comme celui des capitaux, va devenir de plus en plus universel. Les différents marchés tendent donc à ne faire qu'un seul marché universel. Bientôt Paris, Londres, Saint-Pétersbourg, Pékin, Yokohama, San-Francisco et New-York ne seront plus que les parties d'un tout qui sera le *marché mondial*. Grâce au développement des relations internationales, toutes les richesses minérales des pays encore fermés aujourd'hui seront exploitées. Qui sait de quelle importance sont les réserves minérales de certains pays, comme la Chine, par exemple ? Nous ne voulons pas nous demander ce que deviendra l'humanité lorsque les gîtes minéraux seront épuisés, car cela dépasse les limites de la prévoyance. Nous dirons seulement que la solidarité des peuples, au point de vue économique, devient chaque jour plus étroite, et que chaque pays dépend non seulement de son activité propre mais de celle de tous les autres. Nous pourrions trouver une preuve de ce que nous avançons dans l'inquiétude angoissante de l'Angleterre en présence de l'âpre concurrence qu'elle sent sourdre de divers côtés.

Puis, la concurrence s'étendant du domaine métallurgique au domaine financier, la vieille Europe vient déjà frapper à la porte de sa jeune et opulente rivale américaine. Déjà New-York est appelé « le nouveau banquier du monde ». Ce n'est donc plus seulement l'acier américain qui va alimenter les marchés de l'Ancien-Monde, c'est aussi le capital. Il semble que l'Europe se soit débilitée et anémiée, et que pour lui conserver la santé, la transfusion du capital américain lui soit nécessaire.

Ainsi il dépend de la structure géologique d'un pays que la nation qui l'habite soit opulente ou misérable, puissante ou chétive. Parce que le sous-sol américain renferme en abondance des minerais et des combustibles, l'Angleterre se trouve dépossédée peu à peu de ces industries dans lesquelles on ne lui soupçonnait pas de rivale.

Ajoutons que les capitalistes américains, pour être plus puissants encore, se groupent en associations bien connues aujourd'hui sous le nom de *trusts*. Le trust est en réalité une combinaison qui groupe dans un même pays et parfois dans plusieurs nations une grande partie des industries similaires. Il existe actuellement aux États-Unis 600 trusts avec 36 milliards de capitaux. Celui de l'acier représente à lui seul un capital de 5 milliards ! Il y a donc là une tendance à la constitution d'une féodalité industrielle.

A ce point de vue, il est à remarquer que c'est la République américaine qui possède le plus de rois. Le roi de l'acier ! le roi du charbon ! le roi du pétrole ! Et combien d'autres rois et roitelets ! Trois de ces rois de l'argent sont particulièrement célèbres, ce sont : Pierpont-Morgan, Rockfeller et Carnegie.

Fig. 321. — M. Pierpont-Morgan.

Pierpont-Morgan (fig. 321) tient à la fois de Cecil Rhodes et de Bismarck. C'est un taciturne qui ne se livre pas : il médite, combine, décide. Aussi, bien malin serait celui qui lirait sur son front l'entreprise qu'il prépare. Il est né le 13 avril 1837. A sa robuste charpente, à sa puissante musculature, on reconnaît le dominateur. C'est la force physique unie à la force intellectuelle. Il est directeur de quatorze compagnies de chemins de fer, de deux compagnies de télégraphes, des câbles du Pacifique, etc., et il est le grand organisateur du trust de l'acier. Il possède un yacht qui a coûté

1 million et demi et qui s'appelle le *Corsaire*. Ajoutons enfin qu'il a trouvé dans son berceau les 50 millions de francs que lui laissait son père. Dans le trust du métal qu'il a formé, il représente le fer, Carnegie l'acier et Rockfeller le pétrole.

Rockfeller (fig. 323) est né de parents pauvres, presque indigents. En dix ans il a fait une fortune colossale dans le commerce du pétrole. Sa fortune est évaluée à un milliard et demi, et cependant nul ne dépense moins que lui.

La figure d'André Carnegie (fig. 322) est plus sympathique. Il considère la fortune comme une malédiction, voire même comme un crime, si celui qui la possède ne l'emploie pas à améliorer le bien-être général. Il épanche la rosée des millions sur les bibliothèques et les musées. Né dans un village d'Écosse où ses parents mouraient de faim, il vint en Amérique à l'âge de douze ans. Il est successivement chauffeur de machines, télégraphiste, et aujourd'hui il emploie une vingtaine de millions de francs par an à des œuvres de bienfaisance. Il a publié des livres dans lesquels éclate toute son admiration pour l'Amérique. Pour lui, rien ne compte en dehors de ce pays ; l'Angleterre est un pays secondaire ; quant à la France..., il n'en parle qu'avec un certain dédain en nous traitant de « Gaulois casaniers ». Notons qu'en apportant son milliard à Pierpont-Morgan, la transaction s'accomplit *verbalement*. Nulle signature, nulle paperasse inutile. En France, il nous eût fallu des notaires, des huissiers, plusieurs volumes d'actes et de contrats et six mois de négociations.

En somme, ce qui distingue essentiellement le caractère américain, c'est l'audace et la recherche incessante de l'amélioration, mettant l'individu en garde contre l'esprit de routine. Les Américains ne se soucient pas de travailler pour l'éternité. Ils bâtissent bon marché et pratique, quitte à tout refaire quelques années plus tard, sur un plan entièrement nouveau. « Aujourd'hui, me disait un Américain, nous installons

Fig. 322. — M. Carnegie.

une usine avec des appareils en bois, dans quelques semaines notre outillage sera peut-être en ferro-nickel. »

On trouve en Amérique, entre les mains des écoliers, une sorte de manuels où figurent des demandes et des réponses comme celles-ci : « Quelles sont les qualités du peuple américain ? — L'énergie et l'esprit d'entreprise. » Nous nous garderons bien de dire que c'est le caractère de la race, car il n'y a pas de race américaine, la population des États-Unis ayant ses racines en France, en Angleterre, en Allemagne, etc. L'activité des Américains tient, selon nous, à plusieurs causes : d'abord à leur pays, qui est neuf et riche en produits naturels ; ensuite à ce que la plupart de ces hommes viennent du peuple et en ont conservé la sève, qui les pousse à conquérir une place au soleil ; enfin, à ce qu'ils sont les produits d'une sélection, car en s'éloignant de leur pays pour venir en Amérique, ils ont déjà fait preuve d'esprit d'initiative et montré qu'ils étaient décidés à tout risquer pour tout avoir.

Quoi qu'il en soit, il est probable que, dans le courant de ce siècle, les États-Unis deviendront la plus grande puissance du monde. Déjà leur population dépasse 70 millions d'habitants, alors qu'elle n'était que de 5 millions en 1800.

Fig. 323. — M. Rockfeller.

En résumé, à notre époque où la lutte économique est devenue une mêlée entre toutes les nations civilisées, nous pourrions, tout en gardant avec un soin jaloux nos qualités, trouver plus d'une excellente leçon chez ce peuple américain épris de liberté et fort de ses énergies individuelles.

TROISIÈME PARTIE

LES GROTTES ET LES TUNNELS

§ I. — Grottes et cavernes naturelles. La spéléologie. Formation des grottes. Le gouffre de Padirac. Dargilan. Aven Armand. Adelsberg. Un drame souterrain. Gaping-Ghyll. Han. Grotte d'azur. La faune souterraine. Les légendes.

Elle est encore bien répandue cette vieille idée que le sol qui nous porte est partout solide, compact, sans creux ni fissures. Et cependant la partie superficielle de

Fig. 324. — L'entrée du gouffre de Padirac (photographie de M. Viré).

l'écorce terrestre est, dans un grand nombre de régions, creusée de cavités, de cavernes et de grottes, parfois d'une étendue considérable. Les grottes de fées aux mystérieuses lumières ont fait leur temps. Et vraiment elles étaient bien petites, ces grottes, et d'un faible intérêt, si nous les comparons aux cavernes immenses, ornées de superbes stalactites, que l'on découvre depuis quelques années à de grandes profondeurs. Toutes ces cavernes, toutes ces beautés souterraines, nous les ignorions il y a peu de temps encore. Nous passions à côté d'elles sans les soupçonner. Bien plus, nous allions en Autriche voir les grottes d'Adelsberg, certains même traversaient l'Atlantique pour contempler les splendeurs ténébreuses de la *Mammoth Cave* du Kentucky, et nous ignorions Padirac, Dargilan, l'aven Armand, et bien d'autres merveilles. Disons cependant que depuis une douzaine d'années un homme d'énergie et de volonté s'est attaché à nous faire connaître toutes les curiosités

Fig. 325. — L'escalier de 36 mètres et l'intérieur du gouffre de Padirac.

délaissées, voire même ignorées, de notre pays. Cet homme ne s'est laissé arrêter par rien, ni par les fatigues, ni par les dangers, et dans l'espace de quelques années, aidé par de hardis collaborateurs, il a exploré à fond plus de 200 cavernes de tout genre et de toute profondeur. Il a fait plus. Par la précision qu'il a apportée dans ses explorations, par les documents scientifiques qu'il a recueillis en visitant méthodiquement

FIG. 326. — Un restaurant souterrain sur la corniche, située à 30 mètres de profondeur (*photographie de M. Viré*).

FIG. 327. — L'orifice du gouffre de Padirac vu de la terrasse du restaurant (*photographie de M. Viré*).

CAUSTIER. — Les entrailles de la terre.

les abîmes, il a créé une nouvelle science, la science des grottes ou cavernes, la *spéléologie*. Cet homme, tout le monde l'a reconnu, c'est M. E.-A. Martel, l'explorateur souterrain qui, dans son beau livre sur les *Abîmes*, nous a fait connaître tout un monde nouveau.

La connaissance des cavités naturelles du sol présente un intérêt primordial pour les géologues, les ingénieurs, les hydrologues et les hygiénistes. L'étude biologique des eaux souterraines peut, par exemple, révéler la présence d'organismes nuisibles capables d'engendrer certaines maladies. Sans entrer dans les détails de cette nouvelle science, nous voudrions cependant donner quelques renseignements intéressants sur la formation et sur l'aspect de quelques-unes de ces grottes.

Les causes de la formation des cavernes peuvent être réduites à deux : l'existence de fissures dans les roches, et le travail des eaux d'infiltration qui peuvent agir mécaniquement et chimiquement. Les eaux, en effet, peuvent, en agrandissant les fissures ou *diaclases* et en dissolvant une partie de la roche, creuser d'immenses et pittoresques couloirs au fond desquels elles formeront de véritables rivières souterraines.

Fig. 328. — La rivière souterraine. La Grande Pendeloque au lac des Bouquets (*photographie de M. Viré*).

Pour mieux saisir la puissance de cette action des eaux, visitons l'un des plus grandioses gouffres que l'on connaisse, celui de Padirac (Lot), découvert par M. Martel en 1889. « Padirac synthétise avec une incomparable grandeur la triple manifestation souterraine d'un abîme, d'une caverne et d'une rivière hypogée. » Padirac est à 10 kilomètres de Rocamadour, la curieuse et pittoresque cité des pèlerinages ; on y arrive de la gare de ce dernier pays en passant par Miers-Alvignac, qui possède une eau sulfatée rappelant celle de Carlsbad. Un premier arrêt est nécessaire au gouffre de Réveillon, où se perd le ruisseau de Salgues. Nous traversons ensuite le causse de Gramat à l'aspect si étrange et moins lugubre toutefois que ceux de la Lozère et du Rouergue ; nous approchons du gouffre et bientôt nous apercevons sa gueule béante, taillée comme à l'emporte-pièce dans un champ de pierres (fig. 324) : le pourtour est de 99 mètres, la largeur de 32. Grâce à l'aménagement récent, dont les travaux ont été dirigés par le distingué spéléologue, M. Viré, la descente au fond de l'abîme, le parcours de l'extraordinaire caverne, la navigation sur une rivière souterraine, s'effectuent le plus commodément du monde, et sans plus de dangers qu'aux grottes d'Adelsberg ou de Han, dont celle de Padirac est devenue la rivale française. A 20 mètres en arrière de l'orifice, pour ne pas en détériorer le pourtour, on a creusé un puits artificiel dans lequel on a placé un escalier en fer qui débouche à 16 mètres de profondeur dans l'intérieur du gouffre, sur une corniche naturelle

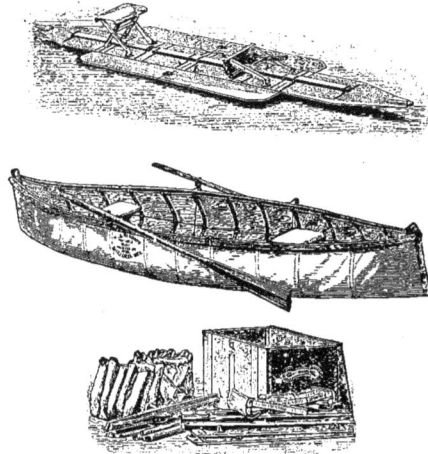

Fig. 329. — Bateau démontable Osgood.

qui, à l'aide d'un mur de soutènement, a été transformée en une véritable terrasse (fig. 326). Là deux cents personnes peuvent évoluer à l'aise, et on y a installé un restaurant dont les omelettes aux truffes sont fort appréciées des visiteurs, car nous sommes dans le pays des truffes. Au bout de cette terrasse, comme le montre la figure 326, plonge dans la profondeur un magnifique escalier en fer d'une hauteur de 36 mètres (fig. 325). Nous voudrions dire le prestigieux effet que nous a produit notre descente dans ce trou colossal. Aux guirlandes de lierre et aux cascades végétales se mêlent de fines chutes d'eau aux reflets éblouissants. Là-haut sur le bord du précipice (fig. 327) se profilent les silhouettes de deux bergers, deux points noirs sur le ciel bleu. Plus haut, dans le bleu profond de la voûte céleste, passent quelques nuages ; il nous semble que notre œil est placé devant l'oculaire d'un gigantesque télescope. Nous voici au pied de l'escalier, à 52 mètres sous terre, puis nous descendons le long d'un

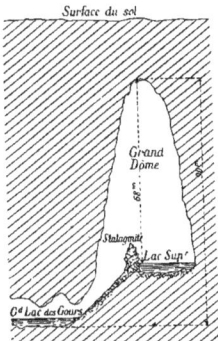

Fig. 330. — Coupe du Grand Dôme de Padirac.

talus et nous entrons, à 75 mètres de profondeur, dans l'obscurité de la caverne. Munis de bougies et de magnésium, nous descendons un troisième escalier haut de 28 mètres, et nous pénétrons dans cette monumentale avenue, d'une longueur de plus de 2 kilomètres et d'une hauteur de 50 et même 90 mètres. Nous sommes à 103 mètres au-dessous du sol, au niveau de la rivière qui depuis des siècles coule limpide et glaciale, entre des parois de pierre. Une chaussée élevée le long du cours d'eau

Fig. 331. — Grotte de Dargilan (*Photographie de M. Mackenstein*).

permet le parcours à pied sec pendant 280 mètres : c'est la *galerie de la Fontaine*, large de 3 à 8 mètres et haute de 35 mètres. Mais voici que nous apercevons un embarcadère avec sa flottille de longs et solides bateaux à fond plat, peu rapides mais très stables, et à l'avant desquels des guides ont allumé une rangée de bougies. Nous prenons place dans un de ces bateaux et nous naviguons sur la *rivière plane*. Ici nul bruit autre que celui de l'eau qui ruisselle, c'est l'empire du mystère et du silence, c'est « l'empire de la mort », que troublent à peine les cris perçants des chauves-souris effrayées par

les scintillements des stalactites et des stalagmites. Nous arrivons dans la partie la plus riche en concrétions calcaires, c'est toute la série des stalactites et des dépôts cristallins aux formes étranges qu'il a plu à la nature de sculpter dans l'ombre. Voici le *lac de la Pluie*, des Bouquets, la Grande Pendeloque (fig. 328). Puis nous débarquons au *Pas du Crocodile*, car le passage est trop étroit (0m,90) pour laisser passer le bateau. C'est là que M. Martel, en 1895, fit naufrage. Le frêle bateau de toile qui le portait chavira, plongeant dans l'eau froide l'explorateur et ses deux compagnons et éteignant les bougies. « J'ai compris alors, dit M. Martel, la répulsion instinctive que certaines personnes éprouvent pour l'obscurité des cavernes, et j'ai apprécié pendant quelques secondes, toute l'horreur de cette nuit profonde, absolue comme le néant. » L'imprudence avait été grande de monter trois dans un bateau Osgood (fig. 329). Ce bateau, qui a servi à M. Martel dans ses explorations, est un esquif ingénieux ; sa coque peut être pliée et réduite au volume d'une valise ; long de $3^m,60$, son poids total avec ses agrès (avirons et sièges) est de 23 kilogrammes. Des émotions comme celles de M. Martel ne sont plus à craindre à Padirac. Nous suivons 80 mètres de passerelles qui ne nous laissent rien soupçonner des difficultés de jadis. Enfin nous nous élevons par un escalier de bois haut de 23 mètres. dans le *Grand Dôme*

Fig. 332. — Grotte de Dargilan.

(fig. 330). C'est le *clou* des décors de Padirac : à son premier étage un petit *lac suspendu* avec une margelle de stalagmite finement ciselée, d'où s'échappe une cascade de calcaire qui roule vers la rivière ; une montgolfière attachée à un fil s'est élevée à 68 mètres du lac supérieur, ce qui représente 90 mètres au-dessus de la rivière. C'est avec la salle du Jubilée, en Istrie, la plus haute caverne qui existe au monde. Ce grand dôme est un type d'abîme inachevé, c'est-à-dire qu'un puits naturel eût pu se former là, soit par effondrement de la voûte, soit par perforation de cette voûte par un ruisseau. L'épaisseur de la voûte, selon M. Martel, serait de 20 à 40 mètres.

A noter que la rivière souterraine ne s'épuise pas, même par un temps de sécheresse, ce qui permet aux paysans des environs de venir y puiser de l'eau en cas de disette.

Si l'on compare la rivière actuelle et l'immensité du vide produit par le travail des eaux anciennes, on a la preuve, dit M. Martel, de la diminution progressive et inquiétante des eaux qui entretiennent la vie à la surface du globe. Il est certain que le dessèchement lent mais continu de l'écorce terrestre devrait bien nous inquiéter autant que la question de l'épuisement de la houille. Le remède à cette situation se trouvera dans la reconstitution des forêts si imprudemment détruites.

Notre visite est terminée et nous revenons au jour pour mieux goûter la calme grandeur du causse et la vision de ses silencieux bergers conduisant leurs brebis, qui portent ordinairement au cou une clochette bien locale, l'*esquillo*, dont le battant est fait d'un os que le berger attache lui-même.

A Padirac, certaines personnes préfèrent la grotte de Dargilan (fig. 331 et 332), dont les stalactites et les stalagmites, d'une merveilleuse richesse, prennent à la lueur du magnésium un aspect fantastique. En réalité, chaque grotte a son histoire propre et ses attraits particuliers.

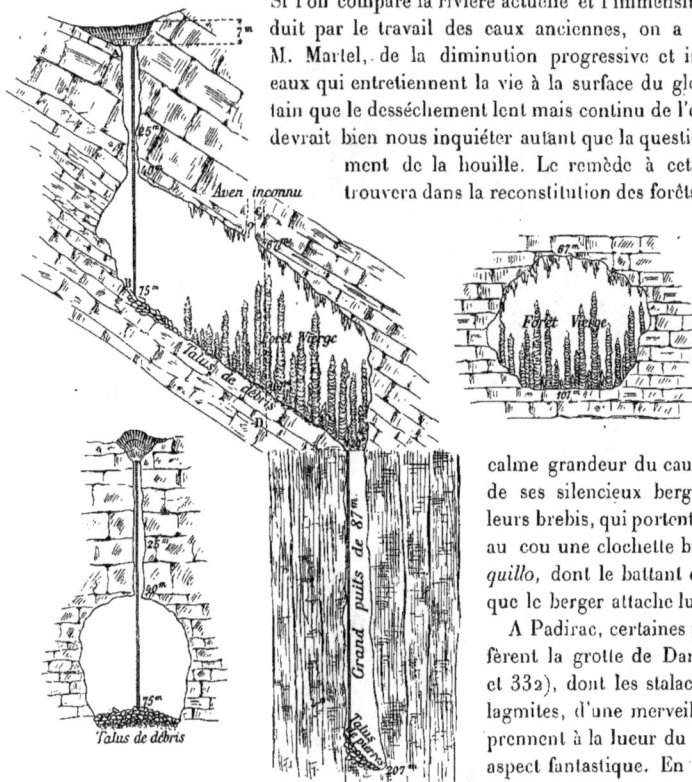

Fig. 333. — Coupe de l'aven Armand (d'après M. Martel).

Presque en face de la grotte de Dargilan, sur le causse Méjean, se trouve l'*aven Armand* (fig. 333). M. Martel, qui l'a découvert en compagnie de M. Viré, le considère comme l'une de ses principales trouvailles. Cet aven a 207 mètres de profondeur ; c'est le plus creux de la France, avec celui de Rabanel (212 mètres), dans l'Hérault. Ce qu'il présente de plus remarquable, c'est qu'entre 75 et 120 mètres de profondeur il forme une immense salle, longue de 100 mètres, large de 50 mètres, haute de 40 mètres, et renfermant une véritable « forêt vierge » de stalagmites. Plus de 200 colonnes de scintillant calcaire, hautes de 3 à 30 mètres, et semblables aux clochetons diamantés d'une cathédrale, se dressent intactes en un amoncellement d'une indescriptible beauté (fig. 334).

Aucune grotte au monde ne possède une pareille richesse ; la plus haute stalagmite connue auparavant, la Tour astronomique de la grotte d'Aggtelek (Hongrie), n'avait que 20 mètres, tandis que celle de l'aven Armand en mesure 30.

La grotte d'Europe la plus étendue est celle d'Adelsberg (fig. 335), dans laquelle M. Martel a réussi, en 1893, à effectuer un trajet de 10 kilomètres. Située à 35 kilomètres de Trieste, elle est universellement connue pour la beauté de ses concrétions calcaires. Elle résulte de l'élargissement de fissures du sol, par une rivière, la Piuka, qui s'y engouffre et continue à creuser son lit.

Fig. 334.— Stalagmites de l'aven Armand (d'après une photographie de M. Martel).

Ne quittons pas cette région sans raconter le drame souterrain qui eut lieu près de Gratz (Styrie) dans la caverne de *Lur-Loch* (fig. 336), dont l'ouverture n'a qu'un mètre de hauteur. Le 28 avril 1894, sept explorateurs avaient pénétré dans cette grotte pour une expédition qui devait durer 24 heures. Le lendemain, une pluie torrentielle fait monter le ruisseau, qui pénètre dans la caverne et bouche un passage étroit

Fig. 335. — Grotte d'Adelsberg.

en forme de siphon en emprisonnant les sept visiteurs. Heureusement ils se réfugièrent dans la grande salle, à l'abri de la crue ; mais ils y étaient bloqués, menacés par la faim, sous l'étreinte de la nuit souterraine. Ce n'est qu'au bout de huit

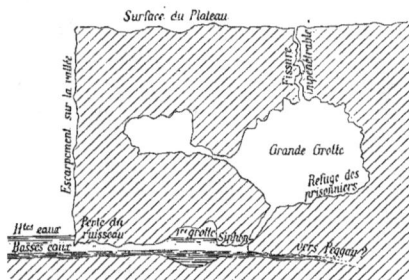

Fig. 336. — Coupe verticale du Lur-Loch (Styrie).

jours et demi qu'on parvint à les délivrer. A tout hasard on avait jeté dans le ruisseau une caisse de vivres et de bougies qui arriva à destination. Et quand on parvint à déboucher le siphon, il ne restait plus aux prisonniers qu'un morceau de fromage et une bougie. Cette aventure porte un enseignement : c'est que les grottes à rivière souterraine ne doivent pas être visitées pour la première fois pendant la saison des pluies.

Nous voudrions aussi vous décrire les grottes de Han, situées près de Namur et qui sont parmi les plus pittoresques et les plus grandes de l'Europe. Mais que vous dire que vous ne sachiez déjà ? Notons seulement que le Grand Dôme souterrain et la romantique navigation de la sortie ont assuré leur célébrité. On estime à environ

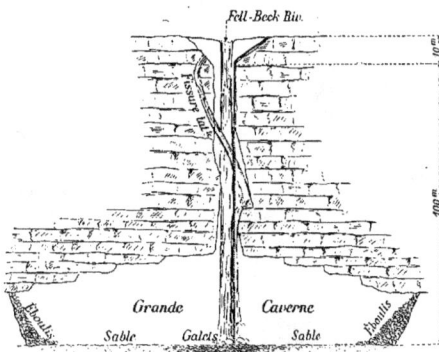

Fig. 337. — Coupe du gouffre de Gaping-Ghyll, en Angleterre (d'après M. Martel).

5 000 mètres le développement des ramifications actuellement connues. Elles sont traversées par la rivière de la Lesse (fig. 338).

Parmi les explorations nombreuses de M. Martel, l'une des plus mouvementées fut à coup sûr la descente dans le gouffre de Gaping-Ghyll (fig. 337 et 339), en Angleterre. C'est une sorte d'entonnoir, profond de 10 mètres, où tombe un ruisseau qui, avalé d'un trait par un trou profond de 100 mètres, vient se briser en une cascade fumante au fond de ce trou. M. Martel

tenta et réussit la descente dans ce gouffre ; mais c'était une opération tellement effrayante, que personne ne poussa l'indiscrétion jusqu'à offrir sa collaboration à l'intrépide explorateur. Avec une hardiesse dont il oublie modestement de nous parler, il lance dans le gouffre 80 mètres d'échelle suivis de 35 mètres de double corde lisse, puis il s'installe sur son bâton-siège, et en route ! Il est à jeun, car la douche n'est guère favorable à la digestion. L'eau s'écoule en cascade sur l'explorateur qui se félicite d'avoir chaussé des bottes trouées « qui assurent l'échappement du liquide ». La descente se fit sans accident bien que l'eau cinglât ferme, surtout dans le dernier tiers du parcours ; de plus, au delà de 70 mètres, l'échelle ne s'appuyait plus contre la paroi, de sorte qu'elle oscillait avec un mouvement pendulaire particulièrement pénible. Enfin, M. Martel touche le fond sur un sol uni, et en une grandiose nef mesurant 150 mètres de long, 25 de large et 30 de haut. Longtemps il contemple la colonne liquide qui forme comme une stalagmite mouvante, et aussi la lumière particulière qui vient de l'extérieur après avoir subi l'action de millions de gouttelettes d'eau. « C'est, dit M. Martel, une des plus

Fig. 338. — La perte de la Lesse.

extraordinaires scènes souterraines qu'il m'ait été donné de contempler. » Mais il faut remonter, car la pneumonie est là qui guette. Vite au téléphone que M. Martel a abrité de son mieux pendant la descente et dont l'autre poste est tenu par Mᵐᵉ Martel sur le bord du gouffre. « Allo ! Allo ! je me rattache et je vais remonter ! Tirez doucement... Allo ! Allo ! entendez-vous ?... Il n'y a donc personne là-haut !... Allo ! qu'est-ce qui se passe ? » Le téléphone reste muet, car il est plein d'eau et ne fonctionne plus. Impatient sous la douche, M. Martel crie à se rompre les poumons : « Tirez, mais tirez donc ! » Enfin, il se sent enlevé, et 28 minutes après se retrouve à l'orifice du puits.

Que de choses curieuses il y aurait encore à dire sur toutes les cavernes, mais je n'en finirais pas. M. Martel est décidément bien coupable d'avoir découvert tant de curiosités intéressantes. Nous ne pouvons cependant pas résister au plaisir de vous citer la superbe grotte du Droch, à Majorque, avec son lac souterrain et dont nous possédons une belle photographie (fig. 340), que nous devons à l'obligeance de M. Martel. Il faut encore parler des superbes cavernes que la mer découpe dans les rochers des falaises, car vous ne comprendriez pas que je ne cite pas au moins la fameuse grotte d'azur de Capri (fig. 342), située près de Naples. Dans cette grotte tout est bleu, c'est une symphonie en bleu.

Voici d'ailleurs ce qu'en dit Maxime du Camp :

« Une demi-heure après être parti, j'arrivais à la célèbre grotte d'Azur, qui s'ouvre au Nord dans la paroi d'un rocher haut de 1 200 pieds. L'entrée de la grotte est si basse et si étroite, que l'on est forcé de désarmer les avirons et de se coucher dans le fond de la barque pour ne point se heurter en passant. Dès qu'on a franchi le trou resserré qui sert de porte, on se trouve en pleine féerie. L'eau profonde, claire à laisser voir tous les détails de son lit, teinte d'une nuance de bleu ciel adorable, rejette ses reflets sur la voûte de calcaire blanc et lui donne une couleur azurée, qui tremble à chaque frisson de la surface humide.

FIG, 339. — Gouffre de Gaping-Ghyll (Angleterre).

« Tout est bleu, la mer, la barque, les rochers ; c'est un palais de turquoises, bâti au-dessus d'un lac de saphir. Le matelot qui me conduisait se déshabilla et se jeta à l'eau. Son corps m'apparut blanc comme de l'argent mat, avec des ombres de velours bleuissant aux creux que dessinait le jeu de ses muscles. Ses épaules, son cou, sa tête étaient, au contraire, d'un noir cuivré ; on eût dit une statue d'albâtre, surmontée d'une tête de bronze florentin. Les gouttelettes qu'il faisait jaillir en nageant, les globules qui se formaient près de lui, étaient comme des perles éclairées par une lumière bleuâtre. Je ne pouvais me lasser d'admirer cette splendeur et de regarder l'homme blanc à tête noire, qui se baignait dans ces flots célestes. »

Fig. 340. — Lac souterrain de la grotte du Droch à Majorque (Iles Baléares) (*Photographie de M. Martel*).

Il existe bien ailleurs, à Morgat en Bretagne, par exemple, des grottes vertes, mais on ne connaît guère d'autre grotte d'azur. L'éclat bleu qui teinte toute la grotte tient à ce que la lumière que l'œil y perçoit arrive exclusivement des profondeurs de l'eau, où elle se réfléchit sur un fond de sable blanc. La voûte d'entrée étant très étroite et très basse, il n'y arrive presque pas de lumière directe. Or la lumière qui traverse l'eau est absorbée en partie, sauf les rayons bleus qui sortent seuls de l'onde.

Malgré le silence de mort qui règne dans les cavernes, la vie y pullule ; il y a là tout un monde qui se meut, court, rampe, vole et se reproduit. « L'explorateur —

Fig. 341. — Arachnide du gouffre de Padirac (*Ischyropsalis*).

dit M. Viré, ne peut se défendre de cet étonnement naïf que les ténèbres qui ralentissent sa marche ne gênent en rien les ébats des nombreux staphylins qui courent sur le sol, la stratégie des araignées qui, embusquées dans leurs toiles, guettent dans la nuit, du haut des voûtes, les coléoptères, les petites mouches dont elles feront leur pâture. » Les arachnides, les myriapodes et les crustacés qui sont les hôtes ordinaires de ces sombres demeures, sont transformés par leur existence souterraine. Ordinairement leurs téguments sont décolorés, sauf cependant les arachnides (fig. 341), qui semblent conserver indéfiniment leurs couleurs. Les crustacés se décolorent rapidement ; mais si l'on s'en empare et si on les fait vivre à la lumière, ils se pigmentent de nouveau. Leurs yeux sont atrophiés et ne peuvent plus servir à la vision : ces animaux sont donc aveugles. Cependant ils vont et viennent, tracent facilement leur chemin ; c'est que la cécité est compensée par un développement extraordinaire du toucher : les antennes sont prodigieusement allongées et couvertes de poils tactiles (fig. 343). De cette façon l'animal cavernicole peut prendre connaissance à distance des objets, des dangers, des proies, etc. Enfin la longueur de leurs membres leur permet de parcourir rapidement de grands espaces. Sous ce rapport le *Campodea staphylinus* (fig. 343) est l'un des mieux doués. Et il est curieux à observer lorsque, cherchant sa proie, on le voit balancer ses antennes et ses fourches anales, qui souvent dépassent la longueur du corps, puis se précipiter sur cette proie et s'en emparer lestement. En général les organes

Fig. 342. — La grotte d'Azur de Capri.

de l'audition et de l'olfaction semblent aussi se développer chez les animaux cavernicoles.

Les vertébrés sont rarement représentés dans les cavernes. On a cependant trouvé dans les grottes du Kentucky, en Amérique, de petits poissons blancs et aveugles. En Europe, on connaît depuis longtemps un batracien cavernicole, le *Proteus sanguineus*, trouvé dans une grotte de la Carniole. Ce protée paraît aveugle et tout décoloré : en réalité ses yeux subsistent, mais très réduits et cachés sous la peau ; en outre sa peau, de noirâtre qu'elle était au jour, est devenue blanc rosé. M. le Pr R. Dubois, en envoyant sur cet animal un fin pinceau de lumière électrique, a vu qu'il réagissait non seulement quand le faisceau de lumière tombait sur sa tête, mais aussi sur son corps et sur sa queue. Ce physiologiste se croit donc autorisé à proclamer la réalité d'une perception cutanée de la lumière. M. Viré, pour élucider toutes ces questions si intéressantes de biologie souterraine, a installé un laboratoire (fig. 344) dans les galeries souterraines qui courent sous le sol du Jardin des Plantes. Il a pu ainsi suivre les transformations subies par les espèces animales quand elles passent de la lumière à l'obscurité. On y a placé pour cela des aquariums en verre recevant un filet d'eau de source et dans lesquels des animaux vivent, se reproduisent, et se modifient de génération en génération. Nous ajouterons que M. Viré a réussi à élever des protées des cavernes (fig. 345) dans un aquarium exposé à la lumière ; ces ani-

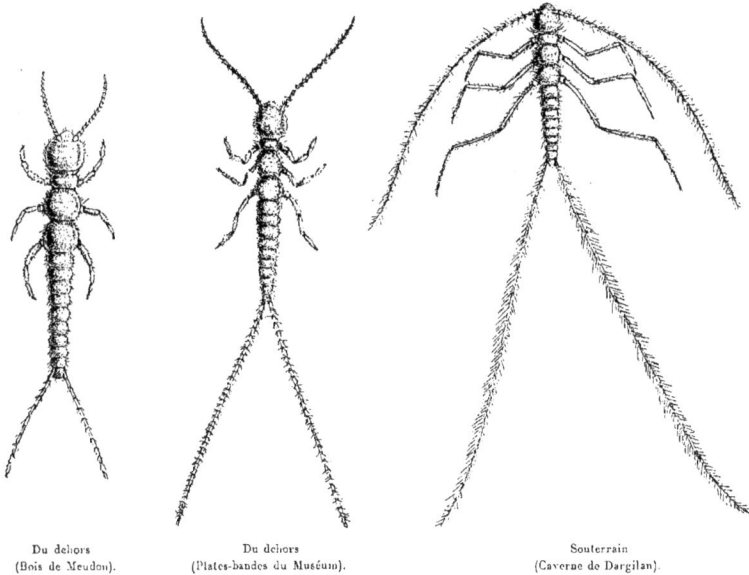

Du dehors
(Bois de Meudon).

Du dehors
(Plates-bandes du Muséum).

Souterrain
(Caverne de Dargilan).

Fig. 343. — *Campodea staphylinus* (d'après M. Viré).

maux se sont même reproduits, et quelques-uns ont déjà récupéré les pigments noirs que l'obscurité avait fait perdre à leurs ancêtres. Qui sait si leurs yeux, au bout de quelques générations, ne reprendront pas leur développement ?

Nous ne voudrions pas terminer cette question des cavernes sans parler des légendes dont elles sont l'objet. Il n'est pas de pays où l'on ne rencontre la terrifiante croyance au dragon qui garde au fond des grottes des trésors mystérieux. On prétend que les Anglais, à la fin de la guerre de Cent Ans, cachèrent des trésors au fond de Padirac. L'opinion populaire, comme le fait remarquer M. Martel, croit à la correspondance des abîmes et des endroits où réapparaissent les objets tombés au gouffre. En France, c'est le fouet du berger qui s'est perdu dans la Picouse et ressort au pêcher de Florac. En Bosnie, la tradition est féroce ; le pâtre, pour envoyer des moutons à sa mère, au moulin de la Source, les dérobait à son patron et les jetait

Fig. 344. — Le laboratoire souterrain de M. Viré au Jardin des Plantes.

dans le *ponor* : mais le maître surprend un jour son pâtre et lui coupe la tête,

Fig. 345. — Protées des cavernes.

qu'il expédie par la même voie à la même adresse! En 1899, la catastrophe du puits Billard (Jura) appuya cette croyance, puisqu'au bout de trois mois la source du Lison rendit le corps d'une jeune fille noyée dans le bassin siphonnant du gouffre. Mistral est moins triste : il imagine pour Vaucluse la demeure souterraine d'une nymphe qui, dans son palais de cristal, soulève successivement sept gros diamants quand elle veut faire déborder la source!

§ 2. — LES GROTTES PRÉHISTORIQUES; VILLAGES DE TROGLODYTES; LES CATA-
COMBES DE PARIS. LES CAVES DE CHAMPAGNE; LES CAVES DE ROQUEFORT; LES
CHAMPIGNONNIÈRES.

C'est au fond des cavernes creusées naturellement dans les rochers et que l'homme
primitif devait disputer souvent aux bêtes fauves de cette époque, qu'ont été trouvés
les premiers documents concernant l'origine de la civilisation. Ces cavités, souvent
très grandes, s'ouvrent généralement sur les flancs des montagnes et à un niveau

FIG. 346. — Un village de Troglodytes, près de Neuville (Aisne).

supérieur à celui des eaux actuelles. Non seulement on y a trouvé des ossements
humains associés à des débris de squelettes d'animaux, mais on y a découvert des
instruments, des os fendus en long pour en extraire la moelle, et ce qui est mieux
encore, des traces d'anciens foyers et d'os brûlés montrant que l'homme connaissait
déjà le feu. Enfin l'homme primitif a laissé dans ces cavernes des dessins représentant les animaux de cette époque. Ces vestiges de l'art primitif montrent déjà les
aspirations artistiques de l'homme des cavernes. L'étude des cavernes pyrénéennes,
celle de Mas d'Azil en particulier, si bien conduite par M. Piette, a enrichi de nombreux documents l'histoire du développement des goûts artistiques.

Dans tous les pays du monde, on trouve encore aujourd'hui de pauvres
familles ou des tribus arriérées ne possédant pour abri que des cavernes naturelles ou d'anciennes carrières. La figure 346 représente un village de Troglodytes
abandonné depuis longtemps et qui a été fouillé par le savant M. Piette.

Enfin, comment ne pas parler des catacombes de Paris? C'est, en effet, par milliers, chaque année, que les visiteurs descendent dans ces souterrains, font une promenade dans l'ossuaire et remontent à la lumière, heureux d'échapper au cauchemar
de milliers de squelettes et de crânes arrachés à leur antique sépulture. Disons seulement que les catacombes sont d'anciennes carrières d'où l'on a tiré des matériaux
qui ont servi à élever des monuments et toute une ville nouvelle sur l'emplacement de
l'humble Lutèce gauloise. C'est vers 1782 que commença la formation de l'ossuaire,

vaste nécropole qui s'étend sous le quartier de la place Denfert-Rochereau. On plaça

Fig. 347. — Une cave de Champagne.

dans ces anciennes carrières tous les ossements qui encombraient les cimetières parisions. Plus de six millions de crânes sont entassés dans des galeries, qui ne communiquent avec le réseau général des autres carrières que par d'énormes et massives portes de fer.

Les anciennes carrières ou les cavernes creusées par l'homme n'ont pas toujours un rôle aussi macabre. Depuis de nombreuses années, l'industrie moderne utilise de vastes galeries creusées dans la roche, pour fabriquer du champagne, du fromage ou pour cultiver des champignons. Les caves de Champagne (fig. 347), bien connues

FIG. 348. — *Le saloir* (caves de Roquefort).

de tous ceux qui ont visité Reims et Épernay, ont été creusées dans la craie. Elles sont remarquables par leurs dimensions : celles de la maison Pommery, à Reims, ont environ 11 kilomètres de longueur : celles de la maison Mercier, à Épernay, atteignent une longueur de 15 kilomètres et une surface de plus de 20 hectares ! Ces galeries souterraines, éclairées à la lumière électrique, s'entre-croisent et forment un véritable labyrinthe. Ces couloirs, je devrais dire ces rues, bordés de batteries de bouteilles, sont nommés, numérotés, dosés même, car nous sommes renseignés à l'entrée de chacun d'eux par une pancarte explicative sur le nombre de bouteilles qu'il renferme. Dans les caves, la température ne varie guère et reste au voisinage de 10°, condition favorable à la bonne tenue et à la conservation des vins. De grandes cheminées verticales assurent l'aération. Aussi, aucune mauvaise odeur de moisi, ni de renfermé. De temps en temps seulement, surtout lorsqu'on approche des salles de travail du champagne, un parfum exquis, un bouquet de vanille d'une délicatesse et d'une subtilité difficiles à fixer. C'est comme une effluve, un soupir de la capiteuse liqueur. Tout en parcourant ces caves silencieuses, je songeais au travail des infiniment petits, des levures qui, contenues par myriades dans chaque bouteille, sont comme autant d'ouvriers travaillant sans relâche à la confection du fameux vin. Voilà au moins des collaborateurs dont les gros capitalistes que sont les fabricants de champagne n'ont pas à craindre les revendications, ni la grève. Un excellent jus de raisin, une température convenable, c'est tout ce qu'exigent ces ouvriers anonymes qui travaillent en silence à la préparation de la liqueur d'or.

Voici maintenant les caves de Roquefort, utilisées à la fabrication du fromage de ce nom. Ces caves sont traversées par des courants continus d'air frais et humide que la science parviendrait difficilement à imiter. Visitons une de ces installations de Roquefort, village situé dans la falaise de Larzac. La première pièce est une salle voûtée, dallée et complètement obscure; c'est le *saloir* (fig. 348), où s'ouvrent des portes qui conduisent dans les caves. Les caves peuvent avoir cinq étages, dont chacun présente des étagères pour recevoir les fromages, et entre lesquelles des couloirs permettent la circulation. Les champignons qui contribuent à la transformation du lait

Fig. 349. — Une *cabanière* (Caves de Roquefort).

en fromage se développent à la surface de ce dernier sous forme de végétations que des ouvrières appelées *cabanières* (fig. 349) doivent racler de temps en temps. Toutes ces ouvrières portent le même costume : sabots, jupon épais, large tablier de toile montant jusqu'à la poitrine, manches serrées au poignet. Elles sont jeunes, pour la plupart, vives et alertes, et ne paraissent nullement souffrir de leur existence souterraine.

Enfin, nous terminerons par les champignonnières, que tous les Parisiens connaissent. Ce sont d'anciennes carrières creusées dans le calcaire grossier, parfois dans la craie, comme à Meudon, et dans lesquelles on cultive le champignon de couche. Il en existe 250 dans le département de la Seine, et quelques-unes ne manquent ni de pittoresque ni de grandeur.

§ 3. — LES TUNNELS. MONT-CENIS, SAINT-GOTHARD, SIMPLON. « MANGEURS DE SABLE ». AIR COMPRIMÉ. BOUCLIER.

Il y a déjà longtemps que, grâce aux tunnels, les montagnes ne sont plus infranchissables pour les chemins de fer ni pour les canaux. Parmi les plus grands nous devons placer ceux du Mont-Cenis (12 kilomètres) et du Saint-Gothard (15 kilomètres). Celui du Simplon, qui a une longueur de 19 kilomètres, a pour but de raccourcir la route de Londres et Paris aux Indes viâ Suez. La distance Calais-Milan, de 1243 kilomètres par le Mont-Cenis et 1145 kilomètres par le Saint-Gothard, n'est que de 1134 kilomètres par le Simplon. *Time is money !* Aujourd'hui, un voyageur partant de Londres, traversant la Manche de Douvres à Calais, peut arriver à Brindisi pour s'embarquer sur la Malle des Indes qui le débarque à Bombay moins de 18 jour après son départ de Londres !

Dans la construction du Saint-Gothard, il a fallu creuser non seulement un

Fig. 350. — Le chemin de fer du Saint-Gothard et l'entrée du tunnel.

tunnel de 15 kilomètres, mais encore 51 souterrains. Ces tunnels sont en tire-bouchons, c'est-à-dire qu'ils tournent sur eux-mêmes dans l'épaisseur de la montagne; de sorte que lorsque l'on arrive à la sortie supérieure, on voit juste au-dessous de soi l'endroit par lequel on est entré.

Ce n'est pas toujours dans les plus grands tunnels que l'on rencontre les plus sérieuses difficultés. La preuve en est dans le percement du tunnel d'Ursine (sur la ligne reliant la gare des Invalides à Versailles) qui traverse les bois de Meudon sur

Fig. 351. — Un « mangeur de sable ».

une longueur de 3600 mètres. On a trouvé là des
nappes d'eau souterraines et du sable « bouillant »
sous lesquels on ne pouvait établir la moindre maçonnerie. La traversée de ces trois kilomètres a donné plus
de mal aux ingénieurs que le percement du Saint-
Gothard. Nous avons eu la curiosité d'assister à la bataille que livraient les ingénieurs contre le « bouillant », comme on appelle ce sable toujours prêt à
envahir les galeries, bataille dont ils sont enfin sortis
vainqueurs, puisque la ligne fonctionne depuis quelques années. Nous pénétrons jusqu'à l'avancée, sur les
travaux, et là une pluie lourde et continue tombe en
cascade sur le boisage. Des hommes travaillent dans
des galeries de rats d'eau, dont les murailles sont faites
d'une mosaïque de caissons de fer mêlés de coins de
bois. Si l'un des coins cède, on voit couler lentement,
mais irrésistiblement, une sorte de bouillie, quelque
chose comme une lave froide ; c'est le « bouillant ».
La colline semblait s'écouler par là ; et du reste, au-
dessus, près de l'ermitage de Villebon, un grand entonnoir s'est produit dont le sable est allé s'engouffrer

Fig. 352. — Bouclier de MM. Dioudonnat construit par M. Moranne jeune.

dans le tunnel. On est enfin arrivé, à force de patience et d'énergie, à maçonner cette partie. Les ouvriers, les « mangeurs de sable » (fig. 351), comme on les appelle parfois, qui exécutent ces travaux sont des spécialistes ; ils ont travaillé au Saint-Gothard, réparé la voûte du Mont-Cenis, et ils avaient été embauchés pour le tunnel de Saint-Laurent du Jura et pour un autre dans le Lot. La plupart de ces ouvriers ont le type des originaires du Massif Central : ce sont des Limousins ou des Morvandiaux.

Souvent on emploie l'air comprimé pour maintenir le « bouillant ». Les mineurs travaillent alors dans des galeries où la pression de l'air peut atteindre 3 et même 4 atmosphères. Ces chambres à air comprimé sont précédées de sortes d'écluses ou *sas* qui permettent l'entrée et la sortie des ouvriers. L'entrée dans l'air comprimé peut se faire assez brusquement, mais la sortie doit s'opérer lentement, sinon des accidents peuvent survenir dans l'organisme et même causer la mort. C'est au moyen de l'air comprimé qu'a été percé le tunnel de Braye (Aisne), où passe le canal de l'Oise à l'Aisne. Dans l'exécution de ce travail, l'oxygène de l'air avait brûlé les pyrites contenues dans la colline et produit un dégagement de chaleur énorme. Il a donc fallu lutter ici contre l'eau et le feu.

Fig. 353. — Détail d'une partie du bouclier en usage dans la construction du chemin de fer Métropolitain de Paris.

Un procédé employé dans le percement des tunnels et qui sert actuellement dans l'établissement du Métropolitain de Paris est le système dit du *bouclier*. Grâce à ce puissant appareil (fig. 352), les ingénieurs ont résolu le problème difficile de construire en plein Paris un chemin de fer souterrain sans trop gêner la circulation. En principe, le bouclier se compose d'un cylindre d'acier à section intérieure égale à

27.

celle de la galerie à ouvrir. Ce cylindre est prolongé en avant par une sorte de bec muni de couteaux d'acier destinés à découper et à désagréger le terrain en avant. Mais, en réalité, le rôle du bouclier n'est pas tant de percer le sol que de soutenir momentanément la voûte de façon à économiser le travail coûteux du boisage. Les ouvriers sont placés entre la tête de l'appareil et le front de taille, ils piochent et taillent pour préparer la place du bouclier ; quand celle-ci est prête, on fait fonctionner les *vérins* ou presses hydrauliques qui forcent le bouclier à avancer. De cette façon les terres

Fig. 354. — Le Métropolitain de Paris.

restent soutenues par le cintre métallique. On maçonne immédiatement et on ne décintre que cinq ou six jours après pour donner à la maçonnerie le temps de prendre sa cohésion. Il reste ordinairement une dizaine d'anneaux métalliques derrière le bouclier. Chaque fois qu'on opère une manœuvre, on déboulonne le dernier anneau et on le remonte en avant, où il remplit son rôle de cintre pour un nouveau tronçon. Le tunnel se trouve ainsi construit par anneaux successifs. Le grand avantage du bouclier est qu'il permet d'éviter les inconvénients des tranchées ouvertes ; d'autre part, il ne présente pas les dangers de la fouille souterraine par les procédés de boisage. Mais le bouclier n'est pas toujours d'un emploi possible, dans les courbes par exemple. Quoi qu'il en soit, il a permis de construire rapidement et sans encombre une bonne partie des souterrains dans lesquels circulent les trains électriques du Métropolitain (fig. 354).

L'invention du bouclier est relativement ancienne ; elle remonte à 1825 et elle est due à Bunel, qui s'en servit pour l'établissement du premier tunnel sous la Tamise, à Londres. Depuis lors cet appareil a subi de nombreux perfectionnements. C'est M. Berlier qui a introduit en France l'usage du bouclier, dont il s'est servi pour le forage de deux galeries souterraines : l'une pour le passage du siphon sous la Seine, entre Asnières et Clichy ; l'autre, pour le siphon établi sous la Seine, à Paris, près du pont de la Concorde.

Tous ces travaux creusés sous le sol des grandes villes, comme à travers les montagnes aussi bien que sous les fleuves, et dans les profondeurs des exploitations minières, sont comme les « dessous » d'un théâtre dont la grande pièce, la vie moderne, se joue au-dessus. Au-dessous se trouve l'outillage compliqué qu'exige la scène ; et des coulisses souterraines du théâtre universel, les ingénieurs, comme autant de chefs machinistes, font surgir le confort dont notre existence ne saurait se passer. Non seulement pour les commodités, mais pour les nécessités de tous les instants, nous dépendons d'eux et de leurs équipes d'ouvriers. Et tout cela, machines, bras, cerveau, travaille sans cesse sous nos pieds. Les pics battent le roc, les machines grondent, dans les entrailles de la terre, tandis que vers le ciel à travers la fumée noire et la flamme active des usines, monte comme une formidable clameur « l'hymne universel du travail ».

Dans la description des choses souterraines nous avons eu maintes fois l'occasion de montrer la puissance bienfaisante de la science qui aide l'homme à la conquête du monde et à la victoire sur la nature, apportant chaque jour une nouvelle force à l'humanité, montrant le pouvoir de l'intelligence. Sans doute les progrès continus de la science ont rendu l'homme de moins en moins dépendant de la matière ; mais nous n'en sommes pas encore au temps de la nature soumise et de la pensée souveraine. Du moins nous voulons croire que c'est une espérance réalisable.

TABLE DES MATIÈRES

DEUXIÈME PARTIE

LES MINES ET LES CARRIÈRES

LES COMBUSTIBLES

CHAPITRE I

La houille.

CHAPITRE II

La mine et les mineurs.

CHARTRES. — IMPRIMERIE DURAND, RUE FULBERT.

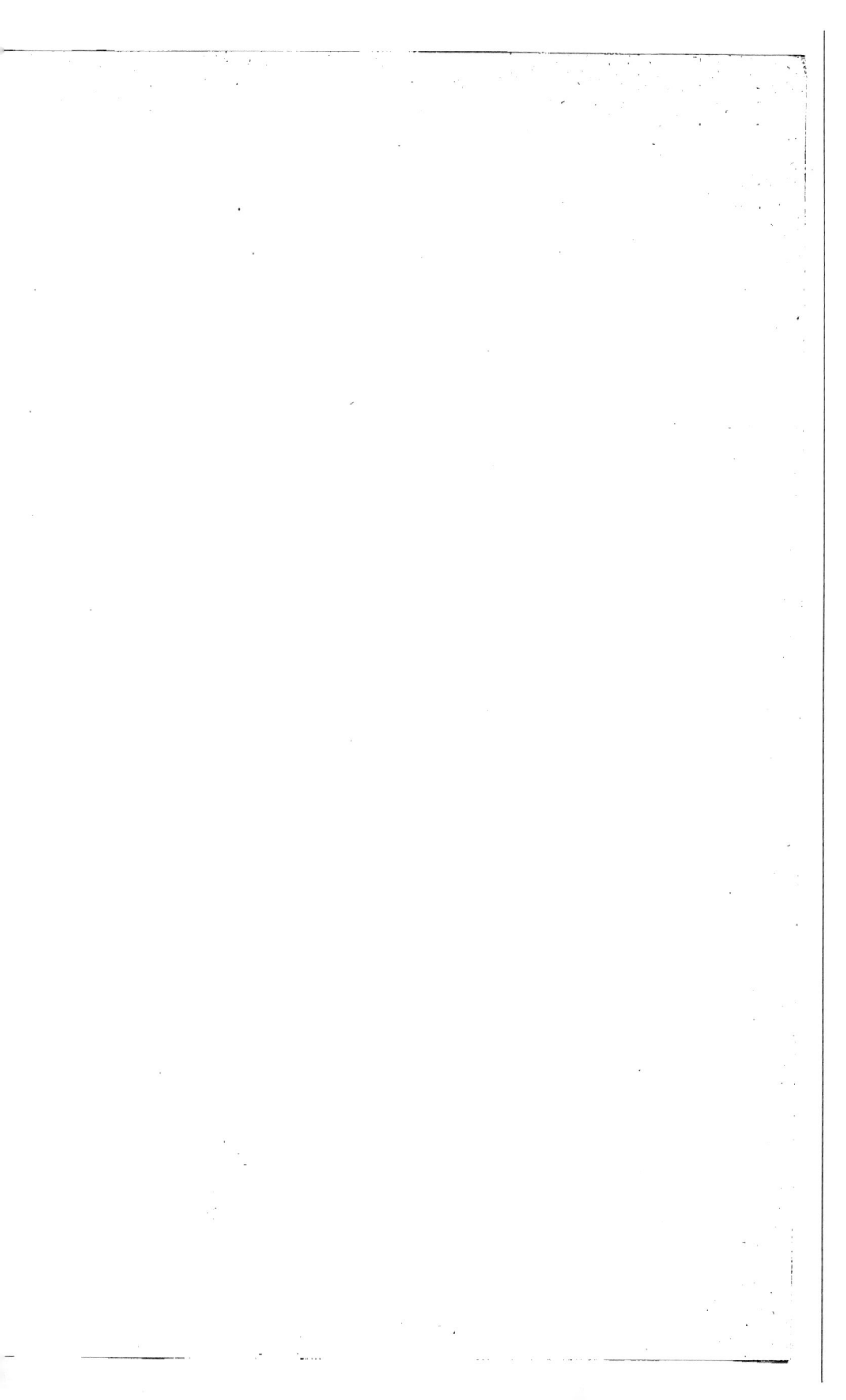

Librairie **VUIBERT** et **NONY**, 63, boulevard Saint-Germain, Paris, 5ᵉ.

PAUL DOUMER

Livre de mes Fils

(L'Homme — La Famille — Le Citoyen — La Patrie)

Volume 20 × 13ᶜᵐ, *de* 340 *pages, magnifiquement imprimé en caractère Garamond.*

Broché.	3 fr.	»
Relié à l'anglaise, toile verte, titre or..	4	»
Relié toile rouge, titre or, tranches dorées.	4	25
Relié amateur, dos et coins maroquin, tête dorée..	6	»
Édition sur papier d'Arches à la forme: Broché.	10	»
Relié amateur, dos et coins maroquin du Levant, tête dorée.	15	»

...Les livres peuvent avoir, dans la formation morale des jeunes hommes, une sérieuse influence.

J'ai personnellement gardé la mémoire de lectures, faites entre seize et vingt ans, qui ont eu une action réelle, sinon décisive, sur la direction de ma vie, sur la fixation des règles précises adoptées par moi alors, et restées mon invariable guide, au cours des trente années maintenant écoulées.

Ce souvenir, celui plus récent des entretiens que j'ai eus avec mes fils, des préceptes dont ils étaient entre-mêlés ou qui en découlaient naturellement, m'ont donné l'idée d'écrire un livre pour la jeunesse.

... Ce sera le *livre de mes fils*, le livre des jeunes gens qui arrivent à l'âge d'homme et que la vie appelle...

(*Extrait de la Préface*.)

PAUL DOUMER

L'Indo-Chine française *(Souvenirs)*

(*Ouvrage couronné par l'Académie française et la Société de Géographie*), 2ᵉ édition.

Un superbe volume 31 × 21ᶜᵐ, orné de 173 illustrations par G. FRAIPONT, d'après les croquis qu'il est allé prendre sur place, complété par différentes cartes dont une en couleurs de l'Indo-Chine, et enrichi d'un portrait de l'auteur gravé par Pannemaker.

Broché : 10 fr. — Relié toile, fers spéciaux, tranches dorées : 14 fr. — Relié amateur, dos et coins maroquin, tête dorée : 18 fr.

Pendant ses cinq années de gouvernement, M. Doumer a parcouru l'Indo-Chine en tous sens, faisant parfois presque seul, sans escorte, de longues expéditions à cheval qui effrayaient son entourage. Il voulait voir par lui-même. Aussi connaît-il bien le pays. Le récit vécu qu'il nous en fait se substituera à bien des légendes, et il ravivera en foule les souvenirs des militaires, des marins, des fonctionnaires, des colons qui ont été mêlés, de 1897 à 1902, aux événements d'Indo-Chine et de Chine. Partout l'anecdote se mêle aux vues profondes et vient doubler l'intérêt du récit.

Le livre est écrit surtout pour la jeunesse. Nous pouvons affirmer qu'il sera pour elle une école de virilité. M. Doumer a toujours inspiré l'admiration et le respect à ceux qui l'approchaient. Dans ces conditions, il pouvait obtenir beaucoup de ses collaborateurs, et c'est ce qui lui a permis de faire de grandes choses en Indo-Chine. La belle page d'histoire coloniale qu'il a écrite sur la terre d'Asie montre que de brillantes destinées sont encore réservées à un pays comme la France qui possède de tels hommes.

LES MICROBES

(*Ouvrage couronné par l'Académie française.*)

Par le Dʳ P.-G. CHARPENTIER, Chef de laboratoire à l'Institut Pasteur. — Un volume 31 × 21ᶜᵐ, illustré de 275 gravures et d'une planche hors texte en couleurs. Broché : 10 fr. — Relié toile, fers spéciaux, tranches dorées : 14 fr. — Relié amateur, dos et coins maroquin, tête dorée : 18 fr.

« ... Les premiers chapitres de cet ouvrage traitent des microbes en général, de leur naissance, de leurs conditions de vie, de la manière dont on arrive à les connaître. Ils contiennent, surtout en ce qui concerne la génération spontanée, bien des détails intéressants et peu connus : car l'auteur a écrit l'histoire de cette grande controverse en remontant aussi haut que possible, et la peine qu'il s'est donnée à compulser vieilles paperasses et vieilles estampes a été récompensée par plus d'une curieuse trouvaille. Puis M. Charpentier nous fait connaître les microbes bienfaisants auxquels nous devons le pain, les boissons fermentées et beaucoup d'autres bonnes choses ; l'activité de ces modestes travailleurs, dont on ne parle le plus souvent que pour en dire du mal, se chiffre tous les ans à des centaines de millions...

La famille des microbes malfaisants est innombrable aussi : diphtérie, tuberculose, typhoïde, peste, choléra, fièvre jaune, paludisme, maladie du sommeil sont les noms des plus mauvais, mais M. Charpentier en étudie bien d'autres encore. Des maladies qu'ils causent, beaucoup, venues des pays lointains, sont surtout épidémiques, et l'histoire de leurs invasions montre par quelle voie elles nous arrivent et permet de retracer, semaine par semaine, leur marche en avant...

Il est heureusement certain qu'ils ne prendraient pas aujourd'hui la même extension que par le passé : toutes les nations occidentales se sont armées pour les combattre, et les règlements élaborés en prévision d'épidémies en assureront l'extinction rapide et sur place, pourvu que ces règlements soient appliqués. C'est là le point délicat, et M. Charpentier qui insiste beaucoup, et avec raison, sur le côté hygiénique et social de la question, sait mieux que personne quelle opposition soulèvent des mesures prophylactiques qui ne sont pas sans gêner quelque peu ceux qui en sont l'objet. La lecture de son livre pourra convaincre que l'on n'a le choléra ou la peste que si on le veut bien. » (*La Revue du Mois.*)

La Navigation aérienne

(Ouvrage couronné par l'Académie française.)

Par J. LECORNU, Ingénieur, Membre de la *Société française de Navigation aérienne.* — Un volume 31×21cm, titre rouge et noir, illustré de 393 gravures, 3e édition mise au courant des événements les plus récents (novembre 1909). — Broché : **10** fr. — Relié toile, fers spéciaux, tranches dorées : **14** fr. — Relié amateur, dos et coins maroquin, tête dorée : **18** fr.

L'auteur nous présente dans leur ordre chronologique, depuis la période légendaire jusqu'aux derniers événements, les faits se rattachant tant à l'aviation qu'à l'aérostation. C'est une histoire vraiment vivante, où l'auteur laisse volontiers la parole aux personnages contemporains des époques considérées. Le récit en prend une saveur toute particulière que vient doubler une illustration extrêmement riche et abondante. Nous assistons, singulièrement captivés, aux efforts des inventeurs, aux progrès incessants des aéronautes et des savants de tous pays s'acharnant au palpitant problème, et, si nous sommes émus au récit des accidents dont ils sont parfois victimes, la relation de leurs succès nous pénètre d'enthousiasme. En fermant cet instructif et intéressant ouvrage, le lecteur, amusé et charmé, perçoit l'avenir brillant réservé à la navigation aérienne.

La Navigation sous-marine

Par G.-L. PESCE, Ingénieur. — Un volume 31 × 21cm, titre rouge et noir, illustré de 392 gravures. Broché : **10** fr. — Relié toile, fers spéciaux, tranches dorées : **14** fr. — Relié amateur, dos et coins maroquin, tête dorée : **18** fr.

Toutes les particularités, tous les incidents de la vie intime et encore mystérieuse des sous-marins nous sont ici révélés.

Une illustration abondante commente et enrichit le texte : elle est faite d'après d'admirables photographies venues de tous les points du monde et qui toutes sont des documents.

A sa valeur documentaire, ce livre ajoute un brûlant intérêt d'actualité. La question de l'engin qui a transformé les conditions de la guerre maritime moderne est en effet des plus importantes pour la défense nationale. Ne peut-on pas songer aussi aux nombreuses applications industrielles et scientifiques dont la navigation sous-marine est susceptible ?

L'Océanographie

(Ouvrage couronné par l'Académie des Sciences.)

Par le Dr RICHARD, Directeur du Musée océanographique de Monaco. — Un volume 31 × 21cm, titre rouge et noir, illustré de 339 gravures. Broché : **10** fr. — Relié toile, fers spéciaux, tranches dorées : **14** fr. — Relié amateur, dos et coins maroquin, tête dorée : **18** fr.

Les études d'océanographie sont, à l'heure actuelle, particulièrement en faveur ; la création à Paris d'un Institut océanographique, de nombreuses conférences ont attiré sur elles l'attention publique. Nous faire connaître, au moins dans ses notions essentielles, cette science dont la constitution et les méthodes datent d'hier, tel est le but que se propose le Dr Richard.

L'auteur étudie d'abord l'Océan au point de vue physique et chimique ; puis il passe à l'observation des êtres vivants qui y pullulent. Les plus intéressants sont, sans contredit, les habitants des grandes profondeurs, qui vivent dans un milieu longtemps considéré comme impropre à la vie.

M. le Dr Richard nous initie à ces mystères. Au cours de nombreuses campagnes, il a recueilli toute une documentation extrêmement intéressante qu'il déploie sous nos yeux. Son texte est commenté éloquemment par des dessins très nets et très exacts, par des photographies toujours originales et pittoresques.

L'Or
par H. HAUSER, professeur à l'Université de Dijon.

(Ouvrage couronné par l'Académie française et la Société de Géographie commerciale de Paris.)

Un volume (2e édition) 31 × 21cm, titre rouge et noir, illustré de magnifiques gravures. Broché : **10** fr. — Relié toile, fers spéciaux, tranches dorées : **14** fr. — Relié amateur, dos et coins maroquin, tête dorée : **18** fr.

L'Or! Il n'est pas de sujet plus attrayant, plus rebattu et cependant plus nouveau ; il n'en est pas de plus universel, puisqu'on ne saurait raconter l'histoire d'une pièce d'or sans toucher à la chimie et à la physique, à la géologie et à la minéralogie, à la métallurgie, à l'histoire de l'art et des sciences, à la géographie, à l'économie politique, à la sociologie. Ce vaste sujet a purement été traité dans son ensemble, M. Hauser a tenté de n'en sacrifier aucune partie.

Et c'est vraiment, en raccourci, un résumé de l'histoire de l'humanité, de ses longs et courageux efforts vers le bien-être, vers la science, vers la civilisation. Tout est dans tout, a-t-on dit bien souvent. Nous dirions volontiers que tout est dans ce livre où, autour d'un mince fil d'or, l'auteur a su enrouler tant de notions, tant de souvenirs, tant de faits et tant d'idées.

CHARTRES. — IMPRIMERIE DURAND, RUE FULBERT.